W0254176

ALLE ZEIT WACH
1842

Dietmar Jackèl

Grafik-Computer

Grundlagen, Architekturen und Konzepte computergrafischer Sichtsysteme

Mit 196 Abbildungen

Springer-Verlag Berlin Heidelberg GmbH

Dr.-Ing. habil. Dietmar Jackèl

Institut für Technische Informatik
Technische Universität Berlin
Franklinstraße 28/29
1000 Berlin 10

und

GMD-Forschungszentrum
für Innovative Rechnersysteme
und -technologien (FIRST)
Hardenbergplatz 2
1000 Berlin 12

ISBN 978-3-662-07547-0

Die Deutsche Bibliothek - CIP-Einheitsaufnahme
Jackèl, Dietmar:
Grafik-Computer : Grundlagen, Architekturen und Konzepte computergrafischer Sichtsysteme / Dietmar Jackèl.

ISBN 978-3-662-07547-0 ISBN 978-3-662-07546-3 (eBook)
DOI 10.1007/978-3-662-07546-3

Dieses Werk ist urheberrechtlich geschützt. Die dadurch begründeten Rechte, insbesondere die der Übersetzung, des Nachdrucks, des Vortrags, der Entnahme von Abbildungen und Tabellen, der Funksendung, der Mikroverfilmung oder der Vervielfältigung auf anderen Wegen und der Speicherung in Datenverarbeitungsanlagen, bleiben, auch bei nur auszugsweiser Verwertung, vorbehalten. Eine Vervielfältigung dieses Werkes oder von Teilen dieses Werkes ist auch im Einzelfall nur in den Grenzen der gesetzlichen Bestimmungen des Urheberrechtsgesetzes der Bundesrepublik Deutschland vom 9. September 1965 in der jeweils geltenden Fassung zulässig. Sie ist grundsätzlich vergütungspflichtig. Zuwiderhandlungen unterliegen den Strafbestimmungen des Urheberrechtsgesetzes.

© Springer-Verlag Berlin Heidelberg 1992
Ursprünglich erschienen bei Springer-Verlag Berlin Heidelberg New York 1992
Softcover reprint of the hardcover 1st edition 1992

Die Wiedergabe von Gebrauchsnamen, Handelsnamen, Warenbezeichnungen usw. in diesem Werk berechtigt auch ohne besondere Kennzeichnung nicht zu der Annahme, daß solche Namen im Sinne der Warenzeichen- und Markenschutz-Gesetzgebung als frei zu betrachten wären und daher von jedermann benutzt werden dürften.

Sollte in diesem Werk direkt oder indirekt auf Gesetze, Vorschriften oder Richtlinien (z.B. DIN, VDI, VDE) Bezug genommen oder aus ihnen zitiert worden sein, so kann der Verlag keine Gewähr für Richtigkeit, Vollständigkeit oder Aktualität übernehmen. Es empfiehlt sich, gegebenenfalls für die eigenen Arbeiten die vollständigen Vorschriften oder Richtlinien in der jeweils gültigen Fassung hinzuzuziehen.

Satz: Reproduktionsfertige Vorlage vom Autor
Einbandgestaltung: Klaus Lubina, Schöneiche

68/3020-5 4 3 2 1 0 - Gedruckt auf säurefreiem Papier

für Christina, Mimmi und Bijou

Vorwort

Die Bedeutung und die Verbreitung der computergrafischen Sichtsysteme hat in den letzten zehn Jahren in nahezu allen Bereichen der Informationsverarbeitung stetig zugenommen. Der Grund für diese Entwicklung liegt im rapiden Anstieg der Verarbeitungsleistung der Arbeitsplatzrechner (Workstations), die sich innerhalb einer Dekade um etwa das zweihundertfache erhöhte. Hierdurch wuchsen auch die Ergebnisdatenmengen so stark an, daß deren Interpretation heutzutage vielfach mit Hilfe leistungsfähiger computergrafischer Sichtsysteme erfolgt. Dieser Sachverhalt führte zur Entwicklung von sog. *Super-Workstations*, die die Eigenschaften von Grafik-Computern mit denen von leistungsstarken, universell verwendbaren Arbeitsplatzrechnern verbinden.

Da derartige Systeme bisher nur in sehr speziellen Aufsätzen oder marginal im Rahmen der allgemeinen Computergrafik-Literatur behandelt wurden, entstand die Idee, diese Thematik einschließlich der hierzu gehörenden Randgebiete in einer Monographie vorzustellen. Die Schwierigkeit bei der Konzeption dieses Buches lag in erster Linie darin, daß es thematisch zwischen den beiden im Grunde sehr unterschiedlichen Fachgebieten Rechnerarchitektur und Computer-Grafik angesiedelt ist und damit auf einen vom Vorwissen her heterogenen Leserkreis abgestimmt werden mußte. Damit Leser, die auf dem Gebiet der Rechnerarchitektur zu Hause sind, die Idee, die hinter der Architektur eines Grafik-Computers steht, nachvollziehen können, müssen ihnen zusätzlich die Kenntnis der Visualisierungsalgorithmen und deren effektive Organisation vermittelt werden. Andererseits war es erforderlich Architekturkonzepte in der Weise darzustellen, daß Leser, die sich vorwiegend in der Computergrafik auskennen, keine oder nur geringe Verständnisschwierigkeiten haben. Hilfreich bei der Suche nach einer geeigneten Darstellungsform war eine Vorlesung, die ich über diese spezielle Thematik an der TU Berlin für Studentinnen und Studenten der Informatik und Elektrotechnik gehalten habe. Das hierbei entwickelte Vorlesungsskript diente als Grundlage für die vorliegende Monographie, die, wie ich hoffe, den angestrebten Kompromiß zwischen den Fachgebieten Computergrafik und Rechnerarchitektur erfüllt.

Das Buch gliedert sich in sieben Kapitel. Kapitel 1 behandelt die physiologischen Grundlagen der Sichtgerätetechnik und vermittelt einen Einblick in den hypothetischen Ablauf der visuellen Wahrnehmungsprozesse. Darüber hinaus stellt es einige meßbare Phänomene des visuellen Systems vor, die für die Technik der computergrafischen Sichtgeräte relevant sind.

Zentrales Thema von Kapitel 2 sind die Bildanzeigen. Hier werden jene Aspekte der Farbmetrik behandelt, die zum Verständnis der Farbbildanzeigen notwendig sind. Außerdem wird auf die Funktionsweise der Flachbildanzeigen, der 3D-Sehhilfen und der 3D-Volumenanzeigen eingegangen. Kapitel 3 vermittelt die Grundlagen der Sichtgerätetechnik und gibt einen Überblick über die unterschiedlichen Formen und Einsatzbereiche spezieller Bildrechner und Grafik-Computer. Im Kapitel 4 werden die Algorithmen sowie die Organisation der Visualisierungsprozesse diskutiert. Sie dienen zum Verständnis der in Kapitel 5 vorgestellen Architekturkonzepte verschiedener Grafik-Computer. Kapitel 6 und 7 widmen sich den Methoden für die Visualisierung von multidimensionalen Datenfeldern sowie den Architekturen jener Sichtsystemen, die speziell für die effektive Visualisierung dieser Datenrepräsentationsform geeignet sind. Ein Sachregister und ein ausführliches Literaturverzeichnis, das aus Gründen der Übersichtlichkeit in Kapiteln geordnet ist, schließen das Buch ab. Die zur Beschreibung von Funktionsabläufen verwendeten Algorithmen sind in einem der Sprache Pascal ähnlichem Pseudo-Kode verfaßt.

Allen, die am Zustandekommen dieses Buches mitgewirkt haben, insbesondere den Mitarbeitern und Studenten des Instituts für Technische Informatik an der TU Berlin, möchte ich an dieser Stelle herzlich danken. Besonderer Dank gebührt Frau H. Kallan für die mühevolle Durchsicht des Manuskriptes sowie den Herren Dr. Th. Flik, M. Fröhlich, G. Knittel, M. Krauss, Prof. H. Lemke, H. Rüsseler, Prof. S. Stiehl für ihre Anregungen und Verbesserungsvorschläge.

Die Anregung zum Schreiben dieser Monographie erhielt ich während einer mehrjährigen Tätigkeit als Gastwissenschaftler an der Forschungsstelle für Innovative Rechnersysteme und -technologien (FIRST) der Gesellschaft für Mathematik und Datenverarbeitung (GMD), wo ich die Möglichkeit hatte, einen leistungsfähigen Grafik-Computer zu konzipieren und an seiner Entwicklung mitzuarbeiten. Herrn Prof. W. Giloi, der mir hierzu die Gelegenheit gab, sowie den Kollegen der Grafikgruppe der GMD-FIRST, mit denen ich diese Arbeit erfolgreich durchführen konnte, sei hierfür auf das herzlichste gedankt. Nicht zuletzt sei auch dem Springer Verlag für die Unterstützung bei der Herausgabe dieses Buches mein Dank ausgesprochen.

D. Jackèl

Berlin, im Frühjahr 1992

Inhaltsverzeichnis

1 Physiologische Aspekte der Sichtgerätetechnik

Wie ein Mensch seine Umwelt visuell wahrnimmt, hängt nicht nur davon ab, wie diese auf den Netzhäuten seiner Augen abgebildet wird. Vielmehr ist dies nur der Beginn einer Folge komplexer perzeptueller und kognitiver Prozesse (Bild 1.1). Aus eigener Erfahrung ist bekannt, daß auch das Wissen über Gegenstände, zu dem auch die bildhafte Vorstellung gehört, einen wesentlichen Anteil am Wahrnehmungsprozeß hat. So ist es wichtig zu erkennen, daß das Monitorbild eines computergrafischen Sichtgerätes lediglich als ein auf die Netzhaut eines Betrachter projiziertes raum-zeitliches Erregungsmuster betrachtet werden kann, mit dem das mentale Bild erst erzeugt wird. Dies wird dadurch verständlich, wenn man sich klar macht, daß der maximale Informationsfluß einer bewußten Sinneswahrnehmung lediglich 40 Bit/Sek betragen kann [ZIM85]. Für die visuelle Wahrnehmung beträgt der neuronale Informationfluß, der von den Rezeptoren der Netzhaut ausgeht, jedoch ca. 10^7 Bit/Sek. Es ist somit naheliegend, daß die auf die Netzhaut projizierte Bildinformation extrem verdichtet werden muß, um bewußt und in Echtzeit wahrgenommen zu werden. Diese "Datenkompression" findet bereits auf der Netzhaut (Retina) mit den retinalen Prozessen statt.

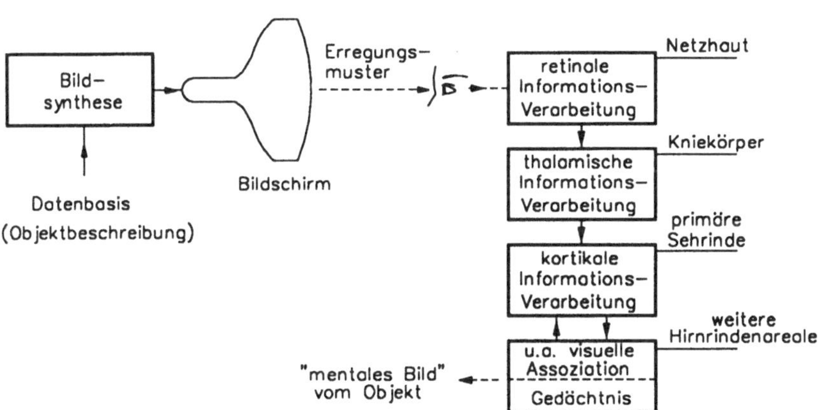

Bild 1.1. Schematisierte Darstellung der Wahrnehmungsprozesse

Im wesentlichen erfolgt die visuelle Wahrnehmung jedoch mit den kortikalen Prozessen, die u.a. für das Farb- und Bewegungssehen, für die lokale Analyse von Formmerkmalen, die Tiefenwahrnehmung und die Objekterkennung zuständig sind. An diesen Prozessen sind auch die oben erwähnten bildhaften Vorstellungen oder mentalen Modelle der Welt beteiligt, aus der wir unser Erfahrungswissen gewonnen haben und mit denen wir vermutlich auch die visuellen Reizmuster assoziieren, die wir aus dieser Welt empfangen und verarbeiten. Mit dieser Sichtweise ist ein computergrafisch erzeugtes Bild als ein Muster von visuellen Reizen zu betrachten, aus dem unser visuelles System beispielsweise die Form-, Farb- und Tiefeninformation extrahiert, die zur Erzeugung des wahrgenommenen mentalen Bildes dienen. Es liegt auf der Hand, daß bei der Synthetisierung computergrafischer Bilder Methoden verwendet werden sollten, die an die visuellen Wahrnehmungsprozesse angepaßt sind. So sind viele der Techniken, mit denen der Tiefeneindruck von einer realistisch wirkenden räumlichen Szene erzielt wird (z.B. mit Hilfe von Flächenschattierungen und stereoskopischem Sehen), nur deshalb anwendbar, weil sie sich sehr stark an den speziellen Fähigkeiten der visuellen Wahrnehmung des Menschen orientieren.

Auch die Gerätetechnik der computergrafischen Sichtgeräte orientiert sich daran, wie der Mensch bildhafte Informationen empfängt, verarbeitet und interpretiert. So bestimmt beispielsweise die Trägheit des sog. *visuellen Systems* den unteren Grenzwert der Bildgenerierungsfrequenz, mit der kontinuierliche Bewegungsabläufe noch darstellbar sind. Weitere physiologische und psychophysische Faktoren wie z.B. die maximale Ortsauflösung des Auges, die Wahrnehmbarkeit von Farben, Helligkeitskontrasten, Objektkonturen oder Bewegungen beeinflussen gleichfalls in beträchtlichem Maße die Anforderungen, die an computergrafische Sichtgeräte gestellt werden.

Die nachfolgenden Abschnitte sollen einen kleinen Einblick in einige Ergebnisse der interdisziplinären Forschung zu visuellen Wahrnehmungsprozessen vermitteln und einige meßbare Phänomene des visuellen Systems vorstellen, die für die Computer-Grafik und somit auch für die Sichtgerätetechnik von Relevanz sind.

1.1 Visuelle Wahrnehmung

Die Gesamtheit der Prozesse, die bei der Verarbeitung von visuellen Reizen im zentralen Nervensystem ablaufen, ist auch heute noch weitgehend unbekannt. Bisher existieren nur Arbeitshypothesen über spezielle Aspekte des Sehvorgangs, die aus der Forschung in spezialisierten Disziplinen wie z.B. der Neurophysiologie, Neuroanatomie, Neurobiologie, Psychophysik, der kognitiven Psychologie und der künstlichen Intelligenz resultieren. In den Anfängen der Wissenschaft ging man davon aus, daß der menschliche Sehapparat ähnlich einer Kamera funktioniert. Diese Vermutung basierte darauf, daß die auf die

Netzhaut projizierte Bildinformation, abhängig von der Intensität des einfallenden Lichtes, Sehzellen aktiviert. Man betrachtete daher die Sehzellenanordnung als eine Art *innere Leinwand* und ihr Aktivitätsmuster als das Abbild des zu perzipierenden Objektes.

Diese einfache und zunächst plausibel erscheinende Vorstellung vom visuellen Wahrnehmungsprozeß wurde jedoch durch die Ergebnisse späterer Forschungsarbeiten widerlegt. Heute geht man in den Neurowissenschaften davon aus, daß die Verarbeitung visueller Informationen z.B getrennt nach Form, Farbe und Bewegung in separaten, parallel arbeitenden Kanälen des Sehapparates erfolgt, wobei über die konkrete Art der Kodierung der visuellen "Daten" in den Substrukturen des visuellen Systems noch weitgehend Unklarheit besteht.

Von Vertretern der künstlichen Intelligenz wird dagegen vermutet, daß die auf die Netzhaut projizierten Bilder in symbolhafte Beschreibungen umgeformt werden. Weiterhin wird angenommen, daß ausgehend von der so kodierten Informationsmenge unter Zuhilfenahme von sog. Weltwissen wiederum eine Rekonstruktion der perzipierten Szene erfolgt. In beiden Fällen sind sehr komplexe und weitgehend unbekannte Verarbeitungsprozesse einschließlich der im Gedächtnis gespeicherten Szenenmodelle beteiligt.

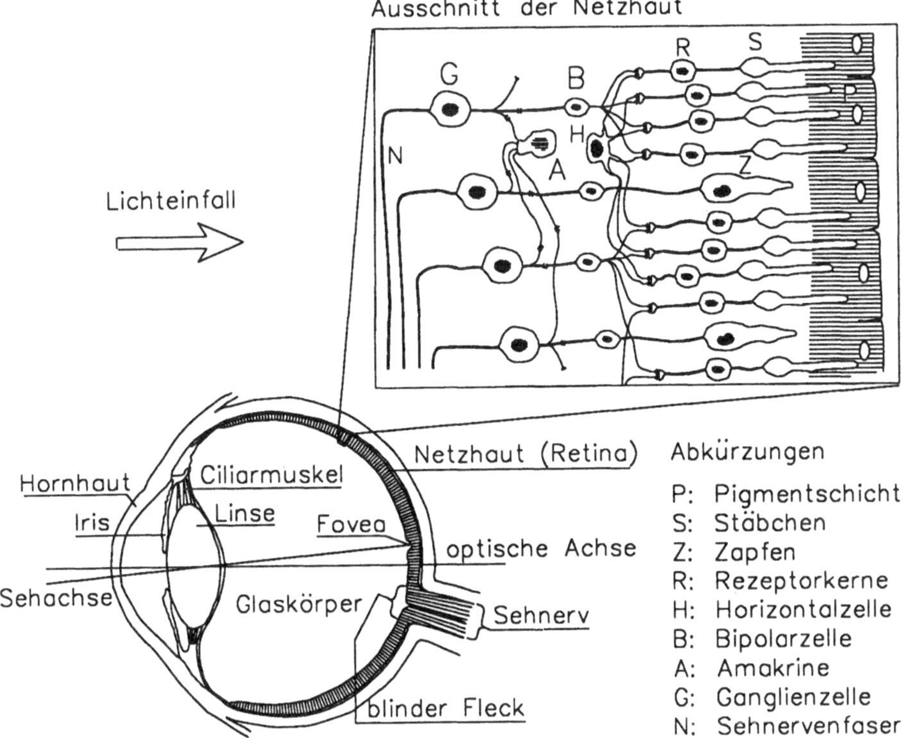

Bild 1.2. Schematischer Aufbau von Auge und Netzhaut

Die nachfolgenden Ausführungen wurden im wesentlichen Teil von M. Livingstone übernommen [LIV86], die zusammen mit dem Nobelpreisträger T. Hubel insbesondere das kortikale Sehzentrum von Primaten elektrophysiologisch und neuroanatomisch untersucht hat. Hiermit soll keine abgesicherte wissenschaftliche Theorie der visuellen Wahrnehmungsprozesse vorgestellt werden. Es ist lediglich beabsichtigt, anhand eines stark vereinfachten Modells, einen Eindruck von der Komplexität des Sehens zu vermitteln.

Retinale Prozesse. Am Anfang der Sehprozeßkette treten Lichtstrahlen durch den Linsenkörper des Auges und treffen auf die Retina (s. Bild 1.2). Diese fotosensorische Zellschicht formt mittels foto- und elektrochemischer Prozesse das auftreffende Licht in elektrische Impulse um. Die Retina besteht aus zwei Arten von *Photorezeptoren*, die als *Stäbchen* und *Zapfen* bezeichnet werden.

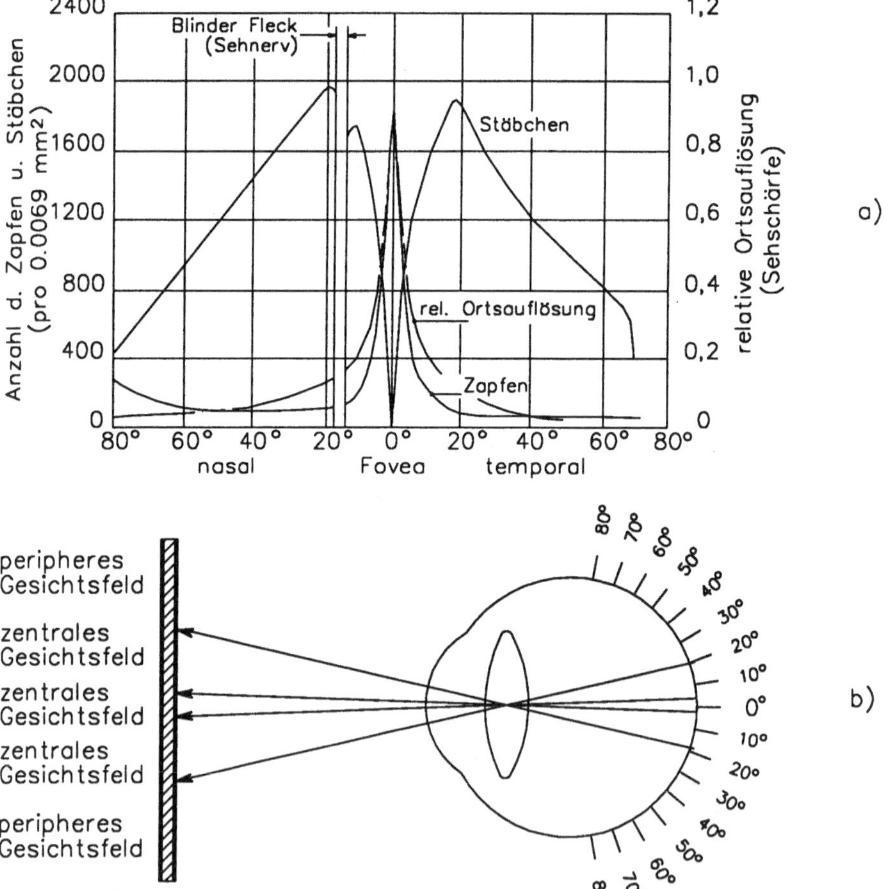

Bild 1.3. Verteilung der Zapfen und Stäbchen auf der Netzhaut: a) Häufigkeit der Zapfen und Stäbchen als Funktion des Sehwinkels, b) Sehwinkelbereiche und Gesichtsfelder

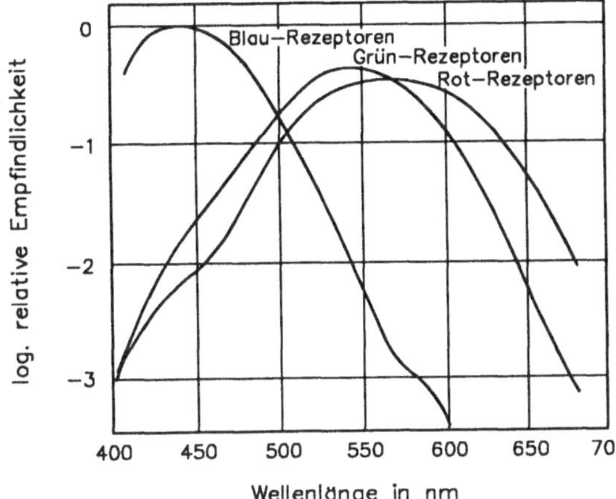

Bild 1.4. Farbreizfunktionen der Rot-, Grün- und Blau-Rezeptoren.

Die Stäbchen sind etwa 500 mal lichtempfindlicher als die Zapfen; sie reagieren jedoch weniger sensitiv auf Farbreize[1]. Auf der Netzhaut befinden sich etwa 120 10^6 Stäbchen und 6 10^6 Zapfen, wobei sich beide Arten mit sehr unterschiedlicher lokaler Dichte über die Netzhautfläche verteilen.

Bild 1.3a zeigt die extrem hohe Zapfendichte im Bereich der *Fovea*, einem kleinen Ort auf der Netzhaut wo die Sehschärfe und die Farbreizempfindlichkeit am größten ist. Ausserhalb dieses zentralen Gesichtsfeldes (Bild 1.3b) geht durch die rapiden Abnahme der Zapfenkonzentration die Farbempfindlichkeit stark zurück. Infolge der stark zunehmenden Stäbchendichte ist jedoch auch im benachbarten mittleren Gesichtsfeld eine hohe Kontrastempfindlichkeit feststellbar. Im Bereich größerer Sehwinkel, d.h. im peripheren Gesichtsfeld, nimmt sowohl die Stäbchen- als auch Zapfendichte stark ab, so daß die Netzhautbilder eher farblos und gering aufgelöst erscheinen.

Bedingt durch eine unterschiedliche Pigmentierung lassen sich die Zapfen in drei Gruppen einteilen. Wie Bild 1.4 zeigt, gibt es Zapfen, die ihre höchste Lichtempfindlichkeit im kurzwelligen Bereich des Sonnenlichtspektrums besitzen. Neben diesen Blau-Rezeptoren existieren noch die Rot- und Grün-Rezeptoren, deren maximale Empfindlichkeiten im mittleren bis langwelligen Bereich des sichtbaren Lichtspektrums liegen. Aus Bild 1.4 ist weiter zu entnehmen, daß die Verläufe der Empfindlichkeitskurven, speziell die der Rot- und Grün-Rezeptoren, nur geringfügig voneinander abweichen, so daß deren Farbselektivität mit den nachfolgenden retinalen Prozessen vergrößert werden muß. Für diese Vorverarbeitungsprozesse ist im wesentlichen die zweite und die dritte retinale Zellschicht zuständig. Die zweite Zellschicht besteht aus den *Horizontal-* und den *Bipolarzellen* sowie aus den *Amakrinen*. Die dritte Zellschicht setzt sich aus einer Mischpopulation von großen

1 Ein Farbreiz wird durch die Erregung der farbspezifischen, fotosensorischen Rezeptoren erzeugt

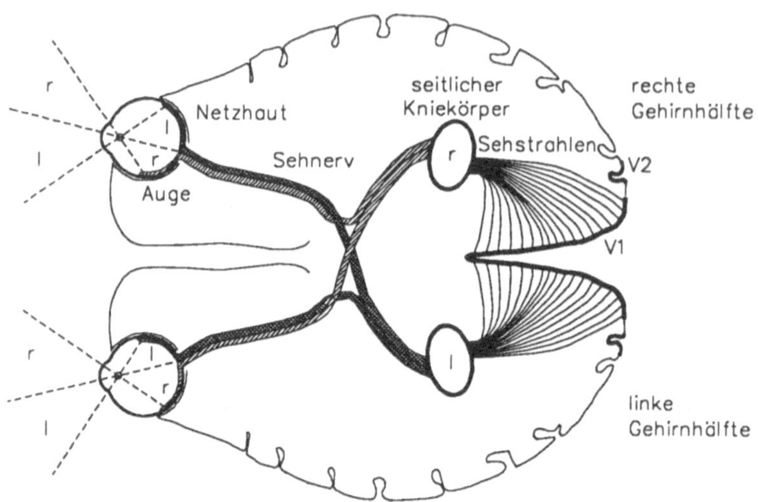

Bild 1.5. Verlauf der Sehnervenbahnen.

und kleinen *Ganglienzellen* zusammen. Rezeptoren sind in *rezeptiven Feldern* unterschiedlicher Größe so organisiert, daß beispielsweise Kontrastreize innerhalb des rezeptiven Feldes verarbeitet und über ein Ganglion zum optischen Nerv geleitet werden.

Sehnerven. Die Ganglienzellen der Retina senden ihre Ausgangssignale über die *Sehnervenbahnen* zu den seitlichen *Kniekörpern,* die sich im Zwischenhirn befinden. Den Verlauf der Sehnervenbahnen - es ist jeweils ein Bündel von etwa 0,8 10^6 Nervenfasern - illustriert Bild 1.5. Sehr auffällig ist die Überkreuzung je eines Teils des Faserbündels, die die rechten und linken Gesichtshälften zusammenführt. Die seitlichen Kniekörper bestehen, wie die dritte Schicht der Retina, aus zwei unterschiedlichen Zelltypen, nämlich den großen *magno-zellulären* und den kleineren *parvo-zellulären* Zelltypen. Im Gegensatz zu den Ganglienzellen der Retina sind diese nicht miteinander vermischt, sondern bilden räumlich voneinander getrennte Schichten. Die parvo-zellulären Typen erhalten ihre Eingangssignale von den kleinen Ganglienzellen und bilden mit diesen zusammen das *Parvo-System.* Die magno-zellulären Typen werden hingegen von den Nervensignalen der großen Ganglienzellen aktiviert, die das *Magno-System* darstellen. Neuere Erkenntnisse von M. Livingstone weisen darauf hin, daß das Magno-System im Vergleich zum Parvo-System ein geringeres Auflösungsvermögen (Sehschärfe) besitzt, jedoch demgegenüber sensitiver auf Helligkeitsunterschiede reagiert und kürzere Ansprechzeiten aufweist.

Prozesse in der Hirnrinde. Von den seitlichen Kniekörpern ausgehend, erreichen die Nervensignale über die Sehstrahlen ein Hirnrindengebiet, das als visuelles Feld (V1) oder auch als primäres Sehfeld bezeichnet wird. Wie in Bild 1.6 dargestellt, besteht es aus den

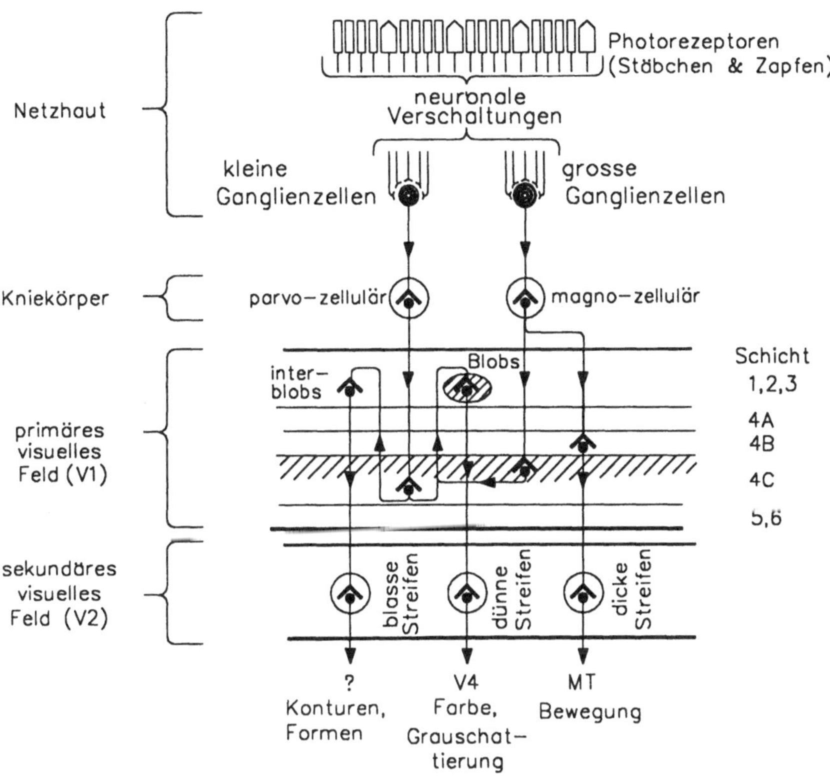

Bild 1.6. Modell der Visualisierungsprozesse (in Anlehnung an [LIV86])

Schichten 1 bis 6. Da die Nervensignale des Magno-Systems in die obere und die des Parvo-Systems in die untere Hälfte der mittleren Schicht 4C geleitet werden, bleibt anscheinend auch im visuellen Feld (V1) die Informationsaufteilung erhalten.
Weitere Verarbeitungsschritte erfolgen nun in den äußeren Schichten der Sehrinde. In diesen Schichten wurden Bereiche entdeckt, die aus kleinen eiförmigen Gebilden mit einem mittleren Durchmesser von 0,2mm bestehen. Diese Bereiche erhielten den Namen *Blobs*, während die sie umgebenden Gebiete als *Interblobs* bezeichnet wurden.

In weiteren Untersuchungen wurde festgestellt, daß eine Signalverbindung zwischen den Interblobs und dem Parvo-System über die Schicht 4C besteht, während die Signalversorgung der Blobs offenbar sowohl vom Parvo- als auch vom Magno-System aus erfolgt. Da sich die Nervenfasern des Magno-Systems auch noch weiter zur Schicht 4B verzweigen, wird vermutet, daß im visuellen Feld V1 eine weitere Prozeßaufteilung in drei separate Verarbeitungskanäle erfolgt. Untersuchungen mit speziellen optischen Reizmustern ergaben, daß die Zellen der Blobs sehr empfindlich auf Farbe und Helligkeit reagieren. Die

Zellen der Interblob-Bereiche reagieren hingegen nur sensitiv auf unterschiedliche Orientierungen der Reizmuster, während die Nervenzellen der Schicht 4B zusätzlich auf gerichtete Bewegungen dieser Reizmuster ansprechen.
Frühere Forschungsarbeiten von Hubel und Wiesel [HUB86] - sie erhielten dafür den Nobelpreis - wiesen bereits 1962 auf die Existenz von orientierungsspezifischen und richtungssensitiven Zellen in diesen Schichten des primären Sehfeldes hin.

Vom primären Sehfeld V1 ausgehend werden die visuellen Informationen zu den Sehfeldern V2 und V4 weitergeleitet. Das visuelle Feld V2 - es wird auch als sekundäres Sehfeld bezeichnet - ist durch ein regelmäßiges Streifenmuster gekennzeichnet. Aufgrund seines Aussehens im anatomischen Präparat bezeichnet man dieses Muster, das man nur mit einer speziellen Anfärbung erkennt, als *blasse, dünne* oder *dicke Streifen.* Die Streifen weisen jeweils unterschiedliche Funktionen auf. So dient das dünne Streifensystem, das seine Signale von den Blobs erhält, vermutlich zur Weiterverarbeitung der Farbinformation. Das blasse Streifensystem erhält hingegen seine Eingangssignale von den Interblobs und ist offenbar für die Formenanalyse zuständig. Das dicke Streifensystem - es wird von den Signalen des Magno-Systems versorgt - analysiert Bewegungen und stereoskopische Tiefenhinweise. Da sich das dicke Streifensystem auch noch im Bereich des mittleren Schläfen- oder Temporallappens befindet (MT), ist anzunehmen, daß auch diese Region an der Auswertung von binokularer visueller Information sowie an der Analyse von Bewegungseindrücken beteiligt ist. Das visuelle Feld V4 ist mit den dünnen Streifen des sekundären Sehfeldes verbunden und dient wahrscheinlich auch zur Verarbeitung von Farbinformationen. Diese Vermutung wurde beispielsweise auch dadurch bestärkt, daß Patienten, die Hirnschäden in diesem Bereich aufwiesen, eine Beeinträchtigung ihres Farbsehvermögens beklagten.

Zusammenfassung. Aus den oben vorgestellten Erkenntnissen über die Funktionsweise des Sehapparates eines Primaten zeichnet sich ab, daß die Verarbeitung visueller Information vermutlich parallel in drei Kanälen erfolgt, deren Aufgabenteilung sich nach [LIV86] wie folgt darstellt:

- Der Kanal mit den Stufen *Magno/Parvo-System, Blobs, dünne Streifen* und *visuelles Feld V4* verarbeitet Informationen über Grauschattierungen und Farbe. Das räumliche Auflösungsvermögen dieses Systems ist gering, und es ist nicht in der Lage, Bewegungen, Formen oder stereoskopische Tiefeneindrücke zu analysieren.

- Die Auswertung von Bewegungs- und Tiefeninformationen erfolgt mit dem Kanal, der aus den Stufen *Magno-System, 4B, dicke Streifen* sowie dem Gebiet *MT* besteht. Dieser Verarbeitungskanal zeichnet sich durch eine sehr kurze Ansprechzeit aus, wobei er jedoch zur Auswertung von Objektdetails und Farbinformationen ungeeignet ist.

- Der Kanal mit den Stufen *Parvo-System, Interblobs* und *blasse Streifen* ist offensichtlich für die Analyse von Objektdetails zuständig, da er Konturinformationen mit sehr hoher Auflösung verarbeitet. Da dieses System jedoch wesentlich träger als das zuvorgenannte ist, können nur langsam bewegte oder ruhende Objekte mit großer Genauigkeit erkannt werden. Mit Sicherheit endet dieser Verarbeitungskanal nicht im blassen Streifensystem; es liegen jedoch noch keine sicheren Erkenntnisse darüber vor, in welchen Regionen der Hirnrinde sich diese Verarbeitungskette fortsetzt.

Trotz dieser bahnbrechenden Erkenntnisse ist der ganzheitliche Prozeß, der das komplexe Phänomen Wahrnehmung hervorbringt weitgehend unverstanden. Allerdings ist es jedoch seit längerem möglich, wichtige qualitative Aussagen über das Verhalten und die Leistungsfähigkeit des visuellen Systems zu treffen.

1.2 Ortsfrequenz- und Kontrastverhalten

Die Fähigkeit, Details von Objekten zu erkennen, wird im wesentlichen dadurch bestimmt, wie genau das visuelle System die objektbegrenzenden Konturen (z.B. Kontrastübergänge) wahrnimmt. Aus eigener Erfahrung wissen wir, daß selbst dann, wenn sich die Konturen

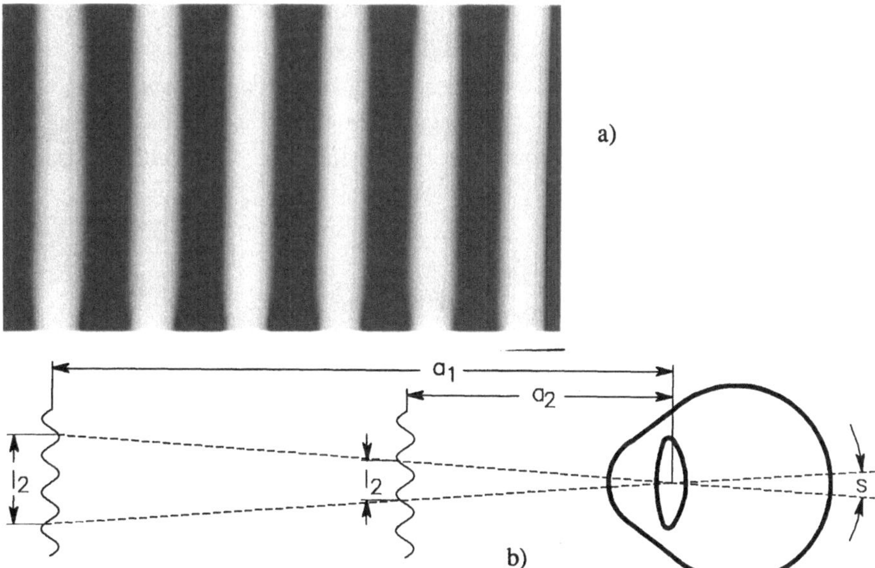

Bild 1.7. Kontrastempfindlichkeit des menschlichen Auges: a) Teststreifenmuster zur Bestimmung der Kontrastempfindlichkeit, b) Geometrische Beziehung zwischen der Ortsfrequenz, dem Gesichtsfelddurchmesser (l_1,l_2), dem Sehwinkel (s) und dem Betrachtungsabstand (a_1,a_2).

der Objekte nur durch geringe Helligkeitsunterschiede von ihrem Hintergrund abheben, das visuelle System in der Lage ist, den Verlauf der Kontur und damit die Form des Objektes zu erkennen.

Die Wahrnehmung von Helligkeitskontrasten hängt jedoch auch sehr stark von der Struktur des projizierten Netzhautbildes ab. So kann gezeigt werden, daß sehr feine und regelmäßige Texturen oder Schraffuren, obgleich sie sehr stark kontrastieren, von einem gewissen Abstand aus betrachtet nicht mehr erkennbar sind. Sie erscheinen dann als zusammenhängende Fläche mit einheitlicher Farbe und Helligkeit.

Diese Zusammenhänge lassen sich mit dem in Bild 1.7a dargestellten periodischen streifenförmigen Muster verdeutlichen. Bei diesem Streifenmuster ändert sich der Helligkeitsverlauf für jede Streifenperiode nach einer Sinusfunktion. Die Anzahl der Streifenperioden innerhalb eines festgelegten Sehwinkels bezeichnen wir nachfolgend als Orts- oder Raumfrequenz. Zur Untersuchung des visuellen Systems ist es sinnvoll, die Ortsfrequenz mit der Anzahl der Streifenperioden zu definieren, die sich innerhalb eines Gesichtsfeldes mit einem Sehwinkel von einem Grad (Bild 1.7b) befindet. Die Abschätzung des Sehwinkels s erfolgt abhängig vom Durchmesser des Gesichtsfeldes l (mm) und vom Betrachtungsabstand a (mm) mit:

$$s = 57{,}3 \, \frac{l}{a} \quad \text{in Grad} \tag{1.1}$$

Der Betrag des Kontrastes wird durch die Differenz zwischen dem kleinsten und größten Helligkeitswert innerhalb einer Streifenperiode gebildet. Wir erhalten für jede Ortsfrequenz den korrespondierenden Grenzkontrastwert dadurch, daß wir die Helligkeitsdifferenz soweit verringern, bis eine Versuchsperson kein Streifenmuster mehr erkennt. Zur Bestimmung der Frequenzabhängigkeit der Grenzkontrastwerte, ist eine erhebliche Anzahl von Probanden

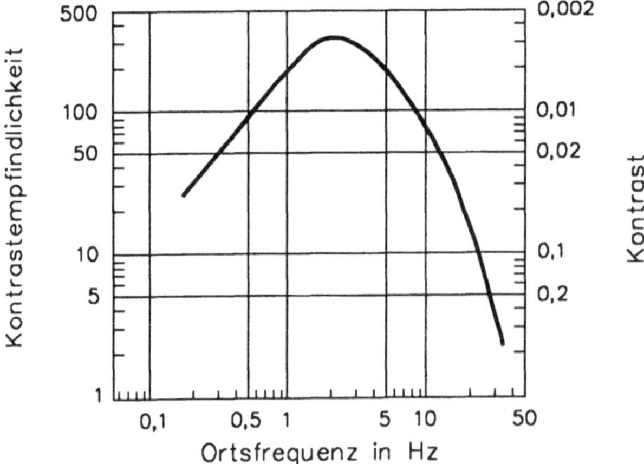

Bild 1.8. Kontrastempfindlichkeit des menschlichen Auges in Abhängigkeit von der Ortsfrequenz [CAM86].

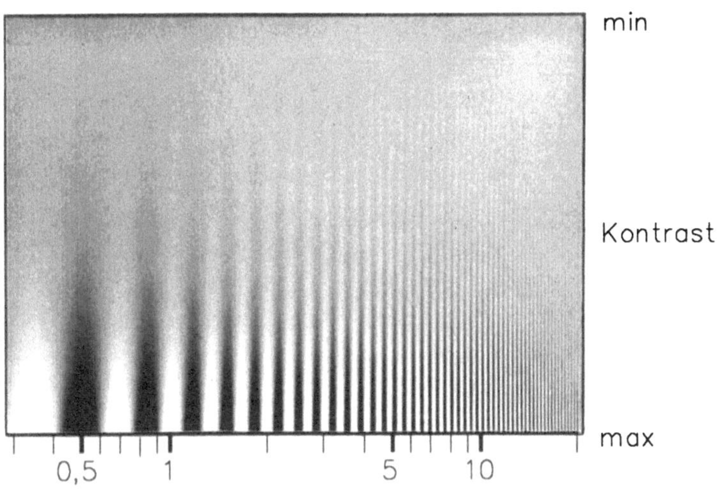

Bild 1.9. Verlauf der Kontrastempfindlichkeit als Funktion der Ortsfrequenz. (Die angegebenen Ortsfrequenzen gelten für einen Betrachtungsabstand von ca. 1m. Die Kontraständerung erfolgt linear)

notwendig, um für jede Ortsfrequenz den korrespondierende Grenzkontrastmittelwert mit hinreichender Genauigkeit bestimmen zu können. Das Ergebnis dieses Versuches zeigt Bild 1.8. Aus ihm ist zu entnehmen, daß das gesamte sichtbare Ortsfrequenzspektrum im Bereich von 0 bis 50 Perioden/Grad liegt, wobei das menschliche Auge seine größte Kontrastempfindlichkeit bei Ortsfrequenzen von 3 Perioden/Grad besitzt. Bezogen auf eine Betrachtungsdistanz von einem Meter erhalten wir für die Ortsfrequenz von 3 Perioden/Grad einen Sehwinkel s von 0,33 Grad. Nach (1.1) ergibt sich hiemit der Durchmesser des Gesichtsfeldes l mit 5,75mm. Wie weiter aus Bild 1.8 hervorgeht, liegt der obere Grenzwert der Ortsfrequenz bei etwa 50 Perioden/Grad. Unter der Vorgabe des gleichen Betrachtungsabstandes beträgt somit die minimale Periodenlänge des Streifenmusters 0,35 mm. Dies bedeutet, daß ein derartiges Streifenmuster, von einem Normalsichtigen aus einer Entfernung von einem Meter betrachtet, gerade noch erkannt wird. Anhand von Bild 1.9, das aus einem Abstand von etwa 1m zu betrachten ist, läßt sich der Verlauf der Kontrastempfindlichkeit als Funktion der Ortsfrequenz nachempfinden.

Die Kontrastempfindlichkeit des Auges hängt, wie Bild 1.10 zeigt, auch von den zeitlichen Helligkeitsänderungen ab. So erscheint eine auf dem Bildschirm dargestellte Linie, abhängig von ihrer periodisch schwankenden Helligkeit, entweder dicker oder dünner. Erst wenn diese Frequenz einen grösseren Wert als 80Hz erreicht, sind nach [BOS89] diese als Flickereffekte bekannten Helligkeitsschwankungen nicht mehr wahrnehmbar.

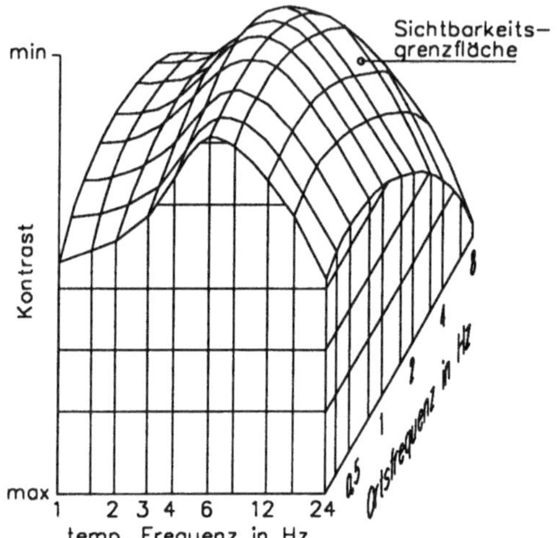

Bild 1.10. Verlauf der Sichtbarkeitsgrenzfläche als Funktion von temporaler Frequenz und Ortsfrequenz.

Für die Sichtgerätetechnik bedeutet dies, daß die Bildwiederholfrequenz (s. Unterabschnitt 3.4.2) aus ergonomischen Gründen entsprechend hoch gewählt werden muß. Allerdings kann der Flickereffekt auch von Nutzen sein. Wenn es beispielsweise darum geht, die Aufmerksamkeit des Betrachters zu erregen, ist es sinnvoll, die Helligkeit von Objekten oder Texten (z.B. Cursor, Warnmeldungen) zu modulieren. Wie Bild 1.10 zeigt, ist die Kontrastempfindlichkeit bei einer temporaler Frequenz von 6Hz am höchsten, so daß es im allgemeinen sinnvoll ist, diesen Wert als Signalfrequenz zu wählen.

1.3 Perzeption von Farben

Wie im Abschnitt 1.1 bereits dargestellt, hängt die Empfindlichkeit der drei Zapfentypen von der Farbe oder genauer von den Spektralanteilen des perzipierten Lichtes ab. Hierauf basiert wiederum die Fähigkeit des visuellen Systems, jedem Lichtreiz einen subjektiven Farbeindruck zuzuordnen. Allerdings können auch völlig unterschiedliche Lichtspektren gleiche Reize auslösen, die dann einen identischen Farbeindruck (metamere Farben) erzeugen.

Spektrale Helligkeitsempfindlichkeit. Wir nehmen Lichtreize, die eine konstante Intensität aufweisen, abhängig von ihrer Farbe mit unterschiedlicher Empfindlichkeit wahr. Dieses als spektrale Helligkeitsempfindlichkeit bezeichnete Phänomen läßt sich mit einem Gedankenexperiment nachweisen. Hierzu stellen wir uns vor, daß uns ein Sender zur Verfügung steht, mit dem wir eine gerichtete elektromagnetische Strahlung im Lichtspektralbereich

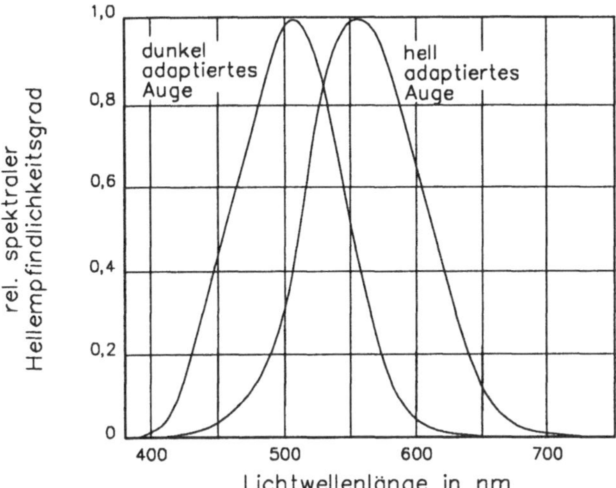

Bild 1.11. Spektrale Helligkeitsempfindlichkeit des menschlichen Auges

von 380nm bis etwa 760nm erzeugen können. Weiterhin setzen wir voraus, daß sowohl die Wellenlänge als auch die Strahlungsstärke des Senders über den gesamten Spektralbereich beliebig einstellbar ist. Der Strahlenkegel dieses Senders wird nun auf eine weiße Reflektionsfläche gerichtet und dort von einem Betrachter mit dem subjektiven Helligkeitseindruck eines Lichtflecks verglichen, den eine ideale Weißlichtquelle erzeugt. Die Strahlungsstärke der Weißlichtquelle wird hierbei so eingestellt, daß der Betrachter den gleichen Helligkeitseindruck hat. Anschließend ist der Helligkeitswert des Weißlichtflecks photometrisch zu messen und in eine Tabelle einzutragen. Wir führen diesen Test über das gesamte Spektrum des sichtbaren Lichtes durch. Als Ergebnis erhalten wir einen Werteverlauf, der die Helligkeitsempfindlichkeit des visuellen Systems des Betrachters als Funktion der Lichtwellenlänge wiedergibt.

Bild 1.11 zeigt den Funktionsverlauf der spektralen Helligkeitsempfindlichkeit, die experimentell mit einer Vielzahl von Versuchspersonen ermittelt wurde. Wie hier dargestellt, ist die Helligkeitsempfindlichkeit im mittleren Spektralbereich um 550nm (gelbgrün) am größten und nimmt symmetrisch in Richtung der spektralen Randbereiche stark ab.

Farbmischkurven. Im nachfolgenden soll untersucht werden, ob jede beliebige Spektralfarbe durch additive Mischung von drei farbkonstanten Lichtquellen erzeugbar ist. Hierzu verwenden wir drei monochromatische Lichtquellen (R, G, B), die rotes, grünes und blaues Licht mit den Wellenlängen 700nm, 546nm und 435,8nm emittieren. Den oben beschriebenen fiktiven Versuchsaufbau ändern wir in folgender Weise ab:

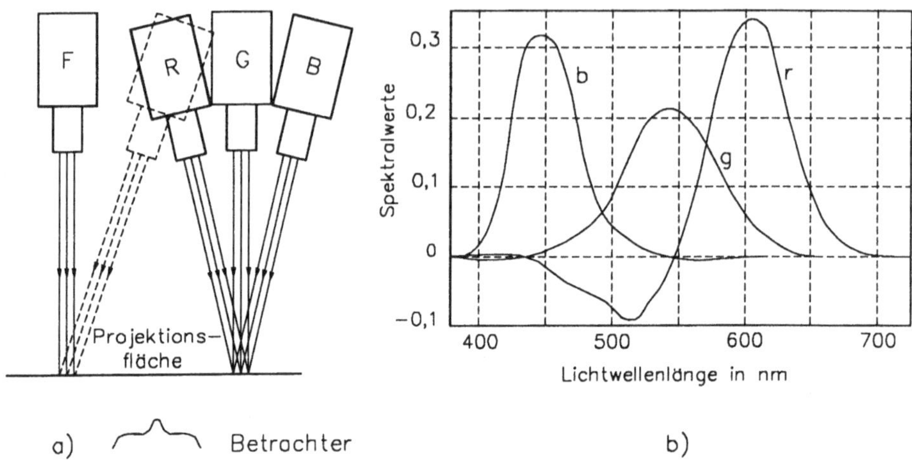

Bild 1.12. Farbmischkurven: a) Meßaufbau zur Bestimmung der Farbmischkurven b) Farbmischkurven (rot = 700nm; grün = 546nm; blau = 435,8nm)

Anstelle der idealen Weißlichtquelle werden die drei o.g. Lichtquellen so ausgerichtet, daß sich ihre Leuchtflecke auf der Reflektionsfläche überlagern (Bild 1.12a).

Der Lichtsender dient wieder zur Erzeugung einer Referenzfarbe. Zu jeder vorgegebenen Referenzfarbe versuchen wir nun die Intensitäten (Leuchtdichten) der drei Lichtquellen ***R***, ***G*** und ***B*** so einzustellen, daß die additive Mischfarbe identisch mit dem Farbreiz ist, den die variable Lichtquelle ***F*** erzeugt. Das Einstellen der RGB-Intensitäten entspricht der Auswahl der Koeffizienten *r*, *g* und *b* mit der (1.2) zu erfüllen ist.

$$\boldsymbol{F} = r\boldsymbol{R} + g\boldsymbol{G} + b\boldsymbol{B} \ . \tag{1.2}$$

In (1.2) repräsentiert ***F*** die Referenzfarbe der Lichtquelle F als Farbvektor, während ***R***, ***G*** und ***B*** die Einheitsvektoren der drei Lichtquellenfarben darstellen. Als Ergebnis unserer Messungen, die wir über den gesamten Lichtspektralbereich durchführen, erhalten wir die in Bild 1.12b dargestellten Farbmischkurven. Wie aus dem Bild 1.12b hervorgeht, sind die negativen Intensitätswerte des roten Farbanteils im Spektralbereich von 445nm bis 550nm besonders ausgeprägt. Um in diesem Fall die gewünschte Farbgleichheit zu erzielen, wurde die Referenzfarbe ***F*** mit dem von der Rotlichtquelle ***R*** erzeugten Licht gemischt. Die Addition des roten Farbanteils mit der Referenzfarbe ***F*** bedeutet, daß dieser Farbanteil entsprechend (1.3) von den blauen und grünen Anteilen subtrahiert wird.

$$\boldsymbol{F} + r\boldsymbol{R} = g\boldsymbol{G} + b\boldsymbol{B}. \tag{1.3}$$

Dies trifft gleichfalls, wenn auch weniger ausgeprägt, auf den Spektralbereich unterhalb von 445nm zu, wobei jedoch hier der Referenzfarbe ***F*** ein geringer Grünanteil hinzugefügt werden muß.

Farbbeugung. Abhängig von der Lichtwellenlänge werden, wie Bild 1.13 zeigt, die Lichtstrahlen durch die Augenlinse unterschiedlich stark gebrochen. Wenn man beispielsweise ein Monitorbild betrachtet, auf dem eine Vielzahl von Details mit extrem unterschiedlichen Farben dargestellt sind, führt der oben genannte Effekt dazu, daß die Augenlinse ihre Brennweite sehr häufig verändert.

Obgleich diese Konvergenzkorrektur, automatisch vom Nervensystem gesteuert, durch den Ciliarmuskel erfolgt und für den Betrachter nicht wahrnehmbar ist, kann eine ständige Brennweitenveränderung über einen langen Zeitraum hinweg zur Beeinträchtigung der Sehleistung führen. Speziell beim Einsatz von CAD-Anlagen ist dieser Sachverhalt zu berücksichtigen, da die Benutzer derartiger Anlagen oftmals unterschiedlich farbige Linienanordnungen lange und konzentriert betrachten müssen. So sind nach Murch [MUR86] Liniendarstellungen in Farbkombinationen wie Rot, Blau und Cyan, die man nicht gleichzeitig scharf sehen kann, möglichst zu vermeiden. Hingegen lassen sich Farben wie Rot, Orange, Gelb und Grün ohne Brennweitenänderung gleich scharf auf die Netzhaut des Auges fokussieren und sind deshalb vorzugsweise für derartige CAD-Applikationen zu verwenden.

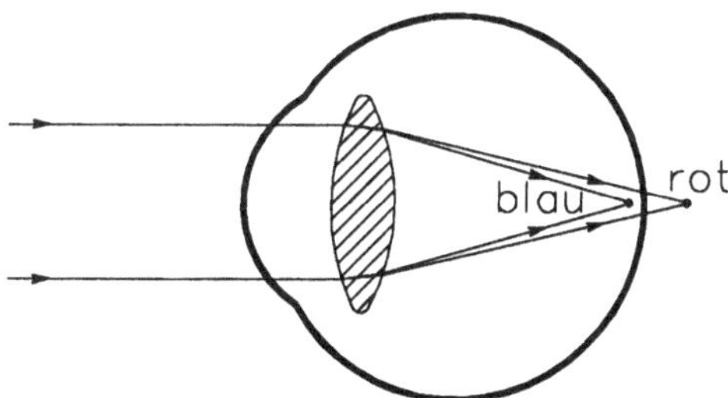

Bild 1.13. Farbbeugung der Augenlinse

2 Bildanzeigen

Zentrales Thema des zweiten Kapitels sind die Bildanzeigen, die zu den wichtigsten Komponenten eines computergrafischen Sichtsystems gehören.

Der erste Teil dieses Kapitels behandelt einige Aspekte der Farbmetrik, die zum vertieften Verständnis der elementaren Funktionsprinzipien der Farbbildanzeigen von Bedeutung sind. So werden farbmetrische Grundbegriffe wie der Farbraum, das Farbdreieck sowie die Normfarbtafel diskutiert. Weiterhin werden die Transformationen vorgestellt, die beispielsweise zur Anpassung der Eingangssignalpegel der Verstärkerkanäle eines Monitors an die Parameter seiner Farbbildröhre dienen.

Das Thema des anschließenden Abschnittes ist die Technik der Bildröhre. Neben ihrer elementaren Wirkungsweise werden die unterschiedlichen Bauformen von Farbbildröhren, die wichtigsten Eigenschaften ihrer Leuchtstoffe und die sog. Gamma-Korrektur behandelt.

Im abschließenden Abschnitt wird auf Entwicklungen auf dem Gebiet der *Flachbildanzeigen* (*Flachbildröhren, Plasma-, LC-* und *Elektrolumineszenzanzeigen*) sowie auf *3D-Sehhilfen* (*Stereoskope, Polarisationsfiltervorsätze*) und *3D-Anzeigen* (*kopfverbundene Anzeigen, optomechanische Volumen-Displays*) eingegangen, deren Bedeutung für computergrafische Sichtsysteme in Zukunft erheblich zunehmen dürfte.

2.1 Farbmetrik

2.1.1 Begriffe der Farbmetrik

Farbraum. Bei der experimentellen Bestimmung der Farbmischkurven in Kapitel 1 wurde festgestellt, daß sich prinzipiell jede Farbe durch die additiv gemischten Primärfarben Rot (R), Grün (G) und Blau (B) definieren läßt. Für die Wahl eines derartigen Farbtripels gilt die Bedingung, daß sich keine der drei Farben durch Mischung der beiden anderen erzeugen läßt. Indem wir die Primärfarben als Achsen eines dreidimensionalen Koordinatensystems betrachten, können wir einen Farbraum (Bild 2.1a) definieren. Innerhalb dieses Raumes ist eine Farbe als Vektor, der vom Ursprung (*Schwarzpunkt*) dieses Farbkoordinatensystems ausgeht, darstellbar. Bei dieser Darstellungsart repräsentiert die Richtung des Vektors die Farbart und seine Länge die Farbhelligkeit. Die Diagonale des Farbkoordinatenraums bestimmt die Ausrichtung des Weißvektors, der, abhängig von seiner Länge, alle Farbarten von Schwarz über alle Grautöne bis Hellweiß definiert.

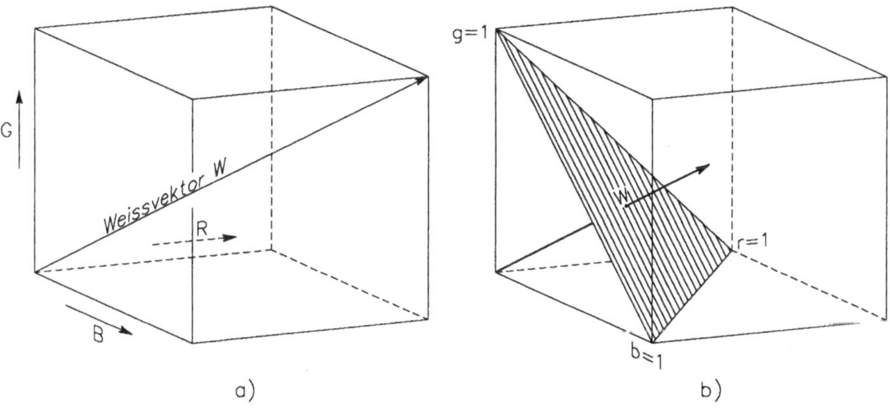

Bild 2.1. RGB-Farbkoordinaten: a) RGB-Farbraum, b) Schnittebene im RGB-Farbraum

Farbdreieck. In der Regel kann man davon ausgehen, daß sich Farben vorwiegend nach ihrer Farbart und weniger nach ihrer Helligkeit unterscheiden lassen. Aufgrund dieses Sachverhaltes wird vielfach eine anschaulichere zweidimensionale Repräsentationsform gewählt, die sich direkt aus dem Farbraum heraus entwickeln läßt.

Wie in Bild 2.1b dargestellt, betrachten wir hierzu im Farbraum eine Schnittebene, die senkrecht zum Weißvektor ausgerichtet ist. Die Schnittebene, die von allen Farbvektoren durchdrungen wird, bezeichnen wir nachfolgend als Farbdreieck. Jedem Ort auf der Dreiecksfläche ist somit eine Farbe zugeordnet, deren Farbart von der Richtung des Farbvektors abhängt. An den Eckpunkten des gleichschenkligen Farbdreiecks befinden sich die Farbkoordinaten der Primärfarben R, G und B, während der Weißpunkt W, den der Weißvektor durchdringt, im Zentrum liegt.

Farbart, Farbton und Farbsättigung. Mit Hilfe des Farbdreiecks lassen sich weitere Begriffe aus der Farbmetrik anschaulich erklären. So wird die Farbart durch die Kombination der beiden Komponenten Farbsättigung und Farbton dargestellt. Unter dem Begriff Farbton oder Buntton verstehen wir den dominierenden Spektralanteil einer Farbe. Die Farbsättigung oder Farbreinheit ist hingegen ein Maß für den prozentualen Anteil des weißen Lichtes, mit dem der Farbton vermischt ist.

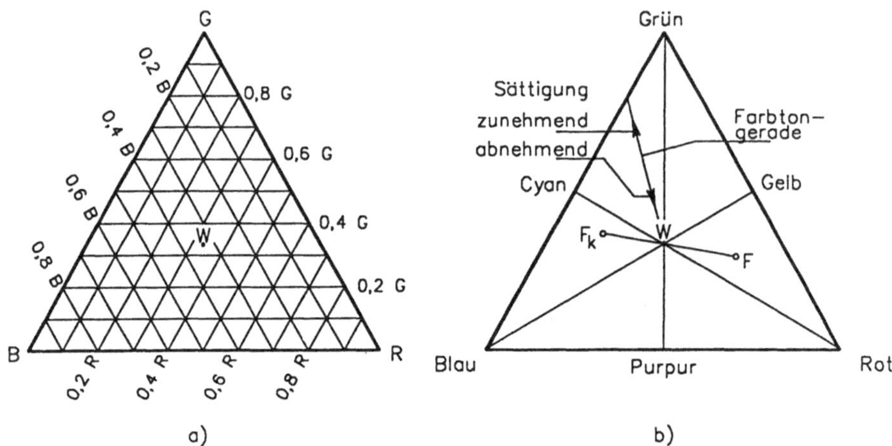

Bild 2.2. Farbdreieck: a) Farbartkoordinaten im Farbdreieck, b) Sättigung, Farbton, Komplementärfarbe im Farbdreieck

Im Farbdreieck befinden sich alle Farben mit dem gleichen Farbton auf der Verbindungslinie, die vom Weißpunkt zu einer Dreieckskante führt. Der Sättigungswert eines Farbtons ist im Weißpunkt 0% (völlig entsättigt) und steigt von dort aus stetig an, bis der maximale Sättigungswert am Rand des Farbdreiecks erreicht ist. Der Grad der erreichbaren Sättigung hängt vom Sättigungsgrad der vorgegebenen Primärfarben ab.

Komplementärfarbe. Anhand des Farbdreiecks läßt sich auch der Begriff der Komplementärfarbe leicht veranschaulichen. Komplementärfarben sind Farbenpaare, die additiv gemischt die Farbe Weiß ergeben. Innerhalb des Farbdreiecks befindet sich die Komplementärfarbe F_k der Farbe F auf der gleichen Farbtongeraden, die durch den Mittelpunkt des Farbdreiecks verläuft. Am bekanntesten sind die zu den Primärfarben Rot, Grün und Blau komplementären Farben Cyan, Purpur und Gelb, deren Koordinaten in Bild 2.2b eingetragen sind.

Normfarben. Der Farbraum wird mit Primärfarben definiert, deren Farborte nicht verbindlich festgelegt sind. Darüber hinaus sind im RGB-Farbraum nicht alle Farben, die in der Natur auftreten, enthalten. Um für alle sichtbaren Farben eine einheitliche Koordinatenfestlegung zu treffen, wurden die Normfarben (X, Y, Z) eingeführt. Es sind reine Rechengrössen, deren Farborte außerhalb des Sonnenlichtspektrums liegen und mit denen jede Spektralfarbe durch additive Mischung der positiven X-, Y- und Z-Anteile erzeugbar ist. Negative Farbwerte, die bei der experimentellen Bestimmung der Farbmischkurven mit den Primärfarben Rot=700nm, Grün= 546nm und Blau= 435,8nm auftreten (Bild 1.12b), lassen sich mit den Normfarben vermeiden.

Die Abbildung der *r*-, *g*- und *b*-Farbwerte auf die Normfarbwerte erfolgt nach [RIC76] mit:

$$\begin{aligned} X &= 2{,}7690\, r + 1{,}7518\, g + 1{,}1300\, b \\ Y &= 1{,}0000\, r + 4{,}5907\, g + 0{,}0601\, b \\ Z &= 0{,}0565\, g + 5{,}5943\, b \ . \end{aligned} \tag{2.1}$$

Die hierzu inverse Transformation erhalten wir mit:

$$\begin{aligned} r &= 0{,}4175\, X - 0{,}1578\, Y - 0{,}0828\, Z \\ g &= -0{,}0912\, X + 0{,}2524\, Y + 0{,}0157\, Z \\ b &= 0{,}0009\, X - 0{,}0026\, Y + 0{,}1786\, Z \ . \end{aligned} \tag{2.2}$$

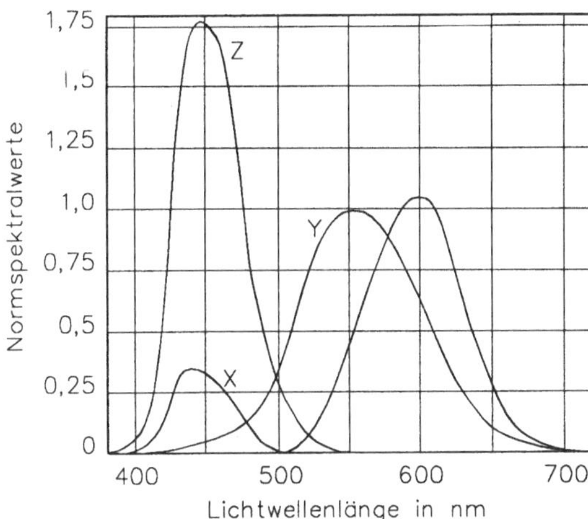

Bild 2.3. CIE[2]-Normfarbmischkurven

Indem wir die r, g und b-Werte der Farbmischkurven in (2.1) einsetzen (s. Bild 1.12b), erhalten wir die in Bild 2.3 dargestellten XYZ-Normfarbmischkurven.

Normfarbdreieck. Nach der Einführung der virtuellen Normfarben kann nun ein einheitliches Farbkoordinatensystem bestimmt werden. Hierzu definieren wir eine Farbebene, die analog zum RGB-Farbraum die Achsen des XYZ-Koordinatensystems an den Stellen $X=1$, $Y=1$ und $Z=1$ schneidet (Bild 2.4a).

---

2 CIE ist die Abkürzung für *Commission International de l' Éclariage*.
Im CIE-Komitee *Farbmessungen* werden die internationalen Vereinbarungen über farbmetrische Grundlagen getroffen.

Wir bezeichnen den Teil der Farbebene, der durch die Eckpunktkoordinaten *[1 0 0]*, *[0 1 0]* und *[0 0 1]* begrenzt wird, als Normfarbdreieck, auf dessen Ebene die XYZ-Koordinaten des virtuellen Farbraums abzubilden sind. Jeder im XYZ-Koordinatenraum befindliche Farbort wird hierbei auf einen Punkt *[x y z]* der Normfarbdreiecksebene

$$x + y + z = 1 \tag{2.3}$$

transformiert, den der Farbvektor des jeweiligen XYZ-Farbortes durchdringt. Die Abbildung erfolgt mit:

$$x = \frac{X}{X+Y+Z}\,, \quad y = \frac{Y}{X+Y+Z} \quad \text{und} \quad z = \frac{Z}{X+Y+Z}\,. \tag{2.4}$$

Es ist im allgemeinen üblich, die Farbörter innerhalb des Normfarbdreiecks nur mit den x- und y-Koordinaten[3] zu definieren. Dies erreichen wir dadurch, indem wir, wie Bild 2.4b zeigt, lediglich die Projektion auf die xy-Ebene des Normfarbdreiecks darstellen.

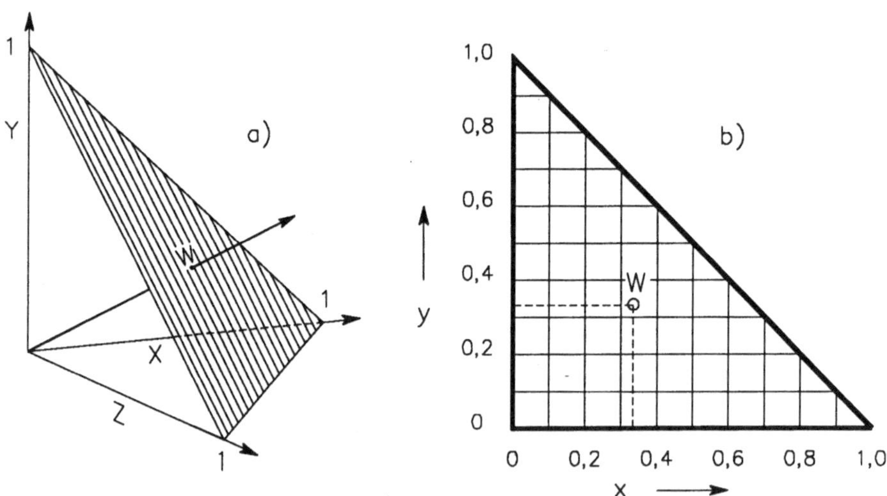

Bild 2.4. Normfarbdreieck: a) Beziehung zwischen Normfarbdreieck und Normfarbraum, b) xy-Ebene des Normfarbdreiecks

3 Die Koordinaten, die sich auf der Ebene des Normfarbdreiecks befinden, werden im Unterschied zu den XYZ-Koordinaten des Normfarbraums grundsätzlich klein geschrieben.

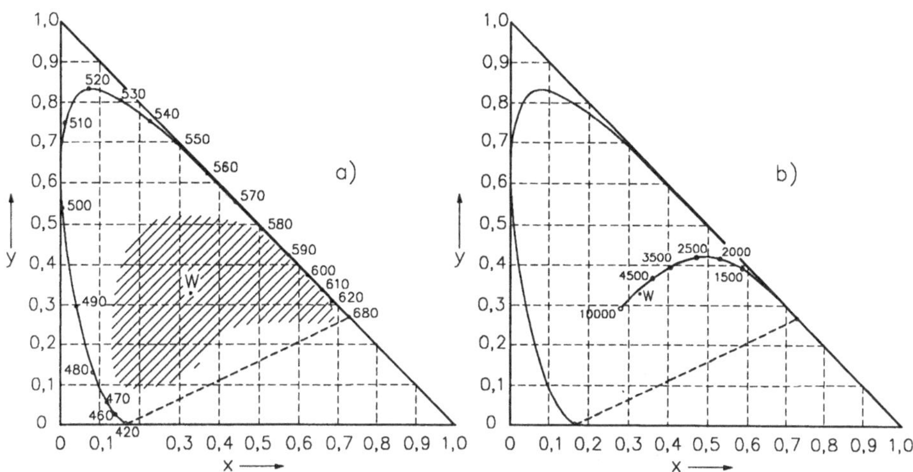

Bild 2.5. Normfarbtafel: a) Normfarbtafel mit Spektralfarbenzug, b) Plancksche Kurve in der Normfarbtafel

Diese Form der Darstellung von Farbkoordinaten ist durch die CIE festgelegt und damit international verbindlich.

CIE-Spektralfarbenzug und Normfarbtafel. Den in Bild 2.5a dargestellten *CIE-Spektralfarbenzug* erhält man, wenn die XYZ-Farbwerte der Normfarbmischkurven auf die xy-Ebene des Normfarbdreiecks abgebildet werden. Diese Kurve repräsentiert innerhalb der Normfarbtafel die Farbortmenge des Sonnenlichtspektrums. Die beiden Enden dieses sog. Spektralfarbenzuges werden mit der Purpurgerade (unterbrochene Line) verbunden. Innerhalb der vom Spektralfarbenzug eingeschlossen Fläche befinden sich die Farborte aller physikalisch erzeugbaren Farben. Eine Untermenge hieraus sind die in der Natur vorkommenden Farben, deren Farbortmenge in Bild 2.5a schraffiert gekennzeichnet ist.

Farbtemperatur. Häufig ist in den Kenndaten einer Monitorröhre auch die Angabe der *Farbtemperatur* des *Referenzweißpunktes* zu finden. Der Begriff der Farbtemperatur wird auf das *Plancksche Strahlungsgesetz* zurückgeführt, das den Zusammenhang zwischen der spektralen Strahldichte und der Temperatur einer idealen Lichtquelle beschreibt. Als Modell für diese ideale Lichtquelle dient ein *Hohlraumstrahler*. Diese Strahlenquelle ist ein Hohlkörper, dessen Innenwände die Temperatur T aufweisen und dessen Temperaturstrahlung durch eine kleine Öffnung nach außen gelangt. Da die einfallende Strahlung vollständig absorbiert wird, trägt diese Strahlenquelle auch die Bezeichnung *schwarzer Strahler*. Die Öffnung des Hohlraumstrahlers läßt sich als Lichtquelle vorstellen, deren Farbart und Leuchtdichte von der Innentemperatur T abhängt.

Bild 2.5b zeigt den xy-Koordinatenverlauf der von dem Hohlraumstrahler erzeugten Farben als Funktion der Farbtemperatur. Da sich Temperaturwerte sehr genau messen lassen, ist mit Hilfe des Plankschen Strahlungsgesetzes die spektrale Verteilung der Leuchtdichte mit hoher Präzision bestimmbar, so daß sich der Hohlraumstrahler als Farbart und Leuchtdichtenormal eignet.

Im Bereich von 5000K bis 8000K ist die spektrale Leuchtdichteverteilung des Hohlraumstrahlers nahezu gleichverteilt, wodurch diese Farbtemperaturen vielfach als Referenzwerte zur Einstellung einer Farbbildröhre auf die Farbe Weiß verwenden lassen (Weißpunktabgleich).

2.1.2 RGB/XYZ-, XYZ/RGB- und RGB/RGB'-Transformationen

Um mit einer Farbbildröhre eine genau definierte Farbart zu erzeugen, müssen die xy-Koordinaten der drei Primärfarben sowie des Weißpunktes bekannt sein. Diese Parameter sind in der Regel in den Datenblättern der Bildröhre enthalten. Bild 2.6 zeigt die Koordinaten der Primärfarben von vier Bildröhren mit unterschiedlichen Leuchtstoffen, die je ein Farbdreieck aufspannen.

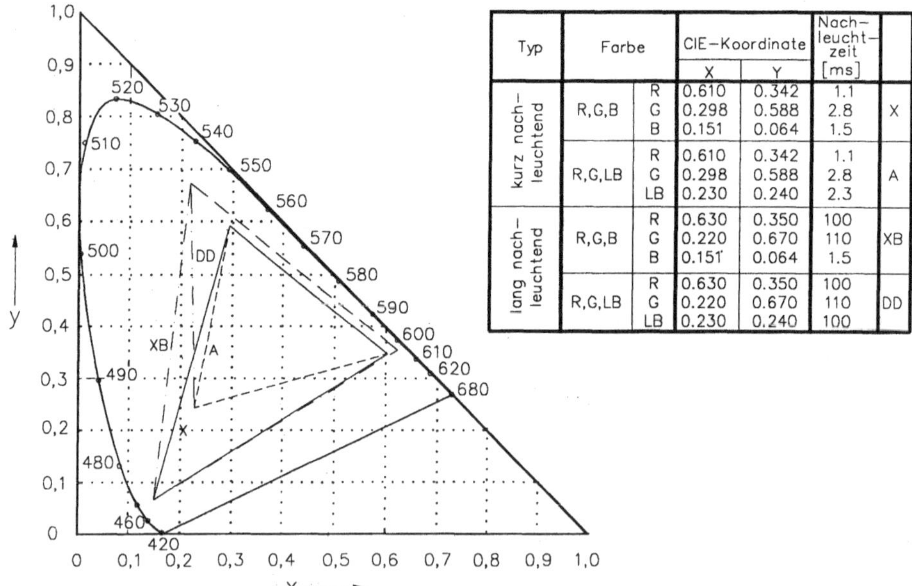

Typ	Farbe		CIE-Koordinate x	CIE-Koordinate y	Nachleuchtzeit [ms]	
kurz nachleuchtend	R,G,B	R	0.610	0.342	1.1	X
		G	0.298	0.588	2.8	
		B	0.151	0.064	1.5	
	R,G,LB	R	0.610	0.342	1.1	A
		G	0.298	0.588	2.8	
		LB	0.230	0.240	2.3	
lang nachleuchtend	R,G,B	R	0.630	0.350	100	XB
		G	0.220	0.670	110	
		B	0.151	0.064	1.5	
	R,G,LB	R	0.630	0.350	100	DD
		G	0.220	0.670	110	
		LB	0.230	0.240	100	

Bild 2.6. Farbkoordinaten der Primärfarbtripel von vier unterschiedlichen Leuchtstoffbeschichtungen

Hieraus ist leicht zu erkennen, daß jede dieser vier Bildröhren bei gleichen RGB-Werten eine unterschiedliche Farbart erzeugt. Weiterhin ist zu entnehmen, daß sich bei einigen Leuchtstofftypen nur die Farbarten eines relativ kleinen Zentralbereiches innerhalb der CIE-Farbtafel erzeugen lassen.

Nachfolgend werden die Beziehungen zwischen den CIE-Koordinaten, die sich innerhalb des Normfarbsystems auf der 'x+y+z=1'-Ebene befinden und dem RGB-Koordinatensystem diskutiert. Weiterhin werden die Transformationen zwischen beiden Koordinatensystemen besprochen und anhand von drei Beispielen verdeutlicht.

Der RGB-Koordinatenraum im Normfarbsystem. Die Abbildung der RGB-Koordinaten auf die xyz-Koordinaten des Normfarbsystems veranschaulicht Bild 2.7. Wir erkennen anhand von Bild 2.7a, daß beide Koordinatensysteme den gleichen Ursprung besitzen. Von diesem Ort ausgehend, durchdringen, wie Bild 2.7b zeigt, die RGB-Farbachsen die Farborte der Primärfarben P_r, P_g und P_b auf der '$x + y + z = 1$'-Ebene des Normfarbdreiecks. Jede Farbe, die sich mit den Anteilen der drei Primärfarben erzeugen läßt, befindet sich innerhalb des spatförmigen RGB-Farbraums und läßt sich somit auch auf einen Ort innerhalb des Normfarbdreiecks abbilden.

Aus dem Bild 2.7a geht hervor, daß die Diagonalen beider Koordinatensysteme etwas unterschiedlich ausgerichtet sind. Die Ursache liegt darin, daß der Ort des Weißpunktes in der Regel nicht genau im Zentrum der Normfarbtafel liegt.

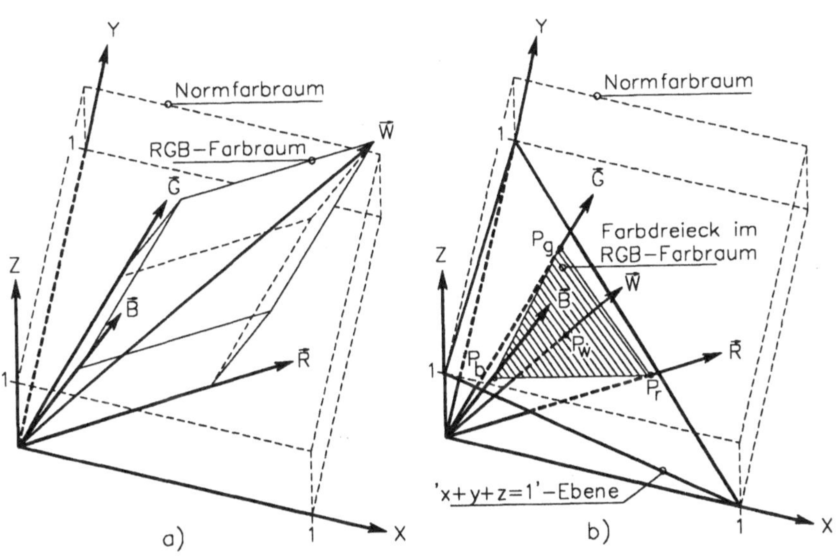

Bild 2.7. RGB- und Normfarbraum: a) Der RGB-Farbraum im Normfarbraum, b) Farbdreieck im Normfarbraum

RGB/XYZ-Transformation. Die Abbildung der RGB-Koordinaten auf die XYZ-Koordinaten des Normfarbsystems erfolgt mit:

$$[X\ Y\ Z] = [r\ g\ b] \begin{pmatrix} S_r\, x_r & S_r\, y_r & S_r\, z_r \\ S_g\, x_g & S_g\, y_g & S_g\, z_g \\ S_b\, x_b & S_b\, y_b & S_b\, z_b \end{pmatrix}. \tag{2.5}$$

Um die Terme S_r, S_g und S_b zu bestimmen, bilden wir den Weißpunkt im RGB-Koordinatensystem $[1\ 1\ 1]$ auf den normalisierten Weißpunkt im Normfarbraum ($Y_w = 1$) ab:

$$\left[\frac{x_w}{y_w}\ \ 1\ \ \frac{z_w}{y_w}\right] = [1\ 1\ 1] \begin{pmatrix} S_r\, x_r & S_r\, y_r & S_r\, z_r \\ S_g\, x_g & S_g\, y_g & S_g\, z_g \\ S_b\, x_b & S_b\, y_b & S_b\, z_b \end{pmatrix}. \tag{2.6}$$

Wird (2.6) nach S_r, S_g und S_b aufgelöst, so erhalten wir:

$$\begin{aligned} S_r &= k_1 \frac{x_w}{y_w} + k_2 + k_3 \frac{z_w}{y_w} \\ S_g &= k_4 \frac{x_w}{y_w} + k_5 + k_6 \frac{z_w}{y_w} \\ S_b &= k_7 \frac{x_w}{y_w} + k_8 + k_9 \frac{z_w}{y_w} \end{aligned} \tag{2.7}$$

mit

$$k_1 = \frac{y_g\, z_b - y_b\, z_g}{k},\quad k_2 = \frac{x_b\, z_g - x_g\, z_b}{k},\quad k_3 = \frac{x_g\, y_b - x_b\, y_g}{k}$$

$$k_4 = \frac{y_b\, z_r - y_r\, z_b}{k},\quad k_5 = \frac{x_r\, z_b - x_b\, z_r}{k},\quad k_6 = \frac{x_b\, y_r - x_r\, y_b}{k}$$

$$k_7 = \frac{y_r\, z_g - y_g\, z_r}{k},\quad k_8 = \frac{x_g\, z_r - x_r\, z_g}{k},\quad k_9 = \frac{x_r\, y_g - x_g\, y_r}{k}$$

und

$$k = x_r\,(y_g\, z_b - y_b\, z_g) + x_g\,(y_b\, z_r - y_r\, z_b) + x_b\,(y_r\, z_g - y_g\, z_r)\,.$$

In (2.5), (2.6) und (2.7) wird die CIE-Koordinate des Weißpunktes mit $[x_w\ y_w]$ und die der drei Primärfarben mit $[x_r\ y_r]$, $[x_g\ y_g]$ und $[x_b\ y_b]$ bezeichnet.

Um die zweidimensionalen CIE-Koordinaten auf die dreidimensional ausgerichtetete Ebene des Normfarbdreiecks abbilden zu können, ist zusätzlich die Bestimmung der Koordinaten z_r, z_g, z_b und z_w erforderlich:

$$\begin{aligned} z_r &= 1 - (x_r + y_r),\quad z_g = 1 - (x_g + y_g) \\ z_b &= 1 - (x_b + y_b),\quad z_w = 1 - (x_w + y_w)\,. \end{aligned} \tag{2.8}$$

Beispiel 1: Aus den Datenblättern eines Monitors erhalten wir die Farbörter der Primärfarben und des Weißpunktes $\boldsymbol{P_r}$, $\boldsymbol{P_g}$, $\boldsymbol{P_b}$ und $\boldsymbol{P_w}$:

$$\boldsymbol{P_r} = [x_r \ y_r] = [0{,}610 \quad 0{,}342], \ \boldsymbol{P_g} = [x_g \ y_g] = [0{,}298 \quad 0{,}588]$$
$$\boldsymbol{P_b} = [x_b \ y_b] = [0{,}151 \quad 0{,}064], \ \boldsymbol{P_w} = [x_w \ y_w] = [0{,}313 \quad 0{,}329]\,.$$

Die Koordinaten des Weißvektors $\boldsymbol{W}$ werden anschließend für $y_w = 1$ bestimmt

$$\left[\frac{x_w}{y_w} \quad 1 \quad \frac{1 - x_w - y_w}{y_w}\right] = [\,0{,}951 \quad 1 \quad 1{,}088\,]$$

in (2.6) eingesetzt und nach S_r, S_g und S_b aufgelöst.

$$[\,0{,}951 \quad 1 \quad 1{,}088\,] = [\,1 \quad 1 \quad 1\,]\begin{pmatrix} 0{,}610\,S_r & 0{,}342\,S_r & 0{,}048\,S_r \\ 0{,}298\,S_g & 0{,}588\,S_g & 0{,}114\,S_g \\ 0{,}151\,S_b & 0{,}064\,S_b & 0{,}785\,S_b \end{pmatrix}$$

Mit (2.7) erhalten wir hierfür die Werte $S_r = 0{,}6985$, $S_g = 1{,}1666$ und $S_b = 1{,}1738$, mit denen sich die RGB/XYZ-Transformationsmatrix für die oben vorgegebenen Primärfarben bestimmen läßt:

$$[\,X \quad Y \quad Z\,] = [\,r \quad g \quad b\,]\begin{pmatrix} 0{,}4260 & 0{,}2388 & 0{,}0335 \\ 0{,}3476 & 0{,}6860 & 0{,}1330 \\ 0{,}1772 & 0{,}0751 & 0{,}9214 \end{pmatrix}.$$

Die Abbildung der XYZ-Koordinaten auf die xy-Koordinaten des Normfarbdreiecks erfolgt anschließend mit (2.3).

XYZ/RGB-Transformation. Für die inverse Abbildung der XYZ-Koordinaten auf die Koordinaten des RGB-Farbraums dient die Transformationsgleichung:

$$[\,r \quad g \quad b\,] = [\,X \quad Y \quad Z\,]\begin{pmatrix} \dfrac{k_1}{S_r} & \dfrac{k_4}{S_g} & \dfrac{k_7}{S_b} \\ \dfrac{k_2}{S_r} & \dfrac{k_5}{S_g} & \dfrac{k_8}{S_b} \\ \dfrac{k_3}{S_r} & \dfrac{k_6}{S_g} & \dfrac{k_9}{S_b} \end{pmatrix}. \tag{2.9}$$

Beispiel 2: Wir berechnen die Koeffizienten der XYZ/RGB-Transformationsmatrix eines weiteren Monitors, bei dem die CIE-Koordinaten der Primärfarben und des Weißpunktes $\boldsymbol{P_r}$, $\boldsymbol{P_g}$, $\boldsymbol{P_b}$ und $\boldsymbol{P_w}$ von dem im Beispiel 1 verwendeten Werten abweichen:

$$P_r = [\,x_r \;\; y_r\,] = [\,0{,}615 \;\; 0{,}337\,]\,, \quad P_g = [\,x_g \;\; y_g\,] = [\,0{,}231 \;\; 0{,}664\,]$$
$$P_b = [\,x_b \;\; y_b\,] = [\,0{,}147 \;\; 0{,}063\,]\,, P_w = [\,x_w \;\; y_w\,] = [\,0{,}310 \;\; 0{,}316\,]\,.$$

Indem wir diese Werte wiederum in (2.7) einsetzen, erhalten wir die Transformationskoeffizienten für (2.9):

$$[\,r \;\; g \;\; b\,] = [\,X \;\; Y \;\; Z\,]\begin{pmatrix} 2{,}1336 & -1{,}1279 & 0{,}0103 \\ -0{,}6882 & 2{,}0517 & -0{,}1568 \\ -0{,}3421 & 0{,}0463 & 0{,}9689 \end{pmatrix}.$$

RGB/RGB'-Transformation. Wird ein Monitor eines Sichtgerätes ausgetauscht, so kann sich die Farbwiedergabe, falls die farbmetrischen Kenndaten des neuen Monitors (Monitor 2) mit denen des zuvor verwendeten Gerätes (Monitor 1) nicht übereinstimmen, erheblich verändern. Um eine einheitliche Farbdarstellung zu erhalten, muß eine RGB/RGB'-Transformation erfolgen. Hierbei werden die RGB-Steuersignale des Monitors 2 so transformiert, daß die erzeugten Farben mit denen des Monitor 1 identisch sind. Wir erhalten die RGB /RGB'-Transformationsmatrix durch Multiplikation der RGB/XYZ-Matrix von Monitor 1 mit der XYZ/RGB-Matrix von Monitor 2:

$$[\,r \;\; g \;\; b\,]_{MON2} = [\,r \;\; g \;\; b\,]_{MON1}\begin{pmatrix} RGB \rightarrow XYZ \\ Matrix \\ Monitor\ 1 \end{pmatrix}\begin{pmatrix} XYZ \rightarrow RGB \\ Matrix \\ Monitor\ 2 \end{pmatrix}. \qquad (2.10)$$

Beispiel 3: Zur Bestimmung der RGB/RGB'-Transformationsmatrix verwenden wir die in den Beispielen 1 und 2 berechneten RGB/XYZ- und XYZ/RGB-Matrizen:

$$[\,r \;\; g \;\; b\,]' = [\,r \;\; g \;\; b\,]\begin{pmatrix} 0{,}4266 & 0{,}2392 & 0{,}0336 \\ 0{,}3475 & 0{,}6857 & 0{,}1329 \\ 0{,}1773 & 0{,}0751 & 0{,}9216 \end{pmatrix}\begin{pmatrix} 2{,}1336 & -1{,}1279 & 0{,}0103 \\ -0{,}6882 & 2{,}0517 & -0{,}1568 \\ -0{,}3421 & 0{,}0463 & 0{,}9689 \end{pmatrix}.$$

Indem wir beide Matrizen miteinander multiplizieren, erhalten wir die gesuchten Koeffizienten der RGB/RGB'-Transformationsmatrix:

$$[\,r \;\; g \;\; b\,]' = [\,r \;\; g \;\; b\,]\begin{pmatrix} 0{,}7341 & 0{,}0111 & -0{,}0006 \\ 0{,}2241 & 1{,}0210 & 0{,}0248 \\ 0{,}0113 & -0{,}0032 & 0{,}8830 \end{pmatrix}.$$

2.2 Bildröhren

Von allen Bildanzeigen sind es die Bildröhren, die in computergrafischen Sichtgeräten derzeit eindeutig dominieren. Die Gründe hierfür sind in der hohen Auflösung und vor allem in den hervorragenden Eigenschaften bei Farbbilddarstellungen zu finden. Weiterhin zeichnen sich Bildröhren, im Vergleich zu anderen alternativen Bildanzeigen, die im Abschnitt 2.3 behandelt werden, durch ein sehr günstiges Preis-Leistungsverhältnis aus.

2.2.1 Funktionsprinzip

Der prinzipielle Aufbau einer Bildröhre ähnelt dem der in Bild 2.8 dargestellten Kathodenstrahlröhre. Diese besteht im wesentlichen aus einem Strahlerzeugungs- und einem Ablenksystem, die sich innerhalb einer Hochvakuumröhre befinden, auf deren Schirminnenseite eine Leuchtstoffschicht aufgetragen ist. Die Wirkungsweise der Kathodenstrahlröhre stellt sich wie folgt dar:

Strahlerzeugung. Eine mit Bariumoxyd beschichtete Kathode wird elektrisch beheizt und emittiert dadurch Elektronen. Diese treten in ein elektrisches Feld ein, das durch ein hohes positives Anodenpotential erzeugt wird. Durch die Einwirkung dieses elektrischen Feldes werden die freien Elektronen in Richtung der Anode beschleunigt.

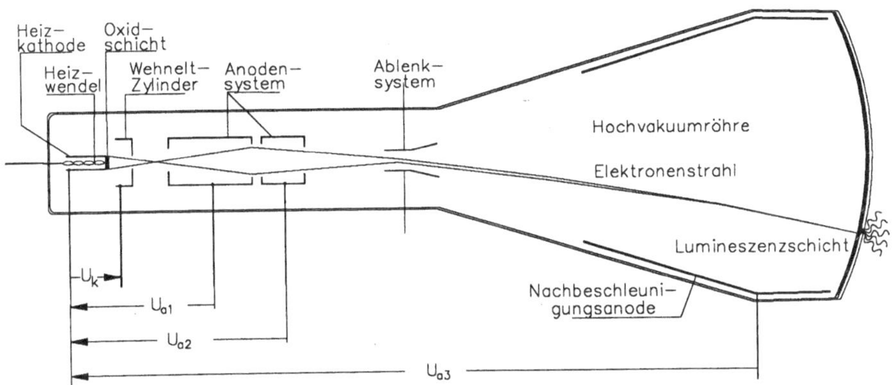

Bild 2.8. Aufbau einer Kathodenstrahlröhre

Fokussierung. Die Anode besteht aus zwei zylinderförmigen Lochblenden mit den beiden Spannungspotentialen U_{a1} und U_{a2}. Infolge der Spannungsdifferenz zwischen U_{a1} und U_{a2} bildet sich eine konvexe Feldlinienverteilung aus, die wie eine elektrische Sammellinse wirkt. Der durch diese Linse hindurchtretende Elektronenstrahl wird dabei so fein fokussiert, daß er als kleiner Punkt auf die Leuchtstoffschicht des Bildschirms auftrifft und dort die Bewegungsenergie der Elektronen durch Fluoreszenz in Licht umsetzt. Durch Variation der Anodenspannungsdifferenz läßt sich eine Brennweitenänderung des elektrischen Linsensystems und damit eine exakt einstellbare Strahlfokussierung erreichen.

Steuerung des Strahlstroms. Zur Steuerung der Strahlstromstärke ist eine gleichfalls zylinderförmige Lochblende vorhanden. Dieses als *Wehnelt-Zylinder* bezeichnete Elektrodensystem ist gegenüber dem Kathodenpotential mit der Spannung U_k (ca. -30V) negativ vorgespannt. Durch Änderung der Vorspannung läßt sich linear zur Strahlstromstärke die Intensität des emittierten Lichtes verstärken oder abschwächen. Weiterhin hat der Wehnelt-Zylinder die Aufgabe, die emittierten Elektronen vor ihrem Eintritt ins fokussierende Anodensystem vorzubündeln. Der Wehnelt-Zylinder gehört somit auch zur Elektronenoptik der Kathodenstrahlröhre.

Elektrostatische Ablenkung. Im Fall der elektrostatischen Ablenkung wird die Richtungsänderung des Elektronenstrahls durch zwei Elektroden bewirkt, die wie bei einem Plattenkondensator gegenüberliegend angeordnet sind. Zwei derartige Elektrodenpaare sind um 90° gegeneinander verdreht angeordnet und werden als X- und Y-Ablenksystem bezeichnet. Sie erzeugen ein elektrostatisches Feld, das den Elektronenstrahl abhängig von den Potentialdifferenzen $U_x = U_{x_1} - U_{x_2}$ und $U_y = U_{y_1} - U_{y_2}$ in Richtung der positiv geladenen Ablenkelektroden auslenkt. Hierdurch wird auf der Bildschirmfläche eine Strahlauslenkung in Richtung der X- und der Y-Achse bewirkt, die linear von U_x und U_y abhängig ist. Wir erhalten die Strahlauslenkung S_x und S_y in Richtung der beiden Koordinatenachsen mit:

$$S_x = 0{,}5 \frac{l\ D}{d\ U_a} U_x, \quad S_y = 0{,}5 \frac{l\ D}{d\ U_a} U_y \ .$$

Hierin ist U_a die Anodenspannung, l die Länge der Ablenkelektroden, d der Abstand zwischen den Ablenkelektroden und D die Distanz der Ablenkelektroden zur Bildschirmfläche.

Die elektrostatische Ablenkung ist wegen der sehr geringen Kapazität der Ablenkelektroden weitgehend frequenzunabhängig. Sie wird daher vorzugsweise für Bildröhren verwendet, deren Strahlablenkung mit variabler Frequenz erfolgt. Dies ist bei jenen Bildröhren der Fall, die in vektorkalligrafischen Sichtsystemen oder in Oszilloskopen eingesetzt werden.

Elektromagnetische Ablenkung. Eine elektromagnetische Ablenkeinheit besteht aus einer Anordnung von zwei Magnetspulen, die um 90° zueinander verdreht angeordnet sind. Jede dieser Spulen erzeugt ein Magnetfeld $\boldsymbol{B}$, dessen Feldlinien senkrecht zur Spulenebene ausgerichtet sind. Bewegen sich Elektronen durch dieses Magnetfeld, so werden sie senkrecht zur Feldlinienrichtung von $\boldsymbol{B}$ abgelenkt. Die hierbei wirkende *Lorenz-Kraft*

$$\boldsymbol{F} = e\ \boldsymbol{v} \times \boldsymbol{B}$$

hängt von der Stärke des Magnetfeldes $\boldsymbol{B}$, der Geschwindigkeit der Ladungsträger $\boldsymbol{v}$ und der Elektronenladung e ab. Die elektromagnetische Ablenkung ist, da die Ablenkspulen große Induktivitäten besitzen, im starken Maß frequenzabhängig. Sie wird daher vorzugsweise für Bildröhren verwendet, deren Strahlablenkung mit konstanter horizontaler und vertikaler Frequenz erfolgt. Dies ist generell bei den Bildröhren der Fall, die in rastergrafischen Sichtsystemen eingesetzt werden.

Nachbeschleunigungselektrode. Die Intensität des emittierten Lichtes hängt von der Stärke des Strahlstroms und damit von der Anzahl der Elektronen ab, die pro Zeiteinheit auf die Leuchtstoffschicht auftreffen. Um eine ausreichende Bildhelligkeit zu erhalten, muß entweder die Anzahl der emittierten Elektronen oder ihre kinetische Energie möglichst groß sein. Die Anzahl der emittierten Ladungsträger kann jedoch nicht beliebig erhöht werden, da hierbei eine zu starke Streuung erfolgt, die zur Beeinträchtigung der Bildschärfe führt. Auch die Erhöhung der Anodenspannung, mit der sich die kinetische Elektronenenergie vergrössern läßt, kann nur in engen Grenzen erfolgen, weil sich sonst die Ablenkempfindlichkeit erheblich verringert. Mit der Verwendung einer Nachbeschleunigungselektrode läßt sich jedoch der letztgenannte Nachteil weitgehend vermeiden. An die Nachbeschleunigungselektrode wird eine sehr hohe Spannung gelegt und damit ein starkes und nahezu homogenes elektrisches Feld erzeugt, das erst hinter dem Ablenksystem wirksam ist. Hierdurch erhält man eine scharfe und helle Bilddarstellung, ohne daß die Ablenkempfindlichkeit wesentlich beeinträchtigt wird.

2.2.2 Farbbildröhren

Delta-Röhre. Im Unterschied zu den monochromatischen Bildröhren besitzt die Delta-Farbbildröhre drei unabhängige Strahlgenerierungssysteme (Elektronenkanonen), die zur Erzeugung der roten, grünen oder blauen Primärfarbanteile eines Bildes dienen. Die von diesen Strahlgenerierungssystemen erzeugten Elektronenstrahlen werden so gelenkt, daß sie gemeinsam auf eine Anordnung von drei Leuchtstoffpunkten (Farbtripel) auftreffen (Bild 2.9) und dabei rotes, grünes und blaues Licht emittieren. Infolge des geringen Durchmessers des Farbtripels von 0,2mm bis 0,5mm entsteht für den Betrachter der Eindruck einer additiven Farbmischung.

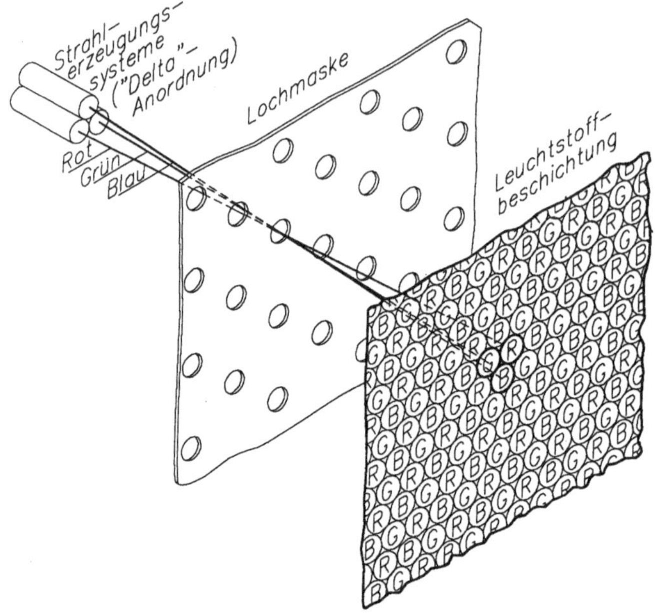

Bild 2.9. Prinzip der Delta-Röhre

Da jedoch eine derartige genaue Strahlsteuerung mit den derzeitig technisch realisierbaren Ablenksystemen unmittelbar nicht erreichbar ist, wird zusätzlich eine *Schattenmaske* oder *Lochmaske* verwendet, die in geringem Abstand vor der Leuchtstoffbeschichtung angeordnet ist. Zusätzlich ist der Durchmesser der drei Elektronenstrahlen ungefähr auf die Größe eines Farbtripels auszuweiten. Die Lochmaske wirkt in diesem Fall wie eine Blende, die nur den Anteil des aufgeweiteten Elektronenstrahls durchläßt, der auf den richtigen Leuchtpunkt innerhalb des entsprechenden Farbtripels trifft.

Trinitron-Bildröhre. Die *Trinitron-Bildröhre* [YOS68] ist eine Entwicklung der Firma SONY. Im Gegensatz zu der zuvor diskutierten Delta-Bildröhre besitzt sie nur ein Strahlgenerierungssystem, das jedoch drei Elektronenstrahlen erzeugt. Bild 2.10 zeigt, daß die Fokussierung dieser Strahlen mit einer elektronischen Linse und drei elektronischen Prismen erfolgt, deren Strahlengänge sich auf einer horizontalen Ebene befinden. Unter Verwendung dieser *In-Line-Technik* treten in vertikaler Richtung keine Konvergenzfehler auf. Hierdurch läßt sich der Schaltungsaufwand, der zum Konvergenzabgleich notwendig ist, erheblich vereinfachen. Da alle drei Strahlen durch das Zentrum eines einzigen elektronischen Linsensystems gehen, ist auch der Tiefenschärfebereich größer, wodurch man eine gleichmäßige Schärfe und Helligkeit über den gesamten Bildschirmbereich erzielt.

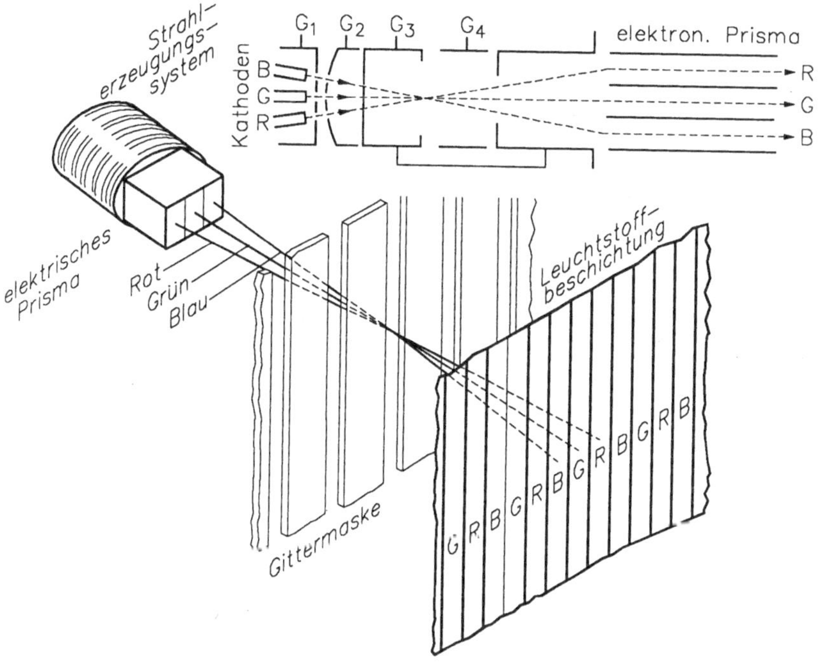

Bild 2.10. Trinitron-Röhre

Anstelle der Loch- oder Schlitzmaske ist ein auf einem stabilen Rahmen montiertes Blendengitter vorgesehen, das auch als Gittermaske bezeichnet wird. Es besteht aus einer ca. 0,1mm dicken Blechfolie, in die vertikale Schlitze eingeätzt sind. Die Transparenz des Blendengitters ist um etwa 30% größer als bei der Lochmaske. Im Gegensatz zur Kugelkalottenform der Lochmaske ist das Blendengitter nur in der horizontalen Richtung zylinderförmig gewölbt. Zur Schwingungsdämpfung sind auf der Gitterfläche zusätzlich dünne horizontale Drähte angeordnet. Die Lumineszenzbeschichtung der Trinitron-Röhre besteht, wie Bild 2.10 zeigt, aus durchgehenden vertikalen Leuchtstoffstreifen.

Schlitzmaskenröhre. Mit der Schlitzmaskenröhre lassen sich die Stabilitätsprobleme, die bei der Verwendung von Blendengittern in Trinitron-Röhren mit großen Bildschirmflächen auftreten, weitgehend vermeiden. Anstelle der durchgehenden Schlitze des Maskengitters sind diese, wie in Bild 2.11 dargestellt, zur Verbesserung der mechanischen Stabilität unterbrochen. Der streifenförmige Aufbau der Leuchtstoffbeschichtung ist mit der der Trinitron-Röhre identisch (Bild 2.10). Die Strahlerzeugung erfolgt, wie bei der Delta-Röhre, mit drei Elektronenkanonen.

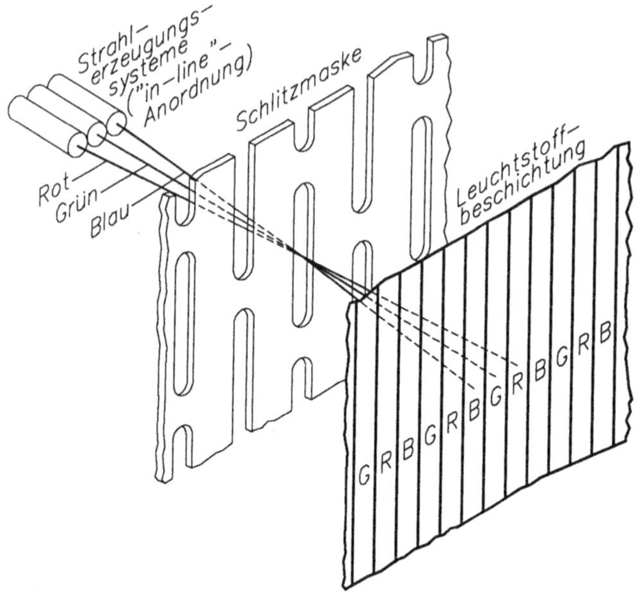

Bild 2.11. Schlitzmaskenbildröhre

Um den Konvergenzabgleich zu vereinfachen, wird auch bei diesem Röhrentyp die oben erwähnte In-Line-Technik verwendet, bei der die drei Strahlerzeugungssysteme horizontal in einer Ebene angeordnet sind. Ein Nachteil der Schlitzmasken, der gleichermaßen auch auf die Gittermasken zutrifft, ist ihre, im Vergleich mit den Delta-Lochmasken, schlechtere horizontale Auflösung. Bild 2.12 verdeutlicht diesen Sachverhalt.

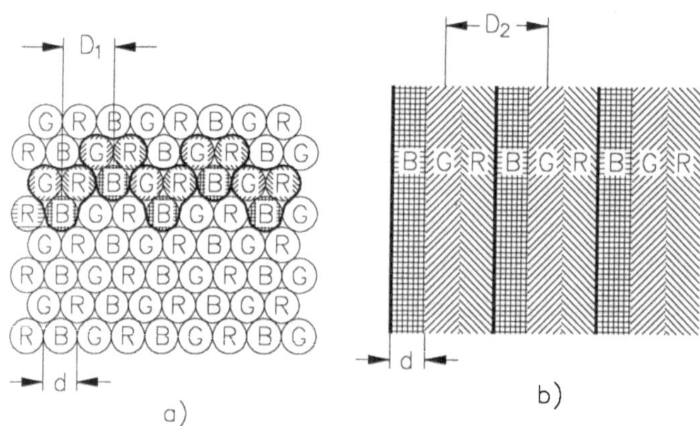

Bild 2.12. Horizontalauflösung der Delta- und Schlitzmaskenröhren:
a) Tripeldistanzen D1, b) Streifendistanzen D2

Bei der hexagonalen Farbtripelanordnung der Delta-Röhre wird ein geringerer Abstand zwischen den Bildpunkten erreicht. Unter der Voraussetzung, daß der Durchmesser eines Leuchtstoffpunktes gleich der Breite eines Leuchtstoffstreifens ist, sind die Streifendistanzen D2 doppelt so groß wie die Tripeldistanzen D1. Allerdings sind in jüngerer Zeit die Bildröhrenhersteller durch verbesserte Fertigungstechniken in der Lage, Bildröhren mit Schlitz- und Gittermasken herzustellen, deren Auflösung die der Delta-Röhren erreicht.

Penetron. Die Penetron-Röhre [MAY73] sei an dieser Stelle nur aus Gründen der Vollständigkeit erwähnt, da sie lediglich in eingeschränkten Anwendungsbereichen als Farbbildröhre zum Einsatz kommt. Im Gegensatz zu den zuvor behandelten Bildröhrentypen funktioniert die Penetron-Röhre mit nur einem Elektronenstrahl und benötigt keine Schattenmaske. Anstelle der punkt- oder streifenförmigen Leuchtstofftripel sind auf der Innenseite des Bildschirms übereinanderliegende, gleichmäßig dünne Leuchtstoffschichten aufgetragen.

In der Regel werden nur zwei Schichten verwendet. So kann beispielsweise die oberste Beschichtung aus grünleuchtendem und die darunter liegende Schicht aus rotleuchtendem Lumineszenzmaterial bestehen (Bild 2.13). Trifft der Elektronenstrahl nur mit minimaler Energie auf die Bildschirmfläche, so dringt er lediglich in die obere Schicht ein und verursacht eine grüne Fluoreszenzstrahlung. Wird die Strahlenergie auf den Maximalwert erhöht, dann durchschlagen die Elektronen die obere Beschichtung und dringen in die darunterliegende Leuchtstoffschicht ein, wobei rotes Licht emittiert wird. Durch Variation der Elektronenstrahlenergie innerhalb beider Grenzwerte erhält man alle Mischfarben, die sich mit den beiden Primärfarben Rot und Grün erzeugen lassen.

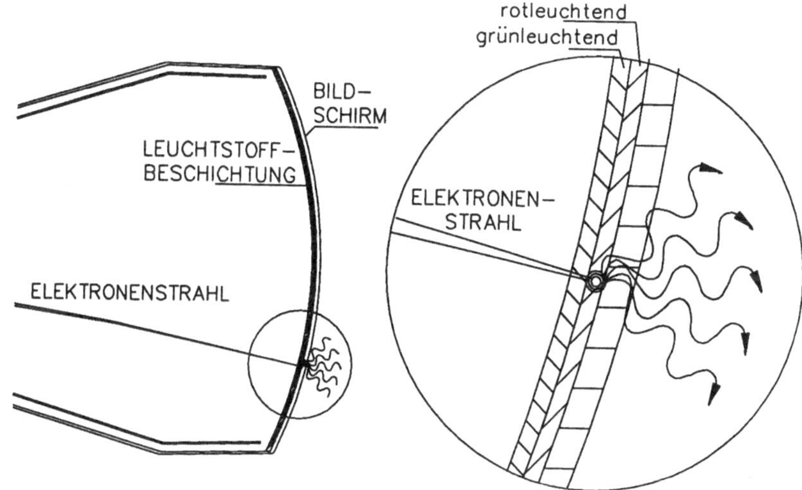

Bild 2.13. Penetron-Röhre

Ein erheblicher Nachteil der Penetron-Röhren, im Vergleich zu den zuvor behandelten Farbbildröhren, sind die relativ langen Schaltzeiten, die zur Änderung der Anodenspannung notwendig sind, um die Energie des Elektronenstrahls zu erhöhen oder zu verringern. Die geringe Anzahl der darstellbaren Farben ist ein weiterer Nachteil, der den Einsatz derartiger Röhrentypen für die meisten computergrafischen Applikationsbereiche ausschließt. Penetron-Röhren sind jedoch sehr gut geeignet, um farbige Liniendarstellungen mit sehr hoher Bildauflösung darzustellen, so daß dieser Röhrentyp mitunter in CAD- Systemen zu finden ist.

2.2.3 Leuchtstoffbeschichtung

Die Farbart des Lichtes, die von der Leuchtstoffbeschichtung des Bildschirms emittiert wird, hängt von der chemischen Zusammensetzung des Leuchtstoffes ab. Rotes Licht emittieren Leuchtstoffe aus seltenen Erden, die mit Europium aktiviert wurden. Grünes oder blaues Licht läßt sich hingegen mit pigmentierten Sulfidverbindungen erzeugen. Weiterhin bestimmt die chemische Zusammensetzung sowohl die Nachleuchtzeit als auch die Reaktionszeit des Lumineszenzmaterials. Diese Faktoren sind beim geplanten Einsatz von grafischen Sichtsystemen mit zu berücksichtigen.

Phosphoreszenz und Fluoreszenz. Wir bezeichnen die Lichtemission, die unmittelbar beim Auftreffen des Elektronenstrahls erfolgt, als Fluoreszenz. Nach dem Abschalten des Elektronenstrahls klingt die Lichtemission des aktivierten Leuchtstoffs exponentiell ab. Dieses Nachleuchten wird als Phosphoreszenz und ihre Dauer als Persistenz bezeichnet. Den zeitlichen Verlauf der Lichtemission zeigt Bild 2.14.

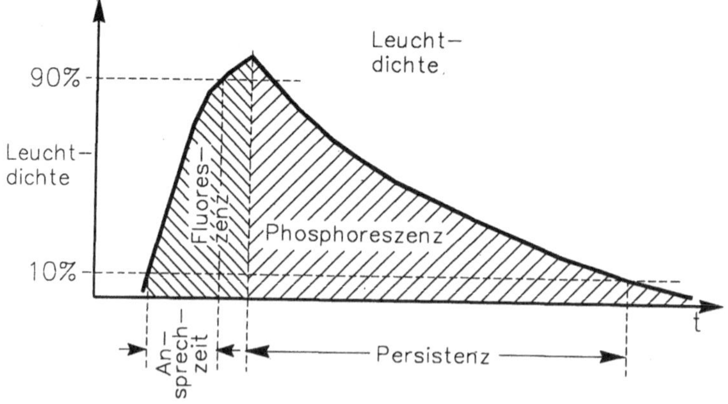

Bild 2.14. Zeitverlauf der Lichtemission

Die Nachleuchtdauer ist ein wichtiger Faktor bei der Auswahl der Bildröhre. So werden beispielsweise für Sichtgeräte mit geringen Zeilen- und Bildwiederholfrequenzen Bildröhren verwendet, deren Leuchtstoffbeschichtung eine Persistenz von etwa 100ms aufweist.

Auf der anderen Seite sind Bildröhren mit kleiner Persistenz von 1ms bis 3ms überall dort einzusetzen, wo animierte Bilder darzustellen sind. Speziell in diesem Anwendungsfall führen langnachleuchtende Bildröhren zur Verschleifung der in Echtzeit animierten Bilddarstellungen.

2.2.4 Gamma-Korrektur

Bei den bisherigen Betrachtungen wurde davon ausgegangen, daß zwischen dem im RGB-Signal enthaltenen Farbhelligkeitswert und der Helligkeit des als Leuchtfleck dargestellten Bildpunktes eine lineare Beziehung besteht (s. Abschnitt 2.1). Diese Linearität besteht jedoch nur zwischen dem Strahlstrom und der Strahlungsintensität des Leuchtflecks (Leuchtdichte), den der auf die Phosphorschicht auftreffende Elektronenstrahl verursacht.

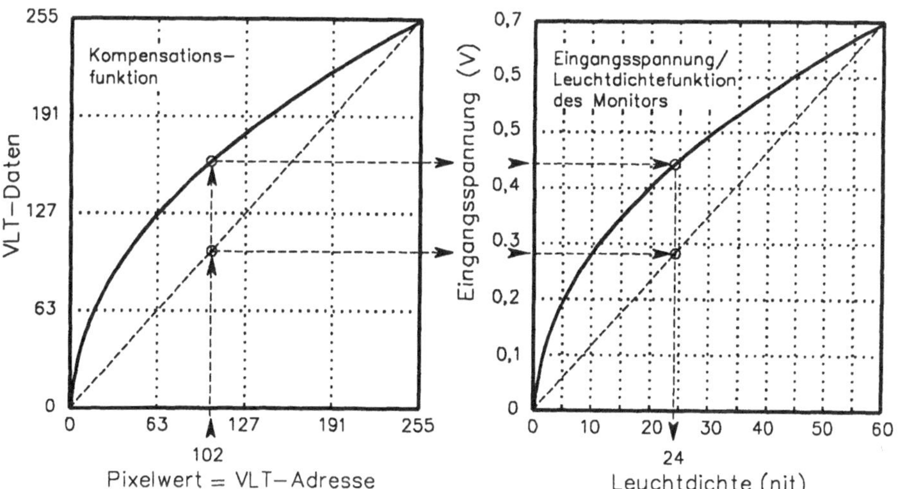

Bild 2.15. Wirkungsweise der Gamma-Korrektur

Wie (2.11) zeigt, sind die Strahlströme und damit auch die generierten Leuchtdichten exponentiell von der Größe der Steuerspannungen der Bildröhre abhängig:

$$I_a = k\left(\frac{U_g}{U_{g\max}}\right)^{\gamma}. \tag{2.11}$$

Hierin ist I_a der Anoden- oder Strahlstrom, U_g die Spannung am Steuergitter der Bildröhre, U_{gmax} der Maximalwert von U_g und k eine aus der I_a/U_g-Bildröhrenkennlinie zu ermittelnde Konstante. Der Exponent γ, der ungefähr den Wert 2 aufweist, wird gleichfalls mit Hilfe der o.g. Bildröhrenkennlinie bestimmt. Für den Fall, daß eine präzise Farbarterzeugung notwendig ist, muß der Wert von γ experimentell für jede Bildröhre bestimmt werden. Hierzu ist der individuelle Kennlinienverlauf des jeweiligen Monitors photometrisch zu vermessen.

Die Kompensation des nichtlinearen Kennlinienverlaufs erfolgt mit Hilfe einer Video-Lookup-Tabelle (VLT). Dies ist ein Farbtabellenspeicher, dessen genaue Arbeitsweise in Abschnitt 3.4.3 vorgestellt wird. Bild 2.15 zeigt das Prinzip des als *Gamma-Korrektur* bekannten Linearisierungsverfahrens. Dieses Verfahren basiert darauf, daß eine zumeist empirisch ermittelte Kompensationsfunktion in die VLT eingetragen wird, die die Nichtlinearität zwischen dem Helligkeitssteuersignal der Bildröhre und der damit erzeugten Leuchtdichte wieder ausgleicht.

2.3 Flachbildanzeigen

Zu den Nachteilen der konventionellen Bildröhren zählt vor allem das große Bauvolumen, der hohe Stromverbrauch sowie die relativ hohen Betriebsspannungen. Um das Bauvolumen zu verringern, wurden bereits in den fünfziger Jahren erste Versuche unternommen, flache Bildröhren herzustellen. Wesentlich später, etwa ab Mitte der sechziger Jahre, kamen Flachbildanzeigen hinzu, die vom konventionellen Kathodenstrahlprinzip abwichen und dem Geräteentwickler völlig neue technische Möglichkeiten boten.

Aus der Vielzahl der nach sehr unterschiedlichen Funktionsprinzipien arbeitenden Flachbildanzeigen werden in den folgenden Abschnitten jene vorgestellt, die für zukünftige Sichtsysteme von größerer Bedeutung sind.

2.3.1 Flachbildröhren

Mit dem Einsatz von Flachbildröhren läßt sich die Bautiefe eines Bildschirmgerätes entscheidend verringern. Obgleich dieser Röhrentyp bereits in kleineren Stückzahlen in TV-Geräten der Unterhaltungselektronik eingesetzt wurde, konnte er bisher in computergrafischen Sichtgeräten noch keine Verwendung finden. Vor allem sind noch erhebliche elektronen-optische Probleme zu bewältigen, damit diese Anzeigeeinheiten die hohen Anforderungen erfüllen können, die an die Bildrasterauflösung von kommerziellen Grafiksystemen gestellt werden.

Bananenröhre. Die älteste Form einer Flachbildröhre, die von der Fa. Sinclair [SIN81] in limitierter Stückzahl produziert wurde, zeigt Bild 2.16. Sie wird, vermutlich wegen der Form des Elektronenstrahlweges, mitunter auch als *Bananenröhre* bezeichnet. Die Achse der Elektronenkanone ist parallel zur Bildschirmfläche ausgerichtet. Die vertikale und horizontale Strahlablenkung erfolgt elektrostatisch. Um den Elektronenstrahl auf die mit Phosphor beschichtete Bildschirmfläche umzulenken, ist ein weiteres elektrostatisches Ablenkfeld erforderlich, das orthogonal zur Achse der Elektronenkanone ausgerichtet ist. Dieses mit Hilfe zweier großflächiger Elektroden erzeugte Feld fokussiert den Elektronenstrahl, indem es wie eine *Fresnel-Linse* wirkt. Eine dieser beiden Ablenkelektroden ist transparent und dient als Sichtfenster. Die Elektrode, die der transparenten gegenüberliegt, ist mit einer Phosphorschicht versehen.

Die im Vergleich zur konventionellen Kathodenstrahlröhre wesentlich kompliziertere Ablenkung des Elektronenstrahls erschwert dessen präzise Steuerung, so daß es problematisch ist, ein Bildraster mit hoher Auflösung zu erzeugen. Ein weiterer Nachteil dieses Ablenksystems ist die relativ kleine Bildschirmfläche, innerhalb sich der Elektronenstrahl korrekt steuern läßt. Um diesen Bereich hinreichend zu vergrößern, muß die Hochspannung des orthogonal ausgerichteten Ablenkfeldes in Stufen variabel sein.

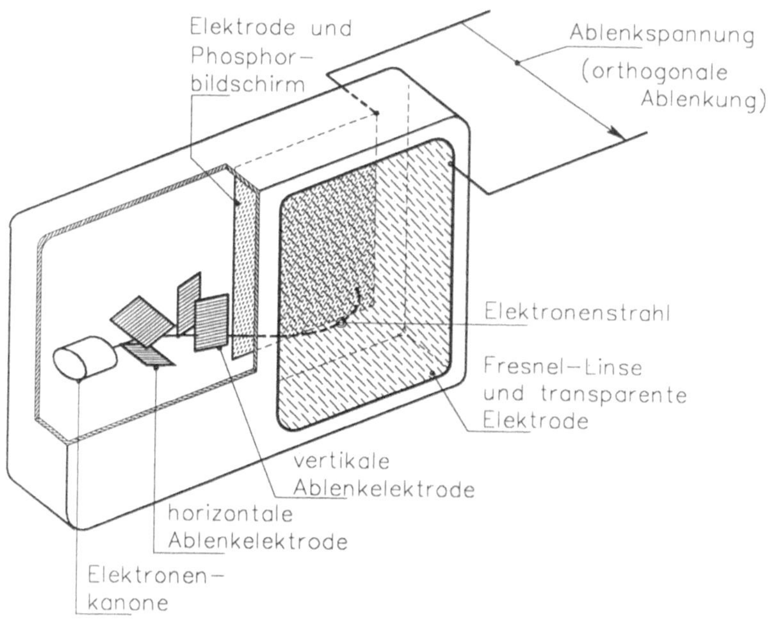

Bild 2.16. Aufbau der Sinclair-Flachbildröhre (Bananenröhre)

Dies bewirkt jedoch relativ lange Einschwingzeiten des Ablenkpotentials und damit verbunden eine Begrenzung der Ablenkfrequenzen.

Channel-Multiplier. Seit Beginn der achtziger Jahre werden bei der Fa. Philips Entwicklungsarbeiten an einem weiteren Flachbildröhrentyp durchgeführt. Das wesentliche Kennzeichen dieser Röhre, die als *Channel-Multiplier*-Bildröhre [WOO82], LAM82] bezeichnet wird, ist die Trennung der Strahlablenkregion vom Bildschirmbereich. Diese Trennung erfolgt mit Hilfe eines Elektronenvervielfacher-Arrays, mit dem auch die entsprechend großen Strahlströme erzeugt werden, die notwendig sind, um eine ausreichende Bildhelligkeit zu erziehlen. Den vereinfachten gerätetechnischen Aufbau der Channel-Multiplier-Bildröhre zeigt Bild 2.17. Ihre Funktionsweise läßt sich grob wie folgt beschreiben:

Eine parallel zur Bildschirmfläche ausgerichtete Elektronenkanone erzeugt einen Elektronenstrahl, der mit etwa 400V beschleunigt wird. Ein elektrostatisches Ablenksystem dient zur Zeilenablenkung, indem es diesen Strahl in einem feldfreien Raum fächerförmig entlang der Bildschirmfläche bewegt. Mit Hilfe einer Elektrode, die sich an der unteren Kante der Bildröhre befindet, wird die Richtung des Elektronenstrahls um 180° verändert und in den Spalt zwischen dem Elektronenvervielfacher-Array und dem Vertikalablenkgitter gelenkt.

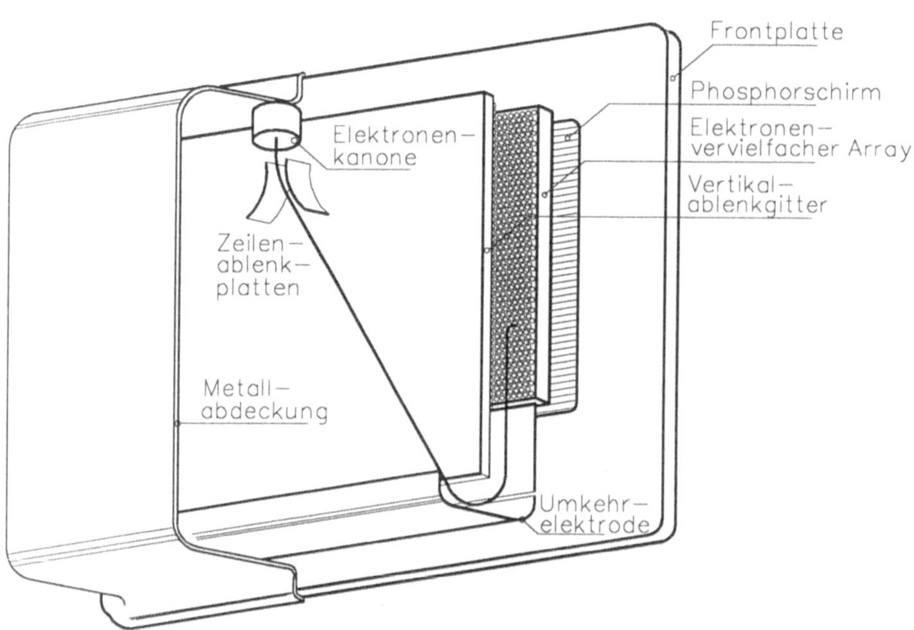

Bild 2.17. Aufbau einer Channel-Multiplier-Flachbildröhre (in Anlehnung an [WAS88])

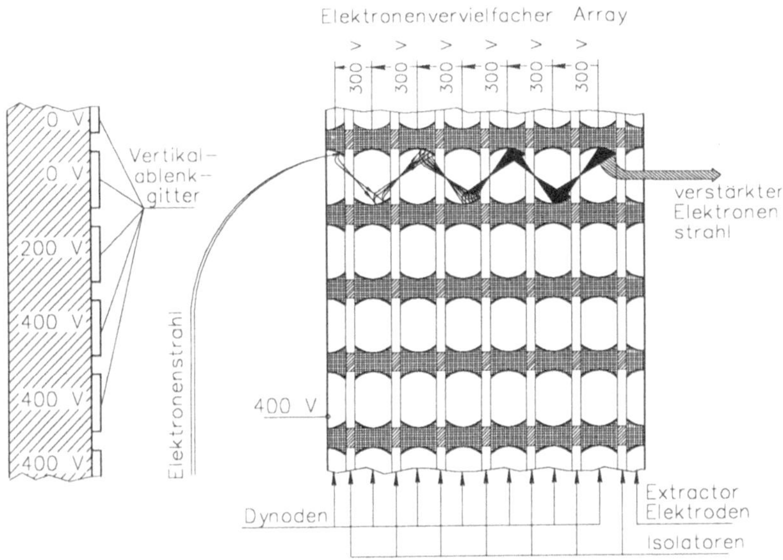

Bild 2.18. Wirkungsweise des Vertikalablenksystems und der Elektronenvervielfacherkanäle

Die Wirkungsweise des Vertikalablenksystems, das aus einem Gitter von horizontal angeordneten Elektroden besteht, verdeutlicht Bild 2.18. Für den Fall, daß die Spannungspotentiale am Eingang der Elektronenvervielfacherkanäle und an den horizontalen Gitterelektroden gleich groß sind (hier 400V), erfolgt keine Auslenkung des Elektronenstrahls. Erreicht dieser jedoch den Einflußbereich der Gitterelektroden mit dem Potential 0V, so wird der Strahl auf das Elektronenvervielfacher-Array gelenkt. Die Anzahl der horizontalen Gitterelektroden entspricht der Zeilenanzahl des Bildrasters. Hierdurch ist es möglich, das oben erwähnte Differenzpotential Zeile für Zeile in vertikaler Richtung zu verschieben. Im Zusammenwirken mit der Horizontalablenkung kann auf diese Weise der Elektronenstrahl jeden Vervielfacherkanal des Channel-Multipliers exakt anzusteuern.

Die Elektronenvervielfacherkanäle haben die Aufgabe, den relativ schwachen Strahlstrom über mehrere Stufen hinweg zu verstärken und anschließend auf den Bildschirm zu lenken. Sie bestehen aus mehreren perforierten Metallschichten, die voneinander isoliert sind. Eine ausreichende Stromverstärkung wird durch die Beschichtung der Oberflächen der als Dynoden bezeichneten Kanallöcher mit Magnesiumoxid erreicht. Dieses Material löst beim Auftreffen von Elektronen besonders leicht Sekundärelektronen aus. Durch die Kaskadierung der Dynoden, zwischen denen jeweils ein Beschleunigungspotential von etwa 300V liegt, wird die Vervielfachung der Sekundärelektronen (Lawineneffekt) bewirkt und die gewünschte Stärke des Strahlstroms erziehlt. Um den Strahlaustritt zu unterstützen, befindet sich hinter der letzten Dynode eine *Extraktor-Elektrode*.

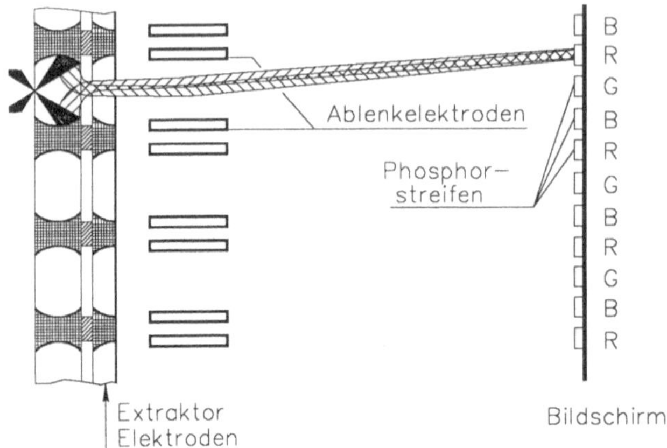

Bild 2.19. Farbselektionssystem nach [MAN88]

Da Channel-Multiplier-Röhren grundsätzlich Einstrahl-Systeme sind, können in der Regel nur monochromatische Bilder erzeugt werden. Jedoch existieren auch Möglichkeiten zur Farbbilddarstellung. Eine Methode, die in [WAS88] und [MAN88] vorgestellt wurde, basiert auf der sequentiellen Erzeugung der Rot-, Grün- und Blau-Anteile der Bildzeilen.

Die Farbselektion innerhalb der Bildröhre erfolgt hier mit Hilfe von zusätzlichen Ablenkelektroden (Bild 2.19), die senkrecht angeordnet sind und die nacheinander den Elektronenstrahl entweder auf rote, grüne oder blaue Phosphorstreifen lenken. Hierzu ist es jedoch notwendig, die Bildsignalzeilen zwischenzuspeichern und die RGB-Anteile in sequentieller Folge mit dreifach höherer Zeilenablenkfrequenz auszugeben.

Channel-Multiplier-Flachbildröhren werden vorwiegend für portable TV-Geräte eingesetzt. Die derzeit erreichbare Auflösung für monochromatische Röhren beträgt, bei einer Bilddiagonalen von 20cm, 720×560 Bildpunkte. Eine 12"-Farbbildröhre, die nach dem oben vorgestellten sequentiellen Farbselektionsprinzip arbeitet, befindet sich nach [WAS88] in der Entwicklung.

2.3.2 Plasmaanzeigen

Für eine Reihe von Anwendungsfällen bilden die Plasmaanzeigen (Plasma Display Panels, PDPs) eine wichtige Alternative zu den nach dem Kathodenstrahlprinzip arbeitenden Bildröhren. Zu ihren Vorteilen zählen die relativ geringe Betriebsspannung, die kompakte und flache Bauweise, die sehr hohe Lebensdauer sowie die kontrastreiche Bilddarstellung. Nachteilig sind die noch etwas eingeschränkten Möglichkeiten zur Farbdarstellung. Jedoch werden auch hier für die nahe Zukunft voll farbtüchtige Plasmaanzeigen mit hoher Bildauflösung erwartet [FRI88], die für computergrafische Anwendungen verwendbar sein dürften. Plasmaanzeigen sind in Grössen von 100×100 mm bis zu 1000×1000 mm erhältlich [FRI87], wobei die Auflösung derzeit zwischen 128×128 bis zu 2000×2000 Bildpunkten beträgt. In den nachfolgenden Unterabschnitten werden die wichtigsten unterschiedlichen Funktionsprinzipien der Plasmaanzeigen behandelt.

Grundlagen

Gasentladung. Das Funktionsprinzip aller Plasmaanzeigen beruht auf dem seit langem bekannten Verhalten ionisierter Gase, die als Plasmen bezeichnet werden. Ein Plasma ist elektrisch leitfähig, wobei der durch das Gas fließende Strom, ab einer bestimmten Stärke, Leuchterscheinungen verursacht. Im einzelnen läßt sich das Verhalten des Gases während des Stromdurchganges wie folgt darstellen:

Eine Glasröhre ist mit einem verdünnten Gasgemisch aus Neon und Argon gefüllt. An den beiden Enden der Röhre befinden sich zwei Elektroden, die als Anode und Kathode dienen. Da sich im Gas freie Elektronen und Ionen befinden, die beispielsweise durch natürliche Radioaktivität oder Wärmeeinwirkung entstanden sind, tritt bereits ein Stromfluß auf, wenn sich lediglich ein geringes Spannungspotential zwischen der Anode und der Kathode befindet. Dieser Effekt wird als *nicht-selbständige* Gasentladung bezeichnet.

Überschreitet die angelegte Spannung einen bestimmten Grenzwert, der im wesentlichen durch Elektrodenabstand und Gasdruck bestimmt wird, so tritt eine *selbständige* Gasentladung auf. Die selbständige Gasentladung beruht darauf, daß die neutralen Gasatome mit den stark beschleunigten Elektronen und Ionen kollidieren und hierbei zusätzliche Ladungsträger erzeugen.

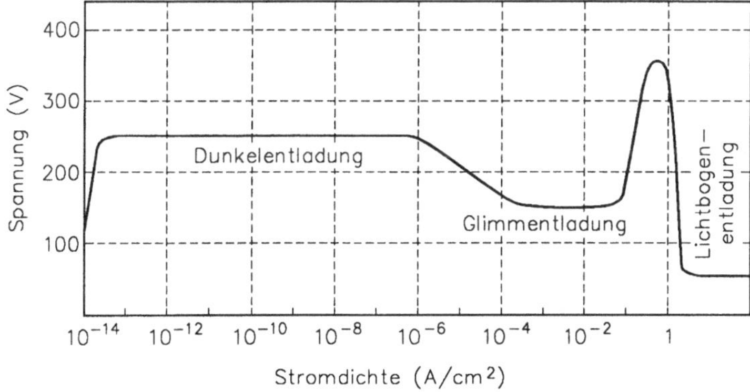

Bild 2.20. Entladungsarten bei unterschiedlichen Stromdichten.

Dieser als *Stoßionisation* bezeichnete Effekt bewirkt eine unmittelbare Erhöhung der Leitfähigkeit des Plasmas. Zusätzliche Ladungsträger entstehen durch Auslösen von Elektronen aus der Kathode infolge der kinetischen Energie der Ionen sowie durch Photonen, die bei der Stoßionisation auftreten.

Bild 2.20 zeigt drei unterschiedliche Arten der selbständigen Gasentladung. So tritt bei kleineren Stromdichten von etwa 10^{-13}A/cm^2 bis 10^{-6}A/cm^2 die *Dunkelentladung* auf, die nahezu geräuschlos mit sehr geringen Leuchteffekten abläuft. Wird die Stromdichte über den Wert von 10^{-6} A/cm^2 erhöht, verringert sich die an den Elektroden der Glasröhre befindliche Spannung sehr stark. Gleichzeitig tritt die mit einer deutlichen Leuchterscheinung verbundene *Glimmentladung* auf.

Erhöht man die Stromdichte über den Wert von 10^{-1}A/cm^2 hinaus, so stellt man zunächst eine starke Spannungszunahme fest. Erreicht die Stromdichte den Wert von etwa 1 A/cm^2, so erfolgt ein zweiter noch erheblich stärkerer Spannungsrückgang, der mit dem Einsetzen der *Lichtbogenentladung* verbunden ist.

Elementares Funktionsprinzip. Bild 2.21 verdeutlicht, wie sich diese Gasentladungseffekte gerätetechnisch für eine Plasmaanzeige verwenden lassen.

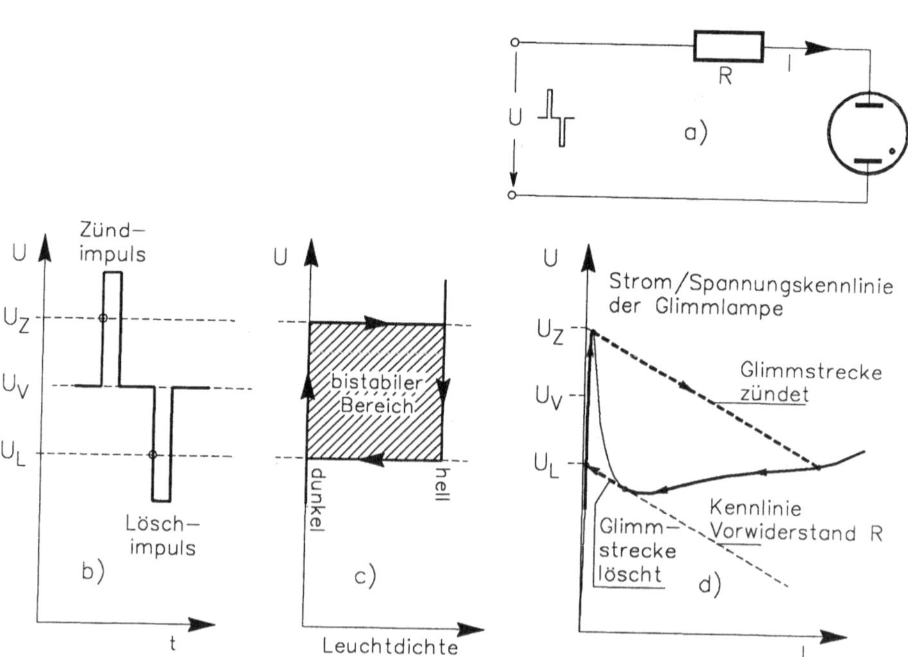

Bild 2.21. Funktionsprinzip der Gasentladungsröhre

Hinter dem Vorwiderstand R liegt die Spannung U_V an der Gasentladungsröhre an. Der Wert von U_V befindet sich in der Mitte zwischen der Zündspannung U_Z und der Löschspannung U_L. Um den Zustand der Glimmentladung zu erreichen, wird U_V mit einem positiven Spannungsimpuls (Zündimpuls) überlagert, der so groß ist, daß die Spannung U_Z überschritten wird. Infolge des negativen Verlaufs der in Bild 2.21 dargestellten Strom/Spannungskurve steigt der Strom sprunghaft bis in den Glimmentladungsbereich an. Das Plasma beginnt zu leuchten. Dieser Zustand bleibt auch dann erhalten, wenn sich die ursprüngliche Spannung U_V wieder einstellt. Erst nachdem ein negativer Spannungsimpuls (Löschimpuls) eine Unterschreitung der Spannung U_L bewirkt, bricht die Glimmentladung ab und wir erhalten wieder den Löschzustand der Gasentladungsröhre.

Plasmaanzeigen für Gleichspannungsbetrieb

Vereinfachte Anzeigematrix. Ein im Gleichspannungsbetrieb arbeitendes Plasma-Display-Panel läßt sich als matrixförmige Anordnung einer Vielzahl von Glimmröhren vorstellen. Wie in Bild 2.22a dargestellt, sind jeweils die Kathoden der Glimmröhren, die sich in einer Zeile befinden, zusammengefaßt. Das Gleiche trifft auch für die Glimmröhrenanoden zu, die über Vorwiderstände spaltenweise zusammengefaßt werden. Im stationären Zustand liegt zwischen den Spannungszuführungsdrähten, die die Glimmröhrenspalten und Glimmröhrenzeilen versorgen, das gleiche Vorspannungspotential ($U_V = U_A - U_K$).

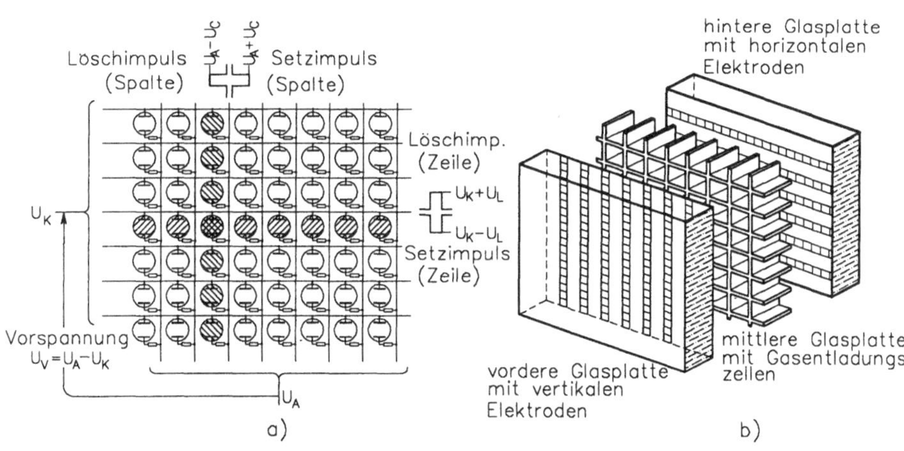

Bild 2.22. Plasmaanzeige: a) Glimmröhrenmatrix; b) vereinfachter Aufbau einer Plasmaanzeige

Um eine Glimmröhre innerhalb der Matrix selektiv zu zünden, wird durch Anlegen eines Spannungsimpulses $-U_S/2$ ihr negatives Kathodenpotential vergrössert. Hierdurch erhöht sich die Spannung an allen Glimmröhren dieser Zeile auf einen Wert, der etwas unterhalb der Zündspannung U_Z liegt. Zusätzlich erfolgt eine Überlagerung der Anodenspannung U_A, die an dem Spannungszuführungsdraht der Glimmröhrenspalten anliegt, mit einem positivem Spannungsimpuls mit der Amplitude $U_S/2$. Im Kreuzungspunkt der Glimmröhren entsteht hierdurch das Potential $U_S + U_A - U_K$, mit dem die Zündspannung U_Z überschritten und die Glimmentladung ausgelöst wird. Das Rücksetzen dieses Zustandes erfolgt in analoger Weise mit Löschimpulsen, die eine entgegengesetzte Polarität aufweisen.

Bild 2.22b zeigt den stark vereinfachten Aufbau einer Plasmaanzeige. Sie besteht im wesentlichen aus drei Glasplatten, die in Schichten übereinander angeordnet sind. Die innere der drei Platten ist mit Gasentladungskammern versehen; sie wird von den beiden äußeren luftdicht abgeschlossen. Auf der vorderen und hinteren Platte sind streifenförmige Anoden- und Kathodenzuleitungen aufgedampft. Obgleich dieser Aufbau einer Plasmaanzeige relativ einfach erscheint, erfolgt ihre gerätetechnische Realisierung in einer etwas anderen, komplizierteren Weise.

Self-Scan-Panel. Ein Beispiel für eine weit gebräuchliche gerätetechnische Ausführungsform eines mit der oben dargestellten Gleichspannungsbetriebsart arbeitenden Plasmaanzeige (**d**irect **c**urrent **p**lasma **d**isplay **p**anel, DC PDP) ist das sog. *Self-Scan-Panel* [HOL72] der Firma Burroughs, dessen Aufbau Bild 2.23 verdeutlicht. Die Anzeige besitzt zwei Entladungsräume, die durch ein vertikal ausgerichtetes Kathodengitter und eine mit Löchern versehene Isolierschicht verbunden sind. Die beiden horizontal ausgerichteten Anodengitter sind, wie in Bild 2.24a dargestellt, in Schieberegister- und Anzeigeanoden getrennt und separaten Entladungsräumen zugeordnet. Die Arbeitsweise dieser Plasmaanzeige läßt sich wie folgt beschreiben:

Bild 2.24b zeigt, daß an den Elektroden des Kathodengitters drei phasenverschobene, periodische Spannungsimpulsfolgen $U_{\phi 1}$, $U_{\phi 2}$ und $U_{\phi 3}$ anliegen. Die Höhe dieser Spannungsimpulse liegt unterhalb der Zündspannung U_Z und oberhalb der Zündspannung U_{IZ} für vorionisierte Gasentladungsstrecken. Setzen wir nun voraus, daß bereits eine lokale Glimmentladung innerhalb des Schieberegisterentladungsraumes besteht, so wird von dieser auch die unmittelbare Umgebung am Ort der Glimmentladung ionisiert. Dadurch, daß die Impulsspannungen $U_{\phi 1}$, $U_{\phi 2}$ und $U_{\phi 3}$ synchron zum Taktsignal an den Schieberegisteranoden entlanglaufen, werden auch die Glimmentladungen im Wirkungsbereich des vorionisierten Gebietes nachgezogen.

Dieser Vorgang ähnelt der Arbeitsweise eines Schieberegisters. Das Durchlaufen der Glimmentladungen wiederholt sich in periodischer Folge parallel in allen zeilenförmigen Entladungsräumen.

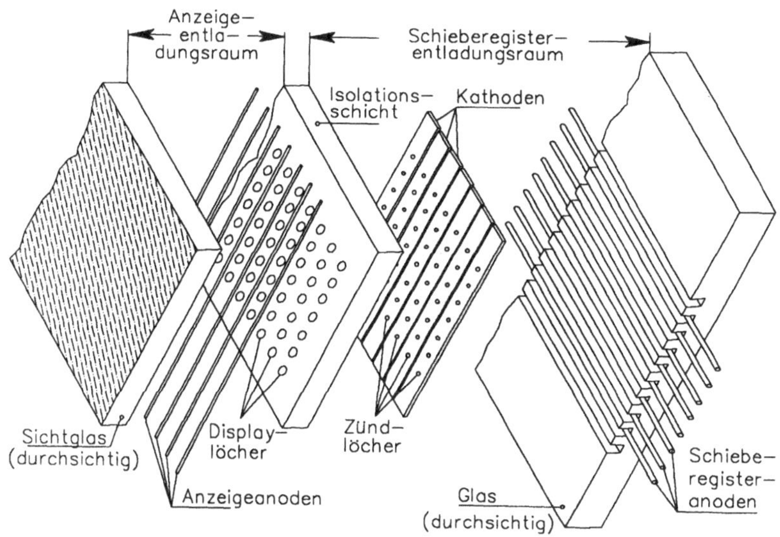

Bild 2.23. Aufbau eines Self-Scan-Displays (in Anlehnung an [HOL72])

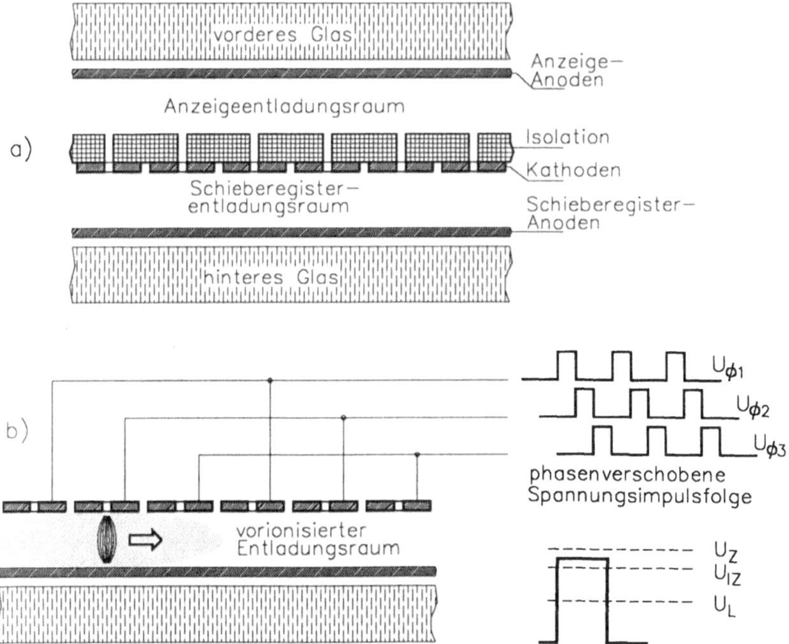

Bild 2.24. Self-Scan-Display: a) Querschnitt durch den Gasentladungsraum
b) Funktionsprinzip

An den Stellen des Anzeigeentladungsraums, an denen ein Potentialdurchgriff durch die o.g. Verbindungslöcher auftritt, reduzieren diese Glimmentladungen die lokalen Zündspannungen. An jede der Anzeigeanoden werden Spannungsimpulsfolgen angelegt, deren Muster dem binären Bildpunktmuster der darzustellenden Matrixzeilen entspricht. Diese mit dem Takt der Schieberegisteranoden synchronisierten Spannungsimpulse sind so bemessen, daß an den Orten des Potentialdurchgriffs Glimmentladungen in den Anzeigeentladungsräumen auftreten. Hierbei entsteht ein Entladungsmuster, das dem binären Abbild der Bildmatrix entspricht.

Zu den Vorteilen des Self-Scan-Panels zählen vor allem die relativ geringen Herstellungskosten, da nur eine einfache Steuerelektronik für den Bildaufbau notwendig ist. Als wesentlicher Nachteil ist die fehlende Speicherfähigkeit der Gasentladungszellen zu nennen. Ein weiterer Nachteil ist nach [PRO87] die geringe horizontale Auflösung von etwa 300 Bildpunkten. Diese Begrenzung hat ihre Ursache in der Bildwiederholfrequenz von mindestens 50Hz und der minimal erforderlichen Lichtimpulsdauer etwa 50µs pro Pixel.

Plasmaanzeigen für Wechselspannungsbetrieb

Aufbau. Der in Bild 2.25 dargestellte gerätetechnische Aufbau einer Plasmaanzeige für Wechselspannungsbetrieb ist vergleichsweise einfach. Die Anzeige besteht im wesentlichen aus zwei Glasplatten, auf die zwei kreuzförmig angeordnete Elektrodengitter photolithografisch aufgetragen sind. Der Entladungsraum, den die beiden im Abstand von 0,1mm angeordneten Platten bilden, wird mit einem Dichtungsrand gasdicht abgeschlossen. Da die beiden Elektrodengitter mit Hilfe von Isolierschichten vom Entladungsraum getrennt sind, wirken sie wie die Elektroden eines Kondensators.

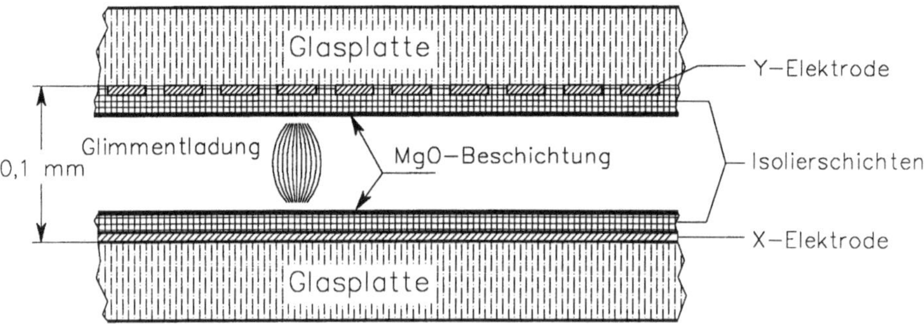

Bild 2.25. Aufbau einer Plasmaanzeige für Wechselspannungsbetrieb (in Anlehnung an [PRO87])

Weiterhin ist auf beide Isolierschichten eine Substanz (z.B. Magnesiumoxid) aufgedampft, die sich durch eine geringe Elektronenaustrittsarbeit auszeichnet. Zur Anfangsionisierung des Entladungsraumes dient eine geringfügig radioaktive Substanz, die sich auf der Innenseite des Dichtungsrandes befindet.

Funktionsprinzip. Das Funktionsprinzip der im Wechselspannungsbetrieb arbeitenden Plasmaanzeige (**a**lternating **c**urrent **p**lasma **d**isplay **p**anel, AC PDP), läßt sich anhand von Bild 2.26 verdeutlichen.

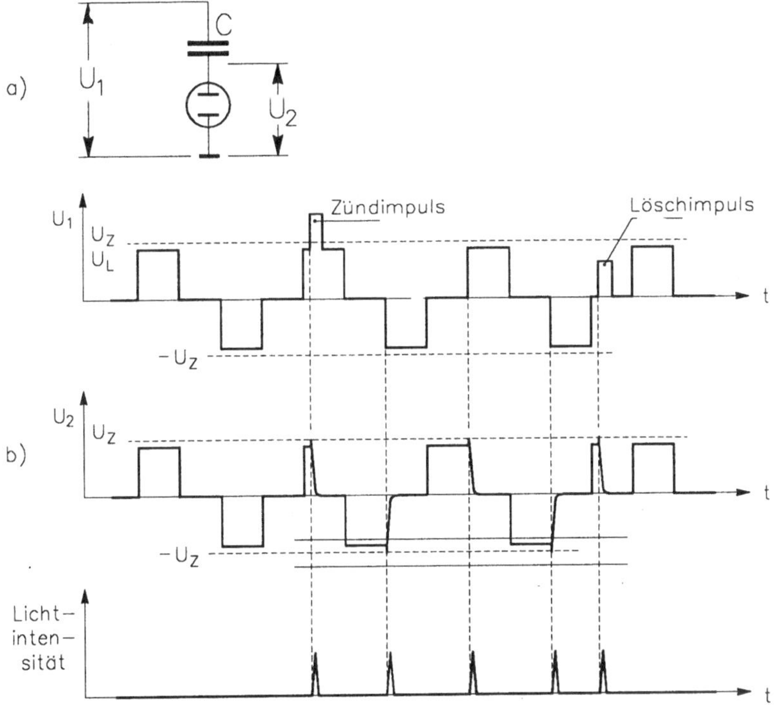

Bild 2.26. Funktionsweise einer im Wechselspannungsbetrieb arbeitenden Plasmaanzeige: a) Ersatzschaltung einer Gasentladungszelle, b) prinzipieller zeitlicher Verlauf der Wechselspannung U_1, der Spannung an der Gasentladungsstrecke U_2 und der Lichtimpulse[4] (in Anlehnung an [PRO87]).

4 Bei der Darstellung der Spannungsverläufe wurde von einem idealen Schaltverhalten der Gasentladungsstrecke ausgegangen.

An den kreuzförmig angeordneten Elektroden liegt eine stufenförmige Spannungsimpulsfolge mit ständig wechselnder Polarität an. Die positiven und negativen Spitzenwerte dieser Impulsspannung sind so bemessen, daß das Plasma an den Kreuzungspunkten der Elektroden nicht zündet.

Wird jedoch der Impulsspannung zum Zeitpunkt der positiven Halbperiode ein zusätzlicher Spannungsimpuls (Zündimpuls) überlagert, so erfolgt ein Überschreiten der Spannung U_Z und damit verbunden eine Gasentladung.
Ein Polaritätswechsel innerhalb der nachfolgenden Halbperiode bewirkt, daß die Kondensatorspannung zum negativen Extremwert der periodischen Wechselspannung addiert wird. Dies hat eine Überschreitung der Zündspannung $-U_Z$ und eine erneute Zündung der Gasentladungsstrecke zur Folge. Die oben beschriebenen Gasentladungs- und Umladungsvorgänge wiederholen sich bei jedem Polaritätswechsel, so daß die aktivierte Zelle im angeschalteten Zustand verbleibt.

Um die Zelle zu löschen, wird dem Null-Volt-Potential der Betriebswechselspannung zwischen dem Polaritätswechsel von Minus nach Plus ein positiver Impuls überlagert. Da zu diesem Zeitpunkt die Spannung $U_I = 0V$ beträgt, bewirkt dieser Löschimpuls, daß vollständige Entladen des Kondensators C, wodurch sich der ursprüngliche Zustand der ausgeschalteten Gasentladungszelle wieder einstellt.

Ein wesentlicher Vorteil eines mit Wechselspannung betriebenen Plasma-Displays ist seine Fähigkeit, animierte Bilder mit hoher Wiederholfrequenz zu erzeugen. Hierbei entfällt nach [PRO87] die Anforderung, einzelne Bildpunkte setzen und löschen zu können; vielmehr wird die Ansteuerung des Displays zeilenweise ausgeführt, wobei mit Hilfe von Impulssequenzen die Bildinformation ständig regeneriert wird. Durch paralleles Löschen und Schreiben mehrerer Zeilen kann die Generierungszeit auf etwa 10µs pro Zeile verringert werden. Dies ermöglicht die Darstellung von bewegten Grauwertbildern mit einer Auflösung von 2000 Zeilen und einer Wiederholfrequenz von 40 Bildern pro Sekunde [CRI86, PRO87].

2.3.3 Flüssigkristallanzeigen

Flüssigkristallanzeigen (**l**iquid **c**ristal **d**isplay, LCD) sind noch wesentlich weiter verbreitet als die zuvor besprochenen Plasmaanzeigen. Sie werden seit etwa 1970 in Bildanzeigesystemen eingesetzt. Zu den besonderen Vorteilen dieser Anzeigen zählen vor allem ihr minimaler Stromverbrauch und ihre sehr niedrige Betriebsspannung.

Ein wesentlicher Nachteil der Flüssigkristallanzeigen ist ihre passive Arbeitsweise, indem ihre Anzeigeelemente das auftreffende Licht durchlassen oder reflektieren. Dadurch, daß diese Anzeigen kein Licht emittieren, sind zusätzliche Lichtquellen erforderlich, um die Anzeige hinreichend beleuchten zu können.

Grundlagen. Flüssigkristalle wurden bereits im Jahre 1888 von dem Physiker F. Reinitzer entdeckt. Sie besitzen die Fließeigenschaften gewöhnlicher Flüssigkeiten. Im Unterschied zu diesen weisen jedoch ihre organischen Moleküle eine Orientierungsordnung auf, wie sie für Kristalle typisch ist. Die Form dieser Moleküle ist langgestreckt oder scheibenförmig, wobei ihre Achsen einheitlich ausgerichtet sind. Eine Ausrichtung der Moleküle auf eine der üblichen kristallinen Gitterstrukturen besteht jedoch nicht.

Abhängig von der Art der Ausrichtung ihrer Moleküle teilt man Flüssigkristalle in nematische, smekmatische und cholesterinische Kristalltypen ein. *Nematische Flüssigkristalle* sind durch eine fadenförmige[5] Ausrichtung der Moleküle gekennzeichnet. Die Molekülanordnungen der *smekmatischen Flüssigkristalle*, die häufig in Seifen[6] zu finden sind, ist schichtförmig. Die *cholesterinischen Flüssigkristalle*, die auch in Cholesterinen nachweisbar sind, weisen hingegen eine Molekülorientierung auf, die sich wendelförmig verändert. Auf eine vertiefte Darstellung ihrer Unterschiede und ihrer technischen Einsetzbarkeit wird im Rahmen dieser Monographie verzichtet und auf die Spezialliteratur verwiesen [HUG89, BLI83], CHA77].

Flüssigkristallzellen werden mit zwei parallelen Glasplatten aufgebaut, die sich im Abstand von 5μm bis 10μm voneinander entfernt befinden und die den Flüssigkristall einschließen. Die Flüssigkristallmoleküle einer Zelle müssen, ohne daß ein elektrisches Feld einwirkt, mit einer bestimmten Orientierung zu den Oberflächen der Glasplatten ausgerichtet sein. Diese Ausrichtung wird beispielsweise durch eine mikroskopisch feine Riffelung der Glasplattenoberflächen oder durch Auftragen einer dünnen, dielektrischen Schicht von Siliziummonoxid bewirkt [PRO87].

Flüssigkristallanzeigen lassen sich in reflektive, transmissive und transflexive Anzeigen unterteilen. Während sich reflektive Anzeigen gut für den Tageslichtbetrieb eignen, werden transmissive Anzeigen, die in der Regel mit einer Hintergrundbeleuchtung ausgestattet sind, vorwiegend für Arbeiten in dunklen Räumen verwendet. Die transflexiven Anzeigen enthalten eine Reflektorfolie, die sowohl das Licht einer Hintergrundbeleuchtung durchläßt, als auch den Lichtanteil reflektiert, der auf die Frontseite der Anzeige auftrifft. Transflexive Anzeigen sind daher sowohl für den Tageslichtbetrieb als auch im Dunkeln einsetzbar.

Aufbau und Funktion

Flüssigkristallzelle. Im folgenden wird speziell auf die Funktionsweise der Anzeigen eingegangen, die auf dem verdrillt-nematischen Flüssigkristalltyp (twisted nematic cells) basieren, da dieser derzeit die größte Verbreitung und Bedeutung besitzt.

---

5 griech. nema = der Faden
6 griech. smektios = seifig

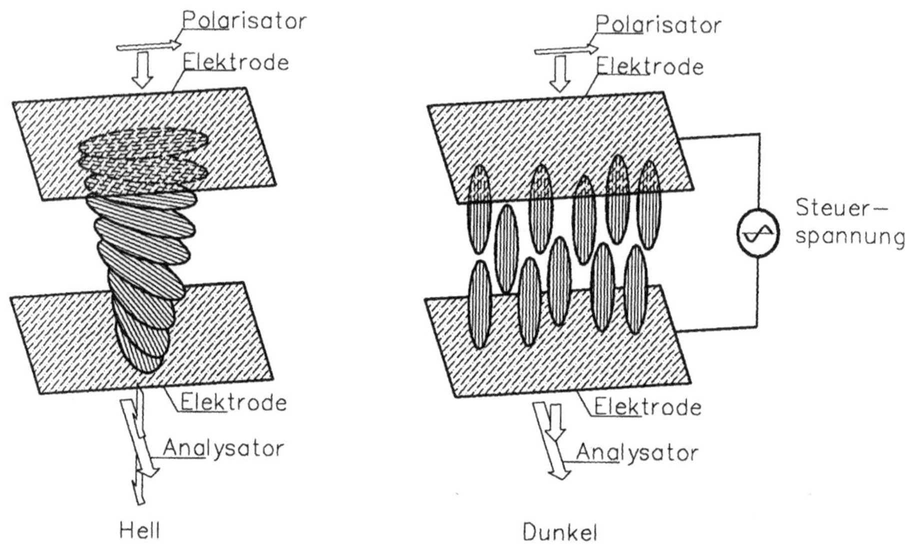

Bild 2.27. Funktion einer verdrillten nematischen Flüssigkristallzelle (in Anlehnung an [HUG89])

Die Innenseiten der beiden oben erwähnten Glasplatten, die den Flüssigkristall einschließen, werden mit mikroskopisch feinen Längsriffelungen versehen. Die Glasplatten sind mit einem Elektrodenmaterial bedampft, das sowohl durchsichtig als auch leitend ist. Als Material wird vielfach Indiumzinnoxid (indium tin oxide, ITO) verwendet. Die Außenseiten der Glasplatten sind mit Polarisatorschichten belegt, die nur das Licht mit der Wellenebene des Polarisators durchlassen. Die Wellenebene und damit die maximale Filterwirkung des einen Polarisators ist zu der des gegenüberliegenden Polarisationsfilters, der als Analysator bezeichnet wird, um 90° verdreht. Infolge der Riffelungen in beiden Platten, die rechtwinklig zueinander ausgerichtet sind, werden die Achsen der Flüssigkristallmoleküle, die die Plattenoberflächen berühren, so beeinflußt, daß sich diese gleichfalls im rechten Winkel zueinander einstellen. Hierdurch wird, wie in Bild 2.27 dargestellt, ein um 90° verdrehter Molekülfaden erzeugt, der die Polarisationsebene des Lichtes so verändert, daß diese mit der Polarisationsrichtung des Analysators übereinstimmt. Die Lichtabschwächung ist in diesem Fall minimal.

Legt man ein elektrisches Feld an die Elektroden, so werden die Molekülachsen aus ihrer Ruhelage gedreht. Dies hat zur Folge, daß sich auch die Polarisationsebenen der durch den Kristall hindurchtretenden Lichtwellen verändern. Da der Analysator, der nur das Licht mit der ursprünglichen Wellenebene vorzugsweise durchläßt, in diesem Fall stark absorbierend wirkt, erscheint die Flüssigkristallzelle als lichtundurchlässig. Das maximal erreichbare Kontrastverhältnis zwischen beiden Schaltzuständen beträgt nach [PRO87] etwa 50:1.

Um die elektrolytische Zersetzung der Elektroden zu vermeiden, wird die Flüssigkristallzelle vielfach mit Wechselspannungsimpulsen ohne Gleichspannungsanteil betrieben. Für den Fall, daß ein Gleichspannungsbetrieb erforderlich ist, sind die Elektroden mit einer lichtdurchlässigen Isolierschicht aus Indiumzinnoxid (ITO) geschützt.

Anzeigematrix. Zur Ansteuerung der einzelnen Zellen innerhalb einer Anzeigematrix werden vielfach Dünnfilmtransistoren (Thin-Film-Transistor, TFT) verwendet. Diese Feldeffekttransistoren werden in einer matrixförmigen Anordnung auf einem sehr dünnen amorphen Siliziumsubstrat (a-Si) aufgebaut und, wie in Bild 2.28a dargestellt, mit Zeilen- und Spaltenleitungen verbunden.

Ein Problem dieser Anordnung ist, daß die TFT-Schaltmatrix als ein integrierter Schaltkreis zu betrachten ist [HUG89], deren Transistorzellen sich auf einer einzigen Scheibe aus durchsichtigem Siliziumsubstrat befinden.

Infolge der Größe dieser Siliziumscheibe, die durch die Bilddiagonale bestimmt wird, treten erhebliche fertigungstechnische Schwierigkeiten auf. Jedem Schalttransistor ist eine Flüssigkristallzelle (LC-Zelle) zugeordnet, die von einer separaten Elektrode angesteuert wird. Eine auf einem Glassubstrat aufgetragene Gegenelektrode ist allen LC-Zellen gemeinsam. Die Elektrodenflächen sind gegenüber dem Flüssigkristall isoliert und wirken somit wie Zellenkondensatoren.

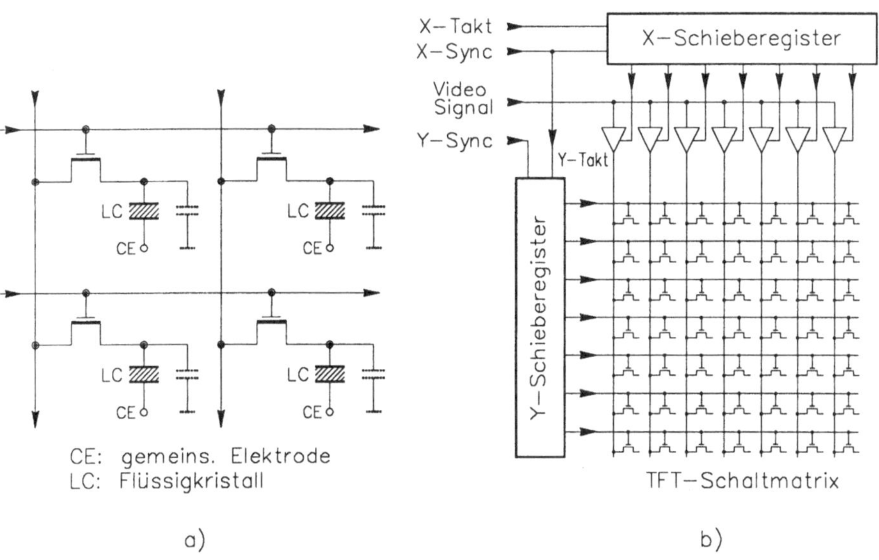

Bild 2.28. Steuerung einer TFT-Matrix: a) TFT-Matrix, b) Matrixansteuerung

Im Normalfall sind die LC-Zellen lichtdurchlässig, da infolge der gesperrten Transistoren keine Spannung an den LC-Elektroden anliegt. Das Ausschalten einer LC-Zelle erfolgt durch Anlegen eines hinreichend hohen Spannungspotentials an die entsprechenden Spalten- und Zeilenleitungen. Hierdurch wird der am Kreuzungspunkt befindliche Transistor geöffnet und sein Drain-Potential U_D zur LC-Elektrode durchgeschaltet.

Die Steuerung der TFT-Schaltmatrix erfolgt mit Hilfe zweier Schieberegister. Das X-Schieberegister wird mit den Taktimpulsen X-Takt weitergeschaltet. Zur Fortschaltung des Y-Schieberegisters dient das Synchronisationssignal X-Sync, das vor jeder neuen Zeile ausgelöst wird. Das Videosignal liegt parallel an allen Eingängen einer analog arbeitenden Gatterzeile an. Es wird direkt über die geöffnete Source-Drain-Strecke des Schalttransistors zur Elektrode der Flüssigkristallzelle geführt, deren Lichtdurchlässigkeit von der durchgeschalteten Videosignalspannung abhängt. Die Bildsynchronisierung erfolgt mit Hilfe des Signals Y-Sync, das nach der letzten Bildzeile ausgelöst wird.

Farbdarstellung. Um Farbdarstellungen zu erreichen, sind jeweils drei LC-Zellen zu einem RGB-Farbtripel zusammengefaßt. Wie in Bild 2.29 dargestellt, sind die einzelnen Zellen mit Mikrofiltern für die Farben Rot, Grün und Blau ausgestattet.

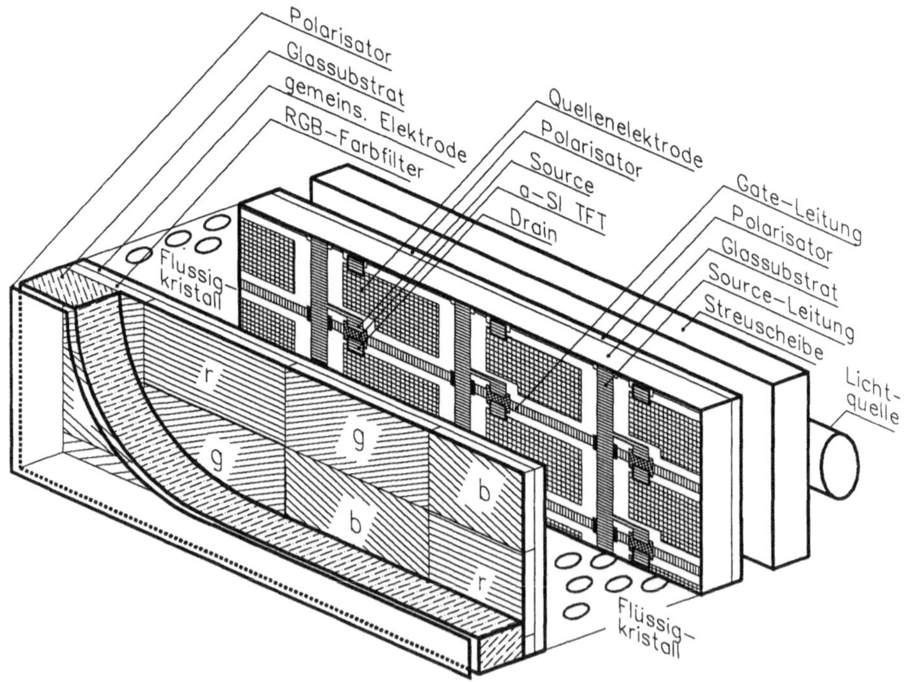

Bild 2.29. Prinzipieller Aufbau der LC-Farbanzeige.

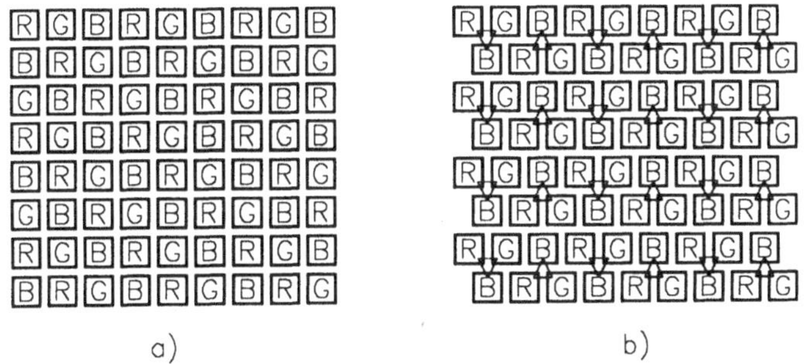

Bild 2.30. Zellenanordnungen: a) orthogonal, b) deltaförmig

Diese LC-Zellen, die wie Bild 2.30 zeigt, entweder orthogonal oder deltaförmig angeordnet sind, dienen zur Farbfilterung der Weißlichtanteile, die von den einzelnen LC-Zellen eines Farbtripels durchgelassen werden. Mit derartigen Farb-LCDs läßt sich zur Zeit eine Auflösung von 960×456 Bildpunkten bei einer Bilddiagonalen von 21,7 cm erreichen (Fa. Sharp).

2.3.4 Elektrolumineszenzanzeigen

Die Wirkungsweise der Elektrolumineszenzanzeigen (EL-Anzeigen) beruht auf der Eigenschaft einiger Substanzen, unter dem Einfluß eines elektrischen Feldes Licht zu emittieren. Das Phänomen der Elektrolumineszenz wurde zuerst im Jahre 1936 von Destriau [DES36] an Zinksulfidverbindungen (ZnS) beschrieben. Während der fünfziger und sechziger Jahre wurden erhebliche Anstrengungen unternommen, um die Elektrolumineszenz gerätetechnisch nutzbar zu machen, wobei die zu aktivierende Leuchtschicht zuerst aus pulverförmigen mit Kupfer dotierten ZnS-Verbindungen bestand [GUR89]. Diese Substanzen besaßen jedoch nur eine geringe Lebensdauer und ihre Lichtemission erwies sich als so schwach, daß sie unter Tageslichteinfluß kaum erkennbar war. Erst in der Mitte der siebziger Jahre wurden diese Probleme durch neuentwickelte EL-Zellen und verbesserte Lumineszenzsubstanzen weitgehend überwunden.

Die derzeitig im Einsatz befindlichen Elektrolumineszenzanzeigen sind nur für die monochrome Bilddarstellung geeignet, wobei eine Auflösung von 2000×2000 Bildpunkten erreicht wird. Anzeigen, die für Farbdarstellungen verwendbar sind, befinden sich derzeit noch im Versuchsstadium [TAN87].

Es sind unterschiedliche Arten von EL-Zellen bekannt, deren Lumineszenzsubstanz entweder aus Pulver oder aus einer Dünnschicht bestehen. Weiterhin können diese Zellen mit Wechselspannung oder mit Gleichspannung betrieben werden. EL-Anzeigen, die auf den mit Wechselspannung betriebenen Dünnschichtzellen (alternating current thin film electroluminescence cells, AC TFEL-Zellen) basieren, besitzen den größten Verbreitungsgrad und werden daher im nachfolgenden näher besprochen.

AC TFEL-Zelle. Der Aufbau einer AC TFEL-Zelle besteht, wie in Bild 2.31 dargestellt, aus sechs Schichten. Die dem Betrachter zugewandte erste Schicht besteht aus einem Glassubstrat, auf das eine durchsichtige Elektrode aus Indiumzinnoxid aufgedampft ist.

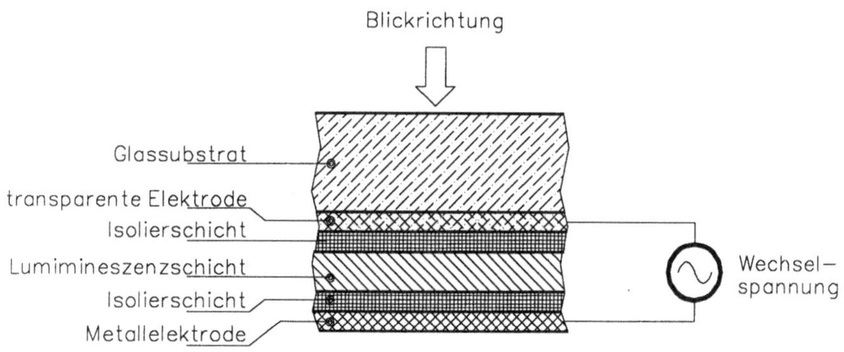

Bild 2.31. Prinzipieller Aufbau einer AC TFEL-Zelle

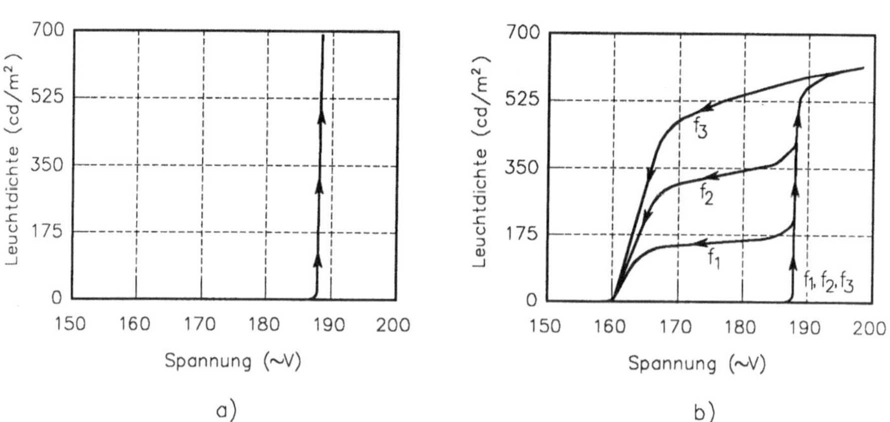

Bild 2.32. Kennlinien von AC TFEL-Zellen: a) Spannung/Luminanz-Kennlinie, b) Spannung/Luminanz-Kennlinie mit Hysterese.

Es folgt der zwischen zwei Isolierschichten eingebettete Dünnfilm aus Zinksulfid, der mit etwa 5% Mangan dotiert ist. Die Stärke der Zinksulfidschicht beträgt etwa 500nm und die der beiden Isolierschichten etwa 200nm. Den Abschluß dieser Anordnung bildet die Gegenelektrode, die vielfach aus einer dünnen Aluminiumschicht besteht. Wird nun eine Wechselspannung an diese Zelle gelegt, so fließt ein kapazitiver Strom, der die elektrolumineszente Schicht anregt. Erreicht die Wechelspannung einen bestimmten Schwellwert, so tritt ein sog. Lawinendurchbruch auf, der mit einem schlagartigen Ansteigen des Stromflusses verbunden ist und zugleich eine Lichtemission bewirkt.

Bild 2.32a zeigt den typischen Verlauf der Leuchtdichte als Funktion der Amplitude bei unterschiedlichen Wechselspannungsfrequenzen (f_1, f_2, f_3).

In der Praxis ist die Wechselspannungsfrequenz auf etwa 5KHz begrenzt. Diese Begrenzung ist durch die kapazitive Last einer EL-Zelle von etwa 10nF/cm^2 bedingt, sowie durch die Anforderungen an das Elektrodenmaterial nach Transparenz und einer möglichst hohen Leitfähigkeit, die jedoch im Gegensatz zueinander stehen.

Durch eine geeignete Dotierung wird, wie in Bild 2.32b dargestellt, ein Hystereseverhalten der Spannung/Luminanz-Kennlinie erreicht. Hierdurch erhält das Lumineszenzmaterial Speichereigenschaften. Eine derartige Anzeige, die bereits 1976 von *Sharp* [SUZ76] vorgestellt wurde, ist beispielsweise in der Lage, Halbtonbilder, die auf die Frontscheibe der EL-Anzeige projiziert wurden, zu speichern. Die Ortsauflösung dieses Verfahrens ist sehr hoch und wurde von [PRO87] mit mehr als 100 Linien/mm angegeben.

Anzeigematrix. Eine für computergrafische Anwendungen geeignete Matrixanzeige ist vielfach in ähnlicher Weise wie die in Abschnitt 2.3.3 diskutierte LC-Anzeigematrix aufgebaut. Den Aufbau und die Funktionsweise einer TFT-Schaltmatrix zur Ansteuerung von AC TFEL-Zellen verdeutlicht Bild 2.33.

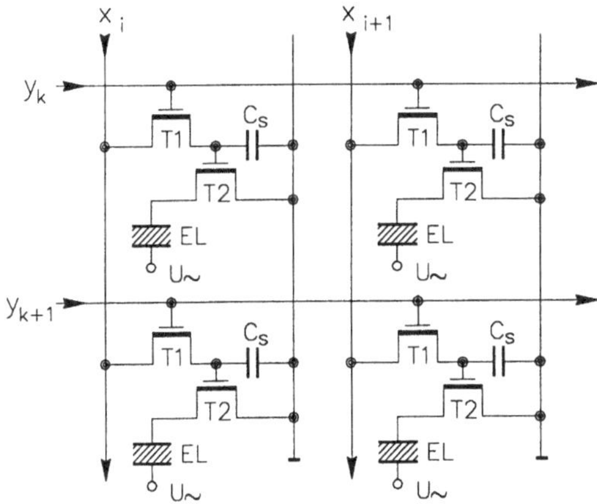

Bild 2.33. TFT-Schaltmatrix für eine AC TFEL-Anzeige

Der Transistor T_1 wird durch einen positiven Spannungsimpuls U_L auf der Zeilenleitung y_k geöffnet. Hierdurch erfolgt eine Auf- oder Entladung der Kapazität C_S auf das Spannungspotential U_C, das an der Spaltenleitung x_i anliegt. Für den Fall, daß U_C positiv ist, wird T_2 geöffnet und die EL-Zelle aktiviert. Anderenfalls bleibt T_2 geschlossen und die EL-Zelle inaktiv.

2.4 3D-Bildanzeigen und 3D-Sehhilfen

Die bisher behandelten Bildanzeigen stellen dreidimensionale Objekte auf einer zweidimensionalen Bildschirmebene dar. Das hierbei erzeugte planare Abbild vermittelt jedoch nur in begrenztem Maße einen räumlichen Sichteindruck. So ist es für einen Betrachter vielfach nicht möglich, korrekte Tiefeninformationen über komplexe Strukturen, wie beispielsweise grössere Molekülverbände, zu erhalten.

Eine Abhilfe bieten die stereoskopische Sehhilfen, die in Verbindung mit konventionellen zweidimensionalen Bildanzeigen Verwendung finden. Hierunter fallen Spiegelstereoskope, Anaglyphen-Brillen, LC-Shutter oder auch optomechanische Vorsatzgeräte, die mit Polarisationsfiltern arbeiten.

Darüber hinaus existieren auch Bildanzeigen, mit denen virtuelle 3D-Bilder erzeugbar sind, von denen man, wie bei der Betrachtung eines Hologramms, allein durch Bewegen des Kopfes unterschiedliche Ansichten erhalten kann. Zu der Klasse dieser 3D-Bildanzeigen, die im nachfolgenden zusammen mit den oben erwähnten 3D-Sehhilfen vorgestellt werden, gehören das Schwingspiegel-Display, die kopfverbundenen Sichtanzeigen sowie spezielle optomechanische Anzeigen.

2.4.1 Spiegelstereoskop

Räumliches und stereoskopisches Sehen. Der Mensch ist in der Lage, durch binokulares Sehen die Anordnung von Gegenständen im Raum objektiv wahrzunehmen. Diese Fähigkeit wird als räumliches Sehen bezeichnet, wenn eine direkte Betrachtung des Objektraums erfolgt. Für den Fall, daß zwei Abbildungen des gleichen Objektes betrachtet werden, deren perspektivisch projizierte Darstellungen sich auf die Zentren der Augenlinsen beziehen, bezeichnet man diese Art der räumlichen Wahrnehmung als stereoskopisches Sehen. Bild 2.34 verdeutlicht den Zusammenhang zwischen räumlichem und stereoskopischem Sehen

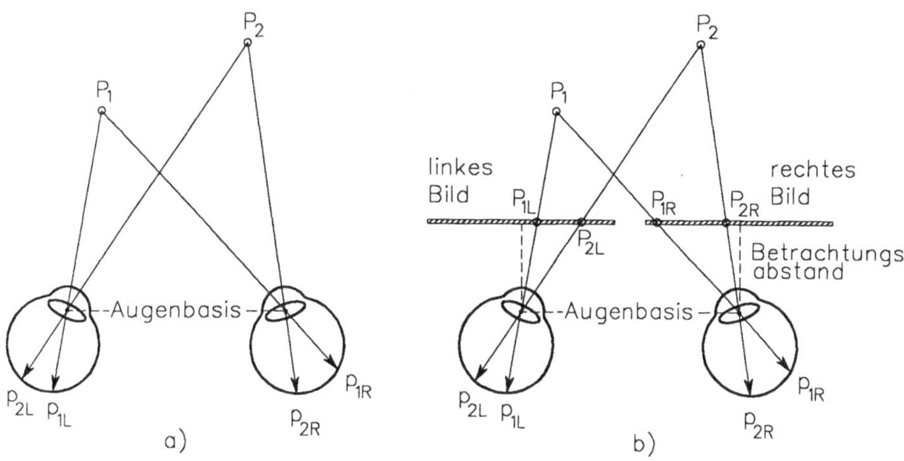

Bild 2.34. Binokulares Sehen a) räumlich b) stereoskopisch

am Beispiel der Punkte P_1 und P_2 und ihrer Projektionen P_{1L}, P_{2L} bzw. P_{1R}, P_{2R} auf zwei Stereobildebenen. Diese beiden Punktpaare erzeugen identische Abbildungen auf der Netzhaut (p_{1l}, p_{2l} und p_{1r}, p_{2r}) und damit die gleiche Wahrnehmung wie im Fall des räumlichen Sehens. Zur Betrachtung derartiger stereoskopischer Bildpaare dient ein Spiegelstereoskop [RÜG78], dessen Aufbau Bild 2.35 zeigt. In den beiden Strahlengängen befinden sich je zwei Umlenkspiegel sowie eine Sammellinse.

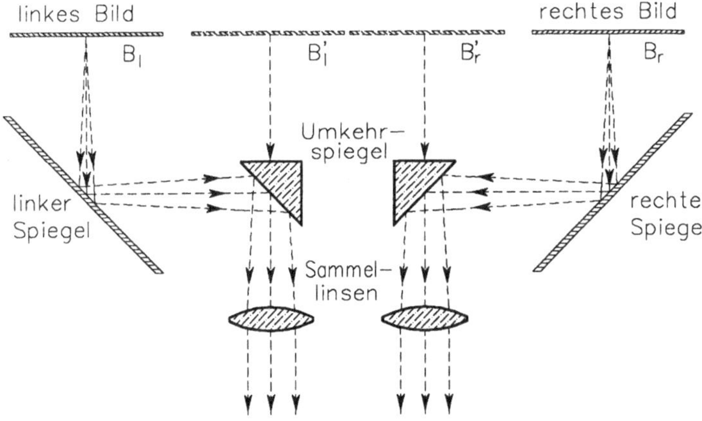

Bild 2.35. Funktionsprinzip des Spiegelstereoskop

Hierbei werden die Spiegelbilder B_l und B_r betrachtet, die in der direkten Verlängerung der Sehachsen angeordnet erscheinen (B_l', B_r'). Die Anordnung der äusseren Spiegel bestimmt den Abstand und damit die maximale Grösse der Stereobilder.

Um das Spiegelstereoskop zur räumlichen Darstellung computergrafisch erzeugter Bilder verwenden zu können, muß dieses fest und in einem definierten Abstand vor dem Monitorbildschirm montiert werden. Ein Nachteil dieser Methode ist der relativ kleine Bildbereich, dessen maximale Grösse nur ein Viertel der Bildschirmfläche beträgt.

2.4.2 Anaglyphenverfahren

Mit den Anaglyphenverfahren [RÜG78] wird ein Stereobildpaar durch zwei Teilbilder erzeugt, die in zueinander komplementären Farben (in der Regel rot und blaugrün) dargestellt werden. Dieses Mischbild wird durch eine Brille betrachtet, wobei die Farbe der Brillengläser mit den Teilbildfarben identisch ist. Die optische Trennung des Mischbildes erfolgt dadurch, daß die Brillengläser nur das Licht jenes Bildes zum überwiegenden Teil durchlassen, dessen Farbe mit der Brillenglasfarbe übereinstimmt.

Da das Absorbieren der Teilbilder ausschließlich physikalisch erfolgt, hat beim Anaglyphenverfahren die eventuell vorhandene Farbenblindheit eines Betrachters keinen Einfluß auf dessen räumliches Wahrnehmungsvermögen. Das Anaglyphenverfahren ist von allen stereoskopischen Sehhilfen gerätetechnisch am einfachsten zu realisieren. Ein weiterer Vorteil ist, daß die Bildgröße, im Gegensatz zur zuvor diskutierten Methode, erhalten bleibt. Nachteilig ist allerdings, daß hiermit keine Farbdarstellung möglich ist.

2.4.3 Polarisationsfiltervorsatz

Eine Methode, die die Darstellung von stereoskopischen Farbbildern ermöglicht, zeigt Bild 2.36. Hierbei werden die Bilder zweier Farbbildschirme mit Hilfe eines halbdurchlässigen Prismenspiegels überlagert. Der unmittelbar vor dem Bildschirm befindliche Polarisationsfilter dient zur Dämpfung jener Lichtwellen, deren Schwingungsebenen von der vertikalen Polarisationsrichtung des Filters abweichen.

In analoger Weise erfolgt dies auch mit den vom rechten Bildschirm ausgesendeten Lichtstrahlen, wobei in diesem Fall die Schwingungsebenen horizontal ausgerichtet sind. Zur Betrachtung der beiden überlagerten und unterschiedlich polarisierten Bilder dient eine Brille, deren Gläser die Eigenschaften eines Polarisationfilters besitzen. Das linke Brillenglas läßt die Lichtanteile des linken Teilbildes hindurch und das rechte Glas die des rechten.

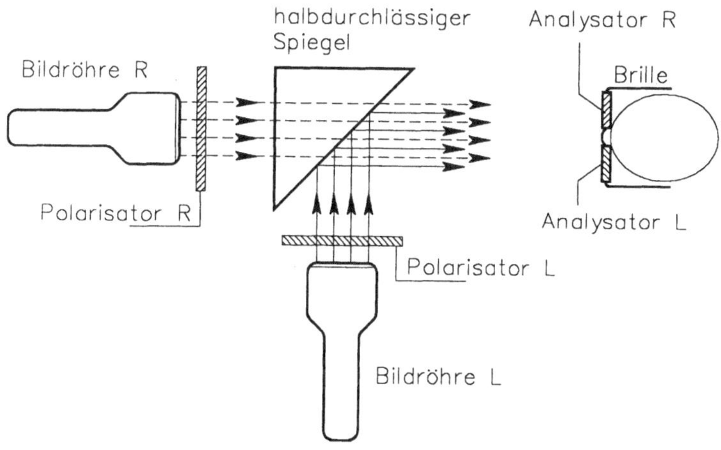

Bild 2.36. Polarisationsfilterverfahren

2.4.4 LC-Shutter

In der Computergrafik ist die Verwendung sog. *LC-Shutter* (*liquid cristal shutter*) zur Betrachtung stereoskopischer Bilder besonders weit verbreitet. Diese Methode bietet einen Kompromiß zwischen der Darstellungsqualität und dem hierzu notwendigen Hardware-Aufwand. Die Funktionsweise des LC-Shutters, der, wie Bild 2.37 zeigt, im einfachsten Fall aus einem Bildschirmvorsatz sowie aus einer speziellen Polarisationsfilterbrille besteht, stellt sich wie folgt dar:

Der Bildschirmvorsatz überdeckt den gesamten Bildschirm und setzt sich aus einem Polarlisationsfilter und aus einem Flüssigkristall zusammen. Der Flüssigkristall ist eine sog. *π-Zelle*, mit der die Schwingungsebene des Lichtes durch An- oder Abschalten einer Steuerspannung von 0° auf 90° bzw. von 90° auf 0° verdreht wird. Das Bild 2.37 zeigt die Bildschirmdarstellungen eines Kubus aus der Sicht des linken und des rechten Auges, die im schnellen Wechsel nacheinander erzeugt werden. Der Polarisator läßt nur die vom Monitorbildschirm ausgesendeten Lichtwellen hindurch, deren Schwingungsebenen senkrecht ausgerichtet sind. Diese Lichtwellen treten durch den Flüssigkristall hindurch, der im spannungslosen Zustand die Schwingungsebene um 90° dreht und bei angeschalteter Steuerspannung seine Polarisationsrichtung nicht verändert. Da nach jedem Bildwechsel auch die Steuerspannung an dem Flüssigkristall an- oder abgeschaltet wird, erfolgt auch ein Richtungswechsel der Lichtwellenebene. Dieser Effekt bewirkt, daß mit Hilfe einer Polarisationsfilterbrille das rechte Teilbild vom linken getrennt wird (s. Unterabschnitt 2.4.3). Ausführliche Darstellungen des LC-Shutter-Verfahrens sind in [TAT87a, TAT87b, BOS89] und [POL86] zu finden.

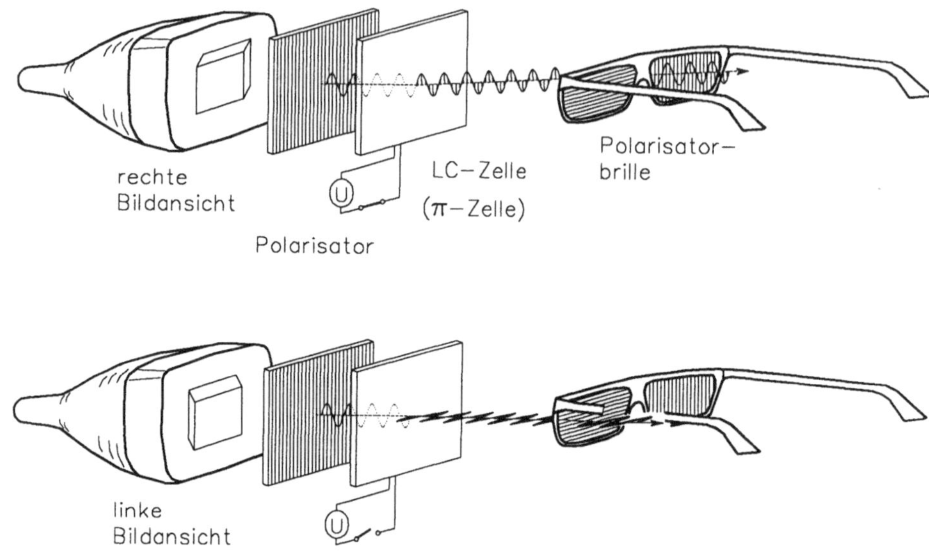

Bild 2.37. Wirkungsweise des LC-Shutters

2.4.5 Schwingspiegel-Display

Funktionsprinzip. Das Funktionsprinzip des *Schwingspiegel-Display* [FUC82] beruht darauf, daß Monitorbilder auf eine Spiegelfläche projiziert werden, die sich in der Projektionsrichtung periodisch sehr schnell hin und her bewegt (Bild 2.38). Abhängig von der Entfernung der Spiegelfläche zum Monitorbildschirm erscheint das Bild in unterschiedlichen Tiefenebenen. Bewegt sich dieser Schwingspiegel mit einer Frequenz von ca. 30Hz, so werden, infolge der Trägheit des menschlichen Auges, alle Bilder, die innerhalb einer Schwingungsperiode auf den Schwingspiegel projiziert wurden, zeitgleich gesehen. Hierdurch entsteht ein virtuelles dreidimensionales Bild, dessen räumliche Ansicht, wie bei einem Hologramm, vom Blickpunkt des Betrachters abhängt.

Das größte technische Problem dieses Verfahrens besteht darin, daß bei einer Bildwiederholfrequenz von 30Hz, entsprechend der Anzahl der Tiefenebenen n, insgesamt 30 n-Bilder pro Sekunde zu erzeugen sind. Hierzu ist eine extrem hohe Video-Bandbreite erforderlich, so daß lediglich Vektorbilder oder relativ kleine Bildmatrizen darstellbar sind. Im Rastermodus können maximal 256 10^6 Pixel erzeugt werden, die sich beispielsweise auf 64 Bildmatrixen mit der Grösse von 64×64 Pixeln oder auf 4 Bildebenen mit je 256×256 Pixeln aufteilen lassen. Im Vektormodus lassen sich maximal 46 10^3 räumlich positionierte Punkte miteinander zu Vektoren verbinden.

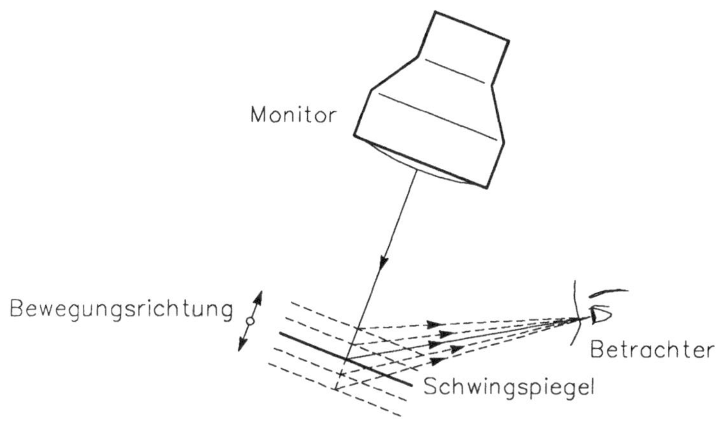

Bild 2.38. Funktionsprinzip des Schwingspiegel-Displays

Gerätetechnische Realisierung. Bild 2.39 zeigt in einer vereinfachten Darstellung den gerätetechnischen Aufbau des *Schwingspiegel-Displays*. Der Betrachter blickt schräg auf die Spiegelfläche, die als Membran auf einem handelsüblichen Lautsprecher aufgespannt ist. Dieser Lautsprecher regt mit einer Sinusfrequenz von 30Hz die Spiegelmembrane an, die sich hierdurch wechselseitig konkav oder konvex wölbt.

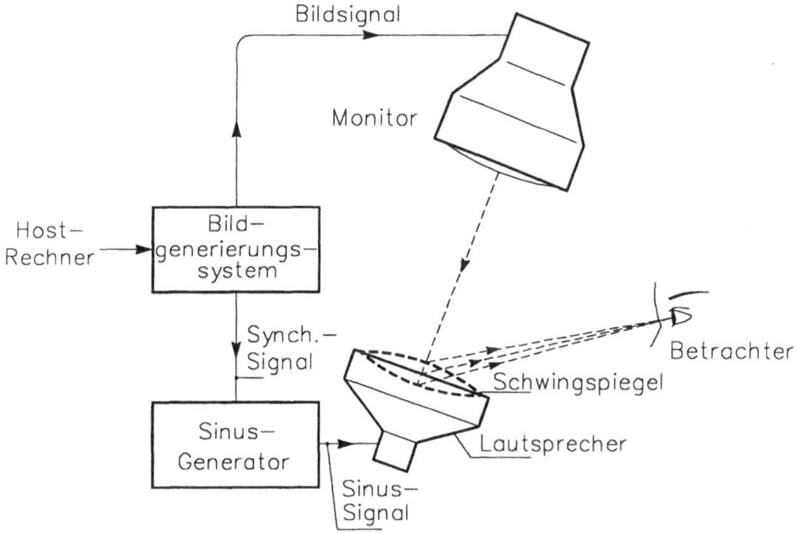

Bild 2.39. Aufbau des Schwingspiegel-Displays

Infolge dieser Formänderung enstehen Bildverzerrungen, die man bereits bei der Bildgenerierung kompensieren muß. Hierbei sind die generierten Bilder bei einer konkaven Schwingspiegelwölbung vergrössert und im Fall einer konvexen Wölbung verkleinert darzustellen. Gleichzeitig sind auch die im Wechsel auftretenden Tonnen- oder Kissenverzerrungen zu korrigieren.

Dadurch, daß der Schwingspiegel sinusförmig ausgelenkt wird, entsteht ein zusätzliches Problem. So ist es erforderlich, daß die Erzeugung der Tiefenbildfolge an den Verlauf der Sinus-Funktion angepaßt werden muß und nicht in zeitlich äquidistanten Abständen erfolgen kann.

2.4.6 Kopfverbundene Anzeigen

Obgleich kopfverbundene Sichtanzeigen seit mehr als 20 Jahren bekannt sind, ist ihre Bedeutung erst jüngst im Zusammenhang mit dem Aufkommen der sog. *Virtuellen Realität* gestiegen. Das erste dieser Sichtgeräte wurde in den sechziger Jahren von I.D. Sutherland an der Universität von Utah entwickelt [SUT68]. Es bestand aus zwei kleinen Kathodenstrahlröhren, die links und rechts an einem Helm montiert sind. Die Bilder wurden hierbei über ein aus Prismen und Linsen aufgebautes optisches System direkt in die Augen des Betrachters gespiegelt. Mit Hilfe eines Gelenkmechanismus wurde die Kopfstellung und die Blickrichtung erfaßt. Mit den Koordinaten und der Blickrichtung des Kopfes erfolgte anschließend die Berechnung und Darstellung der beiden Stereobilder.

Seit wenigen Jahren lassen sich mit kleinen, leichtgewichtigen LC-Monitoren, die direkt auf dem Helm montiert werden, kopfverbundene Bildanzeigen erheblich einfacher handhaben. Den prinzipiellen Aufbau eines derartigen Bildanzeigesystems zeigt Bild 2.40.

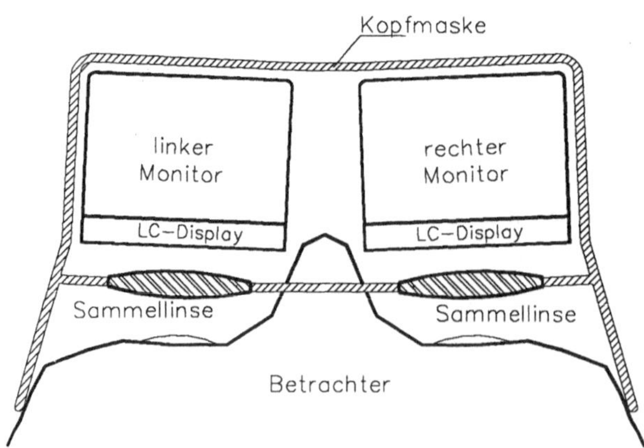

Bild 2.40. Aufbau einer kopfverbundenen Sichtanzeige

Werden kopfverbundene Bildanzeigen in Verbindung mit Realzeitsichtsystemen eingesetzt, so kann der Betrachter den Eindruck erhalten, er befinde sich frei beweglich innerhalb des Objektraums. Der als *Virtuelle Realität* (VR) bezeichnete Sichteindruck läßt sich dadurch unterstützen, daß nicht nur die Kopfbewegungen des Betrachters, sondern auch dessen Arm- und Beinstellungen mit Hilfe elektronischer Sensoren mit einer räumlichen Auflösung von 0,1mm innerhalb eines kubischen Raumes, der eine Kantenlänge von 3m besitzt, vermessen und zur Realzeitberechnung der beiden Monitorbilder verwendet werden.

Bild 2.41 zeigt das gesamte System, das es gestattet, mit den o.g Geometriedaten eines Menschen ein entsprechendes Körpermodell, das ein Teil des Objektraums repräsentiert, zu animieren, wobei mit Hilfe der kopfverbundenen Bildanzeige für diesen Menschen der Eindruck entsteht, als befände er sich selbst innerhalb der vom Computer berechneten *virtuellen Welt.*

Hierzu trägt der Betrachter einen *Datenanzug* (data suit), der mit kleinen Schallsendern sowie mit Meßgeräten zur Bestimmung der Knie- und Fußbeugewinkel versehen ist (Bild 2.41). Indem die Laufzeiten der Schallsignale bestimmt werden, die anschließend ein Vorverarbeitungsrechner auswertet, erhält man die Koordinaten des Kopfes sowie von Arm-, Schulter, Knie- und Fußgelenken.

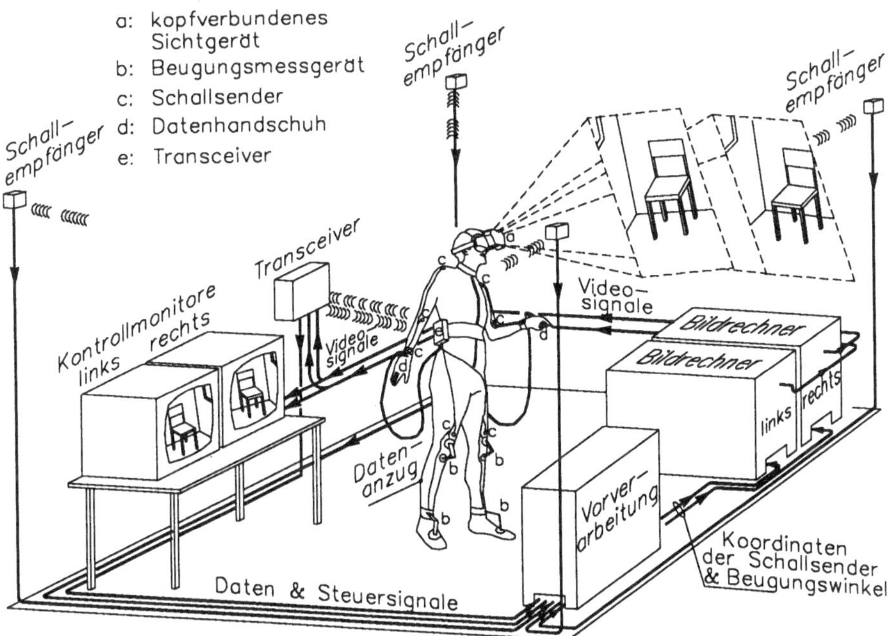

Bild 2.41. Komponenten eines VR-Systems

Mit Hilfe dieser Daten berechnen in der Regel zwei Realzeitsichtsysteme (Bildrechner) das entsprechende Stereobildpaar, das der Betrachter als Teil des 3D-Szenenmodells virtuell sieht. Zwei *Datenhandschuhe* (data gloves) dienen zur Bestimmung der Fingerkrümmungen sowie des Abspreizwinkels zwischen Daumen und Zeigefinger. Hiermit kann der Betrachter die Gegenstände, die er virtuell vor sich sieht, greifen und Manipulationen ausführen.

Die Möglichkeiten, die sich hiermit eröffnen, sind derzeit nur zu erahnen. So könnte eines Tages ein Konstrukteur das visualisierte Datenmodell des vom ihm geschaffenen Objektes in die Hand nehmen und wesentlich effektiver eventuell notwendige Konstruktionsänderungen ausführen. Ein Chemiker wäre in der Lage, sich innerhalb der von ihm synthetisierten molekularen Strukturen zu bewegen, um dann vor Ort in gewünschter Weise Modifikationen auszuführen. Ein Architekt könnte sich in ein virtuelles Gebäude begeben, das sich noch in der Projektierungsphase befindet, um erste Raumeindrücke oder Informationen über die Lichtverteilung zu erhalten. Die Anzahl der Beispiele für den Einsatz der *VR* ließe sich in nahezu unbegrenzter Weise fortsetzen. Inwieweit sich die obigen und viele andere nichtgenannten Ideen sinnvoll verwirklichen lassen, wird schon in naher Zukunft die Praxis zeigen.

2.4.7 OmniView-Display

Das von Texas Instruments entwickelte *OmniView-Display* [WIL88], [WIL89] gehört, wie das Schwingspiegel-Display, zu den optomechanischen Volumenanzeigen. Das Funktionsprinzip dieser Anzeige basiert auf einer Projektionsebene, die mit großer Geschwindigkeit (400 bis 600 U/min) rotiert und dabei jeden Punkt innerhalb eines Sichtvolumens schneidet. Im Fall des Omniview-Systems ist dies, wie in Bild 2.42 dargestellt, eine transparente als Doppelhelix geformte Mattscheibe, die als *Muliplanar-Display-Surface* (MDS) bezeichnet wird. Mit Hilfe dieser Projektionsscheibe entsteht ein Sichtvolumen, das sich aus einer Sequenz gekrümmter Schnittflächen zusammensetzt. Mit jeder Änderung des MDS-Drehwinkels verschiebt sich die mit der Muliplanar-Display-Surface gebildete Schnittfläche in äquidistanten Schritten parallel in Richtung der Z-Achse. Ein Laserstrahl projiziert während dieses Vorganges auf alle so entstehenden Schnittflächen die vorausberechnete Bildinformation. Da mit jeder vollen Umdrehung die MDS das Sichtvolumen zweimal in sämtlichen Ebenen durchschneidet, wird bei der angegebenen Rotationsgeschwindigkeit von 600U/min das Sichtvolumen 20 mal in der Sekunde generiert. Die Muliplanar-Display-Surface besitzt einen Durchmesser von 91cm wobei die Höhe des von ihr erzeugten Sichtvolumens 61cm beträgt.

Es ist einsichtig, daß die Generierung eines 3D-Objektes punktweise zu erfolgen hat. Aus diesem Grunde ist es notwendig, die Intensität des Laserstrahl abhängig von seiner XY-Auslenkung (*XY-Scanner*) und vom Drehwinkel der MDS zu steuern. Hierzu dient ein Steuerrechner, der die vom XY-Scanner verursachte Strahlauslenkung mit dem MDS-Drehwinkel synchronisiert. Ein Modulator, der nach dem Prinzip der akustisch-optischen-Kristalle arbeitet, schaltet mit dem vom Steuerrechner erzeugten Modulationssignal einen kontinuierlichen Laserstrahl ein und aus und erzeugt damit die zur Bildgenerierung erforderliche Laserimpulsfolge.

Nach [WIL88] sind mit dem Omniview-Verfahren auch die Farbdarstellung möglich, indem drei unterschiedlich farbige Laserlichtquellen eingesetzt werden. Das OmniView-Display ist in der Lage, 15 000 mehrfarbige Volumenelemente gleichzeitig darzustellen.

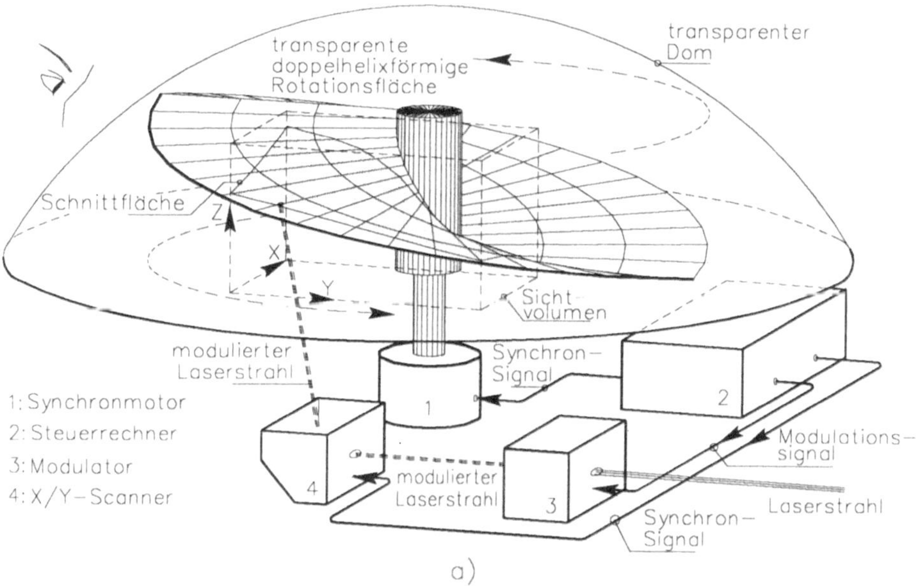

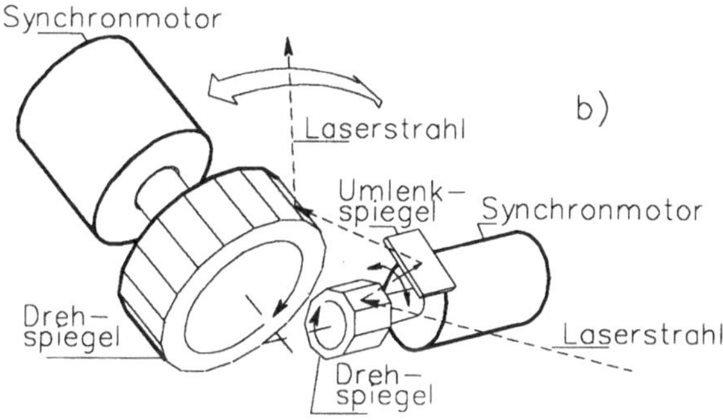

Bild 2.42. OmniView-Display: a) Aufbau und Funktionsprinzip des OmniView-Displays b) Aufbau und Funktionsprinzip des XY-Scanners[7]

7 Der Aufbau und Funktionsweise des XY-Scanners ist spekulativ, da detaillierte Angaben nicht verfügbar waren.

3 Einführung in die Technik computergrafischer Sichtsysteme

Ein computergrafisches Sichtsystem wird vielfach als Display, Raster-Display, Raster-Scan-Display oder Grafiksystem bezeichnet. Diese Begriffe können jedoch unterschiedliche Bedeutungen haben. So wird beispielsweise unter dem Begriff Display zum einen das gesamte Sichtsystem und zum anderen nur eine Komponente des Sichtsystems, nämlich die Bildanzeigeeinheit (z.B. Plasma-, LC-Display) verstanden. Es ist daher notwendig, die im Rahmen dieser Monographie verwendeten, mißverständlichen Begriffe eindeutig zu definieren.

Ein Sichtsystem besteht aus den Subsystemen zur hardware-gestützten Bildgenerierung und Bildausgabe. Das bildgenerierende Subsystem trägt hier die Bezeichnung *Bildrechner* oder *Grafik-Computer*, während wir das für die Bildausgabe zuständige Gerät als *Monitor* bezeichnen. Die wichtigste Komponente des Monitors ist die in Kapitel 2 ausführlich behandelte Bildanzeigeeinheit, die hier auch als *Display* bezeichnet wird.

Das Kapitel 3 beginnt mit einer kurzen Darstellung der geschichtlichen Entwicklung der computergrafischen Sichtsysteme. Anschließend werden die elementaren Funktionsprinzipien und Architekturmerkmale der für bestimmte Applikationsbereiche spezialisierten Sichtsystemtypen übersichtsartig vorgestellt. Den Hauptteil dieses Kapitels bildet die Organisation und die Architektur eines fiktiven Bildprozessors, wobei das funktionelle Zusammenwirken seiner Subsysteme detailliert behandelt wird. Das Kapitel 3 schließt mit einem Abriß über den prinzipiellen gerätetechnischen Aufbau eines Farbmonitors.

3.1 Geschichtliche Entwicklung der computergrafischen Sichtsysteme

Computergrafische Sichtsysteme sind für viele industrielle und wissenschaftliche Anwendungsbereiche von großer Bedeutung. So ist beispielsweise der rechnergestützte Entwurf (CAD, computer **a**ided **d**esign), der im Maschinenbau, Flugzeugbau, Fahrzeugbau oder auch in der Architektur unverzichtbar geworden ist, ohne leistungsfähige computergrafische Sichtsysteme nicht vorstellbar.

Das gleiche gilt für weite Bereiche der Chemie, in denen sich das sog. *Molecular-Modelling* - dies ist eine Methode, mit der ein Chemiker am Sichtsystem chemische Verbindungen rechnergestützt synthetisiert - immer mehr durchzusetzen beginnt.

Der heutige hohe Leistungsstand der computergrafischen Sichtsysteme ist auf eine lange Entwicklungslinie von Peripheriegeräten zur Bildausgabe zurückzuführen, die ursprünglich nur zur einfachen vektorgrafischen Darstellung von numerischen Ergebnisdatenmengen gedacht waren.

Der erste Rechner, der ein Sichtsystem als Peripheriegerät verwendete, war vermutlich der etwa 1950 am Massachussetts Institut of Technology (MIT) entwickelte *Whirlwind*-Computer, der zur Untersuchung der Stabilität von Flugzeugen diente. Es handelte sich hierbei um ein umgebautes Oszilloskop, dessen Strahlablenkung durch das Anlegen von Spannungen an die Signaleingänge der Ablenkverstärker erzeugt wurde. Um die Ergebnisse des Rechenprozesses grafisch darstellen zu können, mußten die digitalen Signalfolgen zuvor mit Digital/ Analog-Umsetzern in äquivalente Spannungsverläufe konvertiert werden.

Während der fünfziger Jahre entstand das Luftverteidigungssystem SAGE, bei dem Radarsignale in liniengrafische Bilder umgewandelt wurden. Zur Identifizierung von Objekten auf dem Radarbildschirm wurde hierbei erstmals ein Lichtgriffel (light pen) verwendet, der bereits einfache Möglichkeiten zur Mensch-Rechner-Kommunikation bot.

1963 wurde am MIT im Rahmen der Doktorarbeit von Ivan Sutherland, einem der Väter der Computergrafik, das Linienzeichensystem *Sketchpad* entwickelt, mit dem es erstmals möglich war, interaktiv am Bildschirm Linienzeichnungen zu erzeugen. Sketchpad ist somit als Vorläufer der heutigen hochkomplexen CAD-Systeme anzusehen.

1965 stellte die Firma IBM erstmalig in Serie gefertigte vektorkalligrafische Sichtsysteme vor (s. Unterabschnitt 3.2.2). Da jedoch der Preis der Bildröhre mehr als 100 000 US-Dollar betrug, fanden derartige Geräte zunächst nur eine geringe Verbreitung.

1968 brachte die Firma Tektronix ein Sichtgerät mit einer Speicherbildröhre zu dem damals relativ günstigen Preis von 15 000 US-Dollar auf den Markt, das für eine längere Zeit zum bevorzugten Sichtsystem für die Computergrafik und deren Anwendungsbereiche wurde.

Mitte der siebziger Jahre wurden diese Gerätetypen von Sichtsystemen abgelöst, die nach dem sog. *Raster-Scan-Prinzip* arbeiteten und hierzu mit einem Bildwiederholspeicher ausgestattet waren. Diese Entwicklung wurde sehr stark von den drastisch sinkenden Preisen der dynamischen Speicherbausteine (DRAMs) begünstigt, deren hohe Kosten in den Jahren zuvor den Einsatz von rastergrafischen Sichtsystemen als oftmals zu teuer erscheinen ließ.

Ein wesentlicher Nachteil der rastergrafischen Sichtsysteme waren jedoch ihre langen Bildaufbauzeiten, so daß die Darstellung von dynamischen Bildfolgen in Echtzeit eine Domäne der vektorkalligrafischen Sichtsysteme blieb.

Erst seit Mitte der achtziger Jahre konnten, dadurch daß die Visualisierungsprozesse (s. Kapitel 4) mit Hilfe dedizierter Hardware unterstützt wurden, auch diese Aufgaben von den rastergrafischen Realzeitsichtsystemen (s. Unterabschnitt 3.3.1) übernommen werden.

Neben den Realzeitsystemen wurden in den letzten Jahren computergrafische Sichtsysteme für die Bildverarbeitung (s. Unterabschnitt 3.3.2), zur fotorealistischen Darstellung auf der Basis der Ray-Tracing-Verfahren (s. Unterabschnitt 3.3.4) oder zur Visualisierung von Voxel-Repräsentationen (s. Unterabschnitt 3.3.3) entwickelt. Diese Systeme zeichnen sich durch eine zumeist sehr hohe Rechenleistung aus. Ihre Architekturen sind vielfach an die algorithmischen Strukturen der Verarbeitungsprozesse angepaßt, so daß sie als hochspezialisierte Supercomputer betrachtet werden können. Es ist zu erwarten, daß sich der Trend zur Spezialisierung der Sichtsysteme auch in den nächsten Jahren weiter fortsetzt wird.

Zusammenfassend ist festzustellen, daß mit der rapide wachsenden Verarbeitungsleistung von Rechnersystemen (um etwa das tausendfache innerhalb einer Dekade) ein entsprechendes Anwachsen der erzeugten Ergebnisdatenmengen verbunden ist. Diese Datenmengen können vom Anwender vielfach nur noch mit Hilfe leistungsfähiger computergrafischer Sichtsysteme interpretiert werden, so daß deren zukünftige Bedeutung für den gesamten EDV-Bereich noch erheblich zunehmen wird.

3.2 Funktionsprinzipien computergrafischer Sichtsysteme

Computergrafische Sichtsysteme arbeiten entweder nach dem vektorkalligrafischen- oder nach dem Raster-Scan-Prinzip. In den nachfolgenden Unterabschnitten werden diese beiden elementaren Funktionsprinzipien vorgestellt und ihre Unterschiede verdeutlicht.

3.2.1 Rastergrafische Sichtsysteme

Das grundlegende Funktionsprinzip eines rastergrafischen Sichtsystems das sog. Raster-Scan-Prinzip, läßt sich anhand von Bild 3.1 erklären. Wir stellen uns hierzu einen Speicher vor, in dessen matrixförmig angeordneten Zellen sich die digitalisierten Grauwerte eines Bildrasters befinden. Um das gespeicherte Bildraster auf dem Schirm einer Monitorbildröhre darzustellen, müssen diese Grauwerteinträge in schneller zyklischer Folge aus der Speichermatrix gelesen und in äquivalente Lichtintensitäten umgeformt werden. Dieser Bilddarstellungsprozeß wird im einzelnen wie folgt ausgeführt:

- Der Start des Bilddarstellungsprozesses erfolgt mit der Matrixadresse des Bildpunktes, der sich am oberen linken Eckpunkt der Speichermatrix befindet. Von dieser Startposition ausgehend, erzeugt der X-Zähler von links nach rechts alle Spaltenadressen einer Zeile in einer linear aufsteigenden Folge. Die Zeilenadresse bleibt hierbei unverändert.

Beim Erreichen der letzten Spaltenendadresse wird die Y-Adresse inkrementiert und gleichzeitig der X- Zähler zurückgesetzt.

- Dieser Zeilenadressierungszyklus wird für alle weiteren Zeilen in gleicher Weise und zwar von oben nach unten durchgeführt, bis die Matrixadresse, die sich an dem unteren linken Eckpunkt der in Bild 3.1 dargestellten Speichermatrix befindet, erreicht ist. Anschließend werden beide Adreßzähler wieder auf die Anfangsadresse zurückgesetzt und der Adressierungsprozeß wiederholt.

- Parallel zu jedem Adreßschritt erfolgt ein Lesezugriff auf die Speichermatrix, wobei die gelesenen Daten der Bildpunkte, die wir nachfolgend auch als Pixel (**pic**ture **el**ement) bezeichnen, an die Eingänge eines Digital/Analog-Umsetzers (DAU) geführt werden. Der DAU konvertiert die digitalen Pixel-Daten in analoge Spannungswerte und steuert damit die Intensität des Elektronenstrahls einer Bildröhre. Da die Bewegung des Elektronenstrahls synchron zur Adressierung der Bildpunkte erfolgt, entsteht auf dem Bildschirm des Monitors ein analoges Abbild der gespeicherten Datenwerte. Nach jedem Zeilen- oder Bildwechsel stellen die von den Adreßzählern erzeugten Synchronisationsimpulse den Gleichtakt zwischen der Elektronenstrahlbewegung und den Lesezugriffen wieder her.

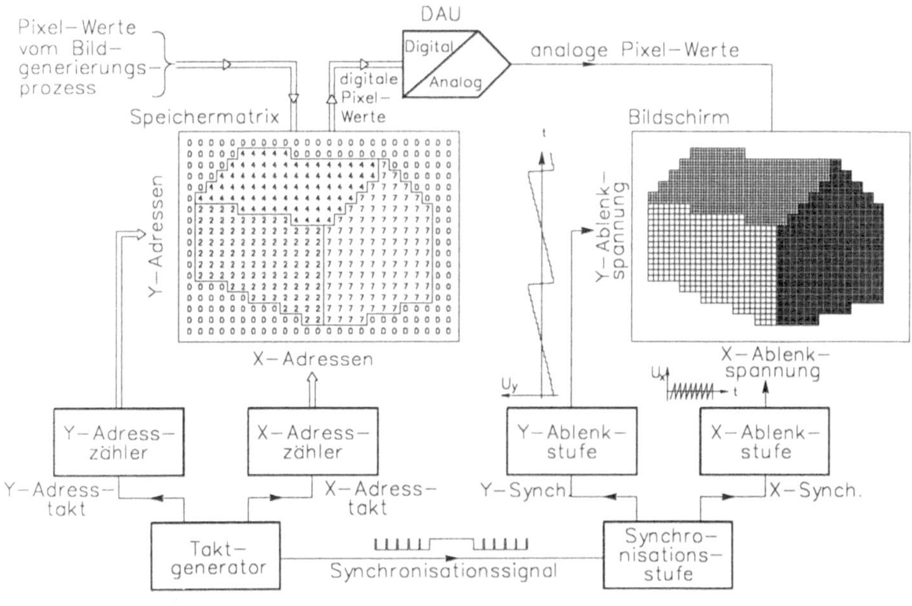

Bild 3.1. Funktionsprinzip rastergrafischer Sichtsysteme

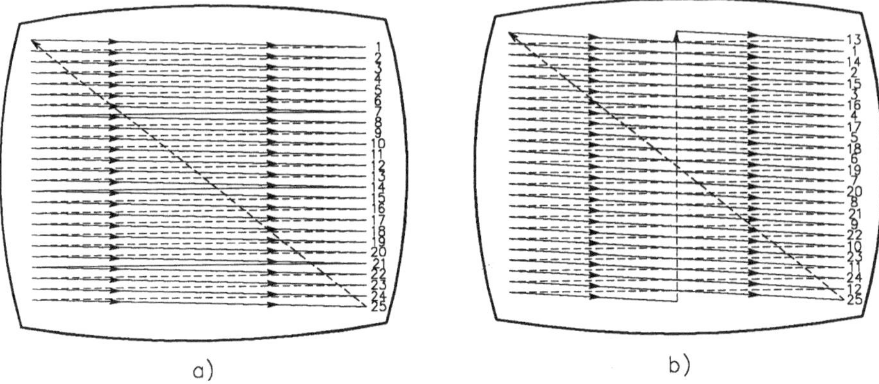

Bild 3.2. Darstellungsarten des Bildraster: a) Vollbildverfahren, b) Zeilensprungverfahren

Anstelle des oben diskutierten Verfahrens der Bildrasterdarstellung, das man als Vollbildverfahren (*non-interlaced mode*) bezeichnet, lassen sich die Pixel-Zeilen eines Bildrasters auch nach dem sog. Zeilensprungverfahren (*interlaced mode*) auslesen. Dieses in der Fernsehtechnik bekannte Verfahren, das lange Zeit auch bei den rastergrafischen Sichtsysteme dominierte, zeichnet sich durch eine geringere Bildwiederholfrequenz aus. Wie Bild 3.2 zeigt, werden hierbei die Pixel-Daten einer Bildmatrix mit zwei Halbbildzyklen zeilenversetzt ausgelesen. Unter der Annahme, daß die Zeitspanne zur Ausführung der Voll- und Halbbildzyklen gleich lang ist, wird das Rasterbild in nahezu gleicher Qualität flimmerfrei dargestellt. Allerdings ist in diesem Fall die aus dem Bildspeicher gelesene Informationsmenge im Vergleich zum Vollbildverfahren nur halb so groß.

Der wesentliche Nachteil des Zeilensprungverfahrens ist das Zwischenzeilenflimmern, das vor allem bei horizontal verlaufenden Linien auftritt. Als Vorteile sind die niedrigere Speicherbandbreite sowie der geringere gerätetechnische Aufwand für die Realisierung des Bildwiederholspeichers und der Video-Endstufe anzuführen.

3.2.2 Vektorkalligrafische Sichtsysteme

Die in Bild 3.3 dargestellte Wirkungsweise eines vektorkalligrafischen Sichtsystems, das vielfach auch Vektorsichtsystem (vector display) genannt wird, ist durch die direkte Kopplung von Bildgenerierungs- und Bilddarstellungsprozeß gekennzeichnet.

Bei diesem Verfahren erhält ein sog. *Vektorgenerator* (Bild 3.3a) eine Folge von Vektorschreibbefehlen (Bild 3.3b). Der Vektorgenerator setzt diese Befehlsfolge in horizontale und vertikale Ablenkspannungsverläufe um (Bild 3.3c, 3.3d). Mit Hilfe dieser beiden Spannungsverläufe wird der Elektronenstrahl der Bildröhre abgelenkt.

Als Ergebnis entsteht auf der Bildschirmfläche eine Leuchtspur (Bild 3.3e), die das analoge Abbild der mit dem DRAW- und MOVE-Befehlen definierten Kantenvektoren darstellt. Um den Sichteindruck eines stehenden Bildes zu erhalten, muß der Generierungsprozeß, der hier auch gleichzeitig der Darstellungsprozeß ist, mindestens 30 mal in der Sekunde, also in Intervallen von weniger als 33ms, wiederholt werden.

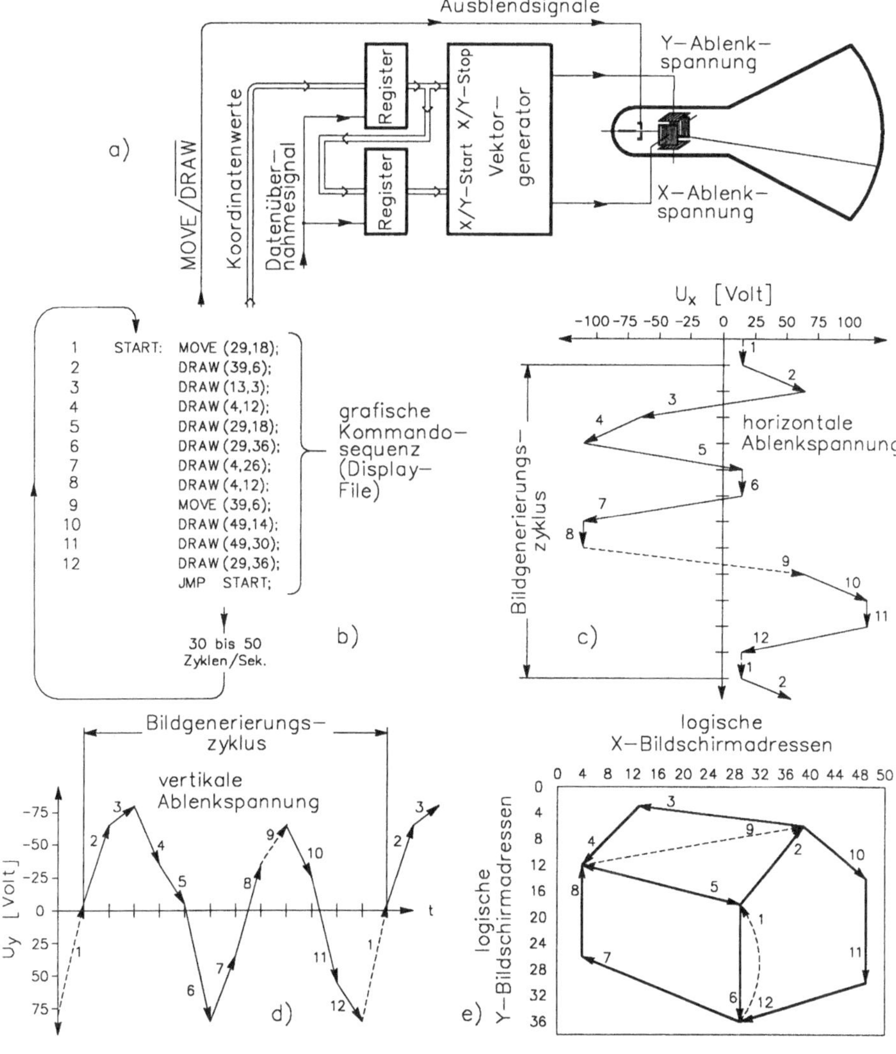

Bild 3.3. Funktionsprinzip Vektorsichtsystem: a) prinzipieller Aufbau, b) Befehlsfolge (Display-File), c) Zeitverlauf der vertikalen Ablenkspannung, d) Zeitverlauf der horizontalen Ablenkspannung, e) Weg des Elektronenstrahls auf der Bildschirmfläche.

Hierzu dient der Befehl JMP, der den Rücksprung auf die Anfangsadresse der Befehlsfolge und damit die Wiederholung des Bildzyklus bewirkt.

Nach der Darstellung des vektorkalligrafischen Funktionsprinzips sei abschließend die Arbeitsweise des Vektorgenerators etwas genauer diskutiert:

Bevor ein DRAW-Befehl ausgeführt wird, werden mit den Parametern des DRAW-Befehls (x_e, y_e), die als Bildschirmkoordinaten zu betrachten sind, die Stop-Koordinatenregister des Vektorgenerators geladen.

Nach dem Start erzeugt der Vektorgenerator zwei sich linear ändernde Spannungen, die den Elektronenstrahl so auslenken, daß dieser, ausgehend von seiner ursprünglichen Position [x_b y_b], eine gerade Leuchtspur zu den Bildschirmkoordinaten [x_e y_e] erzeugt. Nach Beendigung dieses Zeichenvorganges wird die Endkoordinate in das Start-Koordinatenregister des Vektorgenerators übernommen ($x_b <= x_e, y_b <= y_e$) und dient damit als Startkoordinate für den nachfolgenden DRAW-Befehl. Der MOVE-Befehl dient zur Positionierung des Elektronenstrahls. Er funktioniert analog zum DRAW-Befehl, mit dem Unterschied, daß der Elektronenstrahl hierbei dunkel gesteuert wird.

Vektorkalligrafische Sichtsysteme waren bis Ende der siebziger Jahre sehr stark verbeitet. Sie sind heutzutage nahezu vollständig von den nach dem Raster-Scan-Prinzip arbeitenden Sichtsystemen verdrängt. Ihre Architekturen haben somit nur noch historische Bedeutung und werden aus diesem Grunde in den nachfolgenden Kapiteln nicht weiter behandelt.

3.3 Spezialisierte rastergrafische Sichtsysteme

Neben den universell verwendbaren vektor- und rastergrafischen Sichtsystemen wurden hochspezialisierte Systeme für begrenzte Anwendungsbereiche der Computergrafik und der Bildverarbeitung entwickelt. Ihr gemeinsames Kennzeichen ist die Fähigkeit, die Bildgenerierung oder Verarbeitung von Bilddatenmengen mit Hilfe einer sehr leistungsfähigen Hardware effektiv auszuführen. Aus diesem Grunde erscheint es zweckmäßig, derartige Sichtsysteme auch als *Bildrechner* oder *Grafik-Computer* zu bezeichnen.

Mit den nachfolgenden Abschnitten werden die wesentlichen Eigenschaften und Architekturmerkmale der Bildrechner in ihren Grundzügen vorgestellt. Hierbei erfolgt die Charakterisierung der Systemarchitekturen in Beziehung zu den jeweils unterschiedlichen algorithmischen Anforderungen ihres Anwendungsbereiches. Zum Verständnis dieses Abschnittes sind einige Kenntnisse über computergrafische Verfahren erforderlich. Jenen Lesern, die diese Vorkenntnisse nicht besitzen, wird empfohlen, zuerst das Kapitel 4 durchzuarbeiten.

3.3.1 Grafik-Computer für Realzeitanimation

Der Applikationsbereich der rastergrafischen Realzeitsichtsysteme ist die Echtzeitanimation komplexer dreidimensionaler Objektszenen. Die hierzu notwendige extrem hohe Rechenleistung läßt sich dadurch erreichen, daß die Visualisierungsprozesse, die sonst, bei der Verwendung konventioneller Sichtsysteme, der Host-Rechner ausführt, durch dedizierte Hardware unterstützt werden.

Visualisierungsprozesse. Die in Echtzeit auszuführenden Visualisierungsprozesse werden in zwei Gruppen, nämlich in die *Geometrie-* und in die *Rendering-Prozesse,* eingeteilt. Ihre ausführliche Behandlung, einschließlich der Abschätzung des zu ihrer Ausführung benötigten Rechenbedarfs, erfolgt in Kapitel 4.

- Zu den *Geometrieprozessen* zählen die dreidimensionalen Rotations-, Skalierungs- und Translationsoperationen. Weiterhin gehören hierzu die perspektivische Projektion sowie das sog. *Polygonkappen* (*polygon clipping*), mit dem die Polygonkanten an den Grenzen eines virtuellen Sichtfensters (*window*) *abgeschnitten* werden. Um die Geometrieprozesse in Echtzeit ausführen zu können, ist bei einer Objektkomplexität von etwa 10^4 Flächenelementen eine Rechenleistung von ca. 25 10^6 Gleitpunktoperationen/Sek (FLOPS) notwendig. Diese hohe Rechenleistung wird in der Regel mit dedizierten Multiprozessorsystemen erreicht.
- Die *Rendering-Prozesse* dienen zur Erzeugung einer möglichst realistischen, flächengrafischen Objektdarstellung. Zu den wichtigsten Aufgaben dieser Prozeßgruppe gehören die Koordinatenbestimmung aller Bildpunkte eines Flächenelementes, die Berechnung der Pixel-Farbwerte und die Entfernung der Polygone oder Polygonteile (*hidden surface removal*), die für einen virtuellen Betrachter verdeckt sind. Für die Ausführung der Rendering-Prozesse ist im Vergleich zu den Geometrieprozessen ein noch wesentlich größerer Rechenaufwand von etwa 400 10^6 bis 800 10^6 Operationen/Sek erforderlich. Diese Leistung wird oftmals mit spezialisierten, als Pipeline organisierten Rechenwerken erbracht.

Architekturmerkmale und Leistungsanforderungen. Das Bild 3.4 zeigt als Beispiel den Aufbau eines derartigen Sichtsystems in einer stark vereinfachten Darstellung. Wie in nahezu allen rastergrafischen Realzeitsystemen ist auch hier ein sog. *Z-Buffer* zu finden, der vielfach parallel zum Bildspeicher betrieben wird. Diese Funktionseinheit dient speziell zur Entfernung der verdeckten Bildpunkte, indem die Z-Koordinatenwerte der Pixel miteinander verglichen werden. Um die Vergleichsoperation mit hinreichender Genauigkeit ausführen zu können, muß die Wortlänge des Z-Buffers zwischen 16 bis 32 Bit betragen.

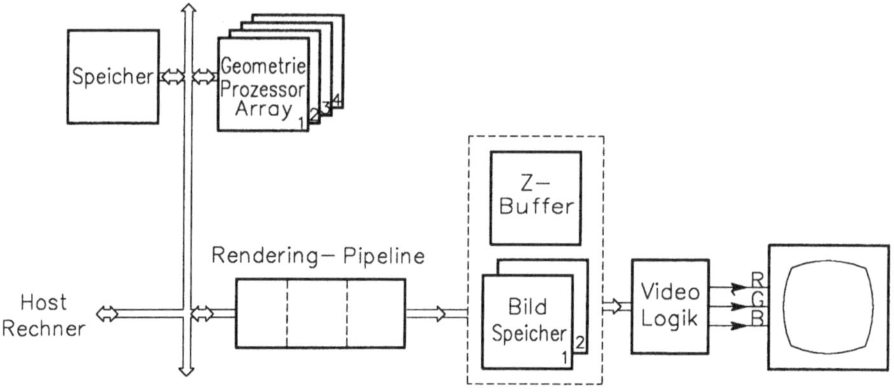

Bild 3.4. Architektur eines rastergrafischen Realzeitsichtsystems

Wie Bild 3.5 zeigt, ist der Bildwiedergabeprozeß oder Display-Prozeß gegenüber dem Bildgenerierungsprozeß dominant; seine Zykluszeit ist konstant und liegt zwischen 10ms bis 20ms. Im Gegensatz hierzu ist das zur Generierung eines Bildes benötigte Zeitintervall variabel und hängt von der Komplexität der zu visualisierenden Szene ab.

Um die Szene kontinuierlich bewegen zu können, sollte der Bildgenerierungszyklus t_{cyc} das Zeitintervall von 100ms nicht überschreiten. Da beide Prozesse asynchron ablaufen, ist ihre Entkoppelung notwendig. Dies erfolgt durch die Aufteilung des Bildspeicher in zwei logisch voneinander getrennte Einheiten, die im Wechselbetrieb arbeiten.

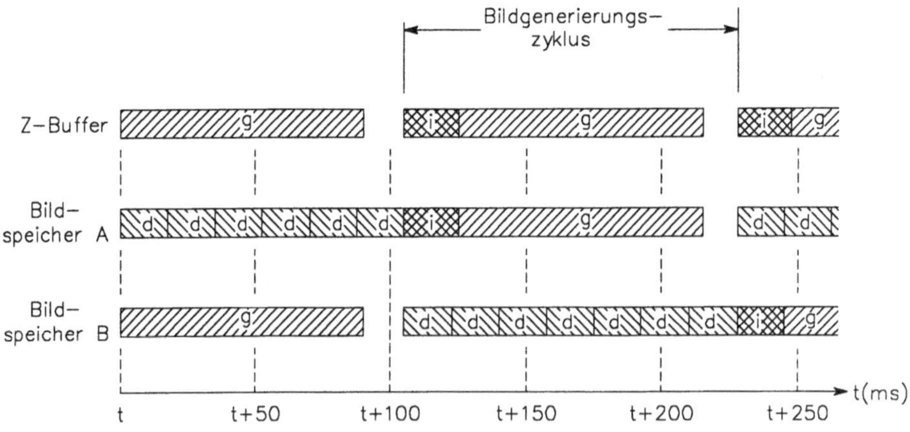

Bild 3.5. Zeitablauf des Bildwiedergabe-, des Bildgenerierungs- sowie des Initialisierungsprozesses

Das Umschalten zwischen den Speichereinheiten kann nur nach dem Abschluß beider Zyklen erfolgen. Aufgrund der Dominanz des Display-Prozesses muß der Bildgenerierungsprozeß die Zeitdifferenz zwischen dem Ende der beiden Zyklen durch den Wartezustand (*Idle*-Zustand) ausgleichen. Die durchschnittliche Länge der Idle-Zeit beträgt eine halbe Display-Zyklusperiode $t_d/2$. Eine weitere Verlängerung des Bildgenerierungszyklus entsteht durch die Initialisierung des Bildspeichers- und des Z-Buffers, die vor jedem neuen Bildaufbau zu erfolgen hat. Die Initialisierungszeit t_i ist, von der Größe des Display-Fensters bzw. des Bildspeichers abhängig und liegt in der Regel zwischen 1ms bis 30ms. Der Reziprokwert des Bildgenerierungszykluszeit t_{cyc} ist die Bildgenerierungsfrequenz f_{gen},. Substituieren wir in (3.1) die Bildgenerierungszeit t_g durch das Produkt aus der Anzahl der zu visualisierenden Polygone n und die durchschnittliche Visualisierungszeit pro Polygon t_p, so erhalten wir in einfacher Weise eine grobe Abschätzung der Bildgenerierungsfrequenz in Abhängigkeit von der Szenenkomplexität sowie der Initialisierungs- und Idel-Zeit:

$$f_{gen} = \frac{1}{t_{cyc}} = \frac{1}{t_g + t_i + \frac{t_d}{2}} = \frac{1}{n\,t_p + t_i + \frac{t_d}{2}} \quad . \qquad (3.1)$$

Unter der Voraussetzung, daß 10 Bilder mit einer Auflösung von 1024×1280 Pixel zu generieren sind, muß das Bildspeichersystem eine Schreibbandbreite von mindestens $13\ 10^6$ Pixel/Sek aufweisen. Diese Bandbreite kann mit einem konventionell organisierten Bildspeicher, der aus Kostengründen mit relativ langsamen dynamischen Speicherelementen aufgebaut ist, nicht erreicht werden. Deshalb sind die Bildspeicher der Realzeitsichtsysteme häufig in mehrere logisch voneinander getrennte Module unterteilt, auf die der bildgenerierende Prozeß parallel oder zeitlich überlappend zugreift. Mit dieser Maßnahme erhöht sich proportional zum Grad der Speicherverschränkung bzw. zur Anzahl der parallel arbeitenden Speichermodule die Bandbreite des gesamten Bildspeichersystems. Im Kapitel 5 werden die unterschiedlichen Architekturen rastergrafischer Realzeitsysteme anhand einiger ausgewählter Beispiele behandelt.

3.3.2 Bildverarbeitungssysteme

In der Bildverarbeitung liegen die zu verarbeitenden Daten vielfach als Bildmatrizen vor. Aus dieser Datenmenge sind bestimmte relevante Bildinhalte, wie beispielsweise die Diskontinuitäten von Grauwertverteilungen zu extrahieren, mit denen wiederum eine Klassifikation oder Interpretation des Bildinhaltes erfolgt.

Charakteristisch für Bildverarbeitungsprozesse ist, daß häufig Bildmatrizen auf Bildmatrizen abgebildet werden. Wegen dieses speziellen Abbildungsschemas ist es naheliegend,

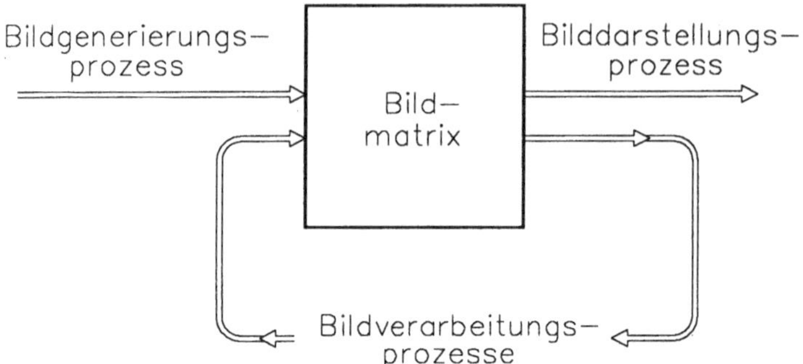

Bild 3.6. Doppelfunktion des Bildspeichers

den Bildwiederholspeicher, wie in Bild 3.6 dargestellt, zusätzlich als Arbeitsspeicher zu verwenden. Voraussetzung hierfür ist, daß der jeweilige bildgenerierende Vorverarbeitungsprozeß mit dem repetierenden Bilddarstellungsprozeß synchronisiert wird.

Bild 3.7 zeigt die stark vereinfachte Architektur eines typischen, speziell für die Bildverarbeitung geeigneten Sichtsystems. Kennzeichnend ist die Aufteilung des Bildspeichers in mehrere logisch voneinander getrennte und unabhängig adressierbare Speichereinheiten, die als Operanden- oder Ergebnisspeicher fungieren. Weiterhin sind mehrere Spezialprozessoren vorhanden, die zur Ausführung der Bildvorverarbeitungsprozesse dienen. Mit Hilfe der A-, B-, C-Busse können die Speichermatrizen in beliebiger Weise den dedizierten Prozessoren zugeordnet werden.

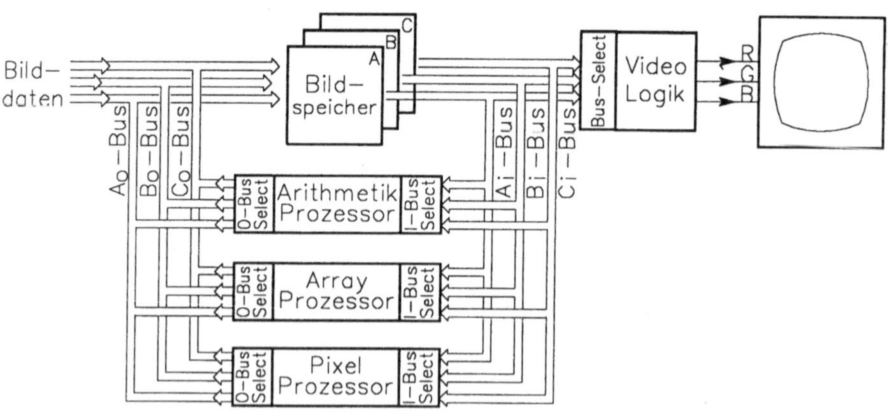

Bild 3.7. Architektur eines mit Bildverarbeitungssystems

Array-Prozessor. Der Array-Prozessor führt Faltungsoperationen mit den lokalen Bilddatenfeldern und einem Koeffizienten-Array durch. Wie aus der Gleichung in Bild 3.8a zu entnehmen ist, wird hierbei die Produktsumme mit den konstanten Koeffizienten des Arrays $C_{l,m}$ und den Pixel-Werten eines gleich großen lokalen Datenfeldes aus der Matrix A gebildet und das Resultat in die Matrix B eingetragen.

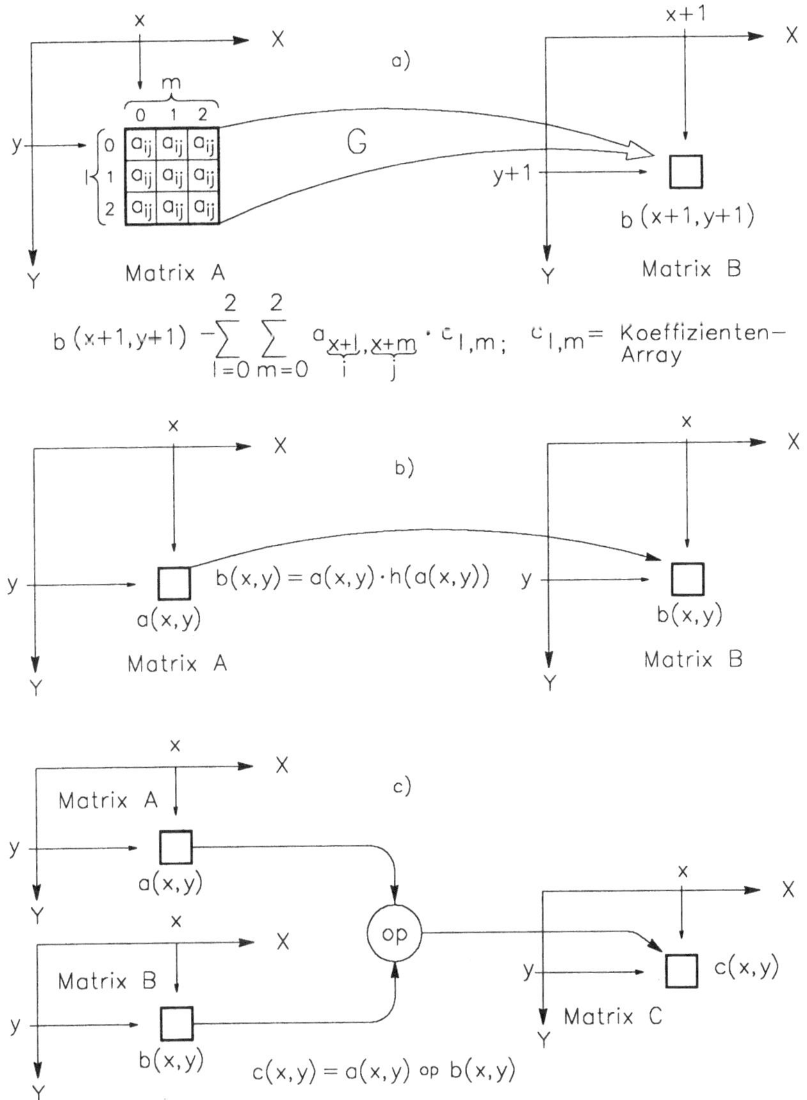

Bild 3.8. Bildvorverarbeitungsoperationen: a) Operationen auf lokalen Datenfeldern, b) monadische Pixel-Operationen, c) arithmetische oder logische Verknüpfung zweier Bildmatrizen.

Pixel-Prozessor. Die Funktion des Pixel-Prozessors läßt sich mit dem Bild 3.8b erklären. In diesem Beispiel ist ein oftmals verwendeter Bildverarbeitungsprozeß, der als *Histogrammausgleich* (histogram equalisation) bezeichnet wird, dargestellt.
In der Regel dient dieses Verfahren zur Verbesserung der Grauwerteverteilung innerhalb der Pixel-Menge einer Bildmatrix. Hierbei werden die Bildpunkte der Matrix A mit dem Wert der Funktion $h(a)$ multipliziert und auf die Matrix B abgebildet. Für die Bestimmung der von den Pixel-Werten a abhängenden Funktionswerte $h(a)$, welche die *Grauwerteverteilungsfunktion (Grauwertehistogramm)* repräsentieren, ist die gesamte Pixel-Datenmenge auszuwerten.

Arithmetik-Prozessor. Die Ausführung von dyadischen Rechenoperationen ist Aufgabe des Arithmetik-Prozessors. Wie Bild 3.8c zeigt, werden hierbei die Pixel-Werte der Matrizen A,B mit Hilfe Boolescher oder arithmetischer Rechenoperationen verknüpft und das Ergebnis in die Matrix C eingetragen ($c_{ij} = a_{ij}\ op\ b_{ij}$). Häufig verwendete arithmetische Operationen sind die Subtraktion, die zur Bestimmung der Differenzmatrix dient sowie die Multiplikation, die vorzugsweise zur Filterung im Frequenzbereich dient.

Die oben aufgeführten Beispiele dienen lediglich dazu, die Funktionalität der einzelnen Verarbeitungseinheiten zu verdeutlichen. Eine vertiefte Behandlung von Bildverarbeitungsprozessen und Bildverarbeitungssystemen ist in der sehr umfangreichen Literatur des Fachgebietes *Computer Vision* zu finden.

3.3.3 Grafik-Computer zur Visualisierung von Voxel-Repräsentationen

In den letzten fünf Jahren entstanden computergrafische Sichtsysteme, die speziell für die Visualisierung von Voxel-Repräsentationen konzipiert wurden. Der Applikationsbereich dieses Gerätetyps ist noch vorwiegend in der Medizin und hier speziell in der radiologischen Diagnostik zu finden. Die Ursache hierfür ist, daß radiologisches Bilddatenmaterial vielfach in Form von Bildmatrizen vorliegt, die direkt in Voxel-Repräsentationen überführt werden können. Allerdings zeichnen sich derzeit weitere sehr wichtige Anwendungsfelder, z.B. in der Visualisierung von geologischen Bodenuntersuchungen oder in der Materialprüfung mit Hilfe computertomografischer Methoden, ab. Darüber hinaus sind die voxel-orientierten Sichtsysteme auch hervorragend für die Visualisierung von multidimensionalen Datenfeldern geeignet. In Kapitel 6 werden einige Architekturkonzepte dieses speziellen Gerätetyps ausführlich behandelt.

Voxel-Repräsentationen. Voxel-Repräsentationen sind räumliche Anordnungen von unitären Volumenelementen (Voxel), die bijektiv auf die Zellen eines Voxel-Speichers abgebildet werden. Infolge der dreidimensionalen Ausdehnung des Voxel-Arrays ist der Platzbedarf,

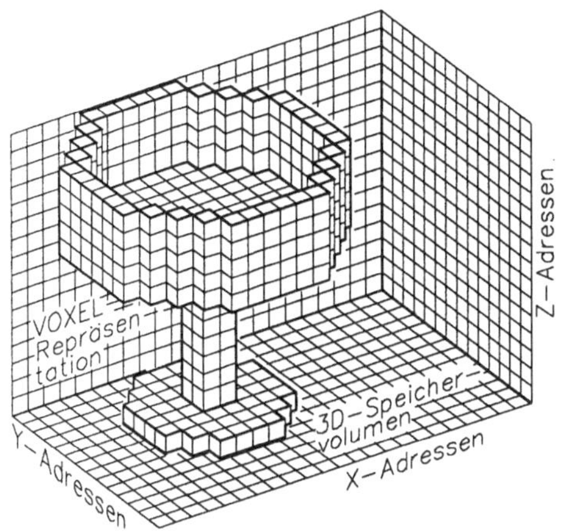

Bild 3.9. Beispiel einer interaktiv modellierten Voxel-Repräsentation

der für die residente Speicherung dieser Datenmenge benötigt wird, ausserordentlich hoch. Anschaulich läßt sich eine derartige Darstellungsform als eine in die dritte Dimension erweiterte Bildmatrix vorstellen. Es ist auch möglich, Voxel-Repräsentationen interaktiv zu modellieren, indem das Objektvolumen, wie Bild 3.9 zeigt, mit Hilfe einer endlichen Anzahl von Volumenelementen approximiert wird. Vorzugsweise bietet sich hierfür die Verwen-

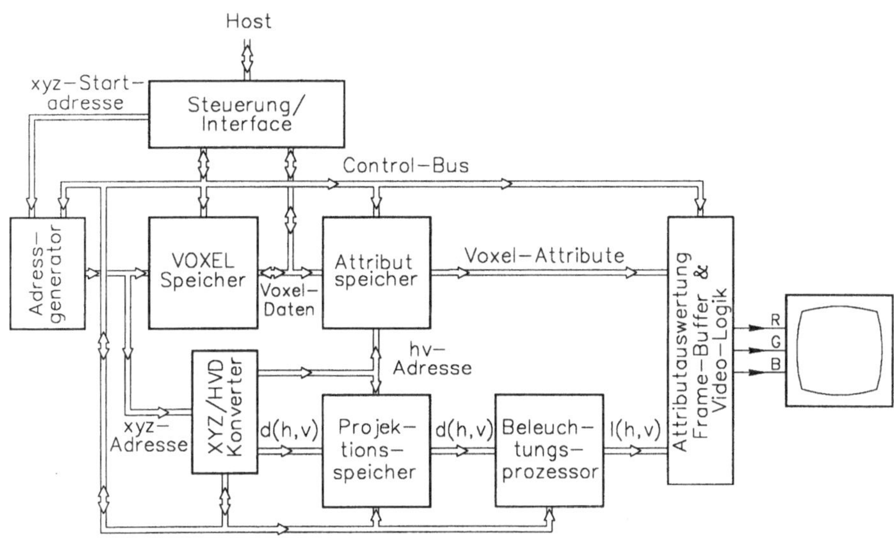

Bild 3.10. Blockbild eines voxel-orientierten Sichtsystems

dung der CSG-Modellierungsmethode (CSG: constructive solid geometry) an, die im CAD-Anwendungsbereich eine weite Verbreitung gefunden hat.

Bild 3.10 zeigt als Beispiel die vereinfachte Architektur eines voxel-orientierten Sichtsystems. Es besteht im wesentlichen aus einem Adreßgenerator, einem Voxel-, einem Projektions-, einem Attribut- und einem Bildwiederholspeicher sowie aus einem Projektions- und einem Beleuchtungsprozessor. Die Funktionsweise dieses voxel-orientierten Grafik-Computers stellt sich wie folgt dar:

Projektionsprozeß. Die Visualisierung des Volumenmodells beginnt mit der Bestimmung der Abstände zwischen den Oberflächen-Voxeln und einer Projektionsebene. Hierzu wird vielfach die sog. *back-to-front*-Projektion oder das *Strahlenwurfverfahren* verwendet. Beide Verfahren werden in Kapitel 6 diskutiert. Das Ergebnis des Projektionsprozesses ist eine zweidimensionale Distanzfunktion, deren Werte d_{hv} in den Projektionsspeicher eingetragen werden. In diesem Zusammenhang ist der Projektionsprozessor für die Berechnung der Projektionskoordinaten (h,v) und des Distanzwertes $d_{hv} = f(h,v)$ zuständig, während der Adreßgenerator die Erzeugung der Voxel-Adreßkoordinaten (x,y,z) übernimmt.

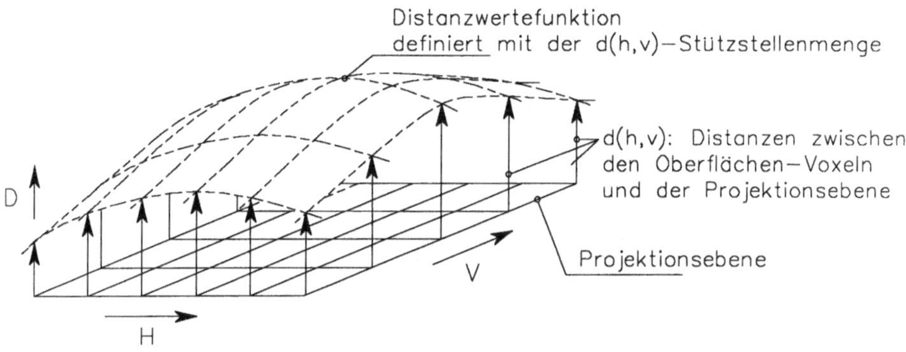

Bild 3.11. Distanzwertefunktion

Beleuchtungsprozeß. Die Abstandsmatrix ist die Datenbasis für die Ausführung des nachfolgenden Beleuchtungsprozesses. Dieser hat die Aufgabe, die Distanzwertefunktion in eine Bildfunktion zu überführen, die das flächenschattierte Abbild des Volumenobjektes repräsentiert. Die hierzu notwendigen Prozeßschritte, die vom Beleuchtungsprozessor ausgeführt werden, lassen sich wie folgt skizzieren:

- Die ersten Prozeßschritte dienen zur Bestimmung der *Lot - oder Normalenvektoren*. Ihre Ausrichtung hängt vom Verlauf einer zweidimensionalen, differenzierbaren Funktion ab, die mit den Distanzwerten d_{hv} definiert wird. Wie Bild 3.11 zeigt, läßt sich diese Funktion als eine Fläche veranschaulichen, welche die zweidimensionale Distanzwerteverteilung möglichst genau approximiert. Die zu bestimmenden Lotvektoren sind somit jene Vektoren, die am Ort des jeweiligen Distanzwertes senkrecht auf der approximierten Partialfläche stehen.

- Wird ein dreidimensionales Objekt von einer Lichtquelle beleuchtet, so hängt der Anteil des reflektierten Lichtes, der die Helligkeit eines Punktes auf seiner Oberfläche bestimmt, von der Ausrichtung der Partialfläche bzw. der Orientierung des Lotvektors zur Lichtquelle und zum Blickpunkt des Betrachter ab. Die Berechnung dieses Vektors ist notwendig, um einem Distanzwert einen Farbhelligkeitswert zuordnen zu können. Hierzu werden zuerst die Differenzwinkel zwischen dem Lotvektor und dem Sichtvektor sowie zwischen dem Lotvektor und dem Lichtquellenvektor bestimmt. Anschließend werden diese beiden Winkelwerte in eine Beleuchtungsmodellgleichung eingetragen und der Lichtreflektionswert bzw. der korrespondierende Farbhelligkeitswert des Bildpunktes berechnet. Das in diesem Zusammenhang relevante computergrafische Beleuchtungsverfahren wird in Kapitel 4 behandelt.

Attributauswertung. In den einleitenden Anmerkungen zu diesem Unterabschnitt wurden die besonderen Fähigkeiten der voxel-orientierten Sichtsysteme zur Visualisierung mehrdimensionaler Voxel-Felder erwähnt. Hierzu ist es jedoch erforderlich, parallel zum Projektions- und Beleuchtungsprozeß auch die Voxel-Attribute - das sind ein oder mehrere Werte, die den Voxel-Adreßkoordinaten zugeordnet sind und die z.B. Dichte-, Temperatur- oder Druckverteilungen innerhalb eines Objektes repräsentieren - zu verarbeiten. Hierzu wird der Attributwert, der den transformierten Voxel-Adreßkoordinaten zugeordnet ist, unter der Projektionsspeicheradresse (h,v) des Distanzwertes d_{hv} in einen zusätzlichen Attributspeicher eingetragen. Anschließend erfolgt mit Hilfe einer Lookup-Tabelle die Zuweisung einer beliebigen Farbart, die wiederum mit dem zuvor berechneten Farbhelligkeitswert von d_{hv} verknüpft und mit Hilfe einer Konvertierungstabelle in den entsprechenden RGB-Farbwert transformiert wird.

3.3.4 Grafik-Computer für photorealistische Darstellungen

Die computergrafischen Methoden zur photorealistischen Darstellung räumlicher Szenen basieren derzeit auf der Ray-Tracing-Methode, der Radiosity-Methode oder einer Kombination beider Verfahren. Die Ausführung dieser Methode erfordert jedoch einen extrem hohen Rechenaufwand, so daß es naheliegend ist, auch für derartige Applikationen spezielle

Grafik-Computer zu entwickeln, um damit die Laufzeit der Visualisierungsprozesse zu verkürzen.

Grafik-Computer für Ray-Tracing-Anwendungen

Ray-Tracing-Methode. Mit der *Ray-Tracing*-Methode wird das optische Verhalten von Lichtstrahlen im Objektraum nachgebildet, wobei auch Spiegel- und Lichtbrechungseffekte an den Oberflächen von transparenten Körpern visualisierbar sind. Die Grundidee des Ray-Tracing-Verfahrens beruht darauf, daß die durch Reflektion und Refraktion abgelenkten Lichtstrahlenwege, die von einer oder mehreren Lichtquellen ausgehen, durch den gesamten Szenenraum bis zum Blickpunkt eines virtuellen Betrachters verfolgt werden. Vor dem Blickpunkt befindet sich eine Projektionsebene. Jeder Lichtstrahl, der die Projektionsebene durchdringt, weist dem Durchdringungspunkt (Bildpunkt) seine Farbe zu. Die Menge aller Lichtstrahlen, die die Projektionsebene treffen, repräsentieren das Bild der Szene vom Ort des Betrachters.

Das oben beschriebene Ray-Tracing-Prinzip ist jedoch in dieser Form nicht in der Praxis anwendbar, da nur ein sehr kleiner Teil der von den Lichtquellen ausgesendeten Strahlenbündel den Blickpunkt des virtuellen Betrachters erreicht. Um diese sehr kleinen Untermengen zu erhalten, müssen jedoch alle Strahlenwege berechnet werden, die zur Bestimmung aller projizierten Bildpunkte notwendig sind. Der hierzu erforderliche Rechenaufwand ist selbst mit den leistungsstärksten Super-Computern nicht zu bewältigen. Das Ray-Tracing-

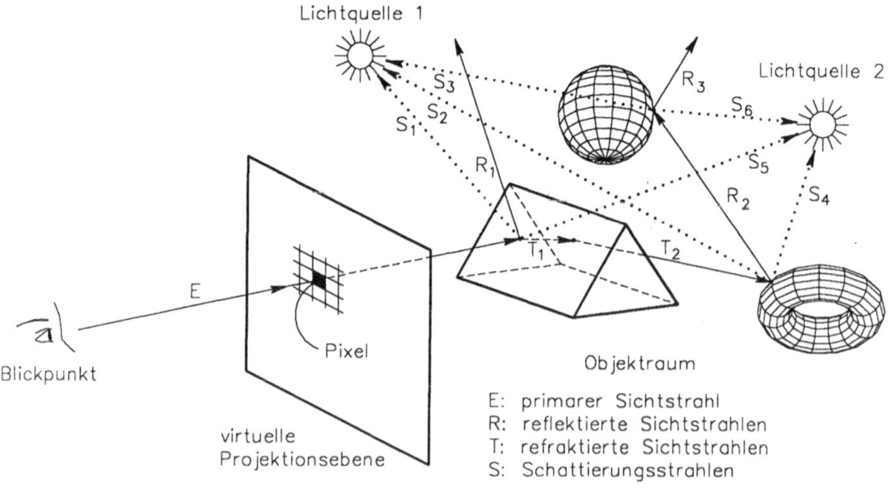

Bild 3.12. Ray-Tracing-Prinzip

Verfahren ist jedoch handhabbar, wenn die *Sichtstrahlenwege* bestimmt werden, die in der entgegengesetzten Richtung verlaufen. Diese Vorgehensweise ist zulässig, da sich die aus der Strahlenoptik bekannten Reflektions- und Refraktionsgesetze im wesentlichen symmetrisch verhalten. Wie in Bild 3.12 dargestellt, sind bei dieser Methode die primären Sichtstrahlen, die unmittelbar vom Blickpunkt ausgehen, so ausgerichtet, daß jeweils nur ein auf der Projektionsebene befindliches Pixel durchdrungen wird. Die Anzahl der primären Sichtstrahlen ist gleich der Anzahl der zu berechnenden Bildpunkte.

Wenn ein Sichtstrahl auf die Oberfläche eines transparenten Körpers (Prisma) trifft, dann erfolgt durch Reflektion und Refraktion eine Verzweigung des Strahlenweges zu einem Strahlenbaum. Mit den Reflektions- und Refraktionskonstanten sowie den Körperfarben aller von den Sichtstrahlen getroffenen Oberflächenelemente läßt sich die Farbart und die Helligkeit des projizierten Pixels berechnen. Hierbei werden die reflektierten Lichtintensitäten an den Strahlenauftreffpunkten bestimmt und mit der jeweils zurückgelegten Wegstrecke des Sichtstrahls gewichtet.

Die Lichtreflektionswerte erhalten wir mittels einer Lichtmodellgleichung, in welche die Winkel zwischen dem auftreffenden Sichtstrahl, der partiellen Flächennormale und dem jeweiligen Schattierungsstrahl als Parameter eingehen.

Das hier in sehr abgekürzter Form dargestellte Ray-Tracing-Verfahren - eine verständliche und sehr ausführliche Behandlung dieses speziellen Themas ist in [GLA89] zu finden - erfordert auch unter Verwendung der Sichtstrahlenmethode einen extrem hohen Rechenaufwand. Um beispielsweise die Pixel-Werte eines Bildes mit einer Auflösung von 1000×1000 Bildpunkten zu bestimmen, sind 10^6 Strahlenbäume zu bestimmen und auszuwerten. Zur Berechnung nur eines dieser Strahlenbäume müssen jedoch unter der Voraussetzung, daß die zu visualisierende Objektszene eine mittlere Komplexität (ca. $5 \cdot 10^6$ Polygone) besitzen, durchschnittlich 10^4 Rechenoperationen ausgeführt werden. Ausgehend von diesen Randbedingungen sind zur Berechnung eines Bildes mit der o.g. Auflösung grob abgeschätzt $10^4 \cdot 10^6 = 10^{10}$ Rechenoperationen notwendig.

Obgleich in den letzten Jahren eine Vielzahl von Methoden entwickelt wurden, um den Rechenaufwand beim Ray-Tracing zu reduzieren, ist im Vergleich zu den in Kapitel 4 behandelten *scanline-orientierten* Verfahren ein etwa 50 bis 500 mal größerer Rechenzeitbedarf notwendig.

Hardware-gestütztes Ray-Tracing. Da die Prozesse zur Bestimmung und Auswertung eines Strahlenbaums nicht von der Berechnung der anderen Strahlenbäume abhängig sind, bietet sich die Abbildung des Ray-Tracing-Algorithmus auf eine Parallelrechnerarchitektur geradezu an. Im Extremfall ist die Anzahl der parallel arbeitenden Prozessoren nur durch die Gesamtzahl der zu berechnenden Strahlenbäume limitiert.

Um den Hardware-Aufwand zu begrenzen, ist daher die Bildmatrix in gleich große Bereiche unterteilt, deren Bildpunktmengen von den Verarbeitungseinheiten des Parallelrechners berechnet werden. Stehen 2^n Prozessoren zur Verfügung, so erhalten wir die

Pixel-Adreßkoordinaten, die der Prozessor k $(0 \leq k \leq 2^n - 1)$ nach dem Adreßabbildungsschema:

$$(x, y)_k \equiv (p \,(\mathrm{mod}\, m), q \,(\mathrm{mod}\, m))$$

mit $\quad k = p + m\,q$

für $\quad m = 2^{n/2}, 0 \leq p \leq m - 1$ *und* $0 \leq q \leq m - 1$

zu berechnen hat.

Vor der Ausführung der Ray-Tracing-Prozesse sind Kopien der objekt- oder szenenbeschreibenden Datenstruktur an jede der parallel arbeitenden Prozessoreinheiten zu verteilen. Die Verteilung der Ray-Tracing Prozesse auf parallel arbeitende Prozessoren kann sehr effektiv mit Hilfe eines Server-Prozessors erfolgen (Bild 3.13). Diese Funktionseinheit steuert die Auslastung des Multiprozessorsystems. Hat eine der Prozessoreinheiten die Farbwerte eines gerade berechneten Pixels zum Server zurückgesendet und damit seinen Wartezustand erreicht, so erhält diese, entsprechend dem vorgegebenen Adreßabbildungsschema, vom Server die Bildmatrixadresse des Bildpunktes, der innerhalb einer vorgegebenen Reihenfolge als nächster zu berechnen ist. Der Farbwert und die Adresse des zuvor berechneten Pixels werden anschließend vom Server zur Bildausgabeeinheit transferiert. Der Vorteil dieses Verfahrens besteht darin, daß hiermit für alle Prozessoren eine weitgehend gleichmäßige Lastverteilung erreichbar ist.

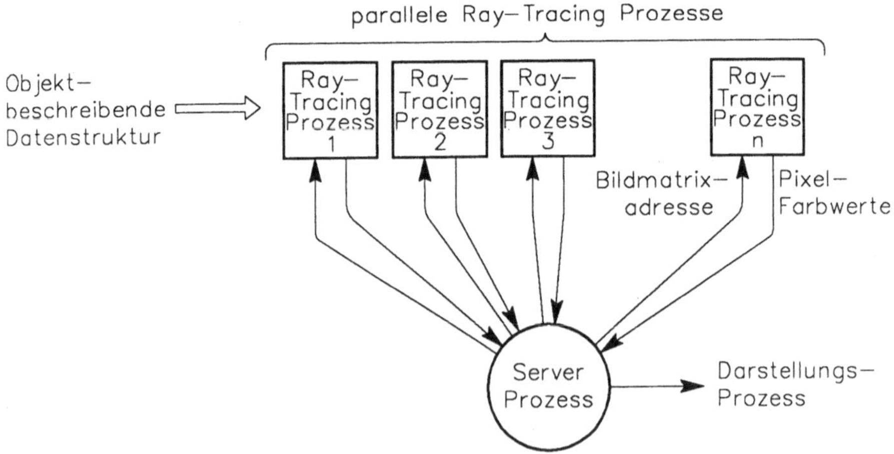

Bild 3.13. Verarbeitung paralleler Ray-Tracing-Prozesse

Grafik-Computer für Radiosity-Anwendungen

Die *Radiosity-Methode* wurde ursprünglich von Siegel und Howell [SIE81] zur Berechnung der Wärmestrahlenausbreitung in abgeschlossenen Systemen entwickelt. Goral, Torrance, Greenberg und Bataille [GOR84] griffen diese Methode auf, um hiermit die Verteilung der reflektierten Lichtintensitäten innerhalb einer diffus reflektierenden Umgebung möglichst genau bestimmen zu können. Hiermit war es möglich, sehr realistisch wirkende Beleuchtungseffekte darzustellen. Bevor wir die Möglichkeiten zur Hardware-Unterstützung des Radiosity-Verfahrens diskutieren können, ist es notwendig, dessen Funktionsweise näher zu betrachten.

Radiosity-Methode. Wir gehen davon aus, daß eine Szene nur aus Polygonen besteht, die Licht ideal diffus reflektieren und somit nach allen Richtungen innerhalb des Objektraums gleichmäßig abstrahlen. Mit dieser Annahme erhalten wir für eine beliebige Polygonfläche i die Lichtabstrahlung B_i mit:

$$B_i = E_i + \rho_i \sum_{j=1}^{n} B_j \; F_{ji} \; \frac{A_j}{A_i} \, . \tag{3.2}$$

Aus (3.2) geht hervor, daß sich B_i aus dem selbstemittierenden Lichtanteil E_i sowie aus der Summe der Strahlungsanteile B_1 bis B_n zusammensetzt (Bild 3.14), die jene Polygone ausstrahlen, die das Referenzpolygon i umgeben.

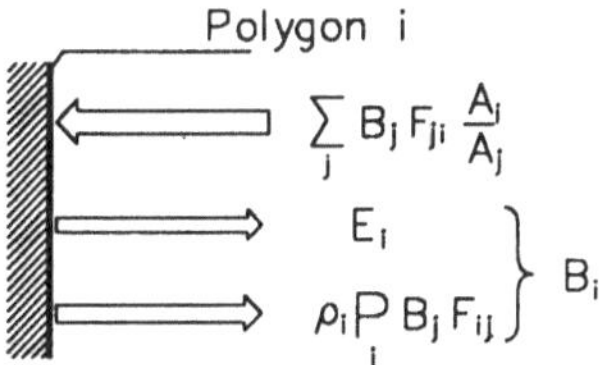

Bild 3.14. Zusammensetzung der Strahlungsanteile von B_i

Diese Strahlungsanteile werden durch die *Formfaktoren* F_{ji} $(j = 1,..., n)$ sowie durch die Größenverhältnisse A_j/A_i $(j=1,..,n)$ der jeweils korrespondierenden Flächenelementepaare bestimmt. Da nur ein Teil dieser Strahlung wieder von der Fläche des Polygons i reflektiert wird, ist der Summenterm in (3.2) mit dem Reflektionsfaktor ρ_i $(0 \leq \rho_i \leq 1)$ zu multiplizieren.

Der Formfaktor F_{ji} bestimmt den Anteil der Strahlung, der von einer Einheitsfläche des Polygons j abgestrahlt wird und auf eine gleich große Flächeneinheit von i auftrifft. Er ist sowohl vom Abstand als auch von der Ausrichtung der beiden Polygonflächen i und j zueinander abhängig. Da nach [SIE81] zwischen jedem Flächenpaar des abgeschlossenen Objektraums die Beziehung

$$A_i F_{ij} = A_j F_{ji} \tag{3.3}$$

besteht, läßt sich (3.2) vereinfachen:

$$B_i = E_i + \rho_i \sum_{j=1}^{n} B_j \ F_{ij} \,. \tag{3.4}$$

Durch Umstellen der Terme in (3.4) erhält man:

$$B_i - \rho_i \sum_{j=1}^{n} B_j \ F_{ij} = E_i \,. \tag{3.5}$$

Anschließend wird (3.5) in ein lineares Gleichungssystem (Radiosity-Gleichung) umgeformt, mit dem die Verteilung der von den einzelnen Flächenelementen emittierten Lichtstrahlung berechnet wird.

$$\begin{bmatrix} 1-\rho_1 F_{11} & -\rho_1 F_{12} & \cdots & -\rho_1 F_{1n} \\ -\rho_2 F_{21} & 1-\rho_2 F_{22} & \cdots & -\rho_2 F_{2n} \\ \cdot & \cdot & \cdots & \cdot \\ \cdot & \cdot & \cdots & \cdot \\ \cdot & \cdot & \cdots & \cdot \\ -\rho_n F_{n1} & -\rho_n F_{n2} & \cdots & 1-\rho_n F_{nn} \end{bmatrix} \begin{bmatrix} B_1 \\ B_2 \\ \cdot \\ \cdot \\ \cdot \\ B_n \end{bmatrix} = \begin{bmatrix} E_1 \\ E_2 \\ \cdot \\ \cdot \\ \cdot \\ E_n \end{bmatrix} \tag{3.6}$$

Vielfach ist es erforderlich, daß kontinuierlich gekrümmte Oberflächen darzustellen sind, ohne daß die Kanten der planaren Polygone sichtbar werden. Hierzu werden mit den aus (3.6) ermittelten Strahlungswerten die Farbhelligkeitswerte an den Eckpunkten der Polygone bestimmt. Diese Eckpunkthelligkeitswerte erhält man, indem der Mittelwert mit den B_i-Strahlungswerten jener Polygone, die den gleichen Eckpunkt besitzen, gebildet wird. Die Bestimmung der Farbhelligkeitswerte aller weiteren Pixel, die sich zwischen den Polygoneckpunkten befinden, erfolgt mittels linearer Interpolation. Das hierbei verwendete Gouraud-Interpolationsverfahren (s. Abschnitt 4.5.7) gehört zu den Rendering-Prozessen, die in Kapitel 4 ausführlich behandelt werden.

Der gesamte auf der oben beschriebenen Radiosity-Methode basierende Visualisierungsprozeßablauf läßt sich im wesentlichen wie folgt aufteilen:

- Berechnung der aktuellen Polygonkoordinaten
- Berechnung der Formfaktoren
- Lösung des linearen Gleichungssystems (Radiosity-Gleichung)
- Ausführung der Rendering-Prozesse.

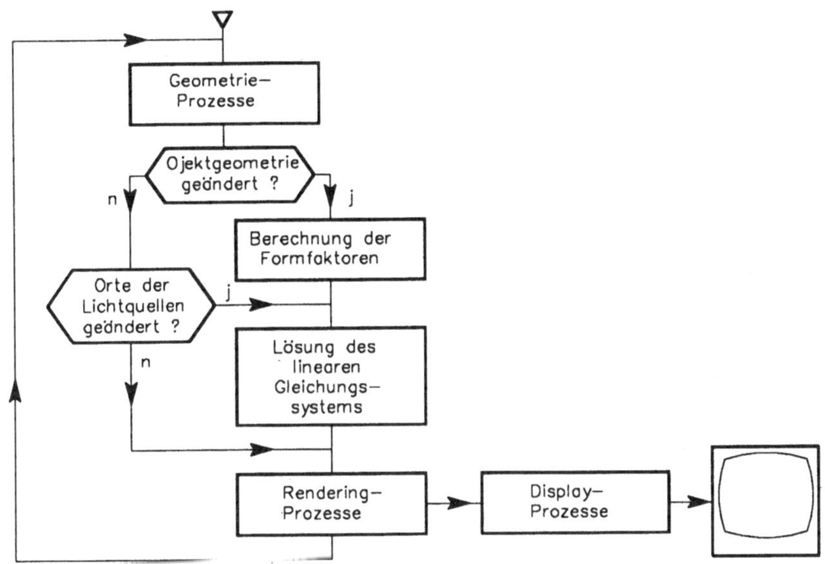

Bild 3.15. Programmflußdiagramm

Wie Bild 3.15 zeigt, ist die Ausführung sämtlicher oben aufgeführter Prozeßschritte nur bei dem ersten Verarbeitungszyklus der 3D-Szene erforderlich.

Für alle weiteren Zyklen können, unter der Voraussetzung, daß sich die Szenengeometrie nicht verändert, Prozeßschritte entfallen. Ändert sich beispielsweise nur der Blickpunkt des Betrachters, so ist es nicht notwendig, die Formfaktoren neu zu berechnen und das lineare Gleichungssystem zu lösen, da die Ausrichtung und Abstände der Polygone innerhalb des Objektraums konstant bleiben. Die Berechnung der Formfaktoren ist auch dann nicht notwendig, wenn sich die Werte der emittierten Strahlungsanteile E_i verändern. In diesem Fall muß jedoch das lineare Gleichungssystem (3.6) erneut berechnet werden.

Da die Strahlungswerte, die den Polygonen einer 3D-Szene zugeordnet sind, konstant bleiben, kann das Radiosity-Verfahren mit Einschränkungen auch Echtzeitanforderungen erfüllen. Dies ist unter der Voraussetzung möglich, daß sich weder die Beleuchtungsverhältnisse noch die Szenengeometrie verändern. Als ein Anwendungsbeispiel sind Kamerafahrten durch Objekträume zu nennen. Diese Applikation wird heute schon von Innenarchitekten zur Beurteilung der Lichtverhältnisse in projektierten Wohn- oder Büroräumen verwendet. Virtuelle Räume, die als computergrafische Modelle dargestellt sind, können durch dynamische Veränderung des Blickpunktes quasi durchwandert und vor ihrem Entstehen bereits beurteilt werden. Ändert sich allerdings hierbei die Objektgeometrie, so ist die erneute, extrem zeitaufwendige Berechnung sämtlicher Formfaktoren sowie die Lösung der Radiosity-Gleichung notwendig.

Mit Hilfe des von Cohen, Chen, Wallace und Greenberg [COH88] vorgestellten *Progressive-Refinement*-Algorithmus läßt sich, im Vergleich zu dem oben dargestellten und als *Full-Matrix-Radiosity* bezeichneten Verfahren, der Rechenaufwand jedoch erheblich reduzieren. Mit diesem Verfahren werden die Strahlungswerte, ausgehend von Anfangsabschätzungen, mit mehreren Iterationen bis zum Erreichen der gewünschten Genauigkeit berechnet. Von besonderem Vorteil ist, daß das Radiosity-Gleichungssystem nicht aufgestellt werden muß und daß bereits nach dem erstem Iterationsschritt die Strahlungswerte vorliegen, die zu diesem Zeitpunkt allerdings noch recht ungenau sind. Ein erheblicher Rechenaufwand ist jedoch immer noch für die Bestimmung der Formfaktoren notwendig, so daß die speziell hierzu erforderlichen Prozesse mit dedizierter Hardware zu unterstützen sind.

Formfaktorberechnung. Die Berechnung des Formfaktors erfolgt mit dem in Bild 3.16 dargestellten Geometriemodell.

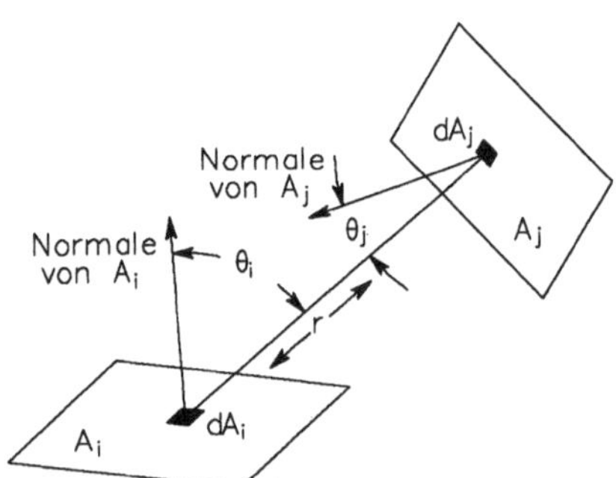

Bild 3.16. Geometriemodell zur Berechnung des Formfaktors

Unter der Voraussetzung, daß die Flächen dA_i und dA_j infinitesimal klein sind und dA_i die Strahlung emittiert, bestimmt man nach [SIE81] den Formfaktor mit:

$$F_{dA_i dA_j} = \frac{\cos\theta_i \cos\theta_j}{\pi r^2} \ . \tag{3.7}$$

Da wir jedoch den Formfaktor zwischen den finiten Flächen bestimmen müssen, ist das Integral über A_i und A_j zu berechnen. Wir erhalten somit aus (3.7):

$$F_{A_i A_j} = F_{ij} = \frac{1}{A_i} \int_{A_i} \int_{A_j} \frac{\cos\theta_i \cos\theta_j}{\pi r^2} dA_j \, dA_i \ . \tag{3.8}$$

Die Gleichung (3.8) läßt sich vereinfachen, wenn wir $F_{A_i A_j}$ durch $F_{dA_i A_j}$ approximieren:

$$F_{ij} \approx F_{dA_iA_j} = \int_{A_j} \frac{\cos \theta_i \cos \theta_j}{\pi r^2} dA_j \ . \tag{3.9}$$

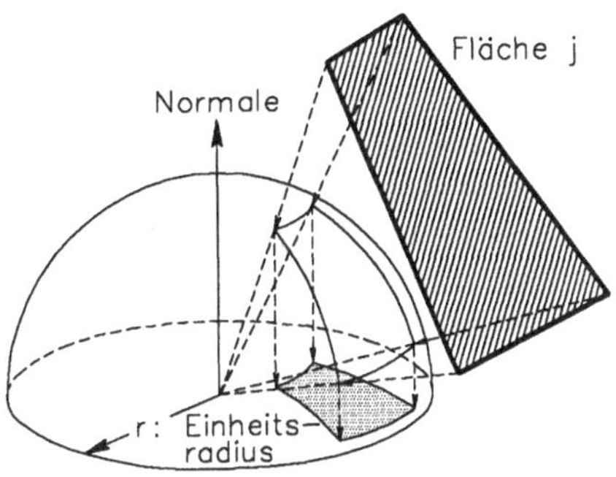

Bild 3.17. Veranschaulichung des Formfaktors

Anhand von Bild 3.17 läßt sich $F_{dA_iA_j}$ als das Verhältnis zwischen der kreisförmigen Hemispherenbasis und dem orthografisch projizierten Teil der Kugelkalotte veranschaulichen [SIE81], auf der die bestrahlte Fläche A_j perspektivisch abgebildet wird. Da jedes Flächenelement, dessen Eckpunkte die Kanten der Projektionspyramide berühren, die gleiche Projektion auf der Hemispherenbasis erzeugt (Bild 3.18), sind auch deren Formfaktoren identisch. Dieser Tatbestand führte zu der von Cohen und Greenberg [COH85] ent-

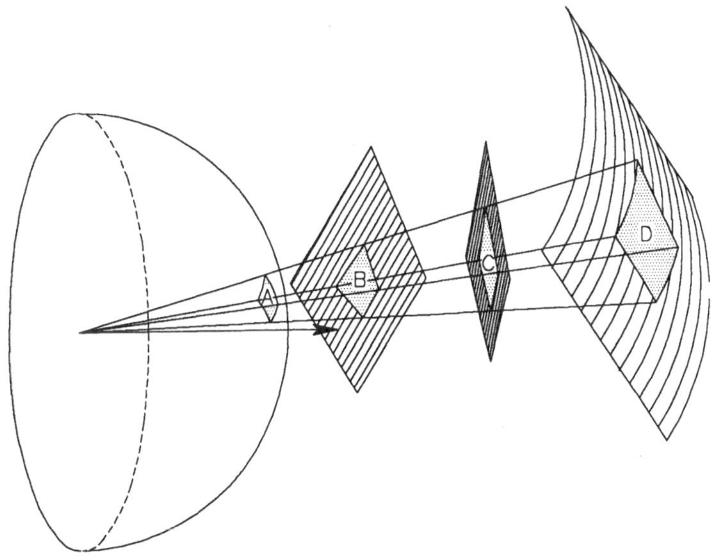

Bild 3.18. Flächen mit identischen Formfaktoren

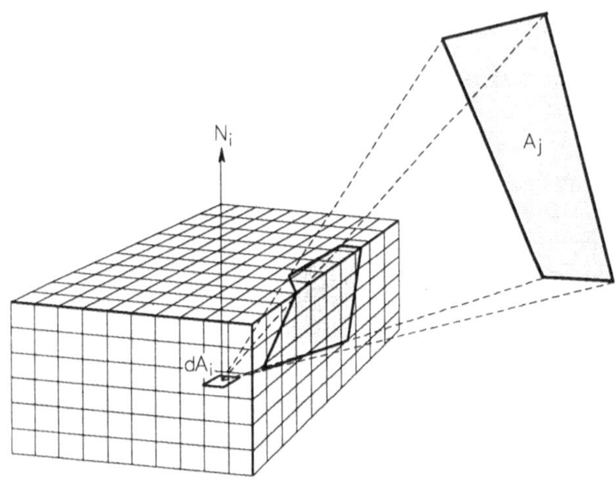

Bild 3.19. Formfaktorberechnung mit Hemicube (nach [COH85])

wickelten *Hemicube*-Methode, mit der sich die approximierte Berechnung der Formfaktoren in sehr effektiver Weise durchführen läßt. Hierbei wird, wie Bild 3.19 zeigt, die bestrahlte Fläche A_i auf die Oberfläche eines halbierten Kubus, dem Hemicube, projiziert. Der Hemicube ist in n gleich große Zellen unterteilt, deren Formfaktoren ΔF_q (mit $q = 1,..n$) sich im voraus berechnen lassen. Um mit diesen Werten den Formfaktor F_{ij} zu bestim-

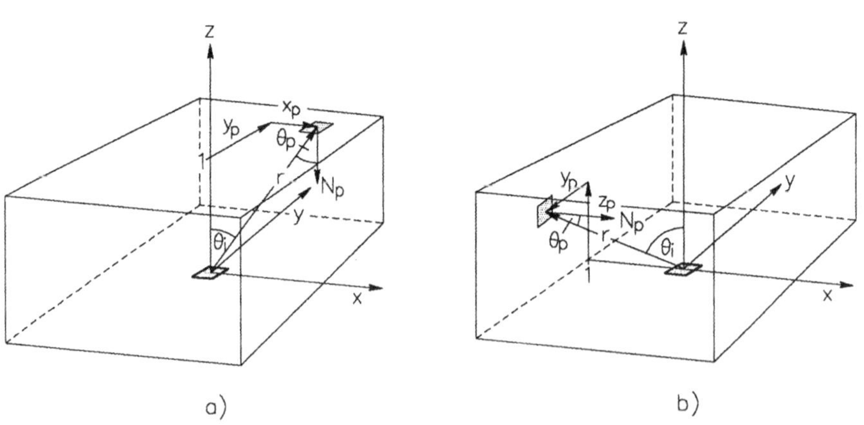

Bild 3.20. Berechnung der ΔF_q-Formfaktoren (nach [COH85]): a) obere Fläche b) Seitenflächen

men, sind die ΔF_q-Werte sämtlicher Zellen, auf die die Fläche F_j abgebildet wird, zu summieren:

$$F_{ij} \approx F_{dA_iA_j} \approx \sum_q \Delta F_q \ . \tag{3.10}$$

Die Berechnung von ΔF_q basiert auf der in Bild 3.20 dargestellten Geometrie. Wir erhalten aus (3.7) für die obere Fläche (Bild 3.20a) den Zellenformfaktor mit

$$\Delta F_p = \frac{\Delta A}{\pi(x_p^2 + y_p^2 + 1)^2} \tag{3.11}$$

und für die Seitenflächen (Bild 3.20b) mit

$$\Delta F_p = \frac{z_p \, \Delta A}{\pi(y_p^2 + z_p^2 + 1)^2} \ . \tag{3.12}$$

Es ist einsichtig, daß die Approximationsgüte von F_{ij} im wesentlichen davon abhängt, wie fein die Zellenaufteilung auf den Hemicube-Flächen ist. Im allgemeinen ist die obere Hemicube-Fläche in mindestens 100×100 Zellen unterteilt. Entsprechendes gilt für die Seitenflächen.

Hardware-gestützte Formfaktorberechnung. Aus dem oben diskutierten Berechnungsverfahren geht hervor, daß sich sämtliche Formfaktoren F_{i1} bis F_{ik}, die der Referenzfläche i zugeordnet sind, mit folgenden Schritten berechnen lassen:

- Mit dem ersten Schritt erfolgt die Transformation sämtlicher Objektkoordinaten, so daß sich der Mittelpunkt des Referenzpolygons i in den Ursprung des Objektkoordinatensystems verschiebt und deren Flächennormale parallel zur Z-Achse ausrichtet.
- Anschließend werden die auf den Hemicube perspektivisch abgebildeten Koordinaten der Polygoneckpunkte berechnet.
- Es folgt die Bestimmung der von den sichtbaren Flächenteilen abgedeckten Hemicube-Zellen sowie die Zuordung der Polygonkennziffern.
- Sind alle Polygone auf den Hemicube projiziert, so werden die vorausberechneten Formfaktoren der Zellen ausgelesen und nach den Polygonkennziffern sortiert.
- Abschließend erfolgt für jede der insgesamt k Polygonkennziffern die Akkumulation der Formfaktoranteile ΔF_q und damit die Erzeugung der Formfaktoren F_{i1} bis F_{ik}.

Die oben aufgeführten Berechnungsschritte sind in wesentlichen Teilen mit den in Kapitel 4 dargestellten Visualisierungsprozessen identisch, da in beiden Fällen die im Objektraum positionierten Flächenelemente auf planare Bildebenen projiziert werden. Es ist somit naheliegend, die in Realzeitsichtsystemen vorhandene Rendering-Hardware auch für die effektive Berechnung der Formfaktoren zu verwenden. Hierbei werden in den Bildspeicher, der die Funktion der Hemicube-Flächen des Referenzpolygons übernimmt, anstelle der Farbwerte der projizierten Polygone, deren Kennziffern eingetragen. Die Eliminierung der Polygonanteile, die aus der Sicht des Hemicubes verdeckt sind und deshalb auch nicht vom Referenzpolygon bestrahlt werden, erfolgt hierbei mit Hilfe des Z-Buffers. Sind alle bestrahlten Polygone projiziert, so werden die Bildspeicherzellen, deren Adressen auf die vorausberechneten Formfaktortabellen zeigen, zusammen mit den Polygonkennziffern aus dem Bildspeicher ausgelesen und in der oben beschriebenen Weise weiterverarbeitet.

Bei der Anwendung des iterativ arbeitenden Progressiv-Refinement-Verfahrens erfolgt anschließend die anteilmäßige Verteilung der Strahlung des Referenzpolygons entsprechend den zuvor ermittelten Formfaktorwerten. Um die Effizienz dieses Verfahrens beurteilen zu können wurden von Baum und Winget [BAU90] Untersuchungen durchgeführt, wobei ein Realzeitsichtsystem vom Typ SGI-4D/280 GXT (s. Abschnitt 5.2) mit einer Geometrieverarbeitungsleistung von ca. 100 000 Polygonen/Sek verwendet wurde.

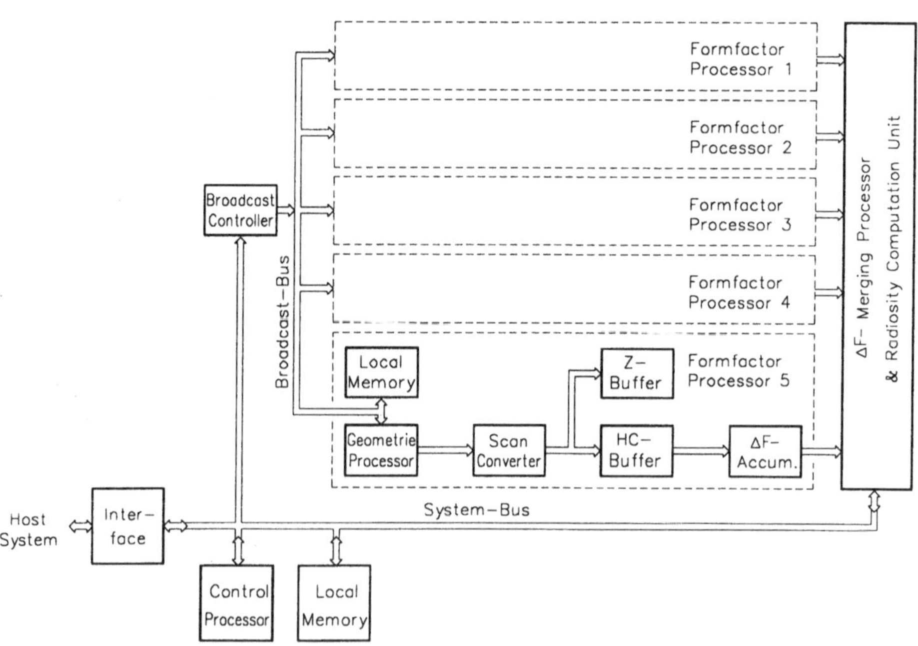

Bild 3.21. Blockdarstellung eines Radiosity-Koprozessors

Bei einer Objektkomplexität von etwa 8200 Polygonen konnte je eine Iteration pro Sekunde durchgeführt und somit 8200 Formfaktoren berechnet werden.

Mit dem Formfaktorsatz wurden anschließend die Farbhelligkeitswerte der Polygoneckpunkte bestimmt und diese zur Initialisierung der parallel ablaufenden Visualisierungsprozesse verwendet. Die Bildgenerierungsrate ging infolge der zusätzlichen Belastung durch die Formfaktorberechnung auf etwa 4 bis 8 Bilder pro Sekunde zurück.

Eine hinreichend genaue Berechnung der Formfaktoren, die den Anforderungen der Realzeitanimation entspricht, kann ohne zusätzlichen Hardware-Aufwand nicht erreicht werden. So sind nach [BAU89] mindestens 10 Iterationen erforderlich, um mit der Progressive-Refinement-Methode die Strahlungswerte mit einer Genauigkeit von 50% zu bestimmen. Im Vergleich zur Ausführung der Visualisierungsprozesse, ist hierfür ein etwa 10-mal höherer Bedarf an Rechenleistung notwendig, der nur durch einen dedizierten Radiosity-Prozessor aufzubringen ist.

Ein mögliches Architekturkonzept eines derartigen Systems, das als Koprozessor innerhalb eines Realzeitsichtsystems Verwendung findet, zeigt Bild 3.21. Er besteht im wesentlichen aus mehreren Formfaktor Prozessoren, die zur parallelen Bestimmung der den Hemicube-Zellen zugeordneten ΔF_q-Werte dienen. Die Anzahl von fünf Formfaktor-Prozessoren ist notwendig, um die Abbildung der Polygone auf jede der fünf Hemicube-Flächen gleichzeitig durchführen zu können. Zugriffskonflikte lassen sich dadurch vermeiden, daß die Kopien der Geometriedatenbasis auf ihre lokalen Speichereinheiten verteilt werden. Das parallele Laden der Datenbasis sowie ihr Update erfolgt mit Hilfe des Broadcast-Bus.

Die aus den Hemicube-Zellen ausgelesenen ΔF_q-Werte werden nach den Polygonkennziffern sortiert und akkumuliert. Ein Merging-Prozessor dient zur Addition der akkumulierten ΔF_q-Werte jener Polygone, die auf mehrere Hemicube-Flächen projiziert wurden. Die Verteilung der vom Referenzpolygon emittierten Strahlung auf seine Umgebung ist die Aufgabe der Radiosity-Computation-Unit.

Der Control-Prozessor ist zum einen für die Steuerung des Radiosity-Prozessors zuständig, zum anderen bestimmt er das Referenzpolygon für die jeweils nachfolgende Iteration.

3.4 Gerätetechnik rastergrafischer Sichtsysteme

Jeder der in den Unterabschnitten 3.3.1 bis 3.3.4 vorgestellten dedizierten Grafik-Computer oder Bildrechner basiert auf den universell verwendbaren Rastergrafiksystemen. Derartige Systeme besitzen nur die Fähigkeit, einfache grafische Primitiva (z.B. Punkte, Linien, Kreise usw.) zu erzeugen und diese in einen Bildspeicher einzutragen, dessen Inhalt nach dem Raster-Scan-Prinzip (s. Unterabschnitt 3.2.1) parallel ausgelesen und dargestellt wird.

Nachfolgend werden die Komponenten eines einfachen computergrafischen Sichtsystems besprochen. Es besteht, wie Bild 3.22 zeigt, aus dem Grafikprozessor, dem Bildspeicher, der Video-Logik und einem Monitor.

3.4.1 Grafikprozessor

Die wesentlichen Komponenten des fiktiven Grafikprozessors sind eine Kommunikationseinheit, ein Befehlsdekoder, ein Drawing-Prozessor, ein Display-Prozessor sowie ein Timing-Generator.

Kommunikationseinheit und Befehlsdekoder. Die Kommunikationseinheit und der Befehlsdekoder ermöglichen eine einfache Ankopplung des Grafikprozessors an einen beliebigen Host-Rechner, wobei zu gewährleisten ist, daß der Daten- und Befehlstransfer zwischen dem Host-Rechner und dem Grafiksystem mit möglichst geringem *Overhead* erfolgt. Um dies zu erreichen, werden zwei Kommunikationstechniken angewendet.

Eine gebräuchliche Methode ist der direkte Zugriff des Host-Rechners auf die Steuer-, Status- und Datenregister des Grafikprozessors. Dieses Verfahren wird hauptsächlich zur Initialisierung des *Video-Timings* sowie zur Kommunikationssteuerung mit Hilfe von Statusregistern verwendet.

Die Befehls- und Datenübergabe erfolgt vorzugsweise mit Hilfe eines Pufferspeichers, der nach dem sog. *First-In/First-Out*-Prinzip (FIFO-Prinzip) arbeitet. Hierbei werden die Befehls- und Datensequenzen in der zeitlichen Folge ihres Eintreffens zwischengespeichert und in der gleichen Reihenfolge vom Grafikprozessor wieder ausgelesen und verarbeitet. Der FIFO-Speicher dient somit zum Ausgleich der unterschiedlichen Arbeitsgeschwindigkeiten von Host-Rechner und Grafiksystem. Die Effektivität dieser Kommunikationsmethode hängt wesentlich von der Kapazität des FIFO-Speichers ab. Je größer diese ist, desto besser läßt sich das Grafiksystem vom Host-Rechner entkoppeln und damit der Grad der Parallelarbeit beider Systeme erhöhen.

Alternativ zum FIFO-Kommunikationsprinzip bietet sich die Verwendung eines Speichers an, auf den der Host- und der Grafik-Rechner gemeinsam zugreifen können. In dieses *Shared-Memory* trägt der Host-Rechner die zum Bildaufbau erforderliche grafische Befehlssequenz ein. Anschließend greift der Grafikprozessor auf diese Befehlsfolge zu, interpretiert die einzelnen Kommandos und führt die entsprechenden grafischen Operationen aus.

Der Vorteil dieser Methode liegt darin, daß anstelle des relativ kleinen FIFO-Speicherbereichs ein wesentlich größerer Shared-Memory-Bereich zur Verfügung steht, der außerdem gerätetechnisch einfacher zu realisieren ist. Hierdurch treten die unerwünschten Wartezustände des Display-Prozessors lediglich während der Ladephase der grafischen Befehlssequenz auf. Der Nachteil dieses Verfahrens ist, daß die Befehlsfolge lokal nur schwer verändert werden kann, da diese bei jeder Änderung (Update) neu aufgebaut werden muß.

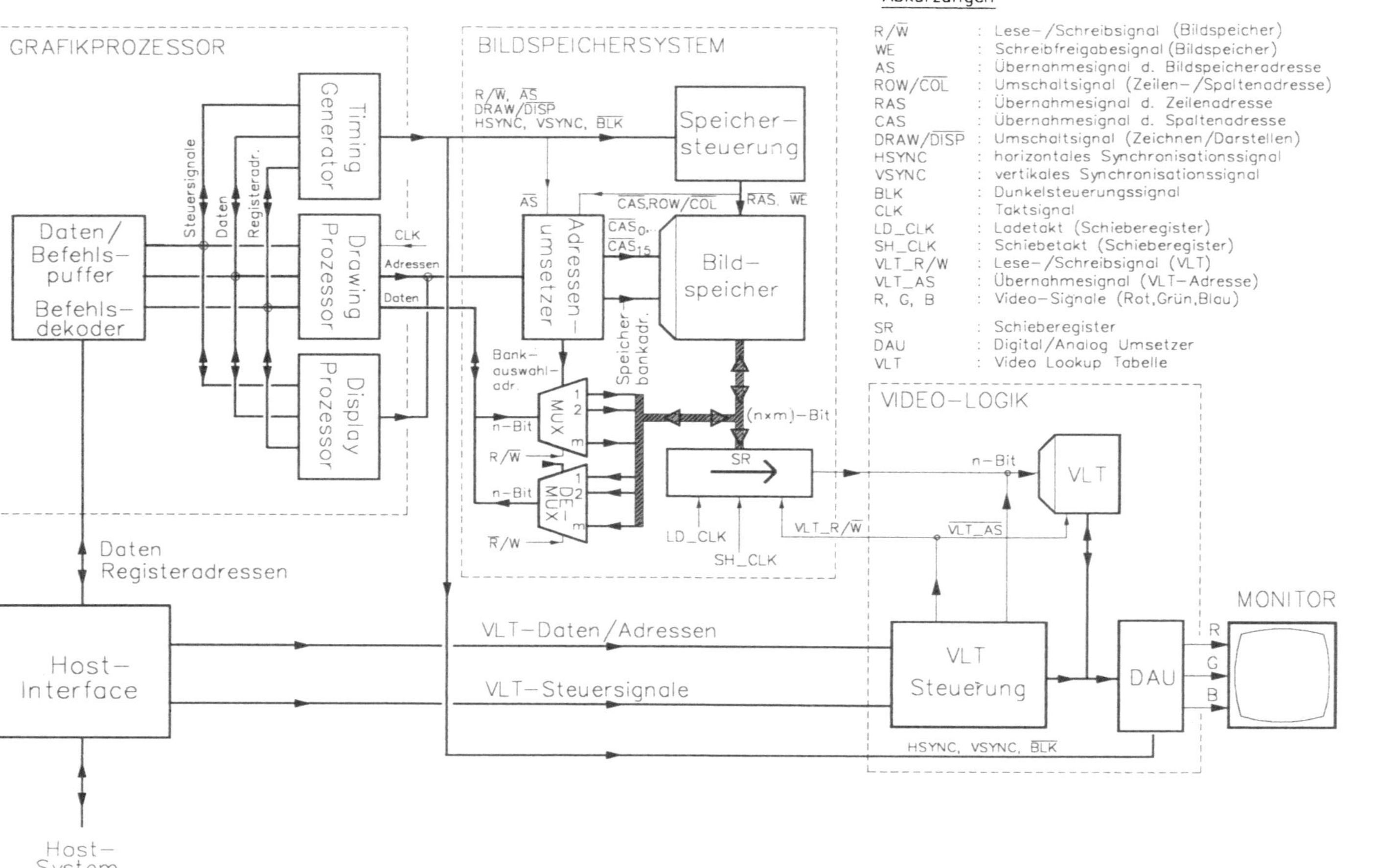

Bild 3.22. Architektur eines einfachen rastergrafischen Sichtsystems

Drawing-Prozessor. Der *Drawing-Prozessor* dient zur Erzeugung der grafischen Bildelemente und der alphanumerischen Zeichen. Jedes dieser Bildelemente wird durch ein spezielles Mikroprogramm des Drawing-Prozessors erzeugt, das der entsprechende grafische Befehl aktiviert. So erfolgt beispielsweise die Erzeugung der grafischen Primitiva wie Vektor oder Kreis oftmals mit Mikroprogrammen, die auf dem Bresenham-Algorithmus basieren [BRE65]. Der Datentransfer zwischen dem Drawing-Prozessor und dem Bildspeicher erfolgt hier nach dem sog. *Read-Modify-Write*-Mode (RMW-Mode). Hierbei wird mit einem ersten Schritt der Inhalt der adressierten Bildspeicherzelle gelesen. Der zweite Schritt führt eine Boolesche Verknüpfung zwischen dem einzutragenden und dem ausgelesenen Pixel durch. Mit dem dritten und letzten Schritt wird das Ergebnis dieser Verknüpfungsoperation wieder in die alte Speicherstelle zurückgeschrieben. Eine oftmals verwendete Modifikationsoperation ist die *Exklusiv-Oder*-Verknüpfung, mit den Transfer von Pixel-Blöcken innerhalb des Bildspeichers ermöglicht, ohne die ursprünglich darin enthaltenen Bildinformation zu zerstören.

Display-Prozessor. Der *Display-Prozessor* hat die Aufgabe, den Bildspeicher in zyklischer Folge auszulesen. Hierzu generiert er entsprechend dem in Abschnitt 3.2.1 dargestellten Funktionsprinzip die Bildspeicheradressen. Weiterhin erzeugt er nach jeder Adressenfortschaltung das Steuersignal LSR (load shift register), mit dem der adressierte Bildspeicherinhalt in das Schieberegister übernommen wird. Um unterbrechungsfreie Bilddarstellungszyklen zu gewährleisten, besitzt der Display-Prozessor bei Bildspeicherzugriffen gegenüber dem Drawing-Prozeß eine höhere Priorität.

Timing-Generator. Der *Timing-Generator* erzeugt die periodischen Signale zur Steuerung der Video-Logik und des Bildspeichers. Diese leitet er von dem zentralen Taktsignal CLK ab. Die periodischen Synchronisationssignale HSYNC und VSYNC sowie das Austastsignal BLK dienen zur Steuerung der Video-Logik. Die Funktion aller weiteren Signale, die in Bild 3.22 aufgeführt sind, werden in den nachfolgenden Unterabschnitten behandelt.

3.4.2 Bildspeichersystem

Das Bildspeichersystem besteht, wie aus dem Blockbild 3.23 hervorgeht, aus einem Bildwiederholspeicher, der Speichersteuerung, einem Adressenumsetzer, einem Schieberegister sowie aus einer Multiplexer- und einer Demultiplexereinheit.

Bildwiederholspeicher. Der gerätetechnische Aufbau des Bildwiederholspeichers wird im wesentlichen von der Bandbreite bestimmt, die erforderlich ist, um den gesamten Speicherinhalt mit einer Bildwiederholfrequenz von 50Hz bis 70Hz auszulesen. So beträgt die Speicherbandbreite bei der Auflösung des Bildrasters von 1000×1000 Bildpunkten und einer

Bildwiederholfrequenz von 60Hz etwa 100MHz. Das bedeutet, daß das Zeitintervall t_{pix}, das zum Auslesen eines Pixels aus dem Bildspeicher zur Verfügung steht, etwa 10ns beträgt. Die Berechnung von t_{pix} erfolgt mit:

$$t_{pix}(\mu s) = \frac{\dfrac{\dfrac{10^6}{f_b} - t_{vr}}{n_z} - t_{hr}}{n_s}. \tag{3.13}$$

Hierin ist : f_b = Bildfrequenz (Hz)

t_{vr} = vertikale Strahlrücklaufzeit (µs),

t_{hr} = horizontale Strahlrücklaufzeit (µs),

n_z = Anzahl der darstellbaren Zeilen pro Bild und

n_s = Anzahl der darstellbaren Spalten pro Bild.

Die Werte der Variablen in (3.13) lassen sich aus den Kenndaten des jeweils verwendeten Display-Monitors entnehmen; sie sind in Tabelle 3.1 (s. Abschnitt 3.4.3) für einige gebräuchliche Bildrasterformate und Bildwiederholfrequenzen aufgeführt.

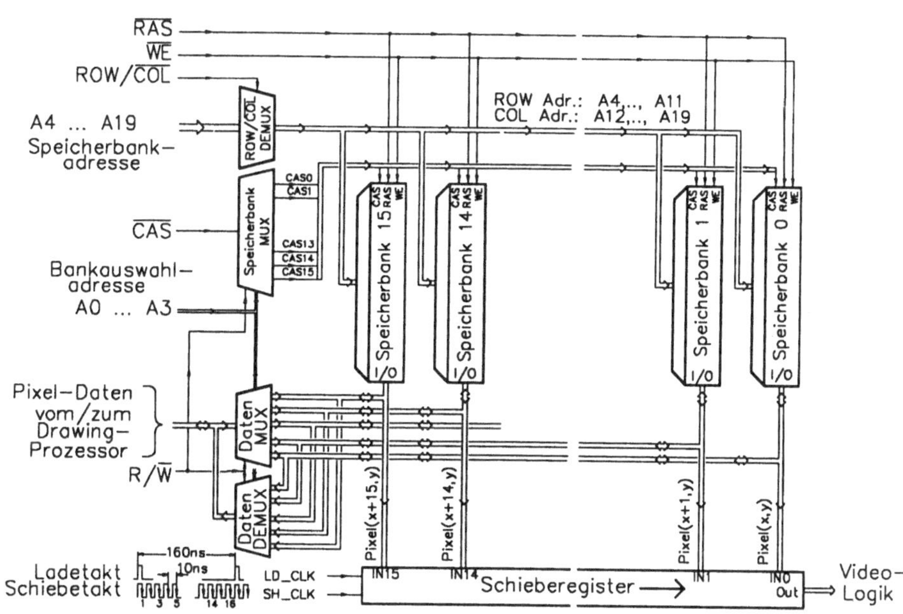

Bild 3.23. Blockdarstellung des Bildspeichers

Zum Aufbau von Bildspeichern werden aus Kostengründen dynamische Speicherbausteine (DRAMs) mit Speicherzugriffszeiten von derzeit 60ns bis 100ns eingesetzt. Mit diesen Speicherelementen läßt sich die oben berechnete Bandbreite von ca. 100MHz jedoch nur dann erreichen, wenn mehrere Pixel unter Verwendung eines Schieberegisters parallel ausgelesen werden.

Schieberegister. Das Schieberegister hat die Aufgabe, mit einem langsamen Ladetakt die Pixel-Daten aus dem Bildspeicher parallel zu lesen und diese mit einem schnellen Schiebetakt seriell an die Video-Logik wieder auszugeben. Um parallel auf die Pixel zugreifen zu können, muß der Bildspeicher entsprechend der Anzahl der parallel auszulesenden Pixel unterteilt sein. Bild 3.23 zeigt eine Bildspeicheraufteilung in 16 Speicherbänke. Bei der in Bild 3.23 vorgegebenen Partitionierung des Bildspeichers wird eine Gruppe von 16 Pixel mit dem Ladetakt (LDCLK) parallel vom Bildspeicher zum Schieberegister transferiert. Anschließend erfolgt mit einem Schiebetakt (SHCLK), dessen Frequenz 16 mal höher als die des Ladetaktes ist, die serielle Ausgabe der Bildpunktdaten.

Die parallele Adressierung der 16 Pixel erfolgt beim Auslesen dadurch, daß das Auswahlsignal der Spaltenadresse CAS (column address strobe), das unabhängig von der Bankauswahladresse (A3,.., A0) an die 16 Speicherbänke durchgeschaltet wird, alle Pixel mit der gleichen Speicherbankadresse (A19,.., A4) selektiert.

Adressenumsetzer und Multiplexer. Der Adressenumsetzer dient zur Erzeugung der physikalischen Bildspeicheradresse. Unter Berücksichtigung der in Bild 3.23 dargestellten Aufteilung in 16 Speicherbänke werden die vier Bits mit der niedrigsten Wertigkeit (A3,.., A0) von der 20-Bit breiten Pixel-Adresse (A19,.., A0) abgetrennt und zur Erzeugung von 1-aus-16 der CAS-Signale (CAS0 bis CAS15) verwendet. Mit jedem dieser 16 CAS-Signale wird eine Bank selektiert, so daß im Zusammenwirken mit der gemeinsamen Speicherbankadresse (A19,.., A4) und dem Auswahlsignal der DRAM-Spaltenadresse RAS (*row address strobe*) die Adressierung einzelner Pixel möglich ist.

Die Anwahl eines Pixels ist nur für den Drawing-Prozeß notwendig, da dieser die Bildpunkte in beliebiger Folge in den Bildspeicher eintragen muß. Eine Adressierung von Pixel-Gruppen ist prinzipiell auch beim Drawing-Prozeß möglich; dies ist jedoch mit einem so hohen gerätetechnischen Aufwand verbunden, so daß dieser nur für Realzeitsysteme in Betracht kommt.

Speichersteuerung. Den zeitlichen Verlauf der wichtigsten aufgeführten Signale, die zur Steuerung des Bildspeichersystems notwendig sind, zeigt Bild 3.24. Bei der Verwendung von dynamischen Speicherbausteinen muß die Speicherbankadresse (A19,..., A4) in zwei Teile, nämlich in einen Zeilenadreßanteil (ROW-Adresse) und einen Spaltenadreßanteil (COL-Adresse), zerlegt und die Anteile nacheinander zum Speicher übertragen werden.

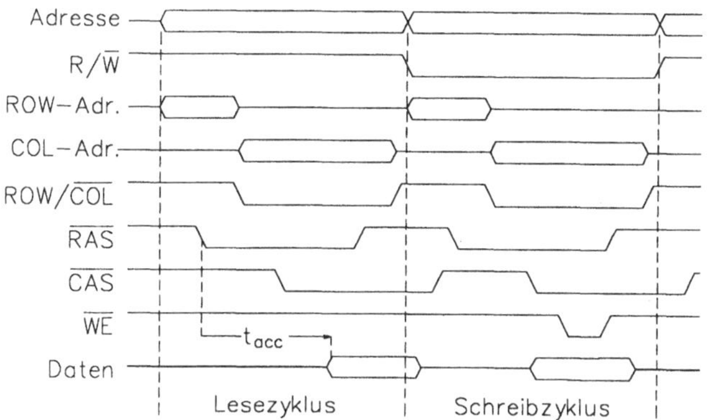

Bild 3.24. Zeitverlauf der wichtigsten Signale zur Steuerung des Bildspeichersystems

Hierzu teilt man die Speicherbankadresse in zwei Adressen mit gleicher Wortlänge (A19,..., A12) und (A11,..., A4) auf. Zum Umschalten zwischen diesen beiden Adressenhälften dient das von der Speichersteuerung erzeugte ROW/$\overline{\text{COL}}$-Signal. Die Adreßübernahme erfolgt mit den fallenden Flanken der Signale $\overline{\text{RAS}}$ und $\overline{\text{CAS}}$. Unmittelbar nach dem Auftreten der fallenden $\overline{\text{CAS}}$-Flanke sowie bis zum Erscheinen der steigenden $\overline{\text{CAS}}$-Flanke stehen die adressierten Pixel-Daten im gültigen Zustand am Ausgang des Bildspeichers zur Verfügung. Die Übernahme der Pixel-Daten in den Bildspeicher erfolgt in dem vorliegenden Fall (Bild 3.24) mit der fallenden Flanke des $\overline{\text{WE}}$-Signals (write enable). Hierbei muß darauf geachtet werden, daß die am Eingang des Bildspeichers anliegenden Pixel-Daten vor dem Auftreten der fallenden $\overline{\text{WE}}$-Flanke gültig sein müssen. Zur Umschaltung zwischen den Lese- und Schreibzyklen dient das R/$\overline{\text{W}}$-Signal. Der wichtigste Parameter, der die Leistung dynamischer Speicher bestimmt, ist die Zugriffszeit t_{acc}, die vom Auftreten der fallenden RAS-Flanke bis zum Erscheinen der gültigen Pixel-Daten gemessen wird. Sie liegt bei den derzeit erhältlichen Speicher-Chips zwischen 60ns und 120ns. Von der Zugriffszeit hängt unmittelbar die Zykluszeit ab. Diese repräsentiert die Zeitspanne eines vollständigen Speicherzyklus und ist um ca. 80% länger als die Zugriffszeit.

3.4.3 Video-Logik

Video-Lookup-Tabelle. Mit einer *Video-Lookup-Table* (VLT) werden den Pixel-Werten Farben zugeordnet, die der Anwender aus einer sehr großen Farbmenge frei auswählen kann. Diese Zuordnung erfolgt mit einem statischen Speicher, dessen Adreßbereich durch die Pixel-Wortlänge bestimmt wird. Die Anzahl der gleichzeitig darstellbaren, unterschiedlichen Farben hängt von der Größe des VLT-Adreßbereiches ab, während die Anzahl der insgesamt wählbaren Farben mit der Wortlänge der VLT-Speichereinträge festgelegt ist. Bild 3.25 verdeutlicht die Funktionsweise einer VLT, die hier eine Datenwortlänge von 12 Bit bei einer Adreßwortlänge von 8 Bit besitzt. In dem in Bild 3.25 dargestellten Beispiel adressiert ein Pixel-Datum mit dem Wert 19 einen Farbvektor, dessen drei RGB-Komponenten bei der VLT-Initialisierung eingetragen wurden. Mit Hilfe dreier Digital/Analog-Umsetzer wird anschließend der Farbvektor mit den Komponenten Rot=9, Grün=12 und Blau=7 in das zur Ansteuerung eines RGB-Monitors dienende Videosignal konvertiert.

Da die Adreßwortlänge der dargestellten VLT nur 8 Bit beträgt, lassen sich nicht mehr als 256 unterschiedliche Farben auswählen. Die Wortlänge der Farbwerteeinträge beträgt jedoch 12 Bit, so daß die Menge der Farben (Farbvektoren), die zur Belegung der VLT zur Verfügung stehen, 4096 unterschiedliche RGB-Farbkombinationen umfaßt.

Diese Anzahl täuscht mitunter darüber hinweg, daß hieraus lediglich eine kleine Untermenge für eine flächengrafische Darstellung dreidimensionaler Objekte tatsächlich verwendbar ist. Im vorliegenden Beispiel sind maximal 16 Helligkeitsabstufungen von einer Farbart möglich. Für eine befriedigende Darstellung von schattierten Objektoberflächen ist jedoch diese geringe Anzahl oftmals nicht ausreichend. Daher sind für flächengrafische Darstellungen von dreidimensionalen Objekten Video-Lookup-Tabellen mit Wortlängen von 18 bis 24 Bit notwendig.

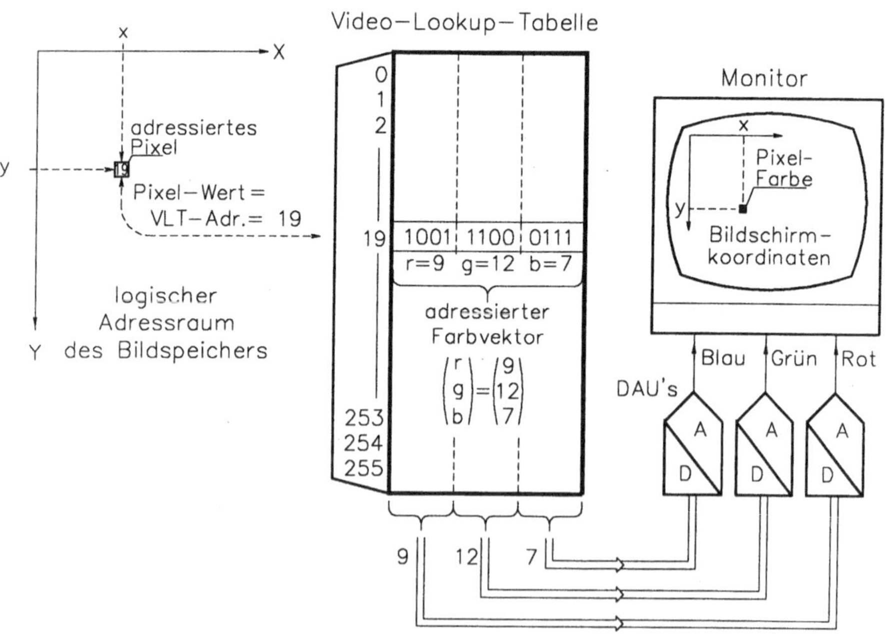

Bild 3.25. Funktionsprinzip einer Video-Lookup-Tabelle (VLT)

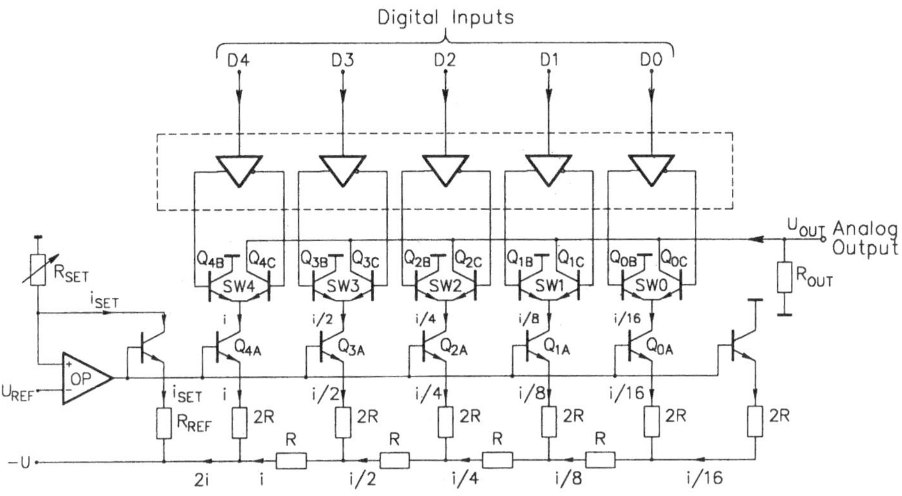

Bild 3.26. Aufbau eines Digital-Analog-Umsetzers (DAU) mit Hilfe eines R-2R-Netzwerkes

Wie im Blockbild 3.22 dargestellt, erfolgt die VLT-Adressierung beim Laden mit Hilfe des VLT-Adreßregisters. Hierzu werden mit dem VLT_R/W-Signal die Datenausgänge des Schieberegisters geschlossen und die des VLT-Adreßregisters geöffnet. Zum Setzen einer VLT-Adresse dient das Signal VLT_AS, während das nachfolgende Datenwort mit dem Übernahmesignal der VLT geladen wird.

Digital/Analog-Umsetzer. Der Digital/Analog-Umsetzer (DAU) hat die Aufgabe, die Videosignale zur Steuerung eines RGB-Monitors zu erzeugen. Hierzu muß der DAU die digitalen Rot-, Grün- und Blau-Komponenten des Bildsignals, die er von der VLT mit einer Frequenz von ca. 100MHz erhält, in äquivalente Spannungswerte zwischen 0V bis 0,7V konvertieren. Die Genauigkeit des konvertierten Analogwertes ist hierbei besser als 0,5%.

Bild 3.26 zeigt den prinzipiellen Aufbau einer 5-Bit DAU-Schaltung. Das Funktionsprinzip dieser Schaltung basiert auf dem sog. *R-2R-Netzwerk*, das häufig in DAU-Schaltungen zu finden ist. Mit einem derartigen Netzwerk läßt sich in den 2R-Pfaden eine Stromaufteilung erreichen, die mit der Gewichtung der digitalen Eingangssignale D0 bis D4 übereinstimmt. Die Widerstandswerte von 2R und R werden im Verhältnis von 2 zu 1 gewählt, so daß sich an jedem Knoten des R-2R-Netzwerkes der Strom halbiert. Dies wird mit den als Konstantstromquellen arbeitenden Transistoren Q_{0A} bis Q_{4A} erreicht. Diese Transistoren regeln unabhängig von den Kollektorbelastungen die Emitterspannungen an den Differenzschaltstufen SW0 bis SW4 so aus, daß die korrespondierenden Emitter- und Kollektorströme nahezu gleich sind. Abhängig von den Signalzuständen b_0 bis b_4 an den Digitaleingängen D0 bis D4 werden entweder die Q_{nC}- oder die Q_{nB}-Schalttransistoren von SW0 bis SW4 geöffnet. Da die Kollektoren der Schalttransistoren Q_{0C} bis Q_{4C} zusammengefaßt sind und somit am Analogausgang einen Stromsummenpunkt bilden, erfolgt eine Addition der Konstantströme, die durch Q_{0C} bis Q_{4C} fließen. Unter der Voraussetzung, daß mit dem Signal $b_n = 1$ der Schalttransistor Q_{nC} geöffnet und mit $b_n = 0$ geschlossen wird, erhalten wir am Ausgang des DAU den Summenstrom:

$$I_{SUM} = b_4\ i + b_3\ \frac{i}{2} + b_2\ \frac{i}{4} + b_1\ \frac{i}{8} + b_0\ \frac{i}{16}. \tag{3.14}$$

Da der Wert von I_{SUM} immer ein konstantes Verhältnis mit der eingangsseitig anliegenden Dualzahl

$$B = b_4\ b_3\ b_2\ b_1\ b_0 = \sum_{i=0}^{4} 2^i\ b_i$$

bildet, erzeugt I_{SUM} aus (3.14) am Ausgangswiderstand R_{OUT} die Spannung

$$U_{OUT} = R_{OUT}\ I_{SUM}, \tag{3.15}$$

die den zu der Dualzahl B proportionalen Analogwert repräsentiert. Die oben diskutierte DAU-Schaltung ist lediglich ein Beispiel aus einer Vielzahl unterschiedlicher gerätetechnischer Realisierungsmöglichkeiten, deren Funktionsprinzipien, abhängig von der geforder-

Tabelle 3.1. Parameter des Composite-Video-Signals

Auflösung Spalten × Zeilen	Bildwiederhol-frequenz [Hz]	Interlaced	Zeilenperiode t_l [μs]	Ablenk-frequenz [KHz]	Pixel-Intervall tpix [ns]	Vertikalrück-lauf t_{vr} [μs]	Länge VSYNC t_{vs} [μs]	Horizontalrück-lauf T_{hr} [μs]	Länge HSYNC t_{hs} [μs]	Schwarzschulter hinten t_{bp} [μs]	Schwarzschulter vorne t_{fp} [μs]	Gruppe
512 × 485	30	ja	63.57	15.73	103.65	1250	150	10.5	4.75	4.25	1.5	
640 × 485	30	ja	63.57	15.73	82.92	1250	150	10.5	4.75	4.25	1.5	1
512 × 512	30	ja	60.22	16.60	97.10	1250	150	10.5	4.75	4.25	1.5	
1024 × 768	30	ja	40.14	24.91	32.73	1250	125	6.62	2.75	2.5	1.37	
1024 × 1024	30	ja	30.11	33.21	22.93	1250	125	6.62	2.75	2.5	1.37	
1280 × 960	30	ja	32.12	31.13	19.92	1250	125	6.62	2.75	2.5	1.37	
1280 × 1024	30	ja	30.11	33.21	18.35	1250	125	6.62	2.75	2.5	1.37	2
512 × 485	60	nein	31.78	31.46	49.14	1250	125	6.62	2.75	2.5	1.37	
640 × 485	60	nein	31.78	31.46	39.31	1250	125	6.62	2.75	2.5	1.37	
512 × 512	60	nein	30.11	33.21	45.87	1250	125	6.62	2.75	2.5	1.37	
1024 × 768	60	nein	20.92	47.80	16.52	596	47	4.0	1.42	2.18	0.4	
1024 × 1024	60	nein	15.69	63.73	11.52	596	47	4.0	1.42	2.18	0.4	3
1024 × 960	60	nein	16.74	59.73	9.95	596	47	4.0	1.42	2.18	0.4	
1280 × 1024	60	nein	15.69	63.73	9.13	596	47	4.0	1.42	2.18	0.4	

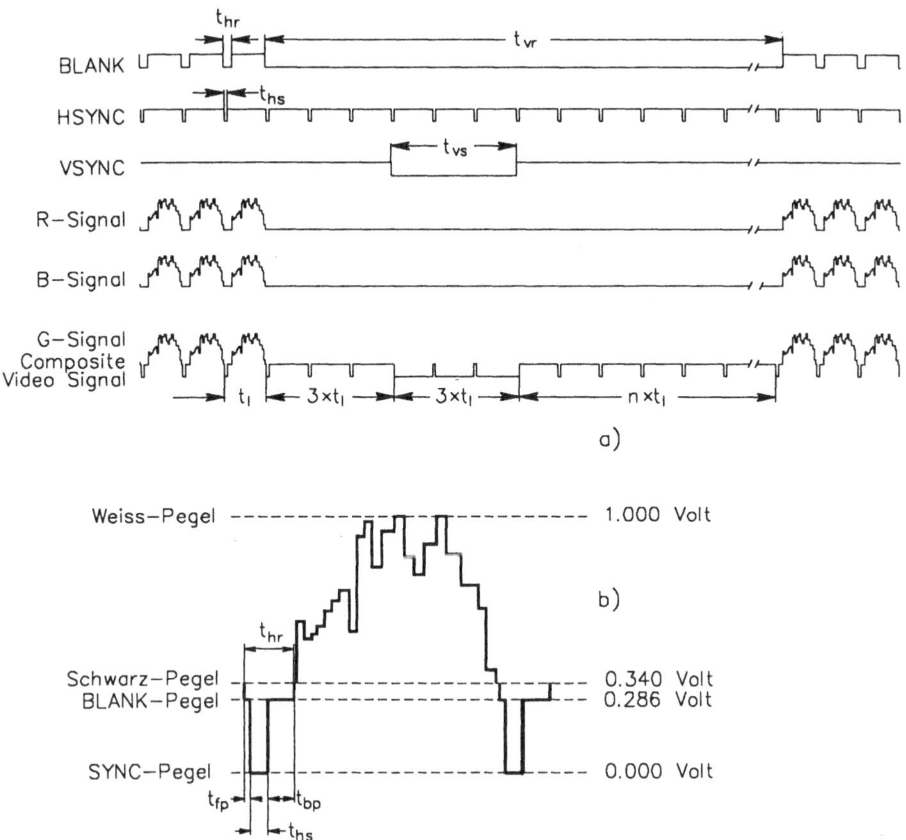

Bild 3.27. a) Verknüpfung und Zeitverlauf HSYNC-, VSYNC-, BLANK- und Bildsignale, b) Signalpegel und Signalform des Composite-Video-Signals

ten Konvertierungsgeschwindigkeit und Konvertierungsgenauigkeit, durchaus voneinander abweichen können.

Composite-Video-Signal. Obgleich die mit dem DAU erzeugten analogen RGB-Signale (Videosignale) bereits die vollständige Bildinformation enthalten, reichen sie zur Ansteuerung des Monitors nicht aus. Hierzu sind weitere Signale erforderlich, die zur Synchronisation und zur Strahlaustastung verwendet werden. So wird, um eine phasenstarre Kopplung zwischen der Schreibstrahlablenkung des Monitors und dem zeilenorientierten Auslesen des Bildspeicherinhaltes zu erreichen, das G-Signal mit einem Synchronisationssignal SYNC moduliert, das sich aus den Signalen für die Zeilen- und Bildsynchronisierung HSYNC und VSYNC zusammensetzt. Weiterhin werden die drei Videosignale mit dem Austastsignal BLANK überlagert, um damit die Zeilen- und Bildrücklaufwege des Schreibstrahls auszublenden. Bild 3.27a zeigt die Verknüpfung des Grün-Bildsignals mit dem BLANK-Signal und mit dem Synchronisationssignal zum *Composite-Video-Signal.* Bild 3.27b zeigt in detaillierter Darstellung die Signalpegel des Composite-Video-Signals für eine Bildzeile.

Die in Bild 3.27 aufgeführten Parameter hängen von der Auflösung des Bildrasters und der Bildwiederholfrequenz ab sowie davon, ob der Display-Prozeß nach dem Zwischenzeilen- oder dem Vollbildverfahren erfolgt. Sie sind für eine Anzahl gebräuchlicher Bildrasterformate berechnet und in der Tabelle 3.1 in drei Gruppen zusammengefaßt.

Die Bestimmung der Zeitparameter der Gruppe 1 basieren auf dem EIA-RS-330-Standard, während sich die Parameter der Gruppe 2 an der EIA-RS-343-Spezifikation orientieren. Die Parameter der Gruppe 3 wurden hingegen aus den Datenblättern für hoch- und höchstauflösende Monitore der Firma Hitachi [HIT89] ermittelt.

3.4.4 Rastermonitor

Zu den wichtigsten Funktionseinheiten eines RGB-Rastermonitors (Bild 3.28) gehören die Monitorbildröhre, die Hochspannungsstufe, die Horizontal- und Vertikalablenkstufe, eine Filterstufe zur Selektion der Synchronisationsimpulse sowie drei Breitbandverstärker für die Verstärkung der analogen RGB-Bildsignale. Nachfolgend werden die Aufgaben und das Zusammenwirken dieser Einheiten behandelt.

RGB-Verstärkereinheiten. Die vom Rastergrafiksystem erzeugten analogen Bild- und Synchronisationssignale werden an die Eingänge des RGB-Monitors geführt. Um die Strahlströme der Bildröhre aussteuern zu können, sind die drei RGB-Bildsignalanteile zu verstärken. Hierzu dienen drei Verstärkerkanäle, die sich funktional in Vor- und Endverstärker unterteilen lassen. Die Bandbreite dieser Einheiten wird von der maximalen Pixel-Folge des Bilddarstellungsprozesses bestimmt. Zur manuellen Einstellung des Bildkontrastes ist ein Kontrastregler vorgesehen, mit dem sich der Verstärkungsfaktor der Eingangsstufe verändern läßt. Die Einstellung der Bildhelligkeit erfolgt durch eine gleichmäßige Potentialanhebung der Bildsignale. Hierzu werden in den Endverstärkerstufen die drei Signalanteile mit Hilfe des Helligkeitsreglers mit einer Gleichspannung überlagert.

Synchronisationsstufe. Zur Abtrennung des Synchronisationsimpulses aus dem *Composite-Video-Signal* dient die Synchronisationsstufe. Nach der Impulsabtrennung werden aus diesem Signalgemisch wiederum die horizontalen und vertikalen Synchronisationsimpulse HSYNC und VSYNC gefiltert und an die Steuereingänge der Horizontal- und Vertikaloszillatoren geführt.

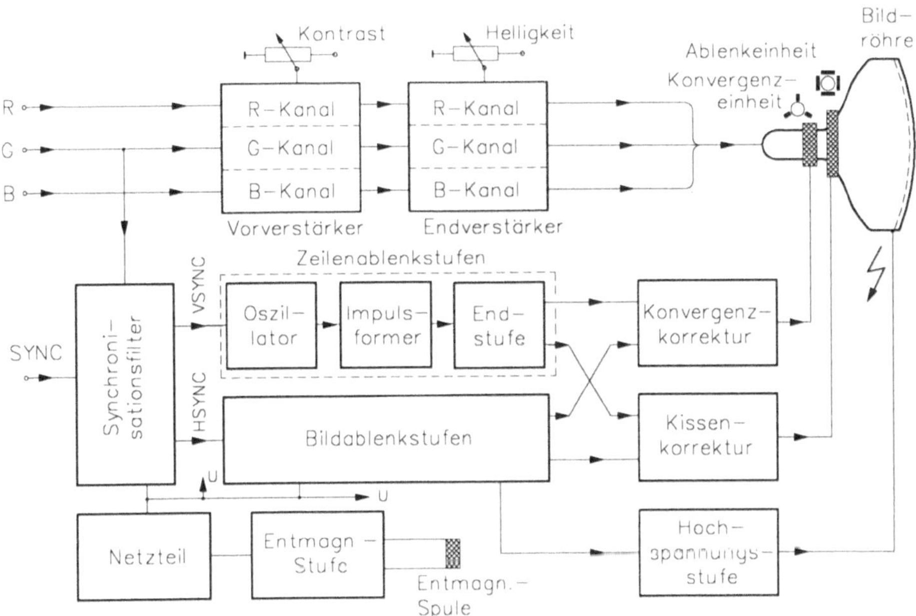

Bild 3.28. Blockbild eines RGB-Rastermonitors

Horizontal- und Vertikalablenkung. Mit dem HSYNC-Signal wird ein Oszillator synchronisiert, der rechteckförmige Schwingungen mit der vorgegebenen Horizontalablenkfrequenz (Zeilenablenkfrequenz) (s. Tabelle 3.1) erzeugt. Aus dem Rechtecksignal formt anschließend ein Impulsformer das gewünschte sägezahnförmige Ablenksignal. Zur Generierung des Ablenkstroms, der zur Aussteuerung der elektromagnetischen Horizontalablenkeinheit erforderlich ist, dient die Zeilenendstufe.

Die Aufgaben der Funktionseinheiten für die Vertikalablenkung (Bildablenkung) sind analog zur Horizontalablenkung zu betrachten.

Korrektur der Kissenverzerrung. Infolge der nur geringen Bildschirmwölbung der Monitorröhre ist der Weg des Elektronenstrahls zu den Ecken größer als zu der Mitte des Bildschirms. Hierdurch tritt eine kissenförmige Bildverzerrung auf, die mit Hilfe einer Kissenentzerrungseinheit zu beseitigen ist. Um die unerwünschte Bildverformung kompensieren zu können, muß die Strahlauslenkung zur Mitte des Bildschirms vergrößert und zu den Bildschirmrändern verringert werden. Dieser Effekt ist durch eine entsprechende Verformung der Ablenkstromverläufe zu erreichen. Hierzu verwendet man in der Regel

Transduktoren, die sich, von den Bildablenk- und Zeilenrücklaufströmen gesteuert, wie regelbare Induktivitäten in beiden Stromkreisen des Ablenksystems verhalten.

Konvergenzkorrektur. Neben der Kissenkorrektur ist speziell für Farbbildröhren auch eine dynamische Kompensation des Konvergenzfehlers notwendig. Konvergenz bedeutet, daß alle drei Schreibstrahlen der Bildröhre an jeder Stelle des Bildschirms gemeinsam durch ein Loch der Lochmaske gehen (s. Abschnitt 2.2). Hierfür ist eine gleichfalls nach dem magnetischen Ablenkprinzip arbeitende Konvergenzeinheit vorhanden. Diese Einheit besteht, im Fall einer Delta-Bildröhre, aus drei Ablenksystemen, die um 120° gegeneinander versetzt sind. Hierbei erfolgt die Konvergenzkorrektur für jeden einzelnen Elektronenstrahl von nur einem der drei Ablenksysteme. Für die Erzeugung der parabelförmigen Korrekturströme, die zum Treiben der Konvergenzeinheit notwendig sind, ist die Konvergenzkorrekturstufe zuständig. Diese Funktionseinheit ist im wesentlichen aus zwei voneinander getrennten passiven Netzwerken aufgebaut, mit denen zum einen die zeilenfrequenten Ablenkströme zur horizontalen Konvergenzkorrektur und zum anderen die bildfrequenten Ablenkströme für die vertikale Konvergenzkompensation modelliert werden.

Eine detaillierte Betrachtung der gerätetechnischen Realisierung der Konvergenz- und Kissenkorrektur einschließlich der Zeilen- und Bildablenkung ist in [MOR83] zu finden.

Hochspannungsversorgung. Farbbildröhren werden mit einer Nachbeschleunigungsspannung zwischen 20KV bis 30KV betrieben, wobei die Stärke des Strahlstroms ca. 1mA beträgt. Zur Erzeugung der Nachbeschleunigungsspannung verwendet man vielfach Hochspannungskaskaden, die nach dem Prinzip der Spannungsverdopplung arbeiten. Die Hochspannungskaskaden werden mit Spannungsimpulsen von etwa 9KV betrieben, die man aus den Zeilenrücklaufströmen erhält [MOR83].

Entmagnetisierungsstufe. Die Lochmaske kann durch externe oder geräteinterne Streufelder magnetisiert werden, die zur Beeinträchtigung der Farbreinheit führt. Um diesen Effekt zu verhindern, ist die gesamte Aussenfläche des Bildröhrenkolbens mit einer Entmagnetisierungsspule versehen. Beim Einschalten des Monitors oder durch die Betätigung der Entmagnetisierungstaste (Degauss-Taste) wird durch diese Spule ein starker Wechselstrom geschickt, der innerhalb weniger Sekunden kontinuierlich gegen Null abklingt und dabei die Entmagnetisierung der Lochmaske bewirkt.

4 Visualisierung von Oberflächenrepräsentationen

Um die Bildrechnerarchitekturen für die Realzeitvisualisierung von Oberflächenrepräsentationen verstehen zu können, sind einige Kenntnisse über die Organisation der Visualisierungsprozesse erforderlich. Das Kapitel 4 soll hierfür die Grundlage schaffen und vor allem jenen Lesern behilflich sein, die keine oder nur geringe Kenntnisse auf dem Gebiet der Computergrafik besitzen. Für ein vertieftes Interesse an dieser Thematik wird [BUR89], [ENC86], [FEL88] und [FOL90] empfohlen.

In Zusammenhang mit der Behandlung der einzelnen Visualisierungsprozesse erfolgt auch eine Abschätzung des jeweils erforderlichen Rechenaufwandes.

Die nachfolgend vorgestellte Visualisierungsprozeßkette wurde unter dem Gesichtspunkt einer effektiven hardware-technischen Umsetzbarkeit konzipiert. Sie soll exemplarisch die Aufgaben und das Zusammenwirken der einzelnen Teilprozesse verdeutlichen.

4.1 Anforderungen an das Geometriemodell

Das Geometriemodell der nachfolgend zu diskutierenden Visualisierungsprozesse besteht aus dreiseitigen Polygonen, mit denen die Oberfläche eines Objektes oder eines Ensembles von Objekten (Objektszene) definiert wird. Unter einem Geometriemodell wird hier die rechnerinterne Repräsentation der Objektszene verstanden. Um das Geometriemodell effektiv visualisieren zu können, ist es sinnvoll, die Polygone wie folgt zu definieren:

- Die Kantenvektoren müssen komplanar ausgerichtet sein und einen einheitlichen Umlaufsinn besitzen. Mit der Verwendung von dreiseitigen Polygonen ist diese Forderung immer erfüllt.

- Jedes Polygon ist mit einem Datensatz definiert, der die Eckpunktkoordinaten (V_1, V_2, V_3) und Eckpunktnormalenvektoren (P_1, P_2, P_3) sowie den Flächennormalenvektor N enthält (s. Bild 4.1). Der Flächennormalenvektor (Flächennormale) repräsentiert die räumliche Ausrichtung der Polygonebene, während die drei Eckpunktnormalenvektoren die Ausrichtung des Polygons innerhalb seiner benachbarten Polygonmenge darstellen.

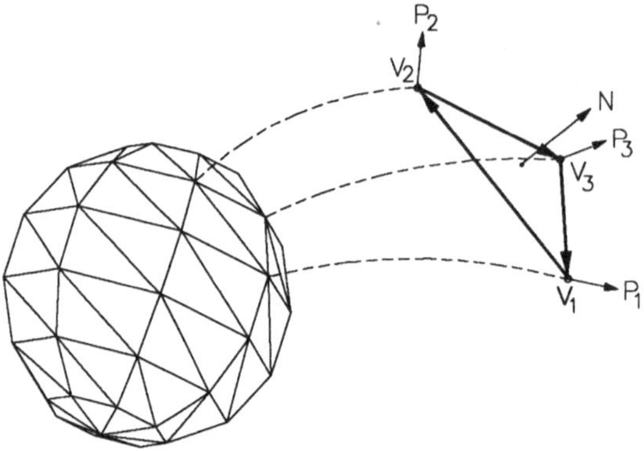

Bild 4.1. Geometriedaten eines Flächenelementes

Bestimmung der Eckpunktnormalen. Zur Bestimmung der Eckpunktnormalen $\boldsymbol{P_1}$, $\boldsymbol{P_2}$ und $\boldsymbol{P_3}$ werden die gewichteten Flächennormalen aller Polygone, die einem gemeinsamen Eckpunkt zuzuordnen sind, vektoriell addiert und anschließend auf die Länge 1 normiert.

Die Gewichtung eines Flächennormalenvektors, die sich in der Vektorlänge ausdrückt, verhält sich proportional zur Größe des korrespondierenden Eckpunktwinkels α.

$$\boldsymbol{P} = \frac{\alpha_1\ \boldsymbol{N_1} + \alpha_2\ \boldsymbol{N_2} + \ldots + \alpha_n\ \boldsymbol{N_n}}{|\alpha_1\ \boldsymbol{N_1} + \alpha_2\ \boldsymbol{N_2} + \ldots + \alpha_n\ \boldsymbol{N_n}|} \tag{4.1}$$

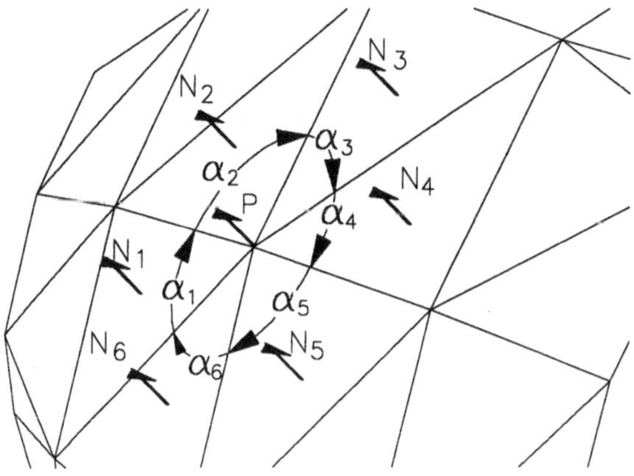

Bild 4.2. Bestimmung der Eckpunktnormalen

4.2 Organisation der Visualisierungsprozeßkette

Um eine Übersicht über die gesamte Visualisierungsprozeßkette zu erhalten, werden anhand des in Bild 4.3 dargestellten Flußdiagrams die Aufgaben der einzelnen Teilprozesse in der Reihenfolge ihres Zusammenwirkens vorgestellt. Ihre vertiefte Behandlung erfolgt in den nachfolgenden Abschnitten.

Geometrietransformation. Der erste Prozeß innerhalb der Visualisierungsprozeßkette ist die *Geometrietransformation*. Die Aufgabe dieses Prozesses ist es, dreidimensionale Objekte oder Szenen in ihrer räumlichen Lage zu verändern. Für den Fall, daß sehr komplexe Bewegungsfolgen auszuführen sind, ist es zweckmäßig, für jeden einzelnen Bewegungsschritt die Koeffizienten der Transformationsmatrizen im voraus zu berechnen (s. Unterabschnitt 4.3.1).

Backfacing. Das *Backfacing* schließt sich an. Dies ist ein Prozeß, der die Polygone eliminiert, die dem virtuellen Betrachter ihre Rückseite (backface) zuwenden. Es ist sinnvoll, das Backfacing, bei dem sich die Anzahl der weiter zu verarbeitenden Polygone um etwa 50% verringert, unmittelbar nach der Geometrietransformation auszuführen (s. Unterabschnitt 4.3.2).

Perspektivische Transformation. Nach dem Backfacing folgt die perspektivische Transformation, die zur Verbesserung des räumlichen Sichteindruckes dient. Mit diesem Prozeß ist zugleich auch die Abbildung auf die Gerätekoordinaten des Sichtsystems verbunden (s. Unterabschnitt 4.3.3).

Polygonkappen. Das anschließende Polygonkappen (clipping) ist notwendig, um jene Flächenelemente, die nur zum Teil innerhalb einer Sichtpyramide liegen, an deren Grenzflächen zu kappen. Weiterhin sind die offenen Enden der gekappten Kantenvektoren, unter Beibehaltung des vorgegebenen Umlaufsinns, wieder zu schließen. Für den Fall, daß sich hierbei die Kantenzahl eines Polygons erhöht, ist dessen erneute Zerlegung in Dreiecke erforderlich. Vor dem Kapp-Prozeß sind jene Polygone zu eliminieren, die sich vollständig außerhalb der Sichtpyramide befinden (s. Unterabschnitt 4.3.4).

Rendering-Prozesse. Mit den oben aufgeführten Geometrieprozessen ist es bereits möglich, aus dem speicherinternen Geometriemodell eine sog. Drahtmodelldarstellung der 3D-Szene zu erzeugen, die auch als Wire-Frame-Darstellung bezeichnet wird. Da diese Darstellungsform jedoch oftmals mehrdeutig ist, müssen weitere Verarbeitungsschritte durchgeführt werden, die zur Verbesserung des räumlichen Sichteindruckes dienen und die eine

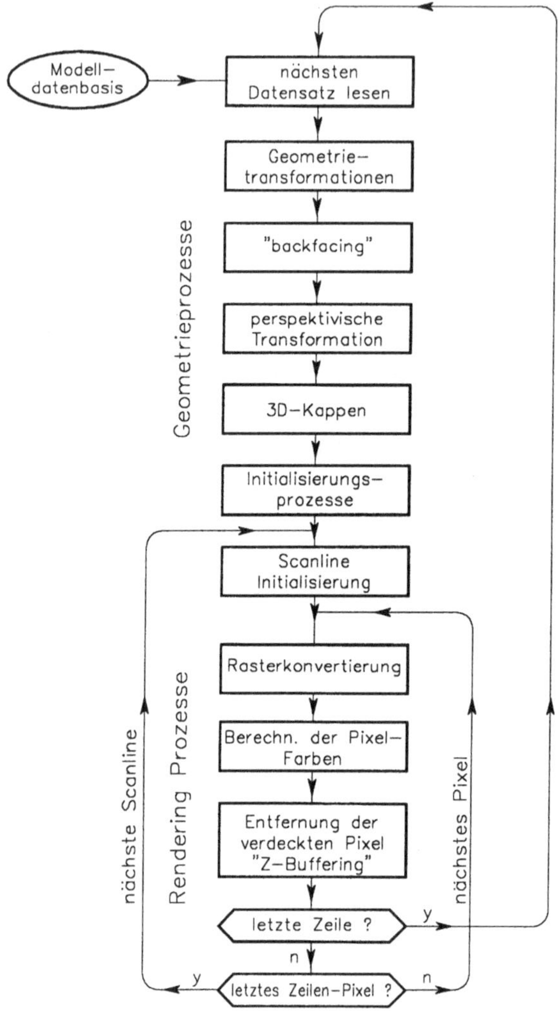

Bild 4.3.
Visualisierungsprozeßkette

realitätsnahe Darstellung der räumlichen Objekte oder Szenen, unabhängig vom Grad ihrer Komplexität, ermöglichen. Diese Aufgabe übernehmen die *Rendering-Prozesse*, die zur Berechnung der Koordinaten und der Farbwerte jener Pixel dienen, die sich auf den Flächen der darzustellenden Polygone befinden. Da hierbei die Bildpunkte entsprechend ihrer Anordnung auf den Rasterzeilen (*scanlines*) aufeinanderfolgend bestimmt werden, bezeichnet man diese Prozesse auch als *scanline-orientiert* (s. Abschnitt 4.5).

Initialisierungsprozesse. Für die Initialisierung der Rendering-Prozesse werden Inkrementalparameter benötigt, die während der Verarbeitung eines Flächenelementes konstant bleiben. Die Berechnung dieser Parameter erfolgt daher zweckmäßigerweise unmittelbar vor den Iterationsschleifen.

Iterationsschleifen. Wie das Flußdiagram Bild 4.3 zeigt, werden die Rendering-Prozesse mit zwei ineinander verschachtelten Iterationsschleifen ausgeführt. Die äußere Schleife dient hierbei zur Initialisierung der Koordinaten und der Pixel-Normalen am Anfang und Ende einer Pixel-Zeile. Mit der inneren Schleife erfolgt die eigentliche Ausführung der Prozesse zur Rasterkonvertierung, zur Bestimmung der Pixel-Farben und zur Entfernung der verdeckten Bildpunkte.

Rasterkonvertierungsprozeß. Der Rasterkonvertierungsprozeß hat die Aufgabe, ausgehend von den Eckpunktkoordinaten des Polygons, alle XYZ-Koordinaten der Bildpunkte zu berechnen, die sich auf der Oberfläche des Flächenelementes befinden. Die Bestimmung der Koordinatenwerte erfolgt mit Hilfe der linearen Interpolation, wobei die Interpolationskonstanten mit dem Initialisierungsprozeß ermittelt werden (s. Unterabschnitt 4.5.2).

Bestimmung der Pixel-Farben. Die Bestimmung der Pixel-Farben setzt voraus, daß zuvor für jeden Pixel die Lichtreflektion bestimmt wird. Dieser als Pixel-Schattierung (shading) bezeichnete Prozeß erfolgt vielfach nach dem Verfahren von Phong (s. Unterabschnitt 4.5.3). Bei der Phongschen Methode wird eine planare Fläche scheinbar gewölbt dargestellt, indem die als Pixel-Normalen bezeichneten Vektoren, die allen Punkten der planaren Fläche zugeordnet sind, so ausgerichtet werden, als würden sie lotrecht auf einer gekrümmten Fläche stehen. Ausgehend von diesen Pixel-Normalen und unter Verwendung eines Beleuchtungsmodells werden dann die Helligkeitswerte der korrespondierenden Bildpunkte berechnet. Der Helligkeitswert eines Pixels entspricht hierbei dem Anteil des reflektierten Lichtes am Ort dieses Bildpunktes auf der dreidimensionalen Polygonfläche. Die Bestimmung der Pixel-Normalen erfolgt mittels linearer Interpolation.

Die Farbzuordnung erfolgt abschließend dadurch, daß man zu den Lichtreflektionswerten, die hier als Farbhelligkeitswerte betrachtet werden, die Farbarten der Polygone hinzufügt (s. Unterabschnitt 4.5.4).

Entfernung der verdeckten Bildpunkte. Für die Entfernung der verdeckten Bildpunkte wird in der Regel das Z-Buffer-Verfahren angewendet, das sich gerätetechnisch sehr einfach unterstützen läßt. Hierbei werden die Pixel der Flächenteile, die vom virtuellen Betrachter nicht sichtbar sind, mit Hilfe des Z-Wertevergleichs detektiert und gegebenenfalls aus dem Z-Buffer und dem Bildwiederholspeicher entfernt (s. Unterabschnitt 4.5.6).

Alternative Prozeßschritte. Es ist durchaus üblich, daß, abhängig von der Organisation der Modelldatenbasis und dem geforderten Leistungsumfang des Visualisierungssystems, weitere Prozeßschritte hinzukommen oder auch wegfallen. Hierzu einige Beispiele:

- Wird die Darstellung von transparenten Flächen gefordert (s. Unterabschnitt 4.5.5), so entfällt das Backfacing, da hierbei die Sichtbarkeit der rückseitigen Flächenelemente gewährleistet sein muß.
- Für den Fall, daß alle Pixel eines Flächenelementes die gleiche Farbzuweisung erhalten, wird der hierfür zuständige Schattierungsprozeß (constant shading) vor die Iterationsschleife verlagert.
- Erfolgt die Berechnung der Lichtreflektionswerte nach der wesentlich einfacheren Goraudschen Interpolationsmethode, so ist es notwendig, die RGB-Farbwerte der Polygoneckpunkte bereits vor den Iterationschleifen zu bestimmen. In diesem Fall entfällt jedoch die sehr zeitaufwendige Interpolation und Normierung der Pixel-Normalen (s. Unterabschnitt 4.5.7).

Die oben im Zusammenhang dargestellten Prozesse werden im nachfolgenden eingehender betrachtet. Es sei jedoch darauf hingewiesen, daß hiermit kein umfassender Überblick über die computergrafischen Visualisierungsverfahren vermittelt wird. Die nachfolgende Diskussion dient im wesentlichen dazu, die Problemstellung von der algorithmischen Seite darzustellen und die Leistungsanforderungen, die an ein Realzeitsichtsystem gestellt sind, zu verdeutlichen.

4.3 Geometrieprozesse

4.3.1 Geometrietransformationen

Alle dreidimensionalen Koordinatentransformationen lassen sich unter Verwendung von homogenen Koordinaten in der allgemeinen Form

$$[x^t \; y^t \; z^t \; 1] = [x \; y \; z \; 1] \times \begin{pmatrix} a_{00} & a_{01} & a_{02} & a_{03} \\ a_{10} & a_{11} & a_{12} & a_{13} \\ a_{20} & a_{21} & a_{22} & a_{23} \\ a_{30} & a_{31} & a_{32} & a_{33} \end{pmatrix} \tag{4.2}$$

darstellen.

Translation. Die Transformationsmatrix für die Translation hat die Form:

$$T(\, t_x, t_y, t_z \,) = \begin{pmatrix} 1 & 0 & 0 & 0 \\ 0 & 1 & 0 & 0 \\ 0 & 0 & 1 & 0 \\ t_x & t_y & t_z & 1 \end{pmatrix} \tag{4.3}$$

Hierin sind t_x, t_y und t_z die Koordinaten des Translationsvektors.

Skalierung. Die achsenunabhängige Skalierung erfolgt mit der Transformationsmatrix:

$$S(\, s_x, s_y, s_z \,) = \begin{pmatrix} s_x & 0 & 0 & 0 \\ 0 & s_y & 0 & 0 \\ 0 & 0 & s_z & 0 \\ 0 & 0 & 0 & 1 \end{pmatrix} \tag{4.4}$$

Hierin sind s_x, s_y und s_z die Skalierungsparameter in Richtung der X-, der Y- und der Z-Achse.

Rotationen. Eine beliebige Rotation um alle drei Achsen des Koordinatensystems setzt sich aus den Drehungen um die X-, Y- oder Z-Achse zusammen, wobei diese Elementartransformationen mit den Rotationsmatrizen $\boldsymbol{R_x}\,(\alpha)$, $\boldsymbol{R_y}\,(\beta)$ und $\boldsymbol{R_z}\,(\gamma)$ erfolgen.

Drehung um die X-Achse:

$$\boldsymbol{R_x}(\alpha) = \begin{pmatrix} 1 & 0 & 0 & 0 \\ 0 & \cos\alpha & \sin\alpha & 0 \\ 0 & -\sin\alpha & \cos\alpha & 0 \\ 0 & 0 & 0 & 1 \end{pmatrix} \tag{4.5}$$

Drehung um die Y-Achse:

$$\boldsymbol{R_y}(\beta) = \begin{pmatrix} \cos\beta & 0 & -\sin\beta & 0 \\ 0 & 1 & 0 & 0 \\ \sin\beta & 0 & \cos\beta & 0 \\ 0 & 0 & 0 & 1 \end{pmatrix} \tag{4.6}$$

Drehung um die Z-Achse:

$$\boldsymbol{R_z}(\gamma) = \begin{pmatrix} \cos\gamma & \sin\gamma & 0 & 0 \\ -\sin\gamma & \cos\gamma & 0 & 0 \\ 0 & 0 & 1 & 0 \\ 0 & 0 & 0 & 1 \end{pmatrix} \tag{4.7}$$

Verkettete Transformationen. Um komplexere Bewegungen zu berechnen, müssen die oben aufgeführten Transformationsmatrizen multiplikativ verkettet werden. Da die Multiplikation von quadratischen Matrizen wiederum zu einer quadratischen Matrix der gleichen Ordnung führt, lassen sich alle Matrizen einer Transformationskette zusammenfassen.

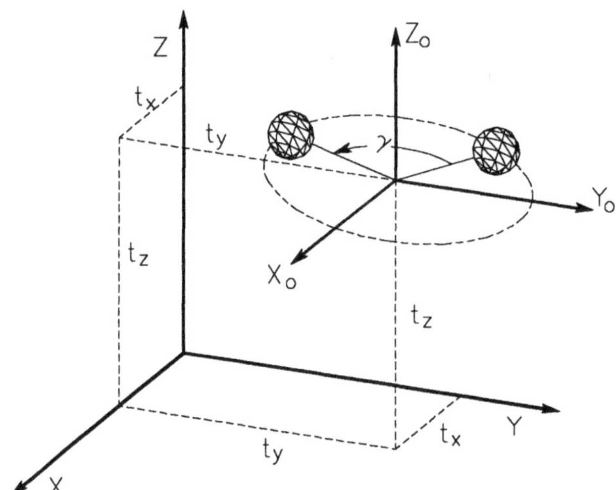

Bild 4.4. Verkettete Geometrietransformationen

Bild 4.4 illustriert die Rotation einer Kugel um die Z-Achse eines Objektkoordinatensystems, dessen Ursprung relativ zum Ursprung des Koordinatensystems verschoben ist.

Die Gleichung

$$[x^t\ y^t\ z^t\ 1] = [x\ y\ z\ 1] \times ((\boldsymbol{T}(-t_x,-t_y,-t_z) \times \boldsymbol{R}_z(\gamma)) \times \boldsymbol{T}(t_x, t_y, t_z))$$

definiert die hierzu notwendige Transformationskette. Indem wir die drei Matrizen der Transformationskette miteinander multiplizieren, erhalten wir als Ergebnis die Matrix:

$$((\boldsymbol{T}(-t_x,-t_y,-t_z) \times \boldsymbol{R}_z(\gamma)) \times \boldsymbol{T}(t_x, t_y, t_z)) =$$

$$= \begin{pmatrix} \cos\gamma & \sin\gamma & 0 & 0 \\ -\sin\gamma & \cos\gamma & 0 & 0 \\ 0 & 0 & 1 & 0 \\ -t_x\cos\gamma + t_y\sin\gamma + t_x & -t_x\sin\gamma - t_y\cos\gamma + t_y & 0 & 1 \end{pmatrix} \quad (4.8)$$

mit der die in Bild 4.4 dargestellte Transformation ausgeführt wird.

4.3.2 Backfacing

Um den Backfacing-Prozeß ausführen zu können, ist ein einheitlicher Kantenumlaufsinn aller Oberflächenelemente notwendig.

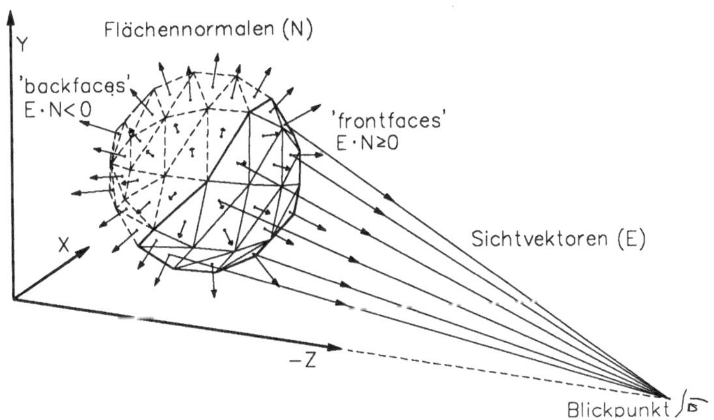

Bild 4.5. Prinzip des Backfacing

Unter dieser Voraussetzung ist sehr einfach zu gewährleisten, daß die Flächennormalen, die lotrecht auf den Flächenelementen stehen, immer von der Objektoberfläche wegweisen. Ein Flächenelement wird als Backface eingestuft, wenn, wie Bild 4.5 zeigt, der Winkel zwischen der Flächennormalen $\boldsymbol{N}$ und dem Sichtvektor $\boldsymbol{E}$ außerhalb des Wertebereiches von $\pm 90°$ liegt. Nach der im Abschnitt 4.1 getroffenen Definition befindet sich der Fußpunkt der Flächennormale bezüglich der Rotationstransformationen immer im Ursprung des Koordinatensystems. Unter der Voraussetzung, daß sich die Koordinate des Projektionszentrums $\boldsymbol{C} = [\,0 \;\; 0 \;\; c_z\,]$ auf dem negativen Teil des globalen Koordinatensystems befindet, erhalten wir den Sichtvektor $\boldsymbol{E}^t = \boldsymbol{V}^t - \boldsymbol{C} = [\, v_x^t \;\; v_y^t \;\; (v_z^t - c_z)\,]$. Hierin ist $\boldsymbol{V}^t$ ein beliebiger Eckpunkt des überprüften Flächenelementes. Um das Backface-Kriterium zu bestimmen, ist es ausreichend, das Vorzeichen des Skalarproduktes

$$\boldsymbol{E}^t\ \boldsymbol{N}^t = v_x^t\, n_x^t + v_y^t\, n_y^t + (v_z^t - c_z)\, n_z^t \tag{4.9}$$

zu berechnen. Ist das Ergebnis von (4.9) negativ, so ist das Polygon als Backface einzustufen.

4.3.3 Perspektivische Projektion

Die perspektivische Projektion dient zur Verbesserung des räumlichen Tiefeneindruckes. Sie erfolgt mit:

$$[x^p \; y^p \; z^p \; 1] = [x^t \; y^t \; z^t \; 1] \times \begin{pmatrix} 1 & 0 & 0 & 0 \\ 0 & 1 & 0 & 0 \\ 0 & 0 & a_{22} & a_{23} \\ 0 & 0 & a_{32} & a_{33} \end{pmatrix}. \tag{4.10}$$

Hierin ist:

$$a_{22} = \frac{d_1}{d_1 - d_2}, \; a_{23} = \frac{1}{d_1 - d_2}, \; a_{32} = \frac{d_1 \, d_2}{d_2 - d_1} \text{ und } a_{33} = \frac{d_2}{d_2 - d_1}.$$

Wie in Bild 4.6 dargestellt, sind d_1 und d_2 die Abstände der Projektionsebene und des Projektionszentrums zum Ursprung des Koordinatensystems. d_1 und d_2 befinden sich hierbei auf dem negativen Teil der Z-Koordinatenachse.

Unter Verwendung homogener Kooordinaten ist es selbstverständlich möglich, die geometrischen Transformationen und die perspektivische Projektion mit einer einzigen 4×4-Transformationsmatrix auszuführen. Es ist jedoch häufig zweckmäßiger, die perspektivische Projektion erst nach dem Backfacing separat auszuführen, da sich die Anzahl der zumeist rechenzeitaufwendigen Divisionen hierdurch erheblich vermindern läßt.

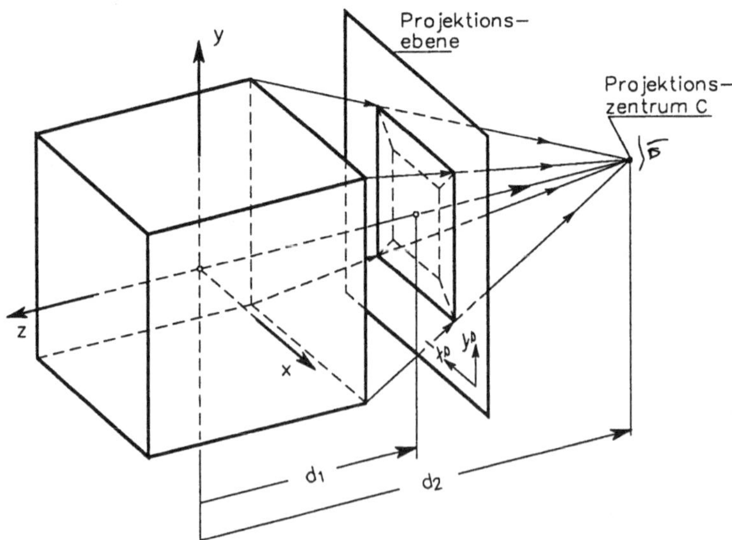

Bild 4.6. Berechnung der Projektionskoordinaten

Da z^p konstant ist ($z^p = d_1$), müssen mit (4.10) lediglich die perspektivischen Koordinaten x^p und y^p bestimmt werden:

$$x^p = x^t \frac{d_1 - d_2}{z - d_2}, \quad y^p = y^t \frac{d_1 - d_2}{z - d_2}. \tag{4.11}$$

Es ist zweckmäßig, die perspektivische Projektion mit der Abbildung auf die Gerätekoordinaten zu verbinden. Hierzu ist es erforderlich, die Projektionskoordinaten x^p und y^p achsensymmetrisch zu skalieren und mit Hilfe der Translation auf den Gerätekoordinatenbereich abzubilden. Die Berechnung der Gerätekoordinaten x^g und y^g erfolgt mit :

$$x^g = t_x + s\, x^p, \quad y^g = t_y + s\, y^p . \tag{4.12}$$

Setzen wir den Skalierungsfaktor s und die Translationskoeffizienten t_x, t_y in (4.12) ein, so können wir die transformierten Objektkoordinaten (x^t, y^t) direkt auf die perspektivisch projizierten Gerätekoordinaten (x^g, y^g) abbilden:

$$x^g = t_x + x^t \frac{s\,(d_1 - d_2)}{z - d_2} \quad \text{und} \quad y^g = t_y + y^t \frac{s\,(d_1 - d_2)}{z - d_2} . \tag{4.13}$$

4.3.4 Polygonkappen

Das Polygonkappen (clipping) ist notwendig, um jene Flächenelemente, die nur zum Teil innerhalb eines dreidimensionalen Sichtbereiches liegen, an dessen Grenzflächen abzuschneiden. Weiterhin sind alle Flächenelemente, die sich mit Sicherheit außerhalb dieses Bereiches befinden, bereits vor der Ausführung des Kapp-Prozesses zu eliminieren.

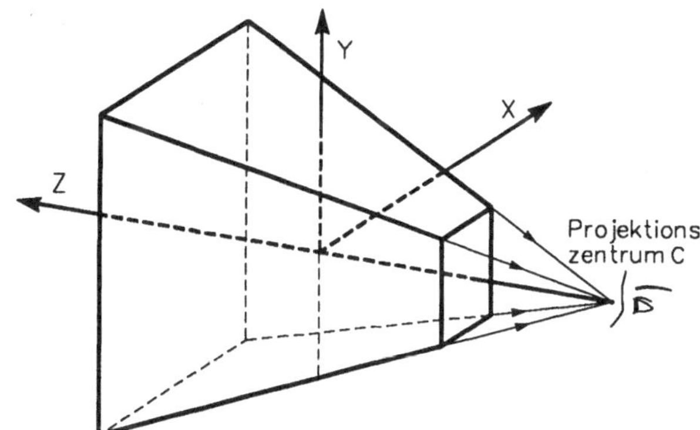

Bild 4.7. Sichtpyramide

Der Sichtbereich wird, wie Bild 4.7 zeigt, hierbei als das Volumen eines Pyramidenstumpfes betrachtet, dessen verlängerte Kanten das Projektionszentrum $C = [\,0 \;\; 0 \;\; -c_z\,]$ schneiden.

Unter der Voraussetzung, daß die XY-Koordinaten der Polygoneckpunkte bereits perspektivisch verzerrt wurden, kann das Kappvolumen durch einen Quader definiert werden. Hierdurch lassen sich wesentlich einfachere zweidimensionale Verfahren, wie beispielsweise auf der Basis des Clipping-Algorithmus von Sutherland und Hodgeman [SUT74], verwenden. Vor und nach der Ausführung dieses Clipping-Prozesses sind zusätzliche Verarbeitungsschritte notwendig:

- Ein Prä-Prozeß bestimmt die Flächenelemente, die sich vollständig innerhalb oder außerhalb des Sichtbereiches befinden.
- Die Kanten der restlichen Flächenelemente werden mit Hilfe des eigentlichen Kapp-Prozesses an den Grenzflächen des Sichtquaders abgeschnitten.
- Für den Fall, daß sich nach dem Kappen eines Polygons dessen Kantenanzahl erhöht, erfolgt eine Zerlegung der Polygone mit $(2+n)$-Ecken in n Dreiecke.
- Für jeden neuen Polygoneckpunkt werden die Z-Koordinaten und die Eckpunktvektoren berechnet.

Prä-Prozeß. Da der überwiegende Teil aller Polygone nicht gekappt wird, ist es sinnvoll, diese mit Hilfe eines vorgeschalteten Prozesses zu selektieren. Hierbei werden jene Polygone, die sich vollständig außerhalb des Sichtbereiches befinden, von der Weiterverarbeitung in allen nachfolgenden Prozeßstufen ausgeschlossen. Die Polygone, die innerhalb des Sichtquaders liegen, passieren den anschliessenden Kapp-Prozeß, ohne daß eine Verarbeitung erfolgt. Für die Polygonselektion bietet sich das Verfahren von D. Cohen und I. Sutherland (vorgestellt in [NEW79]) an. Hierbei wird jedem Endpunkt einer Polygonkante ein 4-Bit-Kode zugewiesen. Bild 4.8 zeigt das Kapp-Fenster sowie die Aufteilung des gesamten Koordinatenbereiches in neun Regionen, denen jeweils unterschiedliche Eckpunktkodes zugeordnet werden. Mit Hilfe des Eckpunktkodes läßt sich in einfacher Weise feststellen, ob sich eine Polygonkante vollständig innerhalb oder außerhalb des Kapp-Fensters befindet. Die einzelnen Bits der beiden Eckpunktkodes einer Polygonkante werden zu diesem Zweck mit einer logischen UND-Operation verknüpft. Erfüllt mindestens eines der vier verknüpften Kode-Bits C_n die Bedingung $C_n \neq 0$, so befindet sich die überprüfte Polygonkante außerhalb des Sichtbereiches. Das Flächenelement ist nicht sichtbar, wenn dieses Kriterium auf alle Kanten zutrifft. In allen anderen Fällen ist die Durchführung des nachfolgenden Kapp-Prozesses erforderlich. Für den Fall, daß alle Eckpunkte des Polygons den Kode [0 0 0 0] aufweisen, befindet sich das Flächenelement vollständig innerhalb des Sichtbereiches.

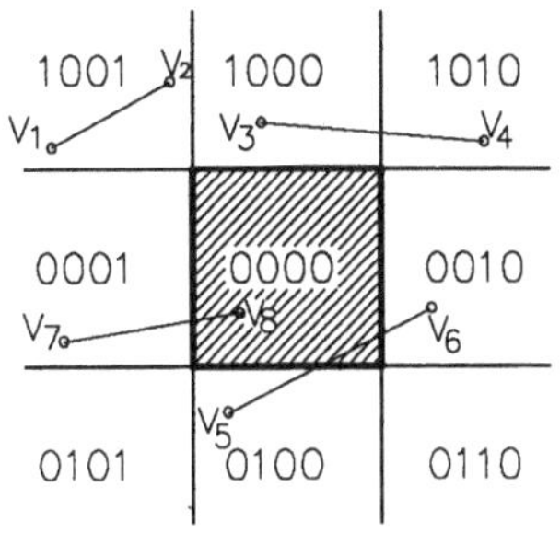

Eck-punkt	Eckpunkt kode	Kanten kode	
V_1	1001	1001	nicht Kappen
V_2	1001		
V_3	1000	1000	nicht Kappen
V_4	1010		
V_5	0100	0000	Kappen
V_6	0010		
V_7	0001	0000	Kappen
V_8	0000		

Bild 4.8. Eckpunktkodes nach D. Cohen und I. Sutherland (vorgestellt in [NEW79])

Polygonkappen. Das Prinzip des von Sutherland und Hodgeman entwickelten Algorithmus ist mit dem Bild 4.9 veranschaulicht. Hierin ist ein Dreieck dargestellt, dessen Kanten die begrenzenden Seiten des Sichtfensters schneiden.

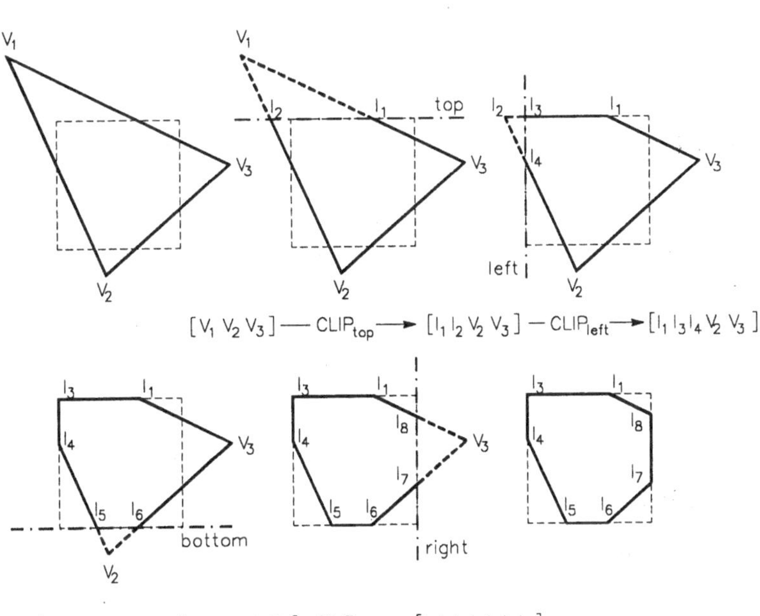

Bild 4.9. Polygon-Clipping-Algorithmus von Sutherland und Hodgeman [SUT74]

Das Kappen des mit der Eckpunktliste [**V$_1$ V$_2$ V$_3$**] definierten Polygons wird nacheinander mit allen Seiten des Sichtbereiches ausgeführt. Der erste Prozeßschritt kappt das Polygon an der Fensterseite *top*, die den Sichtbereich nach oben begrenzt. Hierzu werden die Schnittpunkte **I$_1$** und **I$_2$** bestimmt und unter Einhaltung des richtigen Kantenumlaufsinns in die Ausgabeeckpunktliste eingeordnet. Als Zwischenresultat entsteht ein Polygon mit den Eckpunkten [**I$_1$ I$_2$ V$_2$ V$_3$**]. Von diesem schneidet der nachfolgende Prozeßschritt jene Kanten ab, die über die Gerade *left* hinausragen. In gleicher Weise erfolgt das Kappen des Polygons an dem unteren (*bottom*) und an dem rechten Rand (*right*) des Sichtfensters. Als Ergebnis erhalten wir die Eckpunktliste [**I$_8$ I$_1$ I$_3$ I$_4$ I$_5$ I$_6$ I$_7$**].

Polygonzerlegung. Da die nachfolgend beschriebenen Rendering-Algorithmen dreiseitige Polygone voraussetzen, ist es notwendig, das gekappte Ergebnispolygon, das mehr als drei Eckpunkte aufweist, wiederum zu zerlegen. Die Zerlegung erfolgt durch die Definition neuer Kanten, die den ersten Eckpunkt der Liste mit dem dritten bis (3+m)-ten Listeneckpunkt verbindet. Hierbei wird das gekappte Ergebnispolygon des obigen Beispiels, das sieben Eckpunkte aufweist, in fünf Dreiecke unterteilt:

$$[\mathbf{I_8\ I_1\ I_3\ I_4\ I_5\ I_6\ I_7}] \longrightarrow [\mathbf{I_8, I_1, I_3}], [\mathbf{I_8, I_3, I_4}], [\mathbf{I_8, I_4, I_5}], [\mathbf{I_8, I_5, I_6}], [\mathbf{I_8, I_6, I_7}]$$

4.4 Initialisierungsprozesse

Um die nachfolgenden Rendering-Prozesse ausführen zu können, sind für jedes Flächenelement eine Anzahl von Inkrementalkonstanten zu bestimmen. Die hierzu notwendigen Berechnungen basieren auf den XY-Gerätekoordinaten der Polygoneckpunkte V$_1$, V$_2$ und V$_3$, denen die skalierten Z-Koordinaten $s\, v_z^t$ zugeordnet sind.

4.4.1 Bestimmung der Inkrementalkonstanten

Inkremente der Z-Koordinaten. Mit den Eckpunktkoordinaten

$$V_1^g = [v_{x1}^g \;\; v_{y1}^g \;\; s\, v_{z1}^t\,]\,,\; V_2^g = [v_{x2}^g \;\; v_{y2}^g \;\; s\, v_{z2}^t\,] \text{ und } V_3^g = [v_{x3}^g \;\; v_{y3}^g \;\; s\, v_{z3}^t\,]$$

werden die Inkrementalkonstanten

$$\Delta z_x = \left\{z_{x+1} - z_x\right\}_{y=const} \text{ und } \Delta z_y = \left\{z_{y+1} - z_y\right\}_{x=const}$$

berechnet, mit denen sich die Z-Koordinaten aller Bildpunkte, die sich auf der Dreiecksfläche befinden, iterativ bestimmen lassen. Wir erhalten Δz_x und Δz_y unmittelbar mit den Gerätekoordinaten der Dreiecksflächennormalen $N^g = [n_x^g \; n_y^g \; n_z^g]$:

$$\Delta z_x = -\frac{n_x^g}{n_z^g}, \quad \Delta z_y = -\frac{n_y^g}{n_z^g}. \tag{4.14}$$

Die Normale N^g läßt sich in einfacher Weise berechnen, indem wir das Vektorprodukt mit den Kantenvektoren $\Delta V_{21}{}^g = V_2{}^g - V_1{}^g$ und $\Delta V_{13}{}^g = V_1{}^g - V_3{}^g$ bilden:

$$N^g = \Delta V_{21}{}^g \times \Delta V_{13}{}^g = (V_2{}^g - V_1{}^g) \times (V_1{}^g - V_3{}^g). \tag{4.15}$$

Setzen wir die Koordinatenwerte von N^g in (4.14) ein, so erhalten wir mit (4.16) die Inkrementalkonstanten

$$\Delta z_x = -\frac{n_x}{n_z} = C\,(\Delta v_{y21}\;\Delta v_{z13} - \Delta v_{z21}\;\Delta v_{y13}), \tag{4.16}$$

$$\Delta z_y = -\frac{n_y}{n_z} = C\,(\Delta v_{z21}\;\Delta v_{x13} - \Delta v_{x21}\;\Delta v_{z13}).$$

Hierin ist:

$$C = \frac{1}{n_z} = \frac{1}{\Delta v_{y21}\;\Delta v_{x13} - \Delta v_{x21}\;\Delta v_{y13}},$$

mit $\Delta v_{x21} = v_{x2}^g - v_{x1}^g,\ \Delta v_{y21} = v_{y2}^g - v_{y1}^g,\ \Delta v_{z21} = s\,(v_{z2}^t - v_{z1}^t),$
$\Delta v_{x13} = v_{x1}^g - v_{x3}^g,\ \Delta v_{y13} = v_{y1}^g - v_{y3}^g,\ \Delta v_{z13} = s\,(v_{z1}^t - v_{z3}^t).$

Pixel-Vektorinkremente. Mit ΔP_x und ΔP_y wird, wie in Bild 4.11 dargestellt, die Ausrichtung des Pixel-Vektors P abhängig von den Inkrementalschritten in X- oder Y-Richtung geändert:

$$\Delta P_x = [\Delta p_{xx}\;\Delta p_{yx}\;\Delta p_{zx}] = \left\{P_{x+1}^g - P_x{}^g\right\}_{y=const},$$

$$\Delta P_y = [\Delta p_{xy}\;\Delta p_{yy}\;\Delta p_{zy}] = \left\{P_{y+1}^g - P_y{}^g\right\}_{x=const}.$$

Um die Komponenten der Inkrementalvektoren ΔP_x und ΔP_y zu bestimmen, substituieren wir in den Eckpunktkoordinatentripel von V_1^g, V_2^g und V_3^g die Z-Koordinaten mit den Gerätekoordinaten der Eckpunktvektoren

$$\boldsymbol{P_1}^g = [p_{x1}^g \ p_{y1}^g \ p_{z1}^g], \boldsymbol{P_2}^g = [p_{x2}^g \ p_{y2}^g \ p_{z2}^g], \boldsymbol{P_3}^g = [p_{x3}^g \ p_{y3}^g \ p_{z3}^g]$$

und definieren damit die Eckpunkte von drei weiteren Dreiecksflächen F_{px}, F_{py} und F_{pz}, die zur linearen Interpolation der Pixelvektorkomponenten dienen. Wir erhalten:

$$\begin{aligned}
F_{px}: &\quad \boldsymbol{V_{px1}^g} = [v_{x1}^g \ v_{y1}^g \ p_{x1}^g], \boldsymbol{V_{px2}^g} = [v_{x2}^g \ v_{y2}^g \ p_{x2}^g], \boldsymbol{V_{px3}^g} = [v_{x3}^g \ v_{y3}^g \ p_{x3}^g] \\
F_{py}: &\quad \boldsymbol{V_{py1}^g} = [v_{x1}^g \ v_{y1}^g \ p_{y1}^g], \boldsymbol{V_{py2}^g} = [v_{x2}^g \ v_{y2}^g \ p_{y2}^g], \boldsymbol{V_{py3}^g} = [v_{x3}^g \ v_{y3}^g \ p_{y3}^g] \\
F_{pz}: &\quad \boldsymbol{V_{pz1}^g} = [v_{x1}^g \ v_{y1}^g \ p_{z1}^g], \boldsymbol{V_{pz2}^g} = [v_{x2}^g \ v_{y2}^g \ p_{z2}^g], \boldsymbol{V_{pz3}^g} = [v_{x3}^g \ v_{y3}^g \ p_{z3}^g].
\end{aligned}$$

Analog zur Berechnung der Δz_x- , Δz_y-Werte werden mit den Eckpunkten von F_{px}, F_{py} und F_{pz} die Komponenten der Inkrementalvektoren $\Delta \boldsymbol{P_x}$, $\Delta \boldsymbol{P_y}$ ermittelt. Mit den Eckpunkten der F_{px}-Fläche bestimmt man:

$$\begin{aligned}
\Delta p_{xx} &= C\,(\Delta v_{y21} \ \Delta p_{x13} - \Delta p_{x21} \ \Delta v_{y13}), \\
\Delta p_{xy} &= C\,(\Delta p_{x21} \ \Delta v_{x13} - \Delta v_{x21} \ \Delta p_{x13}).
\end{aligned} \tag{4.17}$$

Mit den Eckpunkten der F_{py}-Fläche werden

$$\begin{aligned}
\Delta p_{yx} &= C\,(\Delta v_{y21} \ \Delta p_{y13} - \Delta p_{y21} \ \Delta v_{y13}), \\
\Delta p_{yy} &= C\,(\Delta p_{y21} \ \Delta v_{x13} - \Delta v_{x21} \ \Delta p_{y13})
\end{aligned} \tag{4.18}$$

berechnet und mit den Eckpunkten der F_{pz}-Fläche erhalten wir:

$$\begin{aligned}
\Delta p_{zx} &= C\,(\Delta v_{y21} \ \Delta p_{z13} - \Delta p_{z21} \ \Delta v_{y13}) \\
\Delta p_{zy} &= C\,(\Delta p_{z21} \ \Delta v_{x13} - \Delta v_{x21} \ \Delta p_{z13}).
\end{aligned} \tag{4.19}$$

Die Koordinatendifferenzen in (4.17), (4.18) und (4.19) sind, soweit nicht bereits in (4.16) eine Festlegung erfolgte, wie folgt definiert:

$$\begin{aligned}
&\Delta p_{x13} = p_{x1}^g - p_{x3}^g, \ \Delta p_{x21} = p_{x2}^g - p_{x1}^g, \\
&\Delta p_{y13} = p_{y1}^g - p_{y3}^g, \ \Delta p_{y21} = p_{y2}^g - p_{y1}^g, \\
&\Delta p_{z13} = p_{z1}^g - p_{z3}^g, \ \Delta p_{z21} = p_{z2}^g - p_{z1}^g.
\end{aligned}$$

4.4.2 Dreieckszerlegung und Bestimmung der Kanteninkremente

Dreieckszerlegung. Vor der Bestimmung der Kanteninkremente werden die Dreiecksflächen in je zwei Teile zerlegt, die, wie in Bild 4.10 dargestellt, horizontale Ober- und Unterkanten aufweisen. Diese Maßnahme dient zur Vereinfachung des im Abschnitt 4.5 vorgestellten Rendering-Algorithmus und somit auch der Rendering-Hardware.

Die Dreieckszerlegung erfolgt in drei Schritten. Zuerst sind die Eckpunkte V_1^g, V_2^g und V_2^g entsprechend ihren Y-Koordinatenwerten zu ordnen. Wie in Bild 4.10 dargestellt, werden hierbei die geordneten Eckpunkte entsprechend ihrer Anordnung von oben nach unten als $V_t^g = [x_t^g\ y_t^g\ z_t^g]$, $V_m^g = [x_m^g\ y_m^g\ z_m^g]$ und $V_b^g = [x_b^g\ y_b^g\ z_b^g]$ bezeichnet. Anschliessend erfolgt mit (4.20) die Berechnung der X-Koordinate des Schnittpunktes V_i^g:

$$x_i^g = x_b^g + \frac{(y_m^g - y_b^g)\ (x_t^g - x_b^g)}{y_t^g - y_b^g}. \tag{4.20}$$

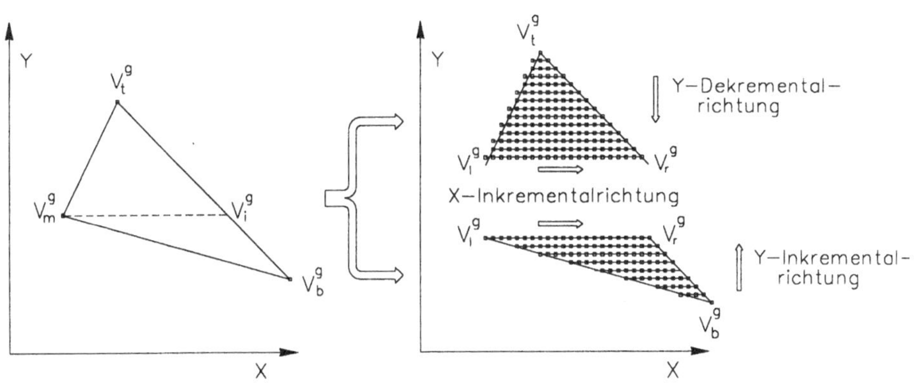

Bild 4.10. Aufteilung der Flächenelemente

```
if x_i < x_m  then
              begin
                   x_r := x_m; y_r := y_m; z_r := z_m;  {V_r^g := V_m^g}
                   x_l := x_i;  y_l := y_i; z_l := z_i;  {V_l^g := V_i^g }
              end
      else
              begin
                   x_l := x_m; y_l := y_m; z_l := z_m;  {V_l^g := V_m^g}
                   x_r := x_i;  y_r := y_i; z_r := z_i;  {V_r^g := V_i^g }
              end
      end
```

Algorithmus 4.1. Bestimmung der Eckpunkte V_l^g und V_r^g.

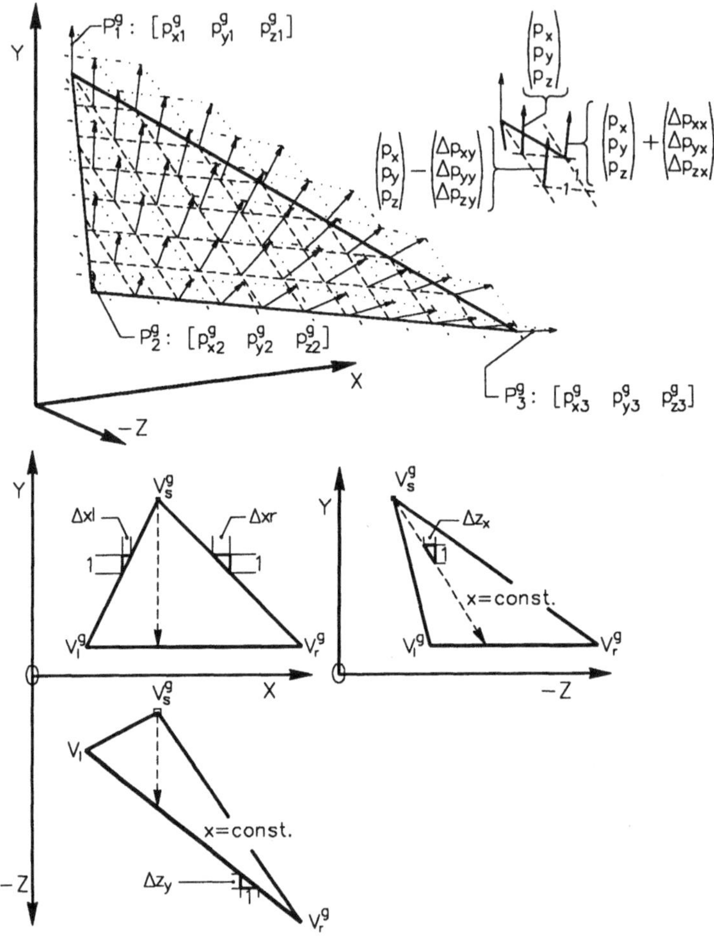

Bild 4.11. Inkrementalkonstanten für die Initialisierung des Rendering-Prozesses

Der dritte Schritt ist notwendig, um die linke und rechte Kante festzulegen. Hierzu ist ein Vergleich mit den Koordinatenwerten von x_t^g und x_m^g durchzuführen. Abhängig von dem Ergebnis erfolgt, wie in Algorithmus 4.1 dargestellt, die Zuweisung von $\boldsymbol{V}_t^g$ und $\boldsymbol{V}_m^g$ zum linken Eckpunkt $\boldsymbol{V}_l^g$ oder zum rechten Eckpunkt $\boldsymbol{V}_r^g$.

Bestimmung der Kanteninkremente. Die Kanteninkremente Δx_l und Δx_r sind zur Berechnung der X-Anfangs- und X-Endkoordinaten (x_l, x_r) einer Pixel-Zeile erforderlich. Wir berechnen die Kanteninkremente des oberen Flächenteils mit:

$$\Delta x_{l_t} = \frac{x_t^g - x_l^g}{y_t^g - y_l^g} \quad \text{und} \quad \Delta x_{r_t} = \frac{x_t^g - x_r^g}{y_t^g - y_r^g} \tag{4.21}$$

und die des unteren Teils mit:

$$\Delta x_{l_b} = \frac{x_l^g - x_b^g}{y_l^g - y_b^g} \quad \text{und} \quad \Delta x_{r_b} = \frac{x_r^g - x_b^g}{y_r^g - y_b^g}. \tag{4.22}$$

Bild 4.11 veranschaulicht die geometrischen Beziehungen der Inkrementalkonstanten am Beispiel eines oberen Flächenelementes.

4.5 Rendering-Prozesse

Im Gegensatz zu den Geometrieprozessen, die sequentiell organisiert und daher getrennt voneinander betrachtet werden können, weisen die Rendering-Prozesse eine enge Verzahnung auf.

4.5.1 Organisation der Rendering-Prozesse

Bevor die Teilprozesse im einzelnen diskutiert werden, ist es sinnvoll, ihr Zusammenwirken anhand des Algorithmus 4.2 darzustellen[8]:

```
if oberes_Dreieck                                   {Bestimmung der Startkoordinaten}
      then begin v := -1; xl := xt; xr := xt;       {oberes_Dreieck}
                 xs := xt; ys := yt; zs := zt;
                 pxs := pxt; pys := pyt; pzs := pzt;
      end
      else begin v := 1; xl := xb; xr := xb;        {unteres_Dreieck}
                 xs := xb; ys := yb; zs := zb;
                 pxs := pxb; pys := pyb; pzs := pzb;
           end;
      end;
for y := ys to ym step v do
      begin
           n := xl - xs;          {relative Spaltenadresse bezogen auf Ps}
           m := y - ys;           {relative Zeilenadresse bezogen auf Ps}
```

8 Nachfolgend wird auf die spezielle Kennzeichnung der Eckpunktkoordinaten als Gerätekoordinaten verzichtet.

```
        z := z_s + Δz_x * n + Δz_y * m;                {Z-Koordinate linke Kante}
        P := P_s + ΔP_x * n + ΔP_y * m ;               {Pixel-Normale linke Kante}
        e_x:= - x_l; e_y := - y; e_z := c_z - z;       {Sichtvektor linke Kante}
        for x := Round(x_l) to Round(x_r) step 1 do
        begin
            {Bestimmung des Farbhelligkeitswertes I_r = f( P, L, E )}
            {Bestimmung der rgb-Werte: I_r → rgb}
            {Z-Buffering}
            z := z + Δz_x;                             {nächste Z-Koordinate}
            P := P + ΔP_x ;                            {nächste Pixel-Normale}
            e_x := -x ; e_y := - y; e_z := c_z - z ;   {nächster Sichtvektor}
        end;
        x_l := x_l + Δx_l ;                  {X-Anfangskoordinate d. nächsten Scanline}
        x_r := x_r + Δx_r ;                  {X-Endkoordinate d. nächsten Scanline}
    end;
```

Algorithmus 4.2. Organisationsstruktur der Rendering-Prozesse

In dem hier dargestellten Algorithmus werden zuerst die Koordinaten des Eckpunktes und der korrespondierenden Pixel-Normalen (Eckpunktnormale) ausgewählt, mit denen der Rendering-Prozeß startet. Seine algorithmische Grundstruktur besteht aus zwei ineinander verschachtelten Iterationsschleifen.

Mit der äußeren Schleife werden jeweils am Startpunkt einer Rasterzeile (an der linken Kante des Polygons) die Start- und Stop-Koordinaten x_l und x_r sowie die Z-Koordinate, die Pixel-Normale und der Sichtvektor berechnet. Die innere Iterationsschleife dient zur linearen Interpolation der Z-Werte und der Pixel-Normalen innerhalb der Rasterzeile (Scanline). Weiterhin erfolgt mit dieser Schleife auch die Bestimmung des Farbhelligkeitswertes I_r sowie der für das Z-Buffering notwendige Z-Wertevergleich.

Nachfolgend wird detailliert auf die Interpolation der Z-Koordinaten, der Pixel-Normalen sowie auf die Berechnung der Pixel-Helligkeitswerte und auf das Z-Buffer-Verfahren eingegangen.

4.5.2 Z-Koordinaten- und Pixel-Normaleninterpolation

Die lineare Interpolation der Z-Werte und der Pixel-Normalen startet mit der X-Koordinaten x_l immer an der linken Kante des Flächenelementes und endet an dessen rechter Kante mit der X-Koordinaten x_r. Die beiden Start- und Stop-Koordinaten (x_l, x_r) sind hierzu auf ganzzahlige Werte innerhalb des Bildkoordinatenraums zu runden. Nach jedem Inkrementalschritt $(x := x + 1)$ wird der Inkrementalwert dz_x zur Z-Koordinaten und die Komponeten des Vektors $\Delta \boldsymbol{P}_x$ zur Pixel-Normalen $\boldsymbol{P}$ addiert. Für einen Interpolationsschritt in Zeilenrichtung sind insgesamt sieben Additionen erforderlich.

4.5.3 Berechnung der reflektierten Lichtintensität

Um einen räumlichen Sichteindruck zu erhalten, müssen für alle Bildpunkte die Intensitätswerte des reflektierten Lichtes (Lichtreflektionswerte) zugewiesen werden, die von der Ausrichtung ihrer Pixel-Normalen zur Lichtquelle und zum Blickpunkt abhängen.

Die Berechnung der Lichtreflektionswerte erfolgt mit Hilfe eines Beleuchtungsmodells, dessen Geometrie in Bild 4.12 dargestellt ist. Diese ist im einfachsten Fall durch die Flächennormalen ***P***, dem Blickpunkt des virtuellen Betrachters und der Position der Lichtquelle definiert.

Die Bestimmung des Lichtreflektionswertes I_r, der auf den Zahlenbereich von 0 bis 255 abgebildet wird, erfolgt auf der Grundlage der in Bild 4.12 vorgegebenen Beleuchtungsmodellgeometrie mit einer modifizierten Phongschen Beleuchtungsmodellgleichung [PHO75]:

$$I_r = I_a + \max\left\{0, I_q\,(p_d \cos\alpha + p_s \cos^q \beta)\right\} \tag{4.23}$$

mit $I_a + I_q < 256$ und $p_d + p_s = 1$.

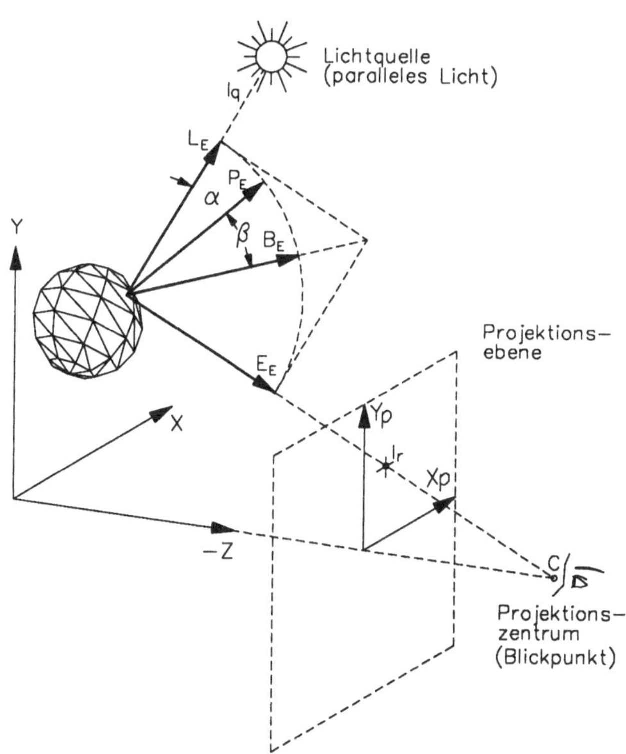

Bild 4.12. Geometrie des Beleuchtungsmodells

In (4.23) repräsentiert I_q die Strahlungsintensität einer Weißlichtquelle, I_a den ambienten Lichtanteil sowie p_d und und p_s die Bewertungskoeffizienten des diffusen und des spiegelnd-reflektierenden Lichtanteils. Abhängig von dem beabsichtigten Sichteindruck sind I_a, p_d und p_s empirisch auszuwählen. Weiterhin wird auch der Faktor q, der die Ausdehnung der Glanzlichter auf der Objektoberfläche und damit die Reflektionseigenschaft der beleuchteten Oberfläche bestimmt, festgelegt. Für q wird ein Wert in der Größenordnung von 1 bis 20 (1: sehr schwach reflektierend, 20: sehr stark reflektierend) empfohlen.

Der größte Rechenaufwand zur Bestimmung des Lichtreflektionswertes besteht allerdings nicht in der Lösung der Beleuchtungsmodellgleichung, sondern in der Berechnung der $\cos\alpha$- und $\cos\beta$-Werte. Ausgehend von der interpolierten Pixel-Normalen $\boldsymbol{P}$, dem Sichtvektor $\boldsymbol{E}$ und dem Lichtvektor $\boldsymbol{L}$ werden diese beiden Richtungskosinusse wie folgt ermittelt.

Berechnung der Richtungskosinusse. Die Berechnung von $\cos\alpha$ und $\cos\beta$ erfolgt mit:

$$\cos\alpha = \boldsymbol{L_E}\,\boldsymbol{P_E} \quad \text{und} \quad \cos\beta = \boldsymbol{B_E}\,\boldsymbol{P_E}\,. \tag{4.24a,b}$$

Hierin sind $\boldsymbol{L_E}$, $\boldsymbol{P_E}$ und $\boldsymbol{B_E}$ die Einheitsvektoren von $\boldsymbol{L}, \boldsymbol{P}$ und $\boldsymbol{B}$. Unter der Voraussetzung, daß die virtuelle Lichtquelle paralleles Licht erzeugt, können wir davon ausgehen, daß der Einheitslichtvektor $\boldsymbol{L_E}$ nur bei einer Veränderung des Lichtquellenortes neu berechnet werden muß und daher als konstant betrachtet werden kann. Somit sind für die Berechnung von $\cos\alpha$ lediglich die Komponenten von $\boldsymbol{P_E}$ zu ermitteln. Indem wir diese mit

$$\boldsymbol{P_E} = \begin{pmatrix} p_{x_E} \\ p_{y_E} \\ p_{z_E} \end{pmatrix} = \begin{pmatrix} p_x \\ p_y \\ p_z \end{pmatrix} \Big/ \sqrt{p_x^2 + p_y^2 + p_z^2} \tag{4.25}$$

bestimmen und in (4.24a) einsetzen, erhalten wir:

$$\cos\alpha = \boldsymbol{L_E}\;\boldsymbol{P_E} = l_{x_E}\,p_{x_E} + l_{y_E}\,p_{y_E} + l_{z_E}\,p_{z_E}\,. \tag{4.26}$$

Für die Bestimmung von $\cos\beta$ muß der Einheitshalbwinkelvektor $\boldsymbol{B_E}$ berechnet werden. Zuvor ist es jedoch notwendig, den Einheitssichtvektor $\boldsymbol{E_E}$ zu bestimmen. Unter der Annahme, daß sich die Koordinaten des Projektionszentrums $\boldsymbol{C}$ auf der negativen Z-Achse befinden, erhalten wir:

$$\boldsymbol{E_E} = \begin{pmatrix} e_{x_E} \\ e_{y_E} \\ e_{z_E} \end{pmatrix} = \begin{pmatrix} -x \\ -y \\ c_z - z \end{pmatrix} \Big/ \sqrt{x^2 + y^2 + (c_z - z)^2} \tag{4.27}$$

Mit $\boldsymbol{L_E}$ und $\boldsymbol{E_E}$ läßt sich anschließend der Halbwinkelvektor $\boldsymbol{B_E}$ bestimmen:

$$\boldsymbol{B_E} = \frac{\boldsymbol{E_E} + \boldsymbol{L_E}}{|\boldsymbol{E_E} + \boldsymbol{L_E}|} = \begin{pmatrix} b_{x_E} \\ b_{y_E} \\ b_{z_E} \end{pmatrix} = \begin{pmatrix} e_{x_E} + l_{x_E} \\ e_{y_E} + l_{x_E} \\ e_{z_E} + l_{z_E} \end{pmatrix} / \sqrt{(e_{x_E} + l_{x_E})^2 + (e_{y_E} + l_{y_E})^2 + (e_{z_E} + l_{z_E})^2}\,. \tag{4.28}$$

Indem wir die Komponenten von $\boldsymbol{B_E}$ in (4.24b) einsetzen, erhalten wir:

$$\cos\beta = \boldsymbol{B_E}\ \ \boldsymbol{P_E} = b_{x_E}\ p_{x_E} + b_{y_E}\ p_{y_E} + b_{z_E}\ p_{z_E}\ . \tag{4.29}$$

4.5.4 Bestimmung der Pixel-Farben

RGB-Farbmodell. Das einfachste Verfahren zur Bestimmung der Pixel-Farben basiert auf dem RGB-Farbraum. Bei dieser Methode, die in den meisten Realzeitsichtsystemen Anwendung findet, wird die Richtung des Vektors der Farbe $\boldsymbol{F}$ im RGB-Farbraum durch die Angabe des Verhältnisses der Primärfarbanteile r(ot), g(rün) und b(lau) festgelegt. Unter der Annahme, daß für jeden der drei Primärfarbanteile 8 Bit zur Verfügung stehen, befinden sich r, g und b jeweils in dem Zahlenbereich von 0 bis 255. Die Bestimmung von $\boldsymbol{F}$ als Funktion des Lichtreflektionswertes I_r erfolgt mit:

$$\boldsymbol{F}(I_r) = \begin{pmatrix} r \\ g \\ b \end{pmatrix} = I_r \begin{pmatrix} r_{\max} \\ g_{\max} \\ b_{\max} \end{pmatrix}. \tag{4.30}$$

Hierin sind r_{max}, g_{max} und b_{max} die RGB-Farbanteile für $I_r = 1$. Der Nachteil dieses einfachen Farbmodells liegt darin, daß bei maximaler Lichtreflektion die Farbsättigung am größten ist. Dies entspricht jedoch nicht der Realität, da in diesem Fall die vorgegebene Körperfarbe des Flächenelementes die Farbe der Lichtquelle annimmt. So ist beispielsweise in der Natur zu beobachten, daß die Körperfarbe eines Gegenstandes, der von einer Weißlichtquelle bestrahlt wird, an den Stellen der Maximalreflektion völlig entsättigt in der Farbe Weiß erscheint.

HLS-Farbmodell. Mit der Verwendung des HLS-Farbmodells lassen sich jedoch derartige Entsättigungseffekte darstellen. Hierbei wird der Lichtreflektionswert I_r als Farbhelligkeitwert L (lightness) und die Körperfarbe eines Flächenelementes mit dem Buntton H (hue) und der Farbsättigung S (saturation) für $I_r = L = 0{,}5$ vorgegeben. Das HLS-Farbmodell bildet, wie in Bild 4.13 zeigt, einen Doppelkegel. Hierin sind alle Bunttöne auf dem Umfang des Kegelmantels von 0° bis 360° als Farbkreis angeordnet.

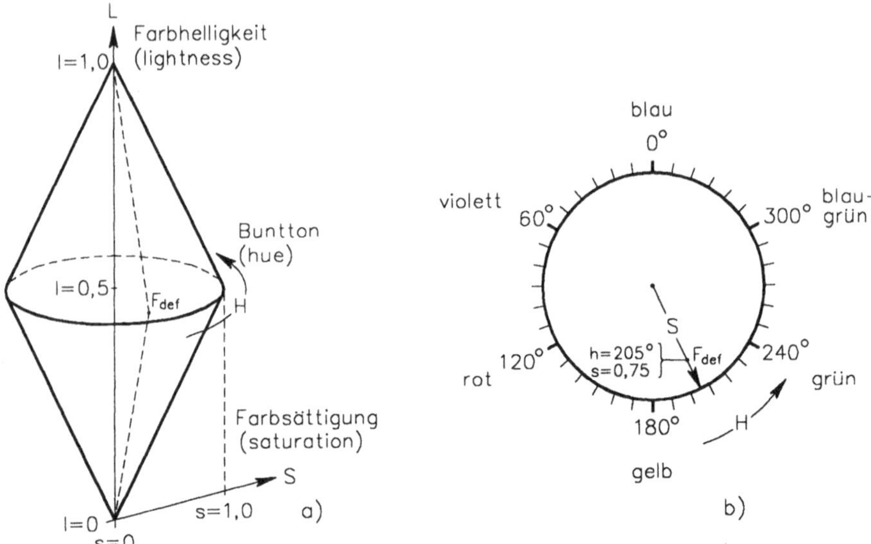

Bild 4.13. HLS-Farbmodell: a) Koordinatenverlauf einer Farbe im HLS-Farbraum für L=0,...,1 (gestrichelte Linie); b) Definition dieser Farbe F_{def} im Farbkreis des HLS-Farbmodells (L=0,5; H=205; S=0,75)

Die Farbhelligkeitswerte verlaufen auf der L-Achse von *L=0* (dunkel) bis *L=1* (maximale Helligkeit). Der Farbsättigungswert S ist im HLS-Farbmodell der kürzeste Abstand von der L-Achse zum Farbort. Er steigt bis *L=0,5* linear an und nimmt mit weiter wachsendem *L* linear ab, wodurch die gewünschte Farbentsättigung eintritt. Die Farbkoordinaten, die im HLS-Farbraum definiert wurden, müssen, weil die Steuerung der Farbmonitore nur mit RGB-Signalen erfolgen kann, in die RGB-Koordinaten umgeformt werden. Diese Konvertierung erfolgt nach dem Algorithmus 4.3.

```
procedure hls_to_rgb (var r,g,b: real; h,l,s: real);
{h von 0 bis 360, l und s von 0 bis 1}
{r, g und b von 0 bis 1}
var hr,hg,hb,m1,m2,undef: real;
function value(var n1,n2,hue: real): real;
begin
      if hue ≥ 360  then hue := hue – 360;
      if hue <   0  then hue := hue+ 360;
      if hue <  60  then value := n1+(n2 – n1) *hue/60
else  if hue < 180  then value := n2
else  if hue < 240  then value := n1+(n2 – n1) * (240 – hue)/60
else  value := n1;
end;
```

```
begin
if l ≤ 0.5 then m2 := l*(1+s)
            else m2 := l+s-l*s;
m1 := 2*l-m2;
if s= 0 then
begin
    if h= undef then
    begin
        r := l; g := l; b := l;
    end
else {Error}
end
else
begin
    hr:= h+120; hg:=h; hb:=h-120;
    r := value(m1,m2,hr);
    g := value(m1,m2,hg);
    b := value(m1,m2,hb);
end;
end; {HLS_RGB}
```

Algorithmus 4.3. Algorithmus zur Farbkonvertierung von HLS nach RGB

Bild 4.14a zeigt den in den RGB-Farbraum konvertierten HLS-Koordinatenverlauf aus Bild 4.13a. Zum Vergleich stellt Bild 4.14b den Koordinatenverlauf einer im RGB-Farbraum definierten Farbe dar, die den gleichen Buntton und die gleiche Farbsättigung besitzt.
In Realzeitsichtsystemen stehen für die HLS/RGB-Konvertierung oftmals weniger als 100ns zur Verfügung.

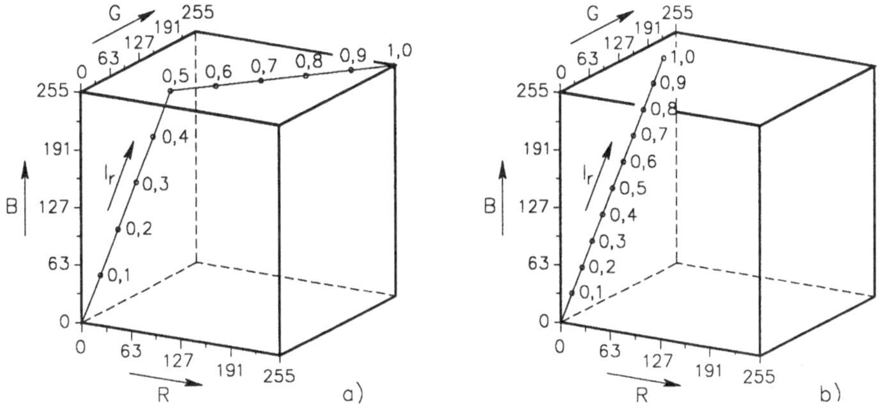

Bild 4.14. Farbkoordinatenverläufe im RGB-Farbraum: a) Farbdefinition im HLS-Farbraum: h=205 Grad und s=0,75 für l=0,5; b) Farbdefinition im RGB-Farbraum: r=36, g=164, b=255 für $l_r = 1$.

Als praktikable Lösung bieten sich für diesen Zweck Lookup-Tabellenspeicher an, die jeweils die vorausberechneten HLS/R-, HLS/G- und HLS/B-Konvertierungsfunktionen enthalten.

4.5.5 Transparenzdarstellung

In computergrafischen Realzeitsichtsystemen werden Transparenzeffekte vielfach mit Hilfe der sog. *Screen-Door-Methode* oder der linearen Transparenzinterpolation erzeugt. Beide Verfahren lassen sich mit geringem Hardware-Aufwand unterstützen.

Screen-Door-Methode. Bei der Screen-Door-Methode läßt sich ein Transparenzeffekt mit Hilfe einer Flächenperforation erzeugen. Hierzu wird während der Rasterkonvertierung nur jedes zweite Pixel innerhalb einer Scanline berechnet, so daß in den Pixel-Lücken der perforierten Fläche die Bildpunkte der überdeckten Fläche sichtbar bleiben.

Um vertikale Streifenmuster zu vermeiden, ist es erforderlich, daß die Pixel-Lücken, die sich in zwei benachbarten Zeilen befinden, jeweils so versetzt werden, daß, wie in Bild 4.15 dargestellt, auch in der Spaltenrichtung nur jeder zweite Bildpunkt gesetzt wird. Die Farbe der überdeckten Flächenregion setzt sich somit zu gleichen Anteilen aus der Farbe der Hintergrundfläche und der Farbe der Transparenzfläche zusammen.
Die Screen-Door-Methode ist nicht geeignet, um graduell abgestufte Transparenzwirkungen zu erzeugen, da bei gröberen Pixel-Lückenmustern störende Textureffekte auftreten.

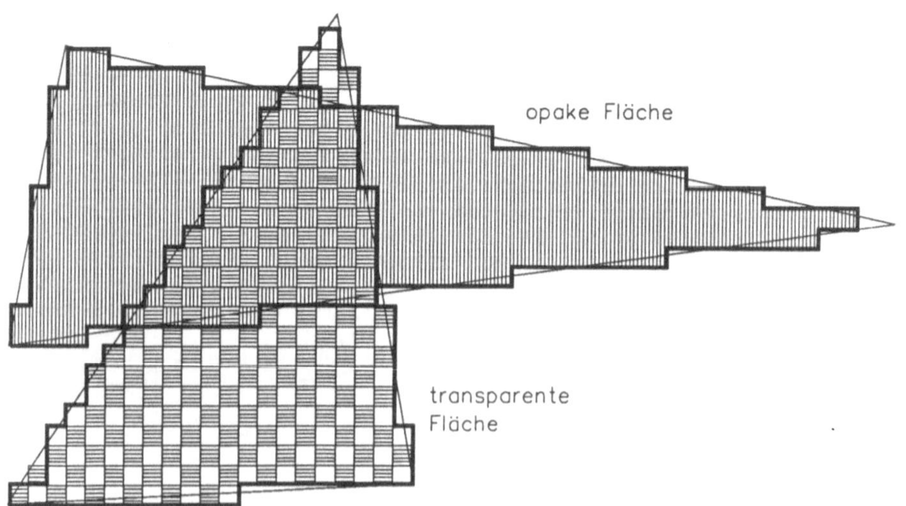

Bild 4.15. Prinzip des Screen-Door-Verfahrens

Transparenzinterpolation. Im Gegensatz zu der gerätetechnisch sehr einfach zu unterstützenden Screen-Door-Methode erfordert die Transparenzinterpolation einen größeren Aufwand. Der Vorteil dieses Verfahrens ist jedoch, daß hiermit kontinuierlich abgestufte Transparenzeffekte darstellbar sind. Um die Transparenzinterpolation ausführen zu können, muß jedem Flächenelement neben seiner Körperfarbe $\boldsymbol{F}$, ein Transparenzfaktor k zugeordnet werden. Dieser Faktor, der Werte zwischen 0 und 1 annehmen kann, repräsentiert die Lichtdurchlässigkeit eines Flächenelementes, das für $k= 1$ völlig transparent und für $k= 0$ opak ist. Die Wirkungsweise dieser Methode stellt sich wie folgt dar. Ein Flächenelement mit dem Transparenzfaktor k und der Farbe $\boldsymbol{F_f} = (r_a\ g_a\ b_a)$ soll in einen Bildspeicherbereich eingetragen werden, in dem sich bereits die Bildpunkte eines opaken Flächenelementes befinden. Die Transparenzinterpolation für jeden Bildpunkt des transparenten Flächenelementes erfolgt in drei Schritten, die parallel zu dem im Unterabschnitt 4.5.6 beschriebenen Z-Buffer-Verfahren auszuführen sind:

- Zuerst werden die Farbkomponenten $F_h = (r_b\ g_b\ b_b)$ jenes Bildpunktes gelesen, der sich unter der Adresse des neu einzutragenden Pixels befindet.
- Anschließend erfolgt mit den Farbkomponenten von F_f und F_h sowie dem Transparenzfaktor k die Bestimmung der Mischfarbe $F_m = k\,F_f + (1-k)\,F_h$.
- Mit dem letzten Schritt werden die Komponenten von F_m in den Bildspeicher eingetragen.

Ein Nachteil dieser Methode liegt darin, daß die transparenten Flächenelemente ($k=1$) erst dann in den Bildspeicher eingetragen werden können, wenn die Erzeugung aller opaken Flächen ($k=0$) abgeschlossen ist. Darüber hinaus liefert dieses Verfahren fehlerhafte Ergebnisse, wenn sich mehrere transparente Flächen gegenseitig überdecken.

4.5.6 Z-Buffering

In den vorherigen Abschnitten wurde bereits das Z-Buffering oder Tiefenspeicher-Verfahren, als vielfach verwendetes Verfahren zum Entfernen der verdeckten Flächenteile (hidden surface removal) erwähnt. Dieses Verfahren setzt voraus, daß neben dem Bildspeicher eine zweite Speichermatrix vorhanden ist, in die, parallel zu den RGB-Farbwerten, die Z-Koordinatenwerte der Pixel eingetragen werden. Setzen wir voraus, daß sich das Projektionszentrum direkt auf der Z-Achse des Bildraumkoordinatensystems befindet, so repräsentieren die Z-Werte die Entfernungen vom Blickpunkt zu den Pixel-Koordinaten. Durch den Z-Wertevergleich zweier Pixel, die auf die gleichen Gerätekoordinaten abgebildet werden, läßt sich in einfacher Weise entscheiden, welcher der Bildpunkte einen anderen verdeckt.

Z-Buffer-Algorithmus. Vor jedem Bildgenerierungszyklus werden alle Speicherzellen des Z-Buffers mit den maximalen Z-Werten initialisiert. Für jedes Pixel, das innerhalb eines Bildgenerierungszyklus in den Bildspeicher unter den Adreßkoordinaten (x,y) einzutragen ist, werden anschließend die folgenden Schritte ausgeführt:

- Der alte Z-Wert (z_{old}), der sich unter den gleichen Adreßkoordinaten (x,y) im Z-Buffer befindet, wird gelesen.
- Der z_{old}-Wert wird mit dem Z-Wert des einzutragenden Pixels verglichen ($z < z_{old}$).
- Ist die Ungleichung $z < z_{old}$ erfüllt, so erfolgt ein Austausch des alten Z-Wertes (z_{old}) durch den neuen Z-Koordinateneintrag; gleichzeitig wird der im Bildspeicher befindliche Pixel-Wert mit dem Wert des einzutragenden Pixels überschrieben.
- Ist die Ungleichung $z < z_{old}$ nicht erfüllt, so bleiben die alten Einträge im Z-Buffer und Bildspeicher erhalten.

4.5.7 Gouraud-Interpolation

Die Gouraud-Interpolation wird in rastergrafischen Realzeitsichtsystemen sehr häufig für die Berechnung der reflektierten Lichtanteile eingesetzt. Der Vorteil dieses Interpolationsverfahrens besteht darin, daß der insgesamt notwendige Rechenaufwand für die Bestimmung der Lichtreflektionswerte wesentlich geringer ist, als bei dem im Unterabschnitt 4.5.3 dargestellten Phongschen Verfahren.

Um die Gouraud-Interpolation ausführen zu können, wird lediglich verlangt, daß zuvor die Lichtreflektionswerte an den Eckpunkten der Polygone berechnet werden. Die Lichtreflektionswerte aller weiteren Pixel der Polygonfläche lassen sich dann durch lineare Interpolation zwischen den Lichtintensitäten $I_{r1}, I_{r2},.., I_{r3}$ an den Polgoneckpunkten $V_1, V_2,.., V_n$ bestimmen. Der nachfolgende Algorithmus 4.4 zeigt die Einbettung des Gouraud-Interpolationsverfahrens in die Organisationsstruktur der Rendering-Prozesse, die sich dadurch, verglichen mit Algorithmus 4.2, wesentlich vereinfacht.

```
  .   .   .
  .   .   .
  .   .   .

for y := ys to ym step v do
begin
      n := xl - xs;                           {relative Spaltenadresse zu Ps}
      m := y - ys;                            {relative Zeilenadresse zu Ps}
      z := zs + Δzx * n + Δzy * m;            {Z-Koordinate linke Kante}
      Ir := Irs + ΔIrx * n + ΔIry * m;
```

```
        for x := Round(x_l) to Round(x_r) step 1 do
        begin
        {Bestimmung der rgb-Werte: Ir → rgb}
        {Z-Buffering}
        z := z + Δz_x ;              {nächste Z-Koordinate}
        I_r := I_r + ΔI_rx ;         {nächster Ir-Wert{}
        end;
x_l := x_l + Δx_l ;                  {X-Anfangskoordinate d. nächsten Scanline}
x_r := x_r + Δx_r ;                  {X-Endkoordinate d. nächsten Scanline}
end;
```

Algorithmus 4.4. Organisationsstruktur der Rendering-Prozesse mit Gouraud-Interpolation

Die Interpolation der Lichtreflektionswerte mit Hilfe des Gouraud-Verfahrens ist mit erheblichen Mängeln verbunden. Sind beispielsweise Objekte mit stark reflektierenden Oberflächen darzustellen, so wird mitunter an den Stellen der Glanzlichter die Facettenstruktur der Objektoberfläche sichtbar. Derartige Effekte wirken sich besonders störend aus, wenn Objekte in Echtzeit rotiert werden, da sich in diesem Fall die Glanzlichter nicht kontinuierlich, sondern in Sprüngen über die Objektoberfäche bewegen. Die Gouraud-Interpolation ist daher nur einsetzbar, wenn Oberflächen darzustellen sind, die eine geringe Reflektanzwirkung besitzen.

4.6 Numerischer Rechenaufwand

Nachfolgend soll der numerische Rechenaufwand näherungsweise ermittelt werden, der zur Ausführung der Visualisierungsprozesse erforderlich ist, wobei vorausgesetzt wird, daß deren Datenbasis aus dreiecksförmigen Polygone besteht. Bei der Abschätzung des Rechenaufwandes wurden lediglich die arithmetischen Operationen, nicht aber die Transfer- oder Verzweigungsoperationen berücksichtigt.

4.6.1 Geometrieprozesse

Geometrietransformation. Nach (4.2) wird die Koordinatentransformation eines Eckpunktes mit 9 Multiplikationen, 9 Additionen und 3 Divisionen ausgeführt. Die Transformation einer Eckpunkt- oder Flächennormale erfordert den gleichen Rechenaufwand. Somit sind für die Geometrietransformation eines Polygons, das mit 3 Eckpunkten und 4 Normalenvektoren definiert ist, insgesamt 63 Additionen, 63 Multiplikationen und 21 Divisionen notwendig.

Backfacing. Entsprechend (4.9) sind für jeden Backface-Test, ohne Berücksichtigung des Vorzeichenvergleichs, 3 Multiplikationen und 3 Additionen erforderlich.

Perspektivische Projektion. Unter der Voraussetzung, daß der Term "$s\,(d_1 - d_2)$" in (4.13) für alle Polygone des Objektes konstant ist, sind für die perspektivische Projektion der drei Polygoneckpunkte 12 Additionen, 6 Multiplikationen und 6 Divisionen notwendig.

Polygonkappen. Wir gehen bei der Ermittlung des Rechenaufwandes zur Ausführung des Polygonkappens einschließlich des Prä-Prozesses davon aus, daß die Polygone nur an den 4 Seitenflächen des Sichtquaders gekappt werden. Der Prä-Prozeß, der vor dem Kapp-Prozeß ausgeführt wird, basiert auf dem Eckpunktkode-Verfahren von Cohen und Sutherland. Da für die Bestimmung eines Eckpunktkodes 4 arithmetische Vergleichsoperationen erforderlich sind, müssen insgesamt 12 Vergleiche ausgeführt werden, um zu entscheiden, ob ein Polygon entweder vollständig innerhalb oder außerhalb des Sichtbereiches liegt oder ob eine oder mehrere Polygonkanten die Grenzflächen des Sichtbereiches schneiden. Nur wenn dieser letzte Fall auftritt, erfolgt der eigentliche Kapp-Prozeß.

Um mit hinreichender Genauigkeit den Rechenaufwand für das Polygonkappen abschätzen zu können, der hier nach der Methode von Sutherland und Hodgeman (s. Unterabschnitt 4.3.4) ausgeführt wird, ist es notwendig, die Wahrscheinlichkeit zu bestimmen, mit der ein Polygon gekappt wird.

Hierzu gehen wir davon aus, daß ein Polygon wesentlich kleiner als der Sichtbereich ist. Weiterhin setzen wir voraus, daß sich das Polygon mit gleich großer Wahrscheinlichkeit an jedem beliebigen Ort innerhalb des gültigen Gerätekoordinatenbereichs befinden kann.

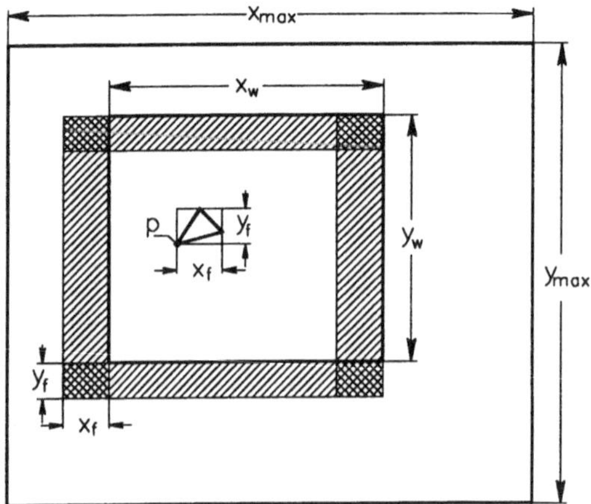

Bild 4.16. Abschätzung der Kapp-Wahrscheinlichkeit

Ausgehend von diesen beiden Voraussetzungen läßt sich die Kapp-Wahrscheinlichkeit in einfacher Weise bestimmen. Zur Verdeutlichung des Abschätzungsverfahrens dient hierzu Bild 4.16. Das Polygon wird hier von einem Rechteck mit den Kantenlängen x_f und y_f eingeschlossen, dessen linker unterer Eckpunkt mit p gekennzeichnet ist.

Befindet sich dieser Eckpunkt in dem einfach schraffierten Bereich, so erfolgt das Kappen nur an einer Seite des Sichtfensters. Liegt p hingegen in einem der doppelt schraffierten Bereiche, so wird das Polygon an zwei Seiten des Sichtbereiches *abgeschnitten.*

Die Wahrscheinlichkeit, mit der sich der Eckpunkt p im einfach schraffierten Bereich befindet, ist gleich dem Flächenverhältnis von dem schraffierten Bereich zum gesamten Gerätekoordinatenbereich:

$$F1 = 2\ \frac{x_f(y_w - y_f) + y_f(x_w - x_f)}{x_{max}\ y_{max}}. \tag{4.31}$$

Für den doppelt schraffierten Bereich erhalten wir:

$$F2 = 4\ \frac{x_f\ y_f}{x_{max}\ y_{max}}. \tag{4.32}$$

Der Rechenaufwand für eine Schnittpunktbestimmung mit einer Grenzfläche des Sichtfensters beträgt 8 Additionen, 2 Multiplikationen und 2 Divisionen. Da das Kappen der Polygone im einfach schraffierten Bereich mit einer Grenzfläche und im doppelt schraffierten Bereich mit zwei Grenzflächen erfolgt, erhalten wir unter Berücksichtigung von F1 und F2 den durchschnittlichen Rechenaufwand für das Kappen eines Polygons mit:

(8 F1+ 16 F2) Additionen, (2 F1+ 4 F2) Multiplikationen und (2 F1+ 4 F2) Divisionen.

Unter Vernachlässigung der Polygondekomposition entsteht ein durchschnittlicher numerischen Rechenaufwand für das Kappen eines Polygons mit:

12	Vergleichsoperationen
(8 F1+ 16 F2)	Additionen
(2 F1+ 4 F2)	Multiplikationen
(2 F1+ 4 F2)	Divisionen.

4.8.2 Initialisierungsprozesse

Der Rechenaufwand zur Ausführung der im Abschnitt 4.4 behandelten Initialisierungsprozesse läßt sich in die Teilprozesse zur Bestimmung der Z-Inkremente, der Inkrementvektoren, der Kanteninkremente sowie in den Dreiecksflächenzerlegungsprozeß aufteilen.

Z-Inkrementalkonstanten. Die Berechnung der Z-Inkrementalkonstanten Δz_x und Δz_y erfolgt mit (4.16). Es ist leicht nachvollziehbar, daß insgesamt 9 Additionen, 10 Multiplikationen sowie eine Division zur Bestimmung von Δz_x und Δz_y erforderlich sind.

Inkrementvektoren. Die Komponenten der Inkrementvektoren $\Delta \boldsymbol{P}_x$ und $\Delta \boldsymbol{P}_y$ werden mit (4.17) bis (4.19) bestimmt. Da der Reziprokwert der Vektorkomponente n_z sowie die Differenzwerte Δv_{x21}, Δv_{y21}, Δv_{x13} und Δv_{y13} bereits ermittelt wurden, sind für die Berechnung der Inkrementvektoren nur noch 12 Additionen und 18 Multiplikationen notwendig.

Dreieckszerlegung. Für die Dreieckszerlegung werden 3 arithmetische Vergleichsoperationen für die Ordnung der Y-Koordinatenwerte sowie 4 Additionen eine Multiplikation und eine Division zur Bestimmung des X-Koordinatenwertes des Schnittpunktes $\boldsymbol{V}_i$ benötigt.

Kanteninkremente. Für die Berechnung beider Kanteninkrementalwerte sind nach (4.21) bzw. (4.22) insgesamt 4 Additionen und 2 Divisionen erforderlich.

4.8.3 Rendering-Prozesse

Der numerische Rechenaufwand, der zur Ausführung der Rendering-Prozesse notwendig ist, läßt sich anhand des Algorithmus 4.2 bestimmen.

Berechnung der Scanline-Initialisierungswerte. Die Berechnung der Startkoordinaten und des Pixel-Normalenvektors am linken Startpunkt der Scanline erfolgt mit 11 Additionen und 8 Multiplikationen in der äusseren ***for***-Schleife.

Interpolation der Z-Koordinaten und Pixel-Normalenvektors. Für jede neue Spaltenadresse x sind bei konstanter Zeilenadresse y die Z-Koordinate, die drei Komponenten des Pixel-Normalenvektors sowie e_z mit insgesamt 5 Additionen zu bestimmen.

Bestimmung des Lichtrefektionswertes (I_r). Die Berechnung der Einheitsvektoren $\boldsymbol{P}_E$, $\boldsymbol{E}_E$ und $\boldsymbol{B}_E$ wird nach den Gleichungen 4.25, 4.27 und 4.28 mit insgesamt 14 Additionen, 9 Multiplikationen, 9 Divisionen und 3 Wurzelberechnungen ausgeführt. Zusätzliche 4 Additionen und 6 Multiplikationen sind nach (4.26) und (4.29) notwendig, um mit diesen Einheitsvektoren die Werte für $\cos\alpha$ und $\cos\beta$ zu ermitteln. Beide cos-Werte werden anschließend zur Bestimmung des Lichtreflektionswertes I_r in (4.23) eingesetzt, deren Lösung mit 2 Multiplikationen, 2 Additionen, einer Potenzierung und einem arithmetischen Vergleich erfolgt. Der gesamte numerische Rechenaufwand für die Bestimmung eines I_r-Wertes beträgt somit: 20 Additionen, 17 Multiplikationen, 9 Divisionen, 1 arithmetischer Vergleich sowie 3 Wurzel- und eine Potenzberechnung.

4.6.4 Beispiel

Anhand eines Beispiels soll der numerische Rechenaufwand ermittelt werden, der zur Realzeitvisualisierung einer Szene mittlerer Komplexität notwendig ist. Hierbei gehen wir von der Komplexität eines Szenenmodells mit 10 000 Polygonen aus, wobei jedes Flächenelement aus durchschnittlich 100 Pixeln und 15 Scanlines besteht. Setzen wir weiter voraus, daß die niedrigste Bildgenerierungsrate 10 Bilder pro Sekunde beträgt, so muß ein rastergrafisches Realzeitsystem mindestens 10^5 Polygone, 15 10^5 Scanlines und 10^7 Pixel/Sek verarbeiten können.

Abkürzungen: Add = Addition(en), Mul = Multiplikation(nen), Div = Division(en), Rad = Quadratwurzelberechnung(en), Pot = Potenzierung, Comp = arithm. Vergleich.

Geometrieprozesse. Der numerische Rechenaufwand L_{geo}, der zur Ausführung der Geometrieprozesse erforderlich ist, setzt sich aus den Anteilen der Geometrietransformation L_g, des Backfacing L_h, der perspektivischen Abbildung L_p, des Polygonkappens L_c und der Bestimmung der Inititalisierungsparameter L_i zusammen. Da die Prozesse, die nach dem Backfacing-Prozeß ausgeführt werden, nur noch etwa die Hälfte der ursprünglichen Polygonanzahl verarbeiten müssen, werden L_i, L_p und L_c mit dem Faktor 0,5 multipliziert. Wir erhalten:

$$L_{geo} = L_g + L_b + 0{,}5\ (L_p + L_c + L_i)$$

mit

$$L_g = 63\ Add + 63\ Mul + 21\ Div,$$
$$L_b = 3\ Add + 3\ Mul,$$
$$L_p = 12\ Add + 6\ Mul + 6\ Div,$$
$$Lc = (8\ F1 + 16\ F2)\ Add + (2\ F1 + 4\ F2)\ Mul + (2\ F1 + 4\ F2)\ Div + 12\ Comp,$$
$$L_i = 29\ Add + 29\ Mul + 4\ Div + 3\ Comp.$$

Die Kapp-Wahrscheinlichkeiten berechnen wir nach (4.31) und (4.32) mit $F1 = 0{,}03$ und $F2 = 0{,}9\ 10^{-3}$. Diese beiden Werte wurden mit dem Gerätekoordinatenbereich $x_{max} = y_{max} = 1000$, der Kappfenstergröße $x_w = y_w = 500$ und der Größe des Rechtecks, das das Polygon einschließt $x_f = y_f = 15$, bestimmt. Setzen wir $F1$ und $F2$ in die obige Gleichung zur Bestimmung von L_c ein, so erhalten wir:

$$L_{geo} = 66\ Add + 66\ Mul + 21\ Div + 0{,}5\ (41{,}25\ Add + 35{,}13\ Mul + 10{,}13\ Div + 15\ Comp)$$
$$L_{geo} = 86{,}62\ Add + 83{,}56\ Mul + 26{,}065\ Div + 7{,}5\ Comp\ .$$

Hieraus erhalten wir den gesamten numerischen Rechenaufwand, der zur Geometrieverarbeitung von 10^5 Polygonen notwendig ist:

$$10^5\ L_{geo} = 8{,}66\ 10^6\ Add + 8{,}37\ 10^6\ Mul + 2{,}60\ 10^6\ Div + 0{,}75\ 10^6\ Comp\ .$$

Rendering-Prozesse. Der numerische Rechenaufwand für die Ausführung der Rendering-Prozesse L_{rend} setzt sich aus den Anteilen für die Initialisierung Scanlines L_{sini} sowie für die lineare Interpolation der Z-Koordinaten und der Pixel-Vektoren L_{int} zusammen. Weiterhin ist hierzu der Rechenbedarf zur Bestimmung der Lichtreflektionswerte L_{lr} und des Z-Wertevergleichs L_{zb} (Z-buffering) hinzuzurechnen. Mit der Annahme, daß ein Polygon aus durchschnittlich 15 Scanlines und 100 Pixeln besteht, erhalten wir:

$$L_{rend} = 15\, L_{sini} + 100\ (L_{zint} + L_{vint} + L_{zb} + L_{lr})$$

mit

$$L_{sini} = 165\ Add + 120\ Mul,$$
$$L_{int} = 500\ Add,$$
$$L_{zb} = 100\ Comp,$$
$$L_{lr} = 2000\, Add + 1700\, Mul + 900\, Div + 300\, Rad + 100\, Pot + 100\, Comp\ .$$

Hieraus wird der numerische Rechenaufwand, der zur Ausführung der Rendering-Prozesse mit 0,5 10^5 Polygonen notwendig ist, bestimmt:

$$0{,}5\ 10^5 L_{rend} = 13{,}25\ 10^7 Add + 8{,}6\ 10^7\, Mul + 4{,}5\ 10^7 Div + 1{,}5\ 10^7 Rad + 0{,}5\ 10^7 Pot + 0{,}5\ 10^7\, Comp\ .$$

Mit den obigen Berechnungen wurden lediglich die untersten Grenzen des jeweiligen Rechenaufwandes für die einzelnen Teilprozesse bestimmt. Die Transfer- und Verzweigungsoperationen oder die sehr zeitaufwendigen Typenkonvertierungen blieben bei der Bestimmung des Rechenbedarfs unberücksichtigt. Die so ermittelten Werte dienen lediglich als Basis für eine ungefähre Abschätzung des tatsächlichen Rechenaufwandes, der in der Regel weitaus größer ist. Dieser Rechenaufwand hängt stark von der Architektur der ausführenden Prozessoreinheiten, von deren Instruktionssätzen und damit verbunden von der Effizienz der Kodegenerierung ab.

Durch Handoptimierung des auszuführenden Kodes und durch eine Hardware, deren Architektur speziell an die Algorithmen der Visualisierungsprozesse angepaßt ist, kann nur eine gewisse Annäherung an die oben ermittelten Grenzwerte erreicht werden. So sind bei der Ausführung der Geometrieprozesse mit Vektorrechnern, selbst wenn die Programme gut optimiert sind, im Durchschnitt nur etwa 15% der maximalen Gleitpunktrechenleistung der CPU erreichbar. Bei der Ausführung der Rendering-Prozesse kann dieser Anteil sogar noch wesentlich geringer sein.

5 Bildrechner zur Visualisierung von Oberflächenrepräsentationen

Kapitel 5 vermittelt einen Überblick über den Entwicklungsstand der Grafik-Computer zur Realzeitvisualisierung von Oberflächenrepräsentationen, wie er sich bis zum Zeitpunkt Ende 1990 darstellt. Da der technische Fortschritt speziell auf diesem Gebiet mit rasanter Geschwindigkeit erfolgt, wäre es ein vergeblichen Bemühen, die neuesten Entwicklungen berücksichtigen zu wollen. Aus diesem Grunde wurde das Schwergewicht auf die Gegenüberstellung möglichst unterschiedlicher Architekturkonzepte und auf die vertiefte Behandlung ihrer Funktionsprinzipien gelegt, ohne dabei den Anspruch zu erheben, den letzten Stand in der Entwicklung der Grafik-Computer zu repräsentieren.

Obgleich sich die Architekturen derartiger Systeme zumeist stark voneinander unterscheiden, gibt es jedoch einige sehr typische Gemeinsamkeiten, die im nachfolgenden kurz umrissen werden. Hierzu gehört beispielsweise die durch dedizierte Hardware unterstützte Eliminierung von verdeckten Flächenteilen (hidden surface removal) mit Hilfe der in Kapitel 4 diskutierten Z-Buffer-Methode. Eine Ausnahme bilden die Außensichtsysteme von Flug- oder Fahrsimulatoren, deren spezielle Anforderungen das gerätetechnisch sehr einfach zu realisierende Z-Buffer-Verfahren in einigen Fällen nur unzureichend erfüllt.

Eine weitere Gemeinsamkeit in den Architekturkonzepten der Grafik-Computer weist der Bildwiederholspeicher auf, der in der Regel als Wechselspeicher (*dual frame buffer*) aufgebaut ist. Diese Maßnahme ist erforderlich, um den schnellen Bildwiederholprozeß (60Hz bis 100Hz) vom wesentlich langsameren Visualisierungsprozeß (10Hz bis 30Hz) zu entkoppeln. Ein weiteres charakteristisches Merkmal ist die aufwendige Bildspeicherarchitektur. So sind speziell für die schnelle Erzeugung der Bildmatrizen, die mit der Frequenz von 10 bis 30 Bildern pro Sekunde erfolgt, sehr große Speicherbandbreiten erforderlich. Da bei der Bildgenerierung die Speicherzugriffe wahlfrei im sog. *Random-Access-Mode* erfolgen, müssen vielfach verschränkte oder verteilte Bildspeichersysteme verwendet werden, um eine hinreichend große Speicherbandbreite zu erhalten.

Zur Unterstützung der sehr rechenzeitaufwendigen, jedoch algorithmisch relativ einfachen Rasterkonvertierungsprozesse besitzen rastergrafische Realzeitsysteme vielfach Rechenwerke, die für die Berechnung der Pixel-Koordinaten und Pixel-Farben spezialisiert sind. Rechenzeitaufwendig sind allerdings auch die geometrischen Transformationsprozesse sowie die Prozesse, die zur Bestimmung der Initialisierungsparameter der Rendering-

Prozesse benötigt werden. Für ihre Realzeitausführung ist, unter der Voraussetzung, daß die zu visualisierenden Szenen eine Komplexität von 10^4 bis 10^5 Flächenelementen besitzen, eine effektive numerische Gleitpunktrechenleistung von ca. 15 bis 150 MFLOPS notwendig. Hierfür werden Prozessoren mit einer möglichst hohen Gleitpunktrechenleistung verwendet. Obgleich Prozessoren erhältlich sind, die eine maximale Gleitpunktrechenleistung von 80 MFLOPS vorweisen können (z.B. INTEL i860), zeigt die Praxis, daß deren effektive numerische Rechenleistung bei der Ausführung der in Kapitel 4 vorgestellten Visualisierungsprozesse mit 5 bis 10 MFLOPS wesentlich geringer ist. Aus diesem Grunde werden für Realzeitsichtsysteme der obersten Leistungsklasse vielfach Multiprozessorsysteme zur Ausführung der Geometrieprozesse verwendet.

Die Darstellungen der nachfolgend behandelten Sichtsystemarchitekturen basieren ausschließlich auf Veröffentlichungen und auf allgemein zugänglichen technischen Informationen. Speziell bei den industriell gefertigten Sichtsystemen war die Auswertung dieser Publikationen oftmals problematisch, da wichtige gerätetechnische Details vielfach nur undetailliert vorgestellt werden. Um trotzdem das funktionelle Zusammenwirken einzelner Sichtsystemkomponenten hinreichend konkret beschreiben zu können, war es mitunter notwendig, Funktionsdetails spekulativ zu ergänzen. Jene Stellen, an denen eigene Interpretationen durchgeführt wurden, sind entsprechend gekennzeichnet.

5.1 Pixel-Machine

Die *Pixel-Machine* der Firma AT&T [RUN87, TUN87, POT89a, POT89b] ist ein modular konfigurierbares Multiprozessorsystem, das im wesentlichen aus einer Prozessor-Pipeline und einem Multiprozessor-Array besteht. Da diese beiden Subsysteme frei programmierbar sind, ist die Pixel-Machine für eine Vielzahl unterschiedlicher Anwendungsbereiche geeignet. Diese Bereiche umfassen sowohl die Echtzeitvisualisierung von 3D-Objektszenen mit den scanline-orientierten Visualisierungsverfahren (s. Kapitel 4), als auch die photorealistische Bilddarstellung mit Hilfe der Ray-Tracing-Methode. Darüber hinaus ist die Pixel-Machine auch sehr effektiv für die Bildvorverarbeitung einsetzbar. Speziell für diesen Zweck ist für die Interprozeßkommunikation ein zweidimensionales Torus-Netz vorhanden, das die Prozessoren des Multiprozessor-Arrays miteinander verbindet und damit den schnellen Zugriff auf die Daten der Pixel erlaubt, die innerhalb des Bildspeichers benachbart sind.

Die nachfolgende Besprechung der Architektur und der Funktionsweise der Pixel-Machine erfolgt im wesentlichen aus der Sicht der Echtzeitvisualisierung auf der Grundlage des im Abschnitt 4.1 dargestellten Prozeßablaufs.

5.1.1 Architekturüberblick

Bild 5.1 zeigt die Hauptkomponenten einer Pixel-Machine (PMX 900). Hierzu gehört ein VME-Bus-Interface, das zur Ankopplung des Host-Rechners dient und dessen Aufgabe es ist, die Befehlsfolgen zu erzeugen, die die Pixel-Machine interpretiert und ausführt. Neben dieser Betriebsart, bei der das Grafiksystem als *Slave* des Host-Rechners arbeitet, ist auch der komplementäre Modus vorgesehen, bei dem beispielsweise Zugriffe des Grafiksystems auf die vom Host-System verwaltete Bilddatenbasis erlaubt sind.

Eine oder zwei Pipelines mit 9 oder 18 Prozessoreinheiten, die als *Pipe-Nodes* bezeichnet werden, sind für die Ausführung der sequentiell organisierten Prozesse vorgesehen. Hierzu zählen die geometrischen Transformationen, das 3D-Klippen, die perspektivische Abbildung sowie die Berechnung der RGB-Farbwerte an den Eckpunkten des objektdefinierenden Polygonnetzes. Der *Broadcast-Bus* verteilt die von den Pipe-Nodes erzeugten Ausgabedaten an ein als Pixel-Nodes bezeichnetes Prozessoren-Array. Zur Entkopplung der Pixel- und Pipe-Nodes dienen FIFO-Speicher, die jedem Pixel-Node zugeordnet sind. Abhängig von der Systemausbaustufe sind 16, 20, 32, 40 oder 64 Pixel-Nodes vorgesehen, die im MIMD-Mode (**m**ultiple **i**nstruction **m**ultiple **d**ata) arbeiten. Zu den Aufgaben dieses Prozessoren-Arrays gehört die Ausführung der parallelen Rendering-Prozesse. Hierunter fällt die Rasterkonvertierung, die Berechnung der RGB-Farbwerte sowie der Prozeß zur Entfernung der verdeckten Bildpunkte.

Um eine für Realzeitanwendungen ausreichend große Speicherbandbreite zu erhalten sowie um Datenzugriffskonflikte zu vermeiden, ist der Frame-Buffer partitioniert und auf alle Pixel-Nodes verteilt. Die Auflösung des verteilten Frame-Buffer-Systems beträgt 1280×1024 Bildelemente. Dieses Format kann für Videoaufzeichnungen auf 720×485 (NTSC-Mode) oder auf 720 × 575 darstellbare Pixel (PAL-Mode) geändert werden.

Für den Fall, daß Bildverarbeitungsprozesse auszuführen sind, ist es vielfach notwendig, daß jeder Pixel-Node-Prozessor direkt auf Bilddaten zugreifen kann, die sich in den Speichereinheiten seiner Nachbarprozessoren befinden. Dies wird dadurch unterstützt, daß alle Pixel-Nodes mit Hilfe eines speziell hierfür vorgesehenen, seriell arbeitenden Torus-Bus miteinander kommunizieren können. Derartige Busverbindungen sind beispielsweise für die Ausführung von lokalen Operationen zur Bildfilterung (s. Unterabschnitt 3.3.2) oder zur Kantendetektion erforderlich.

Mit einem sog. *Pixel-Funnel*, der wie ein Multiplexer arbeitet, werden die Bilddaten, die sich in den Frame-Buffer-Einheiten der Pixel-Nodes befinden, ausgelesen. Das Umschalten des Pixel-Funnel wird hierbei mit der Pixel-Frequenz synchronisiert, so daß der nachfolgende *Video-Controller* einen kontinuierlichen Datenstrom erhält. Der *Video-Controller* hat die Aufgabe, die Pixel-Datenwerte (Wortlänge 8 Bit) mit Hilfe einer Video-Lookup-Tabelle (VLT) in RGB-Farbwerte (Wortlänge je 10 Bit) zu konvertieren sowie die Nichtlinearität der Monitorbildröhre (s. Unterabschnitt 2.2.4) zu kompensieren.

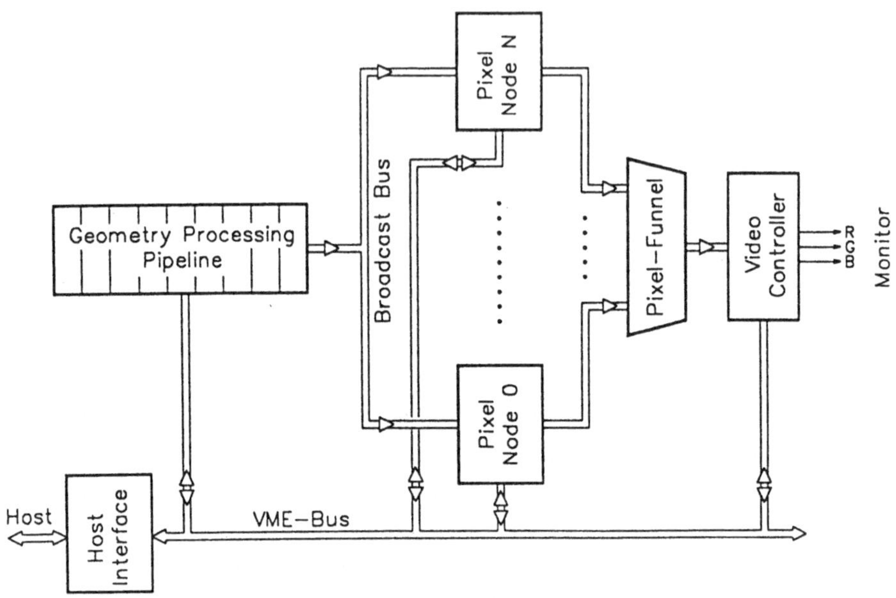

Bild 5.1. Blockdarstellung der Pixel-Machine (ohne Torus-Netz)

Jedem der drei RGB-Farbkanäle ist je ein Overlay-Kanal zugeordnet, der zum Mischen des generierten Bildsignals mit weiteren externen Bildsignalquellen dient.

Zu den weiteren Aufgaben des Video-Controllers gehört die Erzeugung der analogen Synchronisations- und Videosignale, die zur Ansteuerung des RGB-Monitors notwendig sind. Weiterhin generiert diese Funktionseinheit die für Magnetbandaufzeichnungen erforderlichen NTSC- und PAL-Signale.

Funktionsprinzip. Zur Veranschaulichung des Funktionsprinzips dient Bild 5.2, das ein mit 16 Pixel-Nodes konfiguriertes Prozessor-Array sowie einen kleinen Ausschnitt der Bildmatrix darstellt. Die Bildpunkte innerhalb der Matrix sind mit den Kennzahlen der einzelnen Pixel-Nodes markiert. Hieraus ist zu entnehmen, daß die Bildpunktadressen, die von dem gleichen Prozessor berechnet werden, in X- und Y-Richtung äquidistante Abstände aufweisen. Der Broadcast-Bus dient zur Initialisierung der Rendering-Prozesse, indem er die parametrische Beschreibung eines Polygons (s. Unterabschnitt 4.4) parallel in die privaten FIFO-Speicher der 16 Pixel-Nodes kopiert. Jeder Pixel-Node kann die Bildpunkte eines Polygons daher völlig unabhängig von den anderen Prozessoren des Arrays berechnen. Bild 5.3 illustriert den zeitlichen Ablauf der parallelen Rendering-Prozesse am Beispiel eines dreiseitigen Flächenelementes.

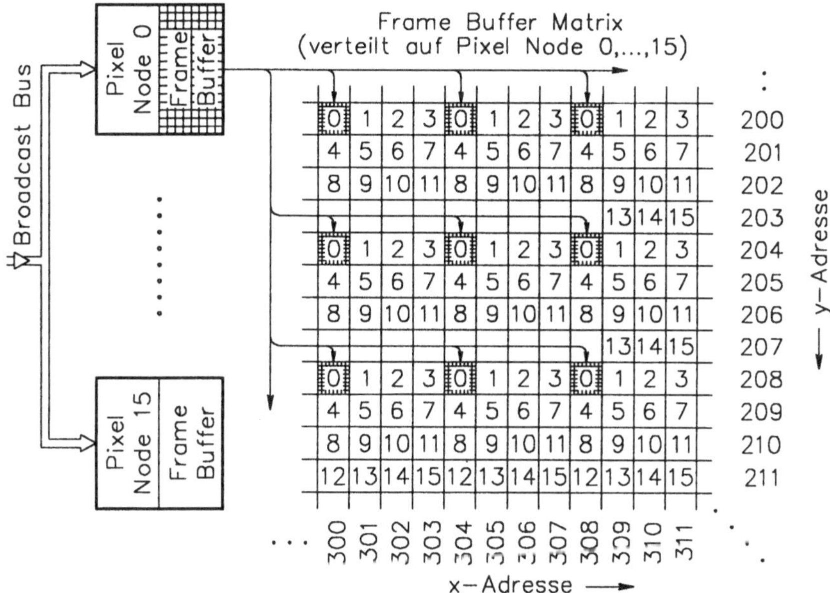

Bild 5.2. Zuordnung der Pixel-Nodes zu den Pixel-Adressen [PIO87]

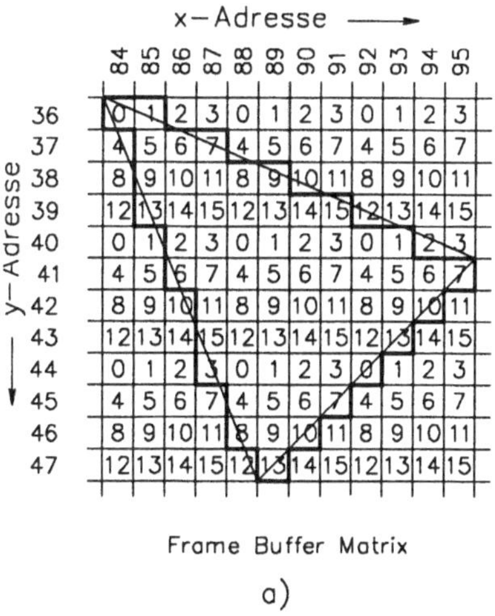

Pixel Node	Pixel Adressen [x,y] t	t+1	t+2	t+3	t+4
0	84,36	88,40	92,40	88,44	92,44
1	85,36	89,40	93,40	89,44	
2	86,40	90,40	90,44		
3	87,40	91,40	87,44	91,44	
4	88,41	92,41	88,45		
5	85,37	89,41	93,41	89,45	
6	86,37	86,41	90,41	94,41	90,45
7	87,37	87,41	91,41	95,41	91,45
8	88,38	88,42	92,42	88,46	
9	85,38	89,38	89,42	93,42	89,46
10	86,38	90,42	94,42	90,46	
11	87,38	87,42	91,42		
12	88,39	88,43	92,43		
13	85,39	89,39	89,43	93,43	89,47
14	86,39	90,39	90,43		
15	87,39	91,39	87,43	91,43	

Bild 5.3. Zeitlicher Ablauf der verteilten Rendering-Prozesse: a) Zuordnung der Bildpunktadressen einer Dreiecksfläche zu den Pixel-Nodes, b) Berechnungsfolge der Bildpunkte

Unter der Voraussetzung, daß die parallelen Verarbeitungseinheiten zum Zeitpunkt t den Rendering-Prozeß starten, terminieren die Pixel-Nodes wie folgt:

Zeitpunkt	aktive Pixel Nodes
$t+2$	*2, 4, 11, 12, 14*
$t+3$	*1, 3, 5, 8, 10, 15*
$t+4$	*0, 6, 7, 9, 13* .

Bei den in Bild 5.3 ermittelten Adressensequenzen wurde vorausgesetzt, daß jeder Pixel-Node die ihm zugeordneten Bildpunkte zeilenorientiert und in Richtung der ansteigenden XY-Adressen bestimmt. Wie Bild 5.3 weiterhin zeigt, berechnet jede der 16 Prozessoreinheiten in dem vorgegebenen Beispiel nur Teilmengen von 3 bis 5 Bildpunkten.

Jene Pixel-Nodes, die die betreffenden Bildpunkte eines Polygons entsprechend der in Bild 5.2 vorgegebenen Speicheraufteilung berechnet haben, können sofort mit der Verarbeitung des nachfolgenden Parametersatzes fortfahren. Die Voraussetzung hierfür ist, daß die Geometry-Processing-Pipeline bereits weitere Parametersätze in den FIFO-Speicher eingetragen hat. Die FIFO-Speicher ermöglichen hierbei, wegen ihrer Pufferfunktion zwischen den einzelnen Verarbeitungseinheiten, einen Lastausgleich. Der Lastausgleich ist erforderlich, da die Pixel-Nodes in der Regel jeweils eine unterschiedliche Anzahl von Bildpunkten berechnen müssen und daher auch zu unterschiedlichen Zeitpunkten wieder neu initialisiert und gestartet werden müssen.

5.1.2 Geometry-Processing-Pipeline

Je nach Ausbaustufe sind in der Pixel-Machine eine oder zwei parallel arbeitende neunstufige Pipelines vorhanden. Alle Pipeline-Stufen (Bild 5.4) sind in gleicher Weise aufgebaut. Sie bestehen im wesentlichen aus einem 32-Bit-Prozessor, einem statischen RAM, einem Ein-/Ausgabekanal sowie aus einem FIFO-Speicher, der eine Größe von 512 Worten besitzt.

Prozessoreinheit. Ein Signalprozessor vom Typ DSP32 dient als zentrale Verarbeitungseinheit. Er besitzt eine 16-Bit Integer-ALU mit 21 Registern, die zur Adreßberechnung sowie zur Ausführung von Arithmetik- und Logik-Operationen dienen. Der Adreßbereich des DSP32 beträgt 64 KWorte. Eine weitere Recheneinheit, der 4 Akkumulatorregister mit einer Wortlänge von 40 Bit zugeordnet sind, führt arithmetische Operationen im 32-Bit-Gleitkommaformat aus. Mit dieser Verarbeitungseinheit sind beispielsweise Verbundoperationen (z.B. Multiplikation/Akkumulation, Load/Akkumulation) oder auch Konvertierungsoperationen zwischen Gleitkomma- und Integer-Formaten möglich.

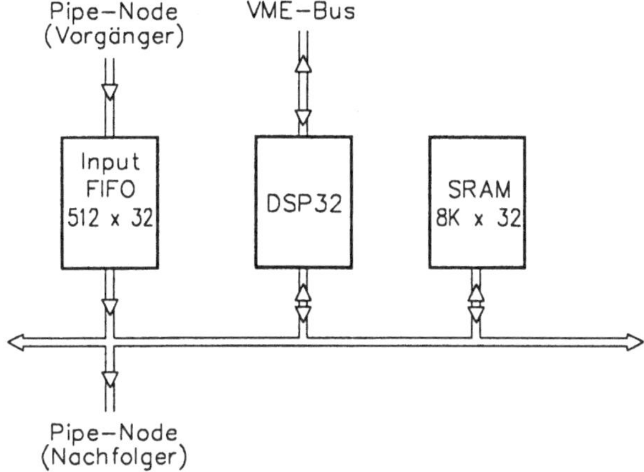

Bild 5.4. Blockdarstellung eines Pipe-Nodes [POT89b]

Da der DSP32-Prozessor innerhalb einer Instruktionszykluszeit von 200ns zwei Operationen parallel ausführt, beträgt seine maximale Gleitpunktrechenleistung 10 MFLOPS.

Zu den weiteren wichtigen Funktionseinheiten des DSP32 zählt ein paralleles E/A-Interface sowie ein serielles Interface, das hauptsächlich zur Interprozessorkommunikation dient. Ein weiteres Parallel-Interface, das speziell für den DMA-Betrieb vorgesehen ist, verbindet über einen VME-Bus das Pixel-Node-Array mit dem Host-Rechner der Pixel-Machine.

Speichereinheiten. Als Arbeitsspeicher ist ein statisches 8K×32 Bit-RAM vorhanden. Es enthält die Daten und Instruktionen der auszuführenden Prozeduren. Ein FIFO-Speicher mit einer Kapazität von 512×32-Bit-Worten dient zur Pufferung der Eingabedaten.

Diese Speichereinheiten sind notwendig, um die Geschwindigkeitsschwankungen des Datenflusses innerhalb der einzelnen Pipeline-Stufen auszugleichen. Die letzte Pipeline-Stufe besitzt einen zusätzlichen FIFO-Speicher, der zur kontinuierlichen Datenversorgung über den VME-Bus dient.

Konfigurierung und Programmierung. Wird die maximale Anzahl von 18 Pipe-Nodes verwendet, ist es möglich, die Geometry-Processing-Einheit per Programm so zu konfigurieren, daß diese entweder aus zwei parallel arbeitenden Pipelines mit jeweils 9 Prozessoren oder nur aus einer Pipeline mit 18 Prozessoren besteht. Bei der Programmierung der Pipe-Nodes müssen die Programme, die zur Ausführung der Geometrieprozesse dienen, in sequentiell ausführbare Prozeduren zerlegt und auf die Pipe-Nodes verteilt werden. Hierbei ist darauf zu achten, daß die zur Ausführung der partitionierten Programmteile erforderliche Rechenleistung möglichst gleichmäßig auf die Prozessoren der Pipeline verteilt wird.

5.1.3 Pixel-Nodes

Bild 5.5 zeigt die Hauptkomponenten eines Pixel-Node. Hierzu gehört wiederum der bereits zuvor diskutierte DSP32-Prozessor, ein FIFO-Speicher, eine serielle Schnittstelle, die zur Schaltung der Datenwege zu den Nachbarprozessoren dient, sowie mehrere Speichereinheiten.

Der FIFO-Speicher besitzt die Größe von 512×32 Bit und dient zur Ankopplung an den Broadcast-Bus. Mit diesen Speichereinheiten ist eine sehr effektive Kopplung der Pixel-Nodes mit der Geometry-Processing-Pipeline möglich. Der *Serial I/O-Switch* dient zum Datentransfer zwischen den benachbarten Pixel-Nodes, die mit Hilfe des in Bild 5.6 dargestellten torusförmigen Kommunikationsnetzwerkes miteinander verbunden sind. Die Datenkommunikation zwischen zwei Pixel-Nodes erfolgt mit dem *Halb-Duplex-Mode,* wobei der Datentransfer innerhalb eines festen Zeitrasters erfolgt, wobei die Transferrichtung auf allen aktiven Datenwegen des Torus-Netzes gleich ist. Die Verwendung dieses Kommunikationsmechanismus ist oftmals für die Prozesse der Bildvorverarbeitung notwendig, bei denen Operationen mit den Daten lokal zusammenhängender Bildpunktregionen ausgeführt werden. Ein statischer Speicher (SRAM) der Größe 8K×32 Bit dient als schneller lokaler Arbeitsspeicher für den DSP32-Prozessor. Der dynamische 64K×32 Bit-Speicher (DRAM) erfüllt hingegen die Aufgabe eines verteilten Z-Buffers. Hierbei ist hervorzuheben, daß der Z-Buffer mit 32 Bit Gleitkommawerten arbeiten kann. Verglichen mit anderen Echtzeitsichtsystemen, deren Z-Buffer zumeist Wortlängen im Festkommaformat von 16 bis 24 Bit aufweisen, ist daher der Z-Koordinatenbereich der Pixel-Machine wesentlich größer.

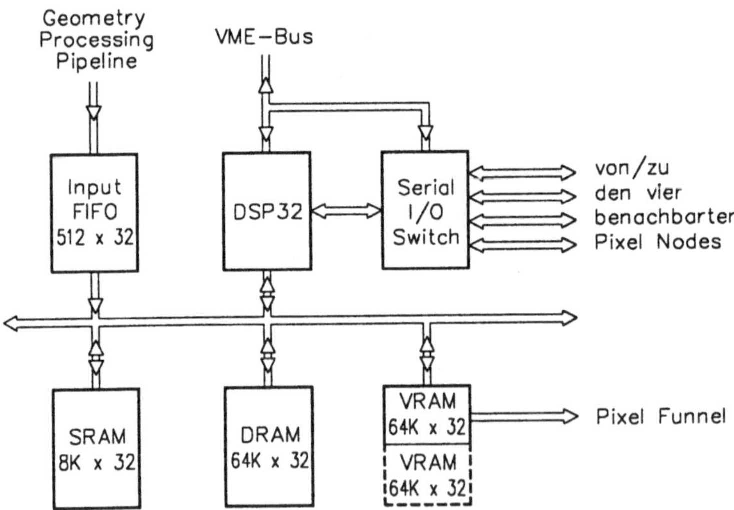

Bild 5.5. Blockdarstellung eines Pixel-Nodes [POT87]

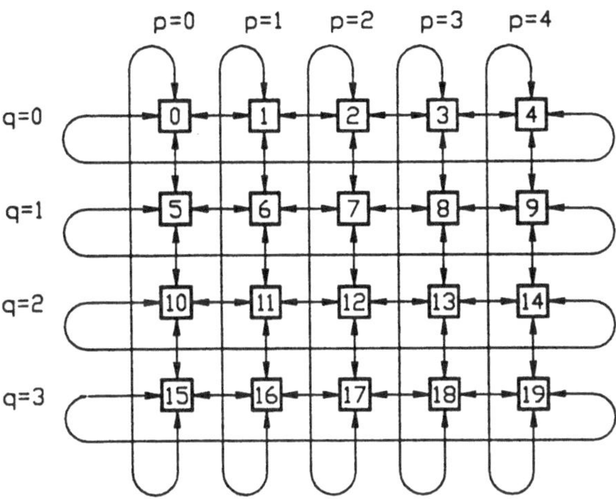

Bild 5.6. Serielles Verbindungsnetzwerk der Pixel-Nodes

Als verteilter Bildspeicher dient eine weitere 64K × 32 Bit-Speichereinheit, die aus Video-RAMs besteht. Ihre Wortlänge von 32 Bit ist in vier gleich große Anteile für die drei RGB-Komponenten und den Overlay-Anteil aufgeteilt.

Der Bildspeicher ist, zur Trennung von Bildgenerierungs- und Display-Prozeß, als Wechselspeicher konzipiert. Ein Umschalten der Wechselspeichereinheiten zwischen beiden Prozessen kann nur dann erfolgen, wenn der Bilderzeugungsprozeß beendet und wenn sich der Display-Prozeß in der Bildrücksprungphase befindet. Da diese Prozesse asynchron arbeiten, tritt oftmals vor dem Umschalten des Wechselspeichers eine Warte- oder Synchronisationszeit auf. Mit einer Bildwiederholfrequenz von 60Hz beträgt die durchschnittliche Zeit, die der Bildgenerierungsprozeß bis zum Erreichen der nächsten Bildrücksprungphase warten muß, ca. 8ms. Um den hierdurch verursachten Leistungsverlust zu verringern, kann das Bildspeichersystem der Pixel-Machine mit maximal vier, zeitlich versetzt arbeitenden Wechselspeichereinheiten ausgestattet werden.

Virtuelle Pixel-Nodes. Wie aus der Architekturbeschreibung der Pixel-Machine hervorgeht, erfolgt die parallele Berechnung der Bildmatrix mit einem Array-Prozessor, der aus 16 bis 64 Pixel-Nodes besteht, die als n×m-Matrix angeordnet sind. Um zu vermeiden, daß bei einer Veränderung der Anzahl der Pixel-Nodes die Anwendungsprogramme modifiziert werden müssen, basiert das Programmiermodell auf 64 bzw. 80 virtuellen Pixel-Nodes. Für den Fall, daß beispielsweise lediglich 16 bzw. 20 physikalische Pixel-Nodes vorhanden sind, werden die Prozesse, die von je vier virtuellen Knotenprozessoren auszuführen sind, auf einen physikalischen Pixel-Node abgebildet. Zur Unterstützung der Zugriffsprozesse auf die Adressen der virtuellen Frame-Buffer-Bereiche, ist jeder Pixel-Node mit 16 Adreßabbildungsregistern (*mapping register*) ausgestattet.

physikalische Konfigurationen			virtuelle Konfigurationen			V/P
Anzahl der Nodes	m × n	Anz. Pixel pro Node	Anzahl der Nodes	m × n	Anz. Pixel pro Nodes	
16	4 × 4	256 × 256*	64	8 × 8	128 × 128	4
20	5 × 4	$256 \times 256^{+}$	80	10 × 8	128 × 128	4
32	8 × 4	128 × 256*	64	8 × 8	128 × 128	2
40	10 × 4	$128 \times 256^{+}$	80	10 × 8	128 × 128	2
64	8 × 8	128×128* $160 \times 128^{+}$	64	8 × 8	128 × 128 160 × 128	1

Tabelle 5.1. Physikalische und virtuelle Pixel-Node Konfigurationen (*: 1024×1024; +: 1280×1024) aus [POT89b]

Zuordnung zwischen Frame-Buffer-Adressen und Pixel-Nodes. Die Abbildung einer virtuellen Matrix-Adresse (i,j) auf die Frame-Buffer Adressen (x,y) erfolgt mit:

$$x = m\,i + p \;, \qquad y = n\,j + q \;.$$

Hierin repräsentieren m und n die Dimensionen des Pixel-Node-Arrays und p und q die Koordinaten des jeweiligen Pixel-Nodes. Die Zuordnung der Frame-Buffer-Adressen (x,y) auf die Pixel-Node Koordinaten (p,q) wird mit:

$$p = x \bmod m \;, \; q = y \bmod n \;.$$

bestimmt. Mit den Pixel-Node-Koordinaten (p,q) erhält man auf einfache Weise die Kennzahl des Pixel-Nodes:

$$pn = p + m\,q \,.$$

5.2 IRIS-GTX-Workstation

Das Architekturkonzept der *IRIS-GTX-Workstation* von *Silicon Graphics* (SIG) basiert im wesentlichen auf den Arbeiten ihres Firmengründers J. Clark, der bereits Anfang der achtziger Jahre VLSI-Lösungen für wesentliche Komponenten eines rastergrafischen Realzeitsystems vorstellte. Im Rahmen eines Forschungsprojektes an der Universität Stanford entwickelte Clark spezielle VLSI-Chips, die er als *Smart-Image-Memory-Module* [CLA80a, CLA80b] bezeichnete und mit denen sich ein verteilter Bildspeicher kostengünstig aufbauen ließ.

Die Architektur dieses Speichersystems ist in seinen wesentlichen Grundzügen auch in den heutigen IRIS-Systemen zu finden. Eine weitere grundlegende Arbeit war die Entwicklung der *Geometry-Engine* [CLA82]. Diese Funktionseinheit ist ein für die Ausführung der Geometrieprozesse spezialisiertes Rechenwerk. Die Architektur der Geometry-Engine bot die Möglichkeit, mehrere Funktionseinheiten zu einer Pipeline zusammenzuschalten, um damit die erforderliche Rechenleistung für die Realzeitausführung der Geometrieprozesse aufzubringen. Geometry-Engines werden auch heute noch in den Grafik-Computern von Silicon-Graphics eingesetzt.

5.2.1 Architekturüberblick

Die IRIS-GTX-Workstation ist ein universell einsetzbares Rechnersystem. Es besteht im wesentlichen aus dem Hauptrechner und einem grafischen Subsystem. Dem Benutzer steht das von Silicon-Graphics entwickelte Multiprozessorbetriebssystem IRIX zur Verfügung, das auf dem weit verbreiteten UNIX-Betriebssystem basiert.

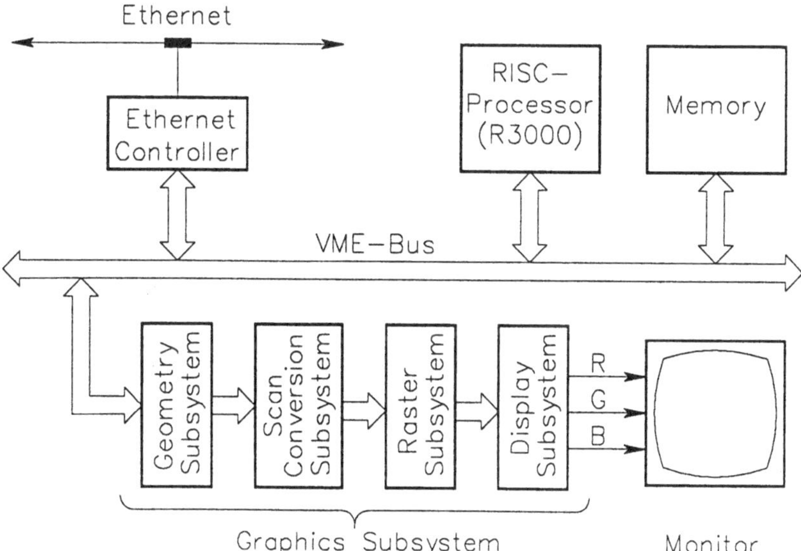

Bild 5.7. Architektur der IRIS GTX -Workstation [AKE88]

Abhängig von der Ausbaustufe ist der Hauptrechner der Workstation mit maximal acht RISC-Prozessoren vom Typ R3000 (Fa. MIPS) ausgestattet. Die Verarbeitungsleistung dieser Prozessoren beträgt jeweils 10 MIPS und 5 MFLOPS. Zur effektiven Unterstützung der Daten- und Instruktionsversorgung besitzen die Prozessoren getrennte *Instruction-* und *Data-Caches* mit Kapazitäten von je 64 KByte.

An den zentralen VME-Bus ist der Arbeitsspeicher, der eine Kapazität von maximal 256 MByte besitzt, angeschlossen. Ein Ethernet-Interface und ein SCSI-Interface ist für die Verbindung zu einem Rechnernetz sowie zum Anschluß von peripheren Speichereinheiten vorgesehen. Über den VME-Bus erfolgt auch die Kommunikation des Hauptrechners mit dem erwähnten Graphics-Subsystem. Hierzu stehen spezielle Prozeduren zur Verfügung, die in einer Grafikroutinen-Bibliothek bereitgestellt werden.

Das Graphics-Subsystem weist nach [AKE88] eine maximale Verarbeitungsleistung von 10^5 vierseitigen Polygonen/Sek auf, wobei jedes Polygon aus durchschnittlich 100 Pixeln besteht. Es ist, wie Bild 5.7 zeigt, in vier weitere Subsysteme unterteilt. Das erste dieser Subsysteme, das eine Pipeline-Anordnung von fünf Geometry-Engines darstellt, dient zur Ausführung der Geometrietransformationen, des Polygonkappens, der perspektivischen Abbildung sowie zur Berechnung der RGB-Farbwerte an den Polygoneckpunkten.

Die Ausführung der Rasterkonvertierung sowie die Gouraud-Interpolation ist die Aufgabe des nachfolgenden *Scan-Conversion-Subsystems.* Diese Funktionseinheit berechnet für jeden Punkt, der sich auf der Polygonfläche befindet, die Z-Koordinate, die RGB-Farbwerte sowie den Transparenzfaktor α. Hierzu wird zwischen den Z-, RGB- und den α-Werten der vier Polygoneckpunkte linear interpoliert.

Das *Raster-Subsystem* ist für den Eintrag der Z-,RGB- und α-Werte in das Frame-Buffer-System, für das Z-Buffering sowie für die Berechnung der Pixel-Transparenz zuständig. Um die für Realzeitanforderungen relativ hohen Pixel-Schreibgeschwindigkeiten zu erreichen - bei der IRIS GTX-Workstation liegen die Anzahl der Schreibzugriffe auf den Frame-Buffer zwischen 10^7 bis 4 10^7 Pixel/Sek -, ist das Raster-Subsystem in 20 Module unterteilt, die im Interleaving-Betrieb arbeiten.

Jedem dieser parallel arbeitenden Speichermodule ist ein *Image-Engine* zugeordnet, die für die Ausführung der Frame-Buffer-Zugriffe einschließlich des Z-Buffering zuständig ist. Weiterhin dienen die Image-Engines zur Erzeugung von Objekttransparenzen auf der Basis des im Unterabschnitt 4.5.5 vorgestellten Interpolationsverfahrens.

Die letzte Stufe des Graphics-Systems ist das *Display-Subsystem*, das im wesentlichen den Bildausgabeprozeß steuert sowie als Video-Logik fungiert. Nachfolgend betrachten wir die Wirkungsweisen dieser Funktionseinheiten im Detail.

5.2.2 Geometry-Subsystem

Das Geometry-Subsystem (Bild 5.8) besteht aus einem *Conversion-Module* sowie aus fünf Geometry-Engines, die mit Gleitkommarechenwerken ausgestattet sind. Jede dieser als Pipeline angeordneten Funktionseinheiten ist mikroprogrammierbar. Ihre Aufgabenverteilung innerhalb der Visualisierungsprozeßkette stellt sich wie folgt dar:

Conversion-Module. Das Conversion-Module ist für die Umformung der unterschiedlichen Festpunkt- und Gleitpunkt-Datenformate in ein einheitliches 32-Bit-IEEE-Floating-Point-Format zuständig. Ein FIFO-Speicher mit einer Kapazität von 512 Worten, der sich an der Eingangsseite des Konvertierungsmoduls befindet, steuert die Daten- und Instruktionsversorgung. Unterschreitet der FIFO-Speicher seine untere Füllmarke, so löst er einen Interrupt aus und fordert damit neue Daten vom Host-System an. Beim Überschreiten der oberen FIFO-Füllmarke wird der Datenzufluß unterbunden.

Geometry-Engines. Zu den Hauptaufgaben der Geometry-Engines (GEs), die jeweils Rechenleistungen von 20 MFLOPS aufweisen, gehört die Ausführung der Geometrieprozesse, wobei im einzelnen die folgende Aufgabenverteilung besteht:

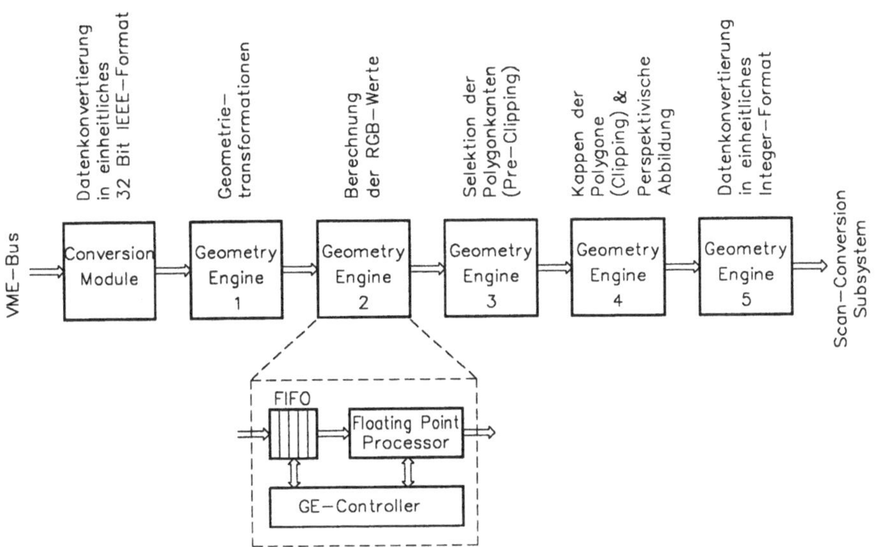

Bild 5.8. Blockbild des Geometry-Subsystems

Die Aufgabe der GE1 besteht in der Ausführung der Rotations-, Translations- und der Skalierungstransformationen. Hierzu ist die Transformation der homogenen 3D-Eckpunktkoordinaten und der Eckpunktnormalen mit einer 4×4- bzw. mit einer 3×3-Transformationsmatrix erforderlich.

Die Berechnung der Pixel-Farben an den Polygoneckpunkten ist die Aufgabe der zweiten Pipeline-Stufe, wobei bis zu acht punktförmige Lichtquellen unterstützt werden. Als Ergebnis dieses Beleuchtungsprozesses erhält man die RGB-Farbkomponenten für jeden der vier Polygoneckpunkte. Darüber hinaus werden die α-Eckpunktwerte berechnet, die den Grad der Flächentransparenz repräsentieren.

Mit der dritten Pipeline-Stufe erfolgt die Selektion der zu kappenden Polygonkanten. Hierbei wird jede Polygonkante geprüft, ob sie eine der 6 Ebenen eines Sichtquaders durchdringt. Das verwendete Selektionsverfahren erfolgt vermutlich nach der im Unterabschnitt 4.3.4 dargestellten Eckpunktkodes.

Mit der vierten Pipeline-Stufe werden die Polygonkanten, die die Begrenzungsflächen des Sichtquaders durchdringen, nach dem Verfahren von Sutherland & Hodgeman (Unterabschnitt 4.3.4) gekappt. Eine weitere Aufgabe dieses GE-Moduls ist die Ausführung der perspektivischen Transformation.

Die Abbildung der im 32-Bit-IEEE-Floating-Point-Format vorliegenden Objektraumkoordinaten auf die ganzzahligen Gerätekoordinaten eines Bildfensters (*viewport*) ist die Aufgabe der letzten Pipeline-Stufe. Weiterhin wird mit dem GE5 auch die Normierung der RGB-Farbwerte *(colour clamping)* und die sog. *Tiefenschattierung* ausgeführt. Die Normierung bewirkt, daß die ermittelten RGB-Farbwerte auf den Zahlenbereich von 0 bis 255 abgebildet werden. Mit der Tiefenschattierung erfolgt mit größer werdendem Abstand zum Betrachter eine Abschwächung der Farbhelligkeit.

5.2.3 Scan-Conversion-Subsystem

Das Scan-Conversion-Subsystem besteht aus zwei parallel arbeitenden Polygonprozessoren, einem Kantenprozessor sowie aus fünf parallel arbeitenden Scan-Prozessoren. Auch diese Funktionseinheiten sind, wie Bild 5.9 zeigt, als Pipeline angeordnet.

Die nachfolgende Funktionsbeschreibung des Scan-Conversion-Subsystems ist in einigen Details spekulativ, da eine genaue Systembeschreibung nicht verfügbar war. Sie wurde anhand der öffentlich zugänglichen Systeminformationen erstellt und unter dem Gesichtspunkt eines schlüssigen Organisationskonzeptes entsprechend ergänzt. Das tatsächliche Funktionsprinzip dieses Subsystems dürfte jedoch dem hier vorgestellten weitgehend entsprechen.

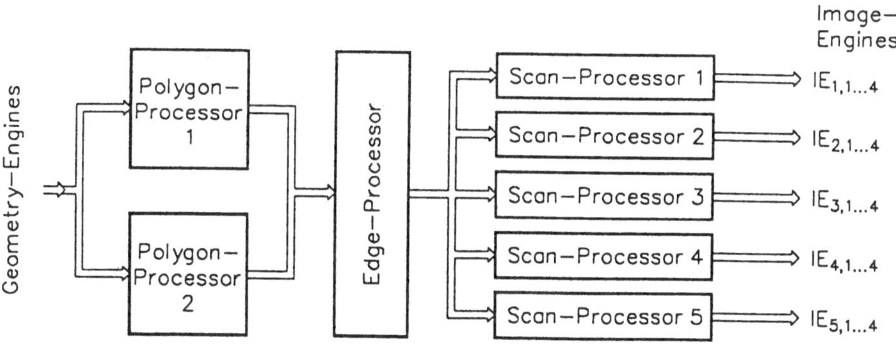

Bild 5.9. Scan-Conversion-Subsystem [AKE88]

Polygonprozessor. Der Polygonprozessor sortiert die vier Polygoneckpunkte, die er vom Geometry-Subsystem erhält, nach der Größe der X-Koordinaten. Anschließend erfolgt wie in Bild 5.10 dargestellt, die Zerlegung des Polygons.

In der Regel entstehen hierbei je ein Trapez sowie zwei Dreiecke. Ein Dreieck wird auch als der Sonderfall eines Trapezes betrachtet, bei dem die Kantenlänge einer der beiden parallelen Seiten Null ist. Wie aus den nachfolgenden Prozeßschritten zu entnehmen ist, lassen sich derartig zerlegte Polygone von den nachfolgenden Stufen des Polygonprozessors in einheitlicher Weise verarbeiten. Wir bezeichnen den oberen linken Eckpunkt eines Trapezes mit V_{tl}, den oberen rechten mit V_{tr}, den unteren linken mit V_{bl} und den unteren rechten Eckpunkt mit V_{br}. Jedem dieser vier Polygoneckpunkte sind die drei RGB-Farbkomponenten sowie der α-Wert zugeordnet.

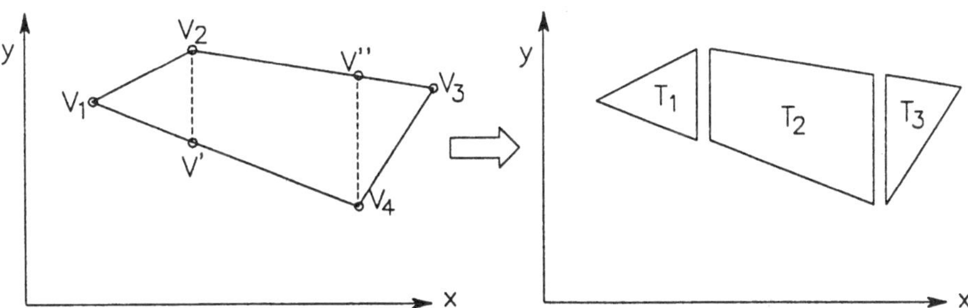

Bild 5.10. Zerlegung des Polygons in die Trapeze T1, T2 und T3

Indem wir diese Werte anstelle der Z-Koordinaten als Eckpunktkoordinaten einsetzen, erhalten wir die zusätzlichen RGB- und α-Flächen.

Wie bereits beim Architekturüberblick (Unterabschnitt 5.2.1) erwähnt, hat das Scan-Conversion-Subsystem die Aufgabe, für jeden auf der Trapezfläche befindlichen Punkt die Z-Koordinate, die RGB-Farbwerte sowie den α-Wert zu berechnen. Hierzu werden entsprechend Bild 5.11 vom Polygonprozessor für $\Delta x=1$ die Steigungsinkremente der oberen und unteren Kanten (t, b) an allen fünf Flächen bestimmt.

Nach [AKE88] erfolgt die Berechnung der zehn Kanteninkremente eines Trapezes in 1µs. Unter der Annahme, daß jedes Polygon aus drei Trapezen besteht, beträgt der Durchsatz des Polygonprozessors, unter Einbeziehung der Eckpunktsortierung und der Trapezzerlegung, ca. 2 10^5 Polygone/Sek.

Edge-Processor. Die weitere Verarbeitung der Kanteninkremente erfolgt mit dem Edge-Processor, der mit diesen Konstanten zuerst die Anfangs- und Endpunktkoordinaten der sog. *Spans* bestimmt. Als Span wird hier eine Pixel-Spalte innerhalb einer Trapezfläche bezeichnet.

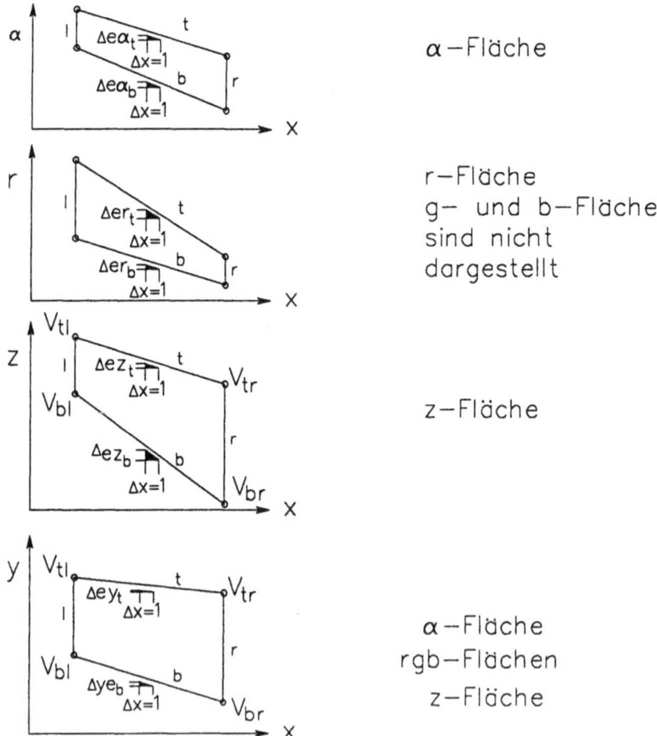

Bild 5.11. Berechnung der Kanteninkremente am Beispiel des Trapezes T2.

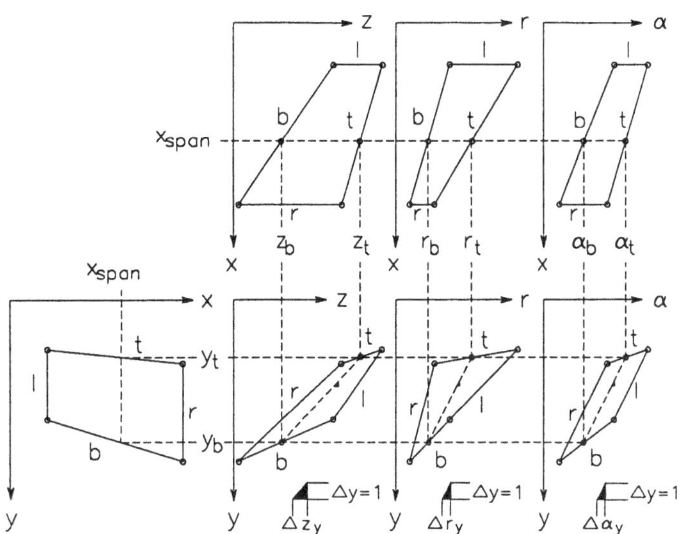

Bild 5.12. Berechnung der Span-Parameter

Die Berechung der Spankoordinaten beginnt immer an der linken Kante l und endet an der rechten r. Nach jeder Inkrementierung der X-Koordinaten ($x:=x+1$), werden die Δe-Konstanten zu den Koordinaten der Anfangs- und Endpunkte der alten Spans addiert.

Mit Hilfe der Anfangs- und Endpunktkoordinaten, die mit einer Genauigkeit von einem Achtel des kleinsten Pixel-Abstandes berechnet wurden, erfolgt anschließend die Bestimmung der fünf Span-Steigungsinkremente Δz_y, Δr_y, Δg_y, Δb_y und Δy. Die geometrische Bedeutung dieser Inkrementalwerte zeigt Bild 5.12. Nach [AKE88] sind für die Berechnung der Span-Datensätze der Z-, α- und RGB-Flächen insgesamt 500ns erforderlich, so daß der Edge-Prozessor maximal 2 10^6 Spans/Sek berechnen kann.

Span-Prozessor. Die vom Edge-Prozessor erzeugten Span-Parameter werden auf fünf parallel arbeitende Span-Prozessoren verteilt. Jeder dieser Span-Prozessoren berechnet die Z-, RGB- und α-Pixelkoordinaten jener Spans, die untereinander äquidistante Spaltenabstände von je 5 Pixeln aufweisen.

Die Berechnung der Z-, Farb- und Transparenzkoordinaten jener Bildpunkte, die sich innerhalb eines Spans befinden, erfolgt, wie Bild 5.13 zeigt, mit Hilfe der linearen Interpolation, indem die vom Edge-Prozessor berechneten ΔZ-, Δr-, Δg-, Δb- und $\Delta\alpha$-Konstanten inkrementell addiert werden. Nach [AKE88] ist ein Span-Prozessor in der Lage, in 125ns die Koordinatenwerte eines Pixels zu berechnen, so daß sich für die fünf Prozessoren ein maximaler Durchsatz von 40 10^6 Pixel/Sek ergibt. Indem wir diesen Wert durch die

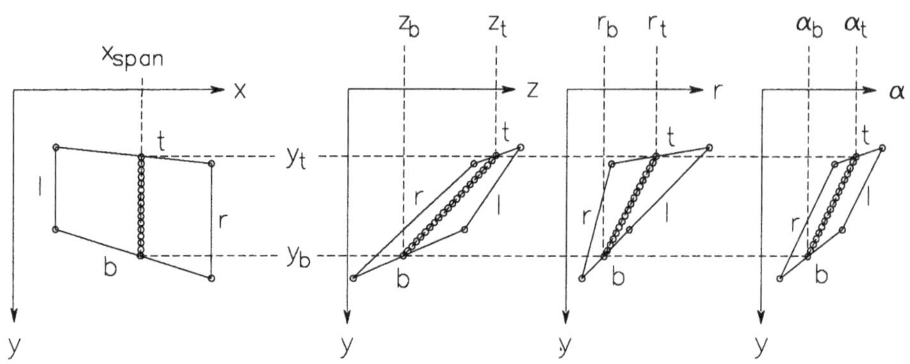

Bild 5.13. Berechnung der Z-, RGB- und α-Pixel-Koordinaten

maximale Anzahl der vom Edge-Prozessor erzeugbaren Span-Datensätze teilen, erhalten wir die günstigste Span-Länge mit ca. 20 Pixeln.

Scan-Conversion-Algorithmus. Der Algorithmus 5.1 stellt das Funktionsprinzip des Scan-Conversion-Subsystems im Zusammenhang dar:

Polygonprozessor:

- *Eckpunktkoordinaten* V_1, V_2, V_3 *und* V_4 *in der Reihenfolge der aufsteigenden X-Koordinatenwerte sortieren.*
- *Schnittpunkte* V_{S1} *und* V_{S2} *berechnen*

for i := 1 **to** 3 **step** 1 **do**
begin

- *Eckpunktkoordinaten* $V_1, V_2, V_3, V_4, V_{S1}$ *und* V_{S2} *den geordneten Eckpunkten* V_{tl}, V_{tr}, V_{bl} *und* V_{br} *des Trapezes T(i) zuweisen.*
- *Steigungsinkremente an den Kanten der Z-, RGB- und α-Flächen bestimmen:*

$\Delta ey_t := (y_{tr} - y_{tl})/(x_{tr} - x_{tl})$; $\Delta ey_b := (y_{br} - y_{bl})/(x_{br} - x_{bl})$;
$\Delta ez_t := (z_{tr} - z_{tl})/(x_{tr} - x_{tl})$; $\Delta ez_b := (z_{br} - z_{bl})/(x_{br} - x_{bl})$;

- *in gleicher Weise erfolgt Bestimmung von:* $\Delta er_t, \Delta er_b, \Delta eg_t, \Delta eg_b, \Delta eb_t, \Delta eb_b, \Delta e\alpha_t, \Delta e\alpha_b$.
- *Kanteninkremente zum Edge-Prozessor senden*

end

Edge-Prozessor:

- *Inititialisierung der Anfangs- und Endkoordinaten des ersten Span*

$y_t := y_{tl}, y_b := y_{bl}, z_t := z_{tl}, z_b := z_{bl}, \alpha_t := \alpha_{tl}, \alpha_b := \alpha_{bl},$

$r_t := r_{tl}, r_b := r_{bl}, g_t := g_{tl}, g_b := g_{bl}, b_t := b_{tl}, b_b := b_{bl}$.

```
for x := x_tl to x_tr step 5 do
begin
    for i := 0 to 4 step 1 do
    begin
        - Span-Inkremente der Z-, RGB- und α-Flächen berechnen
        Δz_y := (z_t − z_b)/(y_t − y_b);
        - ebenso für Δr_y, Δg_y, Δb_y und Δα_y,
        - Sende die Koordinaten der Anfangs- und Endpunkte sowie die
          Span-Inkremente der Z-, RGB und α-Flächen zum Span-Prozessor
        - Anfangs- und Endkoordinaten des nächsten Span auf den Z-, RGB
          und α-Flächen berechnen
        x := x + 1;
        y_t := y_t + Δey_t;  y_b := y_b + Δey_b;
        z_t := z_t + Δez_t;  z_b := z_b + Δez_b;
        - ebenso für r_t, r_b, g_t, g_b, b_t, b_b, α_t und α_b .
    y_t := y_tl + 5 * Δey_t;  y_b := y_bl + 5 * Δey_b;
    z_t := z_tl + 5 * Δez_t;  z_b := z_bl + 5 * Δez_b;
    - ebenso für RGB und α
end
```

Span-Prozessor 1 bis 5:

```
for y := y_t to y_b step 1 do
begin
    Sende x, y, z, r, g, b und α zu den Image-Engines
    Koordinaten des nächsten Bildpunktes berechnen
    z := z + Δz_y;
    r := r + Δr_y;
    g := g + Δg_y;
    b := b + Δb_y;
    α := α + Δα_y;
end
```

Algorithmus 5.1. Scan-Conversion-Algorithmus

5.2.4 Raster-Subsystem

Die von den Scan-Prozessoren erzeugten Pixel-Daten werden von 20 parallel arbeitenden Image-Engines weiter verarbeitet. Diese Prozessoren sind als 5×4-Array angeordnet, wobei jeweils ein Subsystem des Frame-Buffers je einer Image-Engine zugeordnet ist. Die Zuordnung der Frame-Buffer-Einheiten zu den Image-Engines ist in Bild 5.14 dargestellt. Gemeinsam bilden sie das in Bild 5.15 dargestellte Raster-Subsystem.

Im nachfolgenden werden zuerst die Aufgaben und Funktionen der einzelnen Frame-Buffer-Einheiten und der Image-Engines vorgestellt. Die von den Image-Engines verwalteten Speichersegmente besitzen Pixel-Wortlängen von insgesamt 96 Bit, die in 5 Bänke aufgeteilt sind:

- Zwei als Wechselpuffer arbeitende Bildspeicher (image banks) mit Wortlängen von je 32 Bit enthalten die 8-Bit-breiten RGB- und α-Daten.
- Eine *Depth-Bank* mit einer Wortlänge von 24 Bit dient zur Speicherung der Z-Koordinatenanteile, die von den Image-Engines zur Ausführung des Z-Buffer-Prozesses benötigt werden. Die Depth-Bank kann zusätzlich zur Erweiterung des Bildspeichers dienen.
- Die *Overlay-Bank* besitzt eine Wortlänge von 4 Bit, wobei 2 Bit für den *Window-Manager* reserviert sind. Eine Wortlänge von 4 Bit besitzt auch die *Window-ID-Bank*, in der die zur Identifikation der Window-Bereiche notwendigen *Tag-Bits* gespeichert sind.

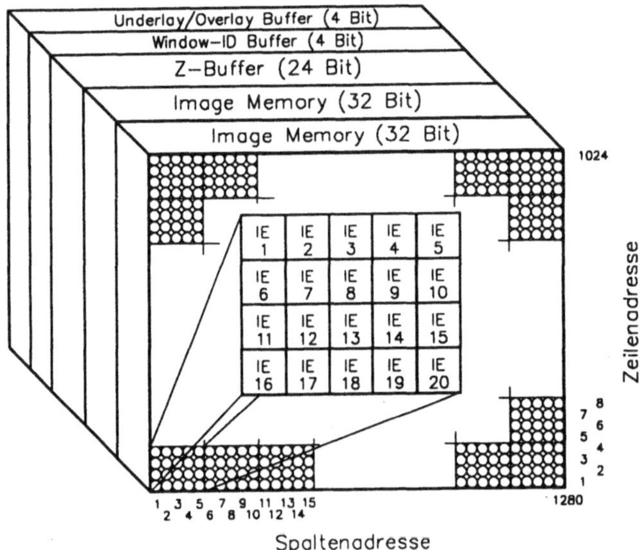

Bild 5.14. Zuordnung zwischen den Speicherzellen des Frame-Buffers und dem Image-Engine-Array [AKE88]

Image-Engines. Die Image-Engines erzeugen die Signale zur Steuerung des Frame-Buffers und des Bildwiederholprozesses. Weiterhin führen diese Module die folgenden Verarbeitungsprozesse aus:

- Mit der Replace-Operation werden die bereits im Speicher befindlichen RGB-Einträge mit neu einzutragenden Farbwerten überschrieben. Die hierbei erreichbare maximale Schreibrate beträgt 80 10^6 Pixel/Sek.

- Die *Pixel-Preset-Operation* dient zur Initialisierung der Image- und der Depth-Bank. Die zu initialisierenden Bereiche sind rechteckig und müssen orthogonal zu den Kanten der Bildschirmfläche ausgerichtet sein.

- Die *Z-Buffer-Operation* dient zur Unterstützung des Hidden-Surface-Removal Prozesses. Sie erfolgt nach dem in Unterabschnitt 4.5.6 dargestellten Funktionsprinzip. Die Ausführungszeit der Z-Buffer-Operation beträgt 250ns/Pixel.

- Mit der *Z-Buffer-Blend-Operation*, die parallel zur Z-Buffer-Operation ausgeführt wird, erfolgt die Berechnung der Pixel-Farbe von transparenten Polygonen. Die verwendete Berechnungsmethode basiert auf der in Unterabschnitt 4.5.5 vorgestellten Farbinterpolation mit den Farbwerten des überdeckenden Bildpunktes. Der α-Wert dient hierbei zur Gewichtung der beiden Pixel-Farben. Die Ausführungszeit der Z-Buffer-Blend-Operation beträgt 100ns/Pixel.

5.2.5 Display-Subsystem

Fünf parallel arbeitende *Multimode-Grafik-Prozessoren* bilden die Endstufe des Graphics-Subsystems. Sie empfangen die Pixel-Daten des Frame-Buffers und führen, abhängig von den gleichzeitig aus der Overlay-Bank übertragenen Steuer-Bits, eine Double- oder Single-Frame-Buffer-Operation aus.

Um diese Display-Operationen selektiv gleichzeitig auf allen geöffneten Windows (max. 64) ausführen zu können, werden die Identifikationskennziffer des aktuellen Grafikprozesses mit den Tag-Bit-Einträgen in der Window-ID-Bank und der Overlay-Bank verglichen. Nur im Fall einer Übereinstimmung erfolgt die Ausführung der gewünschten Display-Operation im aktuellen Window-Bereich des Frame-Buffers. Das Display-Subsystem arbeitet wahlweise im *RGB-Farbmodus* oder im *Farbindex-Modus*.

Mit dem RGB-Farbmodus ist die gleichzeitige Darstellung von maximal 2^{24} unterschiedlichen Farben möglich. Hierbei werden die 8-Bit-breiten RGB-Farbkomponenten mit Hilfe eines Multiplexers direkt an die Eingänge der drei Digital-Analog-Umsetzer geleitet.
Der Farbindex-Modus wird dann verwendet, wenn die Wortlänge des Image-Buffers nur 12 Bit beträgt. In diesem Fall erfolgt die Umsetzung der 12-Bit-Pixel-Werte in die 24-Bit-RGB-Farbwerte mit Hilfe einer Lookup-Tabelle, so daß die gleichzeitige Darstellung von maximal 2^{12} unterschiedlichen Farben aus einer Palette von 2^{24} Farben möglich ist.

Zusätzlich zu den RGB-Signalen steht auch das α-Signal für das α-Blending zur Verfügung und ermöglicht damit das Überblenden oder das Mischen mit einem externen Video-Signal, das beispielsweise eine zweite Bildsignalquelle erzeugt.

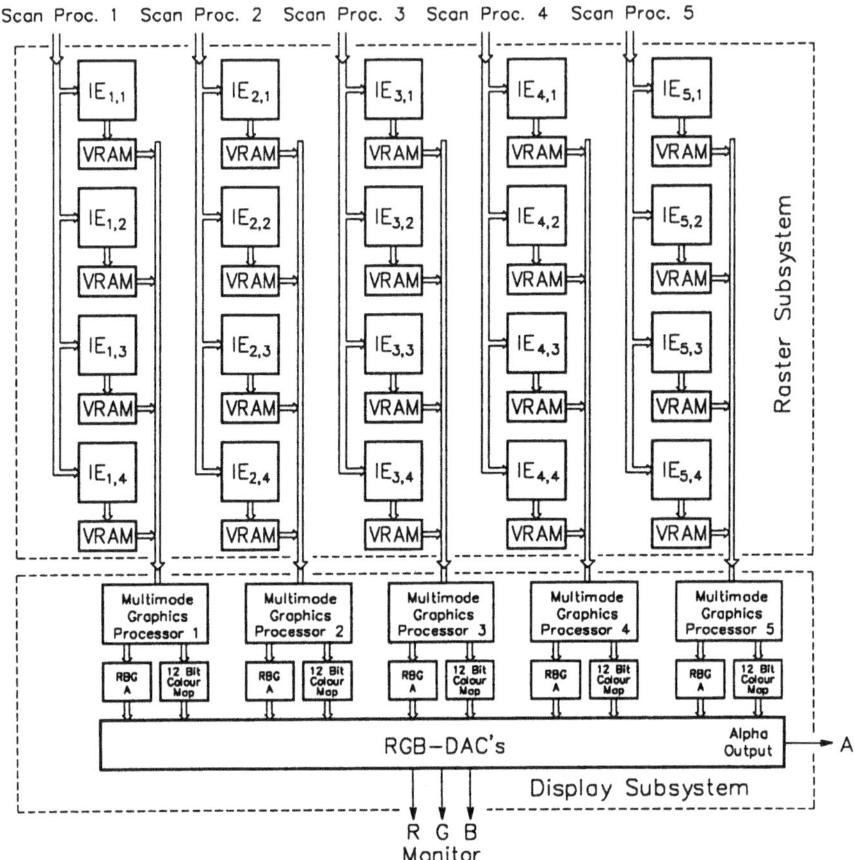

Bild 5.15. Raster- und Display-Subsystem [AKE88]

5.3 Solid-Rendering-Accelerator

Der *Solid-Rendering-Accelerator* (SRX) der Firma *Hewlett Packard* [SWA86, BUR87, GOR87] ist mit einer Visualisierungsleistung von 5800 Polygonen/Sek bei ca. 100 Pixel/ Polygon in den unteren Leistungsbereich der realzeitfähigen Grafik-Computer einzuordnen. Im Vergleich mit anderen Realzeitsystemen zeichnet sich der SRX durch seinen verhältnismäßig geringen gerätetechnischen Aufwand aus. Hervorzuheben ist auch seine interessante Frame-Buffer-Architektur sowie der hiermit funktional in enger Verbindung stehende *Pixel-Cache*.

5.3.1 Architekturüberblick

Bild 5.16 zeigt die Architektur des Solid-Rendering-Accelerators. Zu seinen wichtigsten Funktionseinheiten zählt die *Transform-Engine*, der *Scan-Converter*, sowie das *Frame-Buffer-System* mit dem *Pixel-Cache* und dem *Address-Calculator*.

Als Host-System stehen zwei von Hewlett Packard entwickelte RISC-Prozessoren zur Verfügung, die unterschiedliche Leistungen aufweisen. So besitzt der Prozessor des Modells 835 SRX, dessen Befehlszykluszeit 66,7ns beträgt, eine Rechenleistung von 14 MIPS und 2,02 MFLOPS. Der Prozessor des 825 SRX-Systems erreicht mit einer Befehlszykluszeit von 80ns eine Leistung von 8 MIPS und 0,65 MFLOPS.

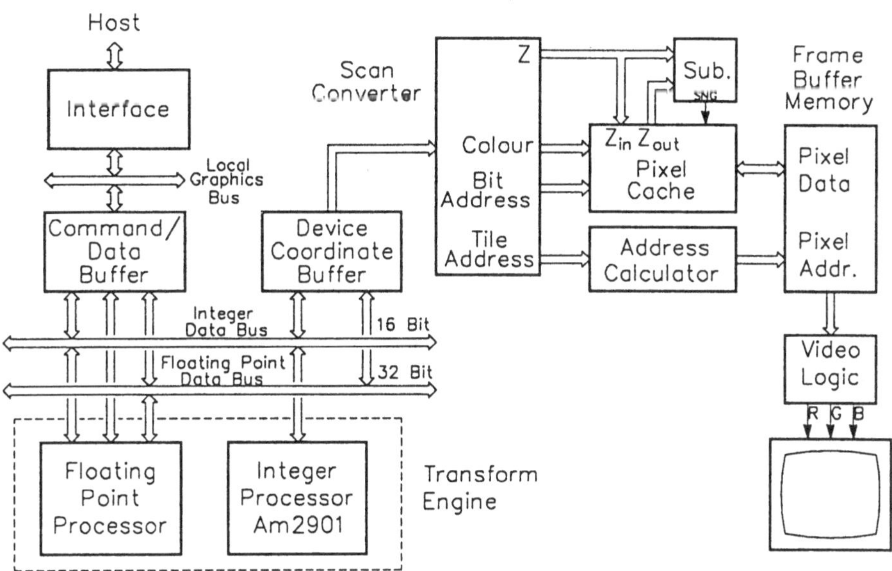

Bild 5.16. Blockdarstellung des Solid-Rendering-Accelerators (SRX) [BUR87]

Zu den Aufgaben des Host-Systems, mit dem die im SRX ablaufenden Visualisierungsprozesse unterstützt werden, gehört in erster Linie die Generierung der objektbeschreibenden Datenstruktur. Im nachfolgenden werden in einer Übersicht die Aufgaben der Funktionseinheiten sowie ihr Zusammenwirken vorgestellt.

Transform-Engine. Der als Transform-Engine bezeichnete Geometrieprozessor hat die Aufgabe, die Objektraumkoordinaten geometrisch zu transformieren und auf die Gerätekoordinaten des Bildspeichers abzubilden. Zu seinen weiteren Aufgaben gehört das Klippen der Polygonkanten an den Grenzen der Sichtpyramide sowie die Berechnung der RGB-Farbwerte an den Eckpunkten der transformierten Polygone.

Die gesamte Funktionseinheit besteht aus einem 16-Bit-Integer-Prozessor und einem mikroprogrammierbaren 32-Bit-Gleitpunktprozessor. Der Integer-Prozessor ist mit vier *Bit-Slice*-Prozessoreinheiten vom Typ Am2901 aufgebaut. Die Ausführung von Gleitpunktoperationen erfolgt mit einem Gleitpunktprozessor, der aus drei parallel arbeitenden Rechenwerken besteht. Die Steuerung dieser Prozessoreinheit erfolgt mit einem Mikroprogramm, das sich in einer 16K×72 Bit großen Speichereinheit *(Writeable-Control-Store)* befindet. Dieses Programm interpretiert die im Befehlspuffer befindlichen Anweisungen und führt den Mikrocode der entsprechenden grafischen Prozeduren aus.

Die vom Geometrieprozessor erzeugten Ausgabedaten werden in einem Gerätekoordinatenspeicher (*Device-Coordinate-Buffer*) zwischengespeichert und dort von der nachfolgenden Rasterkonvertierungseinheit, dem *Scan-Converter*, abgerufen.

Zur Kommunikation zwischen dem Transformationsprozessor und dem Host-System dient ein im Wechselpufferbetrieb arbeitender *Dual-Port*-Speicher, der hier als *Command/ Data-Buffer* bezeichnet wird.

Scan-Converter. Der Scan-Converter berechnet, ausgehend von den Geometrie- und Farbkoordinaten der Polygoneckpunkte, die Farb- und Geometriekoordinaten aller Pixel, die sich auf der Oberfläche dieses Polygons befinden. Die Anzahl der Polygonkanten ist hierbei nicht eingeschränkt und es ist zulässig, daß die Polygonflächen auch Löcher aufweisen können.

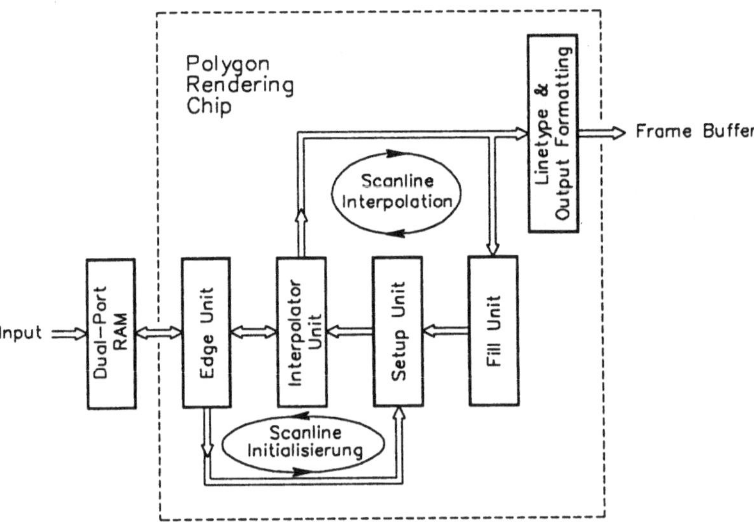

Bild 5.17. Blockdarstellung des Polygon-Rendering-Chip [SWA86]

Die wichtigste Komponente des Scan-Converters ist ein *Polygon-Rendering-Chip* (PRC). Er besteht, wie das Bild 5.17 zeigt, aus der *Edge-*, *Setup-*, *Interpolator-* und der *Fill-Unit*. Diese vier Funktionseinheiten lassen sich in ihrer funktionalen Verknüpfung wie zwei ineinander verschachtelte Schleifen betrachten. Die erste Schleife führt von der Edge-Unit über die Setup- zur Interpolator- und wieder zur Edge-Unit zurück. Ihre Aufgabe ist es, die Anfangs- und Endkoordinatenwerte sowie die Steigungsinkremente der Scanlines zu berechnen, um mit diesen Werten die Setup-Unit zu initialisieren.

Die zweite Schleife dient zur Interpolation der RGB- und Z-Koordinaten innerhalb einer Scanline. Ihr Datenfluß führt vom Interpolator zur Fill-Unit und von dieser Funktionseinheit über die Setup-Unit zur Interpolator-Unit zurück.

Beide Schleifen sind mit Hilfe von Pufferspeichern entkoppelt, so daß die Ausführung der Initialisierungs- und Interpolationsprozesse weitgehend parallel erfolgt. Da die Initialisierungsschleife die Steigungsinkremente für jede neue Scanline berechnet, können auch, wie bei der IRIS-Workstation, nicht-planare Polygone verarbeitet werden. Eine ausführliche Behandlung des Scan-Converters folgt im Unterabschnitt 5.3.2.

Dither- und Transparenzstufe. Während die vom Scan-Converter erzeugten Geometriekoordinaten direkt zum Pixel-Cache weitergeleitet werden, durchlaufen die RGB-Werte zusätzlich eine *Dither-* und eine *Transparenzstufe*. Die Dither-Stufe[9] ist für die Farbinterpolation mit Hilfe des sog. *Ditherings* zuständig. Die Farbinterpolation ist immer dann notwendig, wenn die Pixel-Wortlänge des Bildspeichers nicht ausreicht, um kontinuierliche Helligkeitsabstufungen von einer beliebigen Farbart zu erzeugen.

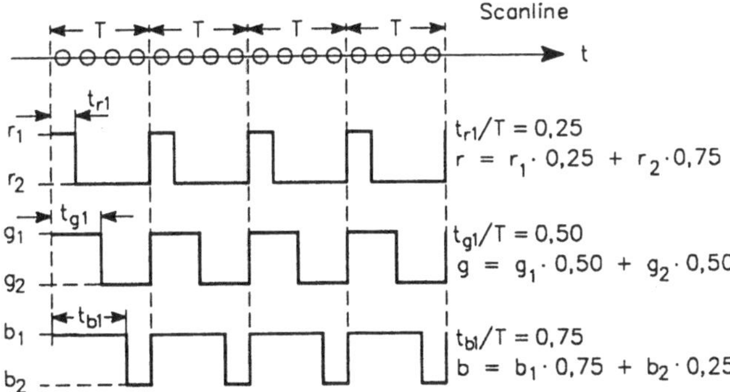

Bild 5.18. Prinzip der Farbinterpolation

9 Die Funktionsweise der Dither-Stufe wird nicht durch die allgemein zugängliche Literatur abgesichert und ist daher als spekulativ zu betrachten.

Dies trifft auch auf den Bildspeicher des SRX zu, der in seiner kleinsten Ausbaustufe nur eine Wortlänge von 12 Bit besitzt. In diesem Fall stehen nur 4 Bit für die Repräsentation je eines der drei RGB-Farbanteile zur Verfügung, wodurch die Anzahl der darstellbaren Farbhelligkeiten auf maximal 16 Stufen begrenzt ist. Diese relativ geringe Anzahl führt dazu, daß deutlich sichtbare Helligkeitssprünge zwischen benachbarten Stufen auftreten. Mit Hilfe des *Dithering* ist es jedoch möglich, diese Diskontinuitäten so weit zu verringern, daß sie vom Betrachter nicht mehr wahrnehmbar sind. Die *Dither-Stufe* erzeugt die interpolierte Farbe $F_i = (r_i\ g_i\ b_i)$ durch periodisches Umschalten zwischen den beiden Farben $F1 = (r_1\ g_1\ b_1)$ und $F2 = (r_2\ g_2\ b_2)$. Die interpolierten RGB-Farbwerte von F_i ergeben sich hierbei mit:

$$r_i = \frac{t_r}{T} r_1 + (1 - \frac{t_r}{T}) r_2, \quad g_i = \frac{t_g}{T} g_1 + (1 - \frac{t_g}{T}) g_2 \quad \text{und} \quad b_i = \frac{t_b}{T} b_1 + (1 - \frac{t_b}{T}) b_2 .$$

Bild 5.18 zeigt als Beispiel, wie mit Hilfe der Farbumschaltung die Farbinterpolation erfolgt. Hierbei wird der Mittelwert mit je zwei wechselnden RGB-Farbwerten gebildet, wobei sich die Wechselfolge nach der Ausgabe von jeweils 4 Pixeln wiederholt. Mit der Periodenlänge T=4 und den Umschaltzeitverhältnissen 0/4, 1/4, 2/4, 3/4 und 4/4 vervierfacht sich die Anzahl der darstellbaren Farbwerte. Der Nachteil dieses Verfahrens liegt in der Reduzierung der horizontalen Bildauflösung; außerdem kann eine unerwünschte Texturbildung auftreten.

Die Transparenzstufe arbeitet nach der im Unterabschnitt 4.5.5 beschriebenen *Screen-Door-Methode*. Um graduell abgestufte Transparenzen zu erzeugen, ist dieses Verfahren, bei dem die Transparenzwirkung mit Hilfe eines Pixel-Lückenmusters erzielt wird, nicht geeignet.

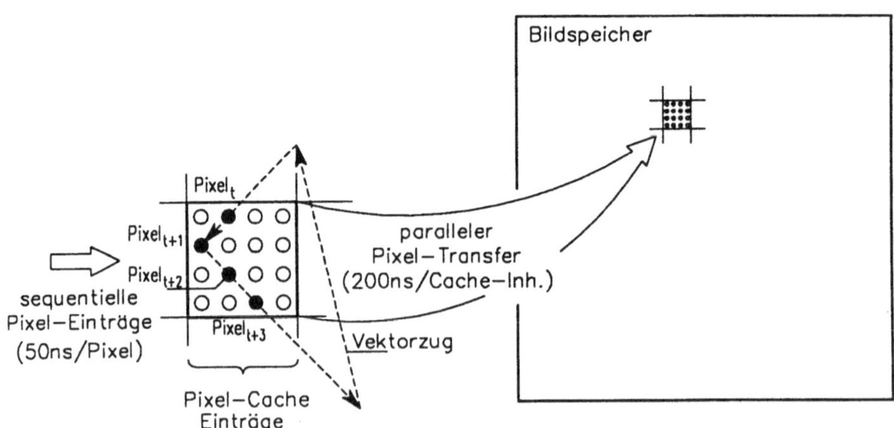

Bild 5.19. Prinzip des Pixel-Cache-Verfahrens [GOR87]

Pixel-Cache und Frame-Buffer. Um die schnelle Pixel-Generierungsrate von ca. 20 10^6 Pixel/Sek an die langsamere Datentransferrate des Bildspeichers von ca. 5 10^6 Pixel/Sek anzupassen, wird das *Pixel-Cache-Verfahren* verwendet. Hierbei werden die Pixel-Daten zuerst in den eingangs erwähnten Pixel-Cache eingetragen, und anschließend, wie in Bild 5.19 dargestellt, mit einem 200ns Schreibzyklus als Datenblock zum Bildspeicher übertragen. Eine ausführliche Behandlung des Pixel-Cache-Konzeptes folgt im Unterabschnitt 5.3.3.

5.3.2 Scan-Converter

Im Unterabschnitt 5.3.1 wurde die Aufgabe sowie die Architektur des Scan-Converters vorgestellt. Nachfolgend wird die Funktionsweise des *Polygon-Rendering-Chip* (PRC), der in [SWA86] ausführlich beschrieben ist, behandelt.

Interpolationsalgorithmus. Die Funktionsweise des PRC basiert auf dem Bresenham Interpolationsalgorithmus. Dieser Algorithmus, der hardware-technisch mit relativ geringem Aufwand realisierbar ist, dient zur Bestimmung der ganzzahligen Koordinatenmenge, mit der eine durch zwei Endpunkte festgelegte Gerade approximiert wird.

Vor dem Start des Interpolationsprozesses müssen die Inkrementalkonstanten $incr_1$, $incr_2$ und $incr_3$ sowie die Initialisierungswerte der Variablen z_f und n (s. Alg. 5.2) bekannt sein. Diese Werte werden von der Setup-Unit für jede RGB- und Z-Wertegerade, die zusammen mit den X- und Y-Koordinatenverläufen eine Scanline repräsentieren, ermittelt. Der Kern des Interpolationsalgorithmus ist innerhalb der *while*-Schleife von Algorithmus 5.2 spezifiziert.

Der Bresenham-Algorithmus wird nicht nur für die Interpolation der RGB-Farbwerte und der Z-Koordinaten benötigt, sondern dient auch zur Bestimmung der Anfangs- und Endpunkte einer Scanline. Im letzten Fall ist die Berechnung der Inkrementalkonstanten nur einmal notwendig, da sich die Koordinaten der Polygoneckpunkte während des Konvertierungsprozesses nicht verändern. Eine ausführliche Besprechung des Bresenham-Algorithmus, der in einer modifizierten Form auch häufig zum Erzeugen von Kreisen oder Ellipsen verwendet wird, ist in [FOL90] zu finden.

```
procedure Bresenham;
var
        incr1, incr2, incr3, n, zf, x, xs, xe, z, zs ,ze: integer;
begin
        x := xs;
        z := zs;
        n := xe - xs;
        incr1 := (ze - zs) div n;
        incr2 := 2 * ((ze - zs) mod n));
```

```
        incr3 := incr2 - 2 * n;
        zf := incr2 - n;
        PlotPixel (x,z);
        {Pixel-Interpolation}
        while n <> 0 do begin
            x := x + 1;
            if zf ≥ 0 then begin
                zf := x + incr3;
                z := z + incr1 + 1;
            end
            else begin
                zf := zf + incr2;
                z := z + incr1;
            end;
            PlotPixel (x,z);
            n := n - 1;
        end; {while}
    end; {Bresenham}
```

Algorithmus 5.2. Lineare Interpolation auf der XZ-Ebene zwischen den Punkten (x_s, z_s) und (x_e, z_e) mit Hilfe des Bresenham-Algorithmus für $n \geq 0$.

Edge-Unit. Die *Edge-Unit* hat die Aufgabe, den Scan-Converter mit den RGB-Farbwerten und den Eckpunktkoordinaten des Polygons zu versorgen. Diese Daten sind als verkettete Liste organisiert, auf die indirekt zugegriffen wird. Weiterhin werden grafische Instruktionen eingelesen und interpretiert, die die Erzeugung von Vektoren oder Polygonflächen mit unterschiedlichen Linien- oder Flächenmustern bewirken.

Neben der Ausführung der Zugriffsprozesse und der Interpretation der grafischen Instruktionen dient die Edge-Unit auch zur dynamischen Verwaltung der verketteten Kantenliste. Sie ist weiterhin in der Lage, Kantendatensätze zwischen dem internen Pufferspeicher und dem externen Dual-Port-Speicher auszutauschen.

Setup-Unit. Die *Setup-Unit* dient zur Bestimmung der Initialisierungsparameter $incr_1$, $incr_2$, $incr_3$, z_f und n. Zur Berechnung der $incr_1$-Konstanten ist eine Division notwendig (s. Algorithmus 5.2), die durch eine Folge von 20 bis 34 Shift- und Additionsoperationen ersetzt wird.

Pixel-Interpolator. Zur Aufgabe des *Pixel-Interpolators* gehört die Generierung der RGB- und der XYZ-Koordinatenwerte auf der Basis des Bresenham-Algorithmus. Die Erzeugung eines derartigen Koordinatentupels (XYZ, RGB) erfolgt in 50ns. Entsprechend der jeweils drei Geometrie- und Farbkoordinatenachsen sind in einem Polygon-Rendering-Chip insgesamt sechs Interpolatoren vorhanden, wobei jeder Interpolator aus zwei parallel arbeitenden Addierern besteht. Obgleich für die Berechnung der XY-Koordinaten lediglich Binärzähler erforderlich sind, wurden, um das Chip-Layout zu vereinfachen, auch hierfür gleichartige Interpolatoreinheiten eingesetzt.

Fill-Unit. Mit der *Fill-Unit* werden die Start- und Endkoordinaten einer Scanline, die der Interpolator erzeugt, zwischengespeichert und als zusammenhängender Datensatz parallel zur Setup-Funktionseinheit transferiert.

Formatting-Unit. Bevor die vom Scan-Converter erzeugten Scanline-Daten in den nachfolgenden Pixel-Cache eingetragen werden, durchlaufen sie die *Formatting-Unit.* Die Aufgabe dieser Funktionseinheit ist es, die logischen Adressen der Pixel auf die korrespondierenden physikalischen Adressen des Pixel-Cache und des Frame-Buffers abzubilden.

Funktionsprinzip des PRC. Der Rasterkonvertierungsprozeß läßt sich mit Hilfe der Signalflußdarstellung in Bild 5.20 verdeutlichen. Mit dem ersten Verarbeitungsschritt liest die Edge-Unit die ersten beiden Kantendatensätze des zu verarbeitenden Polygons in ein spezielles Dateneingangsregister ein. Anschließend werden die Eckpunktkoordinaten der beiden Polygonkanten nacheinander zu der Setup-Unit transferiert. Mit diesen Koordinatenwerten bestimmt die Setup-Unit die Initialisierungsparameter, die der Interpolator zur Interpolation der Kantengeraden benötigt. Als Ergebnis liefert der Interpolator die Koordinaten der Farbwerte sowie der Anfangs- und Endpunkte der zu erzeugenden Scanline.

Mit einem zweiten Initialisierungszyklus werden die Anfangs- und Endkoordinaten der Scanline zur Setup-Unit transferiert, die hiermit wiederum die Inkrementalparameter der RGB- und Z-Wertegeraden bestimmt. Erst nachdem mit diesen Parametern die Initialisierung der Interpolator-Unit erfolgt ist, wird die eigentliche Scanline-Interpolation ausgeführt.

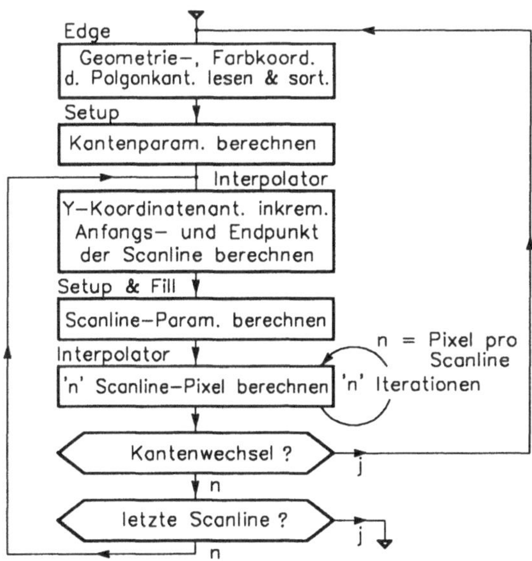

Bild 5.20. Flußdiagramm des Rasterkonvertierungsalgorithmus

Wie in Bild 5.20 dargestellt, erfolgt die Ausführung dieses inneren Initialisierungsprozesses jeweils vor der Generierung einer neuen Scanline.

Parallel zum Pixel-Interpolationsprozeß werden diese begrenzenden Koordinatenwerte mit Hilfe der Edge-Unit verglichen. Hierbei wird festgestellt, ob die Kantendatensätze infolge eines Wechsels der Polygonkanten (verdrehte Polygone) auszutauschen sind.

Alle Funktionseinheiten eines PRC sind mittels separater Pufferspeicher voneinander entkoppelt, so daß sie weitgehend parallel arbeiten können. Da zwischen den einzelnen PRC-Einheiten extrem breite Busverbindungen bestehen, ist ein interner Datentransfer innerhalb eines Taktzyklus von 50ns möglich, wobei mit jedem Taktschritt mehr als 480 Bit übertragen werden.

Infolge der zeitlichen Überlappung der Edge-, Setup-, Interpolator- und Fill-Operationen wird mit dieser Maßnahme eine Maximierung der Pixel-Generierungsrate erreicht. Hierdurch bleibt der Interpolator ständig im Busy-Zustand, wobei er zwischen dem Interpolationsprozeß und den Prozessen zur Generierung der Initialisierungsparameter wechselt.

5.3.3 Pixel-Cache

Bei der Besprechung des Gesamtsystems im Unterabschnitt 5.3.1 wurden die Aufgaben des Pixel-Cache im funktionalen Zusammenhang mit den korrespondierenden Systemeinheiten vorgestellt. Die nachfolgenden Betrachtungen dienen zur detaillierten Darstellung der Pixel-Cache-Architektur und dessen Wirkungsweise.

Das Bild 5.21 zeigt das Blockbild des Pixel-Cache, der gleichfalls als VLSI-Chip realisiert ist. Da dieser Schaltkreis, vor allem wegen der begrenzten Pin-Anzahl, nur jeweils eine Frame-Buffer-Ebene bedienen kann, ist die Anzahl der notwendigen Pixel-Cache-Module gleich der Anzahl der Frame-Buffer-Ebenen. Wie aus dem Blockbild zu entnehmen ist, besteht die Architektur des Pixel-Cache aus dem Z-Cache, dem Data-Cache, der Replacement-Rule-Logic sowie aus mehreren 16-Bit-Registern, die im einzelnen die folgenden Funktionen haben:

Data-Cache. Der *Data-Cache* dient zur Zwischenspeicherung der Pixel-Farbwerte. Die Adressierung seiner 16 Speicherplätze erfolgt mit der vom Scan-Converter erzeugten sog. *Bit-Adresse* (4-Bit). Da diese Einheit als Dual-Port-Speicher arbeitet, kann hierauf gleichzeitig bidirektional sowohl vom internen Source-Register als auch vom externen Scan-Converter zugegriffen werden.

Source-Register. Wird eine Bit-Adresse erzeugt, die sich außerhalb des aktuellen Data-Cache-Adreßbereiches befindet, so muß der Cache-Inhalt zum *Source-Register* transferiert und ein Frame-Buffer-Schreibzyklus gestartet werden. Hierbei wird der gesamte Inhalt des

Source-Registers parallel in einen 16 Pixel großen Frame-Buffer-Bereich eingeschrieben, den man als *Pixel-Kachel* oder als *Tile* bezeichnet. Anschließend erfolgt, wie aus dem Bild 5.22 hervorgeht, das Löschen des Pixel-Cache und die Umsetzung der Tile-Adresse. Mit der Übertragung der alten Pixel-Daten zum Frame-Buffer werden zeitlich überlappend neue Pixel-Daten zum Data-Cache transferiert.

Replacement-Rule-Register/Logic. Die *Replacement-Logic-Einheit* dient zur logischen Verknüpfung der neu in den Frame-Buffer einzutragenden Daten mit den Daten der Pixel, die sich bereits unter der gleichen Adresse im Frame-Buffer befinden. Anschließend werden die verknüpften Pixel-Daten wieder in den Frame-Buffer zurückgeschrieben. Der Typ der logischen Operation befindet sich jeweils im Replacement-Rule-Register.

Destination-Register. Das *Destination-Register* dient zur temporären Übernahme der Pixel-Daten, die zu der referenzierten Pixel-Kachel des Frame-Buffers gehören. Die Daten, die wie oben beschrieben mit Hilfe der Replacement-Logic-Einheit verknüpft werden, sind beim Wechsel der Tile-Adresse zu überschreiben. Dieser Prozeß erfolgt zeitlich überlappend mit dem erneuten Laden des Data-Cache.

Pattern-Register. Das *Pattern-Register* führt eine ähnliche Funktion wie das Destination-Register aus. So wird das in diesem Register gespeicherte Pixel-Muster in der oben dargestellten Weise mit den vom Scan-Converter erzeugten Pixel-Daten verknüpft. Hierdurch können Flächenelemente mit beliebigen periodischen Mustern erzeugt werden.

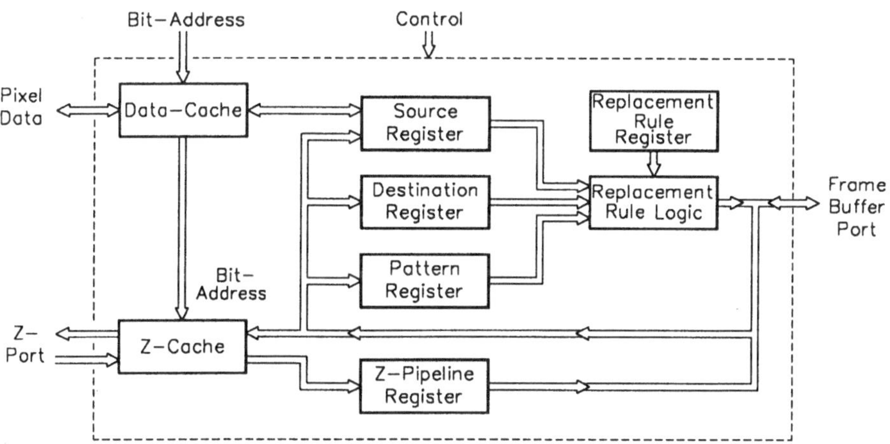

Bild 5.21. Architektur des Pixel-Cache [GOR87]

Z-Cache und Z-Pipeline-Register. Der *Z-Cache* dient zur Zwischenspeicherung der Z-Koordinatenwerte. Wie in Unterabschnitt 4.5.6 beschrieben, erfolgt mit diesen Daten und mit korrespondierenden Z-Werten aus dem Z-Buffer-Bereich des Frame-Buffers ein Wertevergleich. Anschließend werden die Ergebnisdaten über das Z-Pipeline-Register in den Z-Buffer zurückgeschrieben.

Funktionsprinzip des Pixel-Cache. Das Funktionsprinzip des Pixel-Cache [GOR87] läßt sich anhand von Bild 5.22 erläutern. In dem hier dargestellten Beispiel wird ein Vektor erzeugt, der von der Frame-Buffer-Adresse [2,2] startet und an der Adresse [10,4] endet.

Die bereits erwähnten Tiles bestehen hier aus quadratischen Pixelfeldern mit jeweils 16 Elementen, die in einem festen Raster angeordnet sind. Diese Pixel-Anordnung ist speziell für die Generierung von Wire-Frame-Darstellungen zweckmäßig, da ihre Frame-Buffer-Adressen hierbei keine Vorzugsrichtung aufweisen. Erfolgt die Bildgenerierung hingegen scanline-orientiert, so ist es zweckmäßig, die Tiles so zu organisieren, daß sie aus jeweils 16 horizontal ausgerichteten Bildelementen bestehen. Die Abbildung einer logischen Frame-Buffer-Adresse [x,y] auf die jeweils korrespondierende Tile-Adresse [TA_x, TA_y] erfolgt für 4×4-Tiles mit:

$$TA_x := \lfloor \frac{x}{4} \quad \text{und} \quad TA_y := \lfloor \frac{y}{4}$$

und für 1×16-Tiles mit:

$$TA_x := \lfloor \frac{x}{16} \quad \text{und} \quad TA_y := y\,.$$

Vor dem Eintrag der Pixel-Daten ist der Cache-Speicher zu löschen. Nach dem Löschzyklus erfolgt mit den Zyklen 1 und 2 das Einschreiben der vom Scan-Converter erzeugten Pixel A und B. Das Pixel C befindet sich ausserhalb des Tile-Adreßbereiches, so daß die Tile-Adresse wechselt.

Überschreiten die vom Scan-Converter generierten Pixel-Daten die Tile-Adreßgrenzen, so wird der Cache-Inhalt in das Source-Register transferiert und die Tile-Adresse [1,0] umgeschaltet. Während dieser Transfer-Operation erfolgt zeitlich überlappend das Löschen der Cache-Speicherbereiche.

Mit den nachfolgenden vier Zyklen erfolgt der Eintrag der Pixel-Werte C, D, E und F. Nach dem Ende des 7ten Zyklus ist jedoch die Übertragung der alten Pixel-Werte zum Frame-Buffer noch nicht beendet. Aus diesem Grund ist vor der nachfolgenden Transferoperation ein Wait-Zyklus einzuschieben. Nach der Ausführung von zwei weiteren Wait-Zyklen 13 und 14, die gleichfalls zur Geschwindigkeitsanpassung notwendig sind, werden die letzten drei Pixel des Vektors erzeugt und mit dem 15ten Zyklus zum Source-Register übertragen.

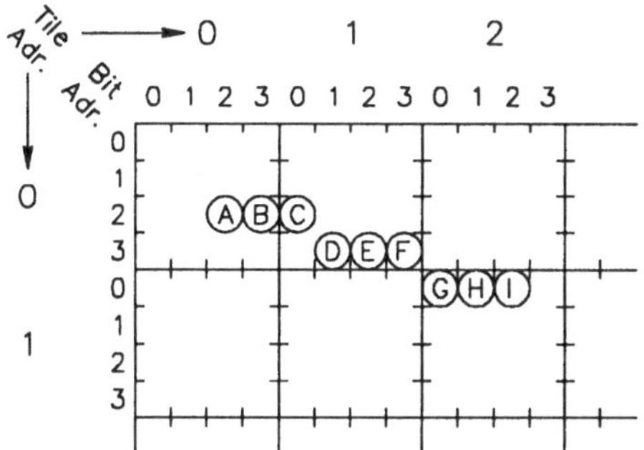

Zyklus	Operation	Inhalt des Data-Cache		Inhalt des Source-Cache	Frame Buffer Operation
0	Clear Cache	---		---	
1	Load Pixel A	A		---	
2	Load Pixel B	A,B		---	
3	Transfer	A,B	→	A,B	
4	Clear Cache/Load Pixel C	C		A,B	
5	Load Pixel D	C,D		A,B	Write Tile
6	Load Pixel E	C,D,E		A,B	(0,0)
7	Load Pixel F	C,D,E,F		A,B	
8	Wait State	C,D,E,F		A,B	
9	Transfer	C,D,E,F	→	C,D,E,F	
10	Clear Cache/Load Pixel G	G		C,D,E,F	
11	Load Pixel H	G,H		C,D,E,F	
12	Load Pixel I	G,H,I		C,D,E,F	Write Tile
13	Wait State	G,H,I		C,D,E,F	(1,0)
14	Wait State	G,H,I		C,D,E,F	
15	Transfer	G,H,I	→	G,H,I	
.	.	.		.	
.	.	.		.	Write Tile
.	.	.		.	(2,1)

Bild 5.22. Pixel-Cache-Operationen am Beispiel der Vektor-Generierung [GOR87]

5.3.4 Frame-Buffer

Der gesamte Frame-Buffer besteht, wie im Bild 5.23 dargestellt, aus einer physikalisch zusammenhängenden Bildmatrix, in der einzelne Speicherbereiche die Funktionen der Bildspeichereinheiten oder des Z-Buffers übernehmen. Der Frame-Buffer besitzt eine Größe von 2048×1024 Pixeln, wobei die Pixelwortlänge 8, 16 oder 32 Bit betragen kann.

Im Gegensatz zu den meisten Realzeitsystemen, die separate Z-Buffer-Einheiten besitzen, belegt der Z-Buffer des SRX den Spaltenadreßbereich von 1408 bis 2047 innerhalb der Frame- Buffer-Matrix. Der Bildspeicher befindet sich hingegen im Spaltenadreßbereich von 0 bis 1279 und ist in vier gleich große streifenförmige Bereiche (Strip 1,..., Strip 4) mit jeweils 320 Pixel-Spalten aufgeteilt.

Für den Fall, daß der Frame-Buffer nur 8 Bildspeicherebenen besitzt, reicht der für den Z-Buffer-Prozeß zur Verfügung stehende Speicherplatz nur für die Verarbeitung eines streifenförmigen Feldes von 1024×320 Pixeln aus. Hierbei gehen wir davon aus, daß die Länge eines Z-Wortes 16 Bit beträgt. Um auch in diesem Fall die verdeckten Pixel der gesamten Bildmatrix eliminieren zu können, sind für den gesamten Z-Buffer-Prozeß vier sequentiell ablaufende Zyklen notwendig. Werden die Bildspeicherebenen auf 16 verdoppelt, so halbiert sich die Anzahl der Z-Buffer-Zyklen, während beim Maximalausbau mit 32 Speicherebenen nur noch ein Zyklus für das vollständige Z-Buffering notwendig ist.

Damit die 16 Pixel-Werte, die sich im Z- und Data-Cache befinden, parallel übertragen werden, muß der Frame-Buffer gleichfalls in 16 Speichereinheiten unterteilt sein. Wie in Bild 5.24 dargestellt sind diese Funktionseinheiten zu Vierergruppen zusammengefaßt, die jeweils ein separater Adreßbus versorgt.

Wie aus Bild 5.24b zu entnehmen ist, muß die Zuordnung der Datenbusgruppen 0 ... 3, 4 ... 7, 8 ... 11 und 12 ... 15 zu den Datenbussen des Pixel-Cache, abhängig von der Tile-Adresse zyklisch vertauscht werden. Wie und an welcher Stelle diese Vertauschung erfolgt, geht aus [GOR87] nicht hervor.

Für die Bestimmung der 16 Gruppenadressen *A, B, C* und *D*, die sich aus dem X-Anteil der Tile-Adresse ableiten lassen, dient der *Address-Calculator*, der im Blockbild des SRX (Bild 5.16) dargestellt ist. Für den Fall, daß auf ein 4×4-Tile zugegriffen wird, erfolgt die Bestimmung der vier Gruppenadressen mit dem Tile-Adreßanteil TA_x entsprechend der Tabelle 5.2. Wird hingegen ein Speicherzugriff auf ein 1×16-Tile ausgeführt, so müssen, wie die Tabelle 5.3 zeigt, die Gruppenadressen mit der Tile-Adreßkomponenten TA_y gebildet werden.

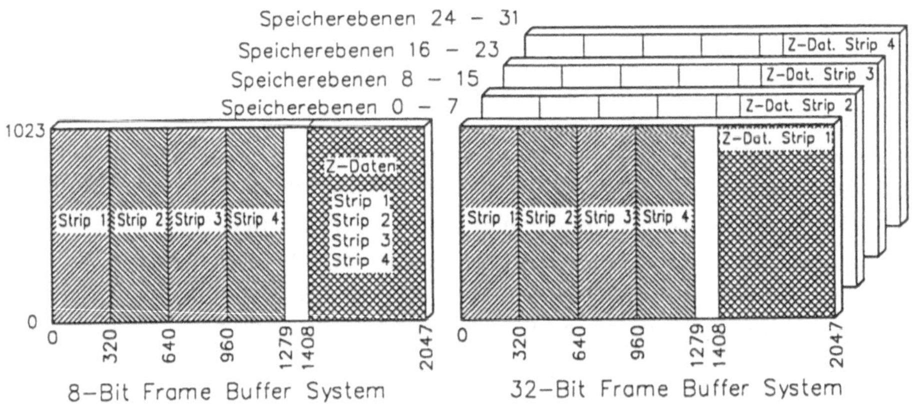

Bild 5.23. Frame-Buffer-Konfigurationen (8 bis 32 Speicherebenen) [GOR87]

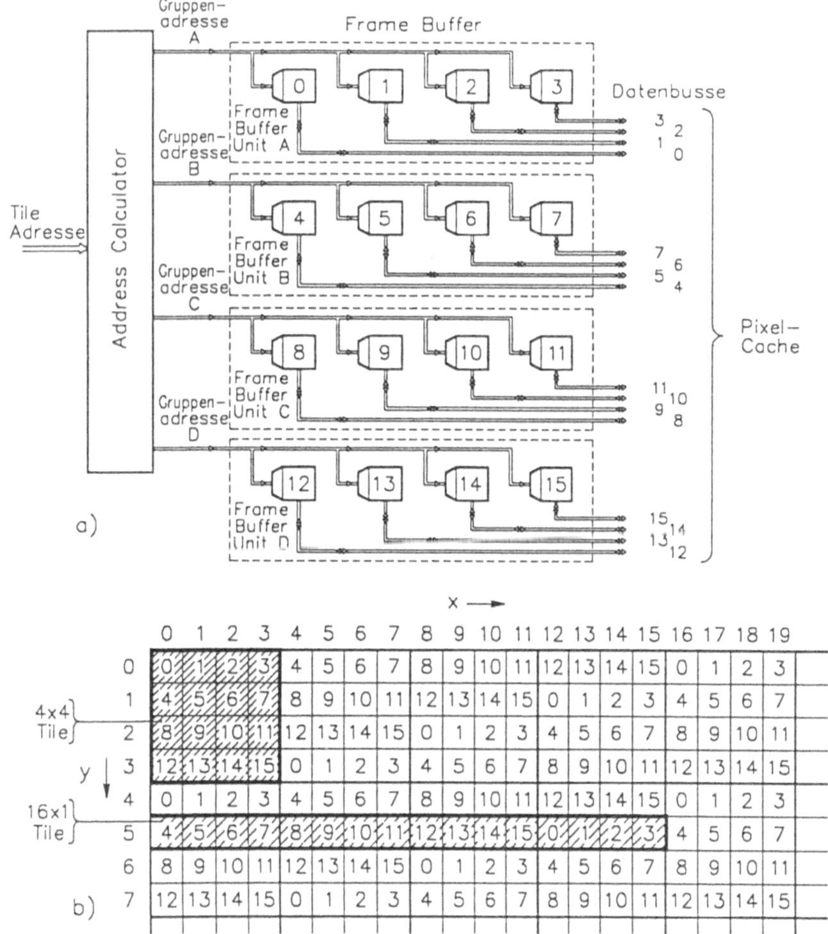

Bild 5.24. Frame-Buffer-System: a) Architektur des Frame-Buffer-Systems, b) Zuordnungen der Frame-Buffer-Adressen zu den Datenbussen [GOR87]

	$r_x = TA_x \bmod 4$			
	$r_x = 0$	$r_x = 1$	$r_x = 2$	$r_x = 3$
Gruppenadr. A	$4\,TA_x, 4\,TA_y$	$4\,TA_x, 4\,TA_y + 3$	$4\,TA_x, 4\,TA_y + 2$	$4\,TA_x, 4\,TA_y + 1$
Gruppenadr. B	$4\,TA_x, 4\,TA_y + 1$	$4\,TA_x, 4\,TA_y$	$4\,TA_x, 4\,TA_y + 3$	$4\,TA_x, 4\,TA_y + 2$
Gruppenadr. C	$4\,TA_x, 4\,TA_y + 2$	$4\,TA_x, 4\,TA_y + 1$	$4\,TA_x, 4\,TA_y$	$4\,TA_x, 4\,TA_y + 3$
Gruppenadr. D	$4\,TA_x, 4\,TA_y + 3$	$4\,TA_x, 4\,TA_y + 2$	$4\,TA_x, 4\,TA_y + 1$	$4\,TA_x, 4\,TA_y$

Tabelle 5.2. Bestimmung der Gruppenadressen für 4×4-Tiles

	$r_y = TA_y \bmod 4$			
	$r_y = 0$	$r_y = 1$	$r_y = 2$	$r_y = 3$
Gruppenadr. A	$16\,TA_x, TA_y$	$16TA_x + 12, TA_y$	$16\,TA_x + 8, TA_y$	$16\,TA_x + 4, TA_y$
Gruppenadr. B	$16\,TA_x + 4, TA_y$	$16\,TA_x, TA_y$	$16\,TA_x + 12$	TA_y
Gruppenadr. C	$16\,TA_x + 8, TA_y$	$16\,TA_x + 4, TA_y$	$16\,TA_x, TA_y$	$16\,TA_x + 12$
Gruppenadr. D	$16\,TA_x + 12, TA_y$	$16\,TA_x + 8, TA_y$	$16\,TA_x + 4, TA_y$	$16\,TA_x, TA_y$

Tabelle 5.3. Bestimmung der Gruppenadressen für 16×1-Tiles

5.4 VISualisation-Accelerator (VISA)

Das VISA-System [JAC89, JAC91] wurde von 1987 bis 1991 innerhalb der GMD-FIRST[10] mit dem Ziel konzipiert, eine hohe Visualisierungsleistung mit einer möglichst hochwertigen Bilddarstellungsqualität zu verbinden. Es zeichnet sich vor allem durch seine leistungsfähige Shader-Hardware aus, deren Wirkungsweise auf dem Phongschen-Beleuchtungsmodell (s. Unterabschnitt 4.5.3) basiert. Hierdurch konnte eine sehr realistische Darstellung der Glanzlichteffekte, die bei stark reflektierenden Objektoberflächen auftreten, erreicht werden. Eine weitere Verbesserung des Sichteindruckes wurde durch die Darstellung der Pixel-Farben mit Hilfe des HLS-Lichtmodells (s. Unterabschnitt 4.5.4) erzielt.

5.4.1 Architekturüberblick

Die Blockdarstellung Bild 5.25 vermittelt einen Überblick über die Architektur des an der GMD entwickelten Grafik-Computers. Innerhalb dieses Gesamtsystems ist das VISA-System für die Ausführung der Rendering-Prozesse zuständig. Zu den weiteren Komponenten des Grafik-Computers zählt das Geometrie- und das 2D-Subsystem. Die Entwicklung dieser beiden Subsysteme erfolgte im Rahmen zweier weiterer Forschungsvorhaben, die zwar innerhalb der GMD-FIRST, jedoch unabhängig vom VISA-Projekt durchgeführt wurden.

10 GMD: Gesellschaft für Mathematik und Datenverarbeitung MBH
FIRST: Forschungszentrum für Innovative Rechnersysteme und -technologien

Geometrie-Subsystem. Als *Geometrie-Subsystem* wurde ein von Knittel [KNI92] konzipiertes und realisiertes Multiprozessorsystem verwendet. Zu den Aufgaben dieses Subsystems gehört die sequentielle Ausführung der Geometrietransformationen, des Backfacings, des Polygonkappens und der perspektivischen Abbildung. Am Ende dieser Prozeßkette werden die Parametersätze berechnet, die für die Initialisierung des Rendering-Prozessors innerhalb des VISA-Subsystems notwendig sind. Die Aktivierung der Visualisierungsprozesse erfolgt mit Hilfe von Prozeduren, die dem Benutzer als Bibliotheksfunktionen zur Verfügung stehen.

Zur Ausführung der Geometrieprozesse dienen vier parallel arbeitende i860-Prozessoren, deren maximale numerische Rechenleistung bei einer Taktfrequenz von 40MHz jeweils 80 MFLOPS und 40 MIPS beträgt. Der *On-Board*-Speicher ist mit dynamischen RAMs aufgebaut und besitzt eine Speicherkapazität von 32 MByte und eine maximale Speicherbandbreite von 160 MByte/Sek. Der Monitor des Geometrieprozessors befindet sich in einer separaten batteriegepufferten Speichereinheit (BB SRAM), die auch den gleichfalls residenten Multiprozessor-Debugger enthält.

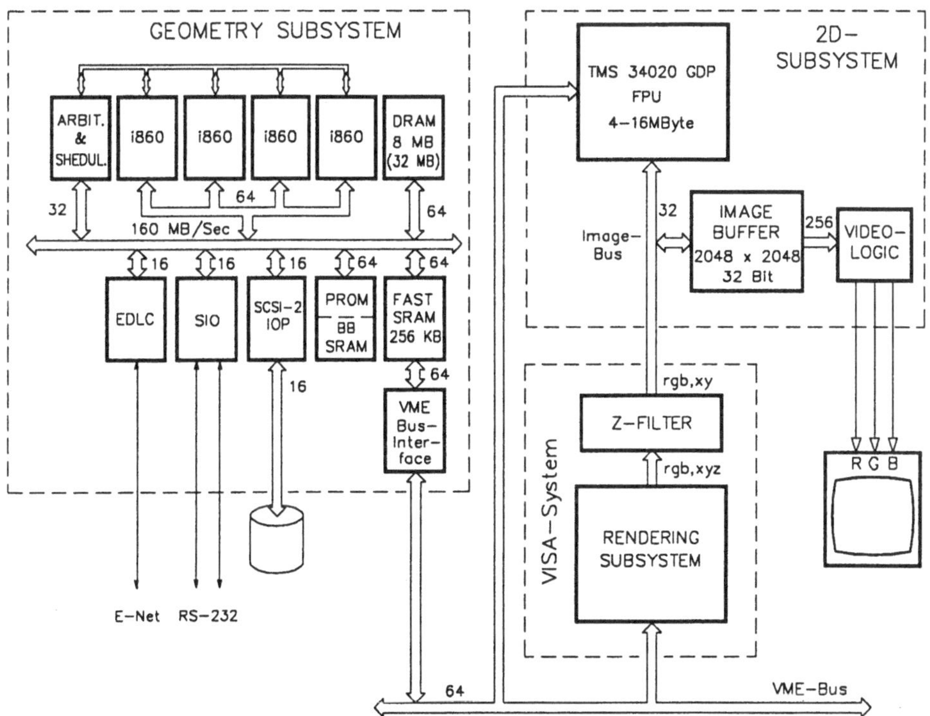

Bild 5.25. Blockdarstellung des GMD-Grafik-Computers

Ein 256 KByte SRAM, das eine Zugriffszeit von 25ns besitzt, dient als Pufferspeicher zwischen dem VME-Bus und den Prozessoren. Um die maximale Transferleistung von 80 MByte/Sek. (Burst-Mode) zu erreichen, wurde ein auf 64 Bit erweiterter VME-Bus (VME Ref. D) vorgesehen. Die gleiche Speichereinheit dient auch zur direkten Kommunikation mit dem im 2D-Subsystem befindlichen Image-Buffer, wobei die Kopplung über ein Image-Bus-Interface erfolgt, das eine maximale Transferrate von 130 MByte/Sek zuläßt.

Zum Anschluß der Plattenperipherie ist ein programmierbarer SCSI-Prozessor (SIOP) vorhanden, der einen privaten Pufferspeicher mit einer Kapazität von 512 KByte und einer Zugriffszeit von 100 ns besitzt. Weiterhin ist eine Ethernet-Schnittstelle vorgesehen, die von einem *Ethernet-Data-Link-Controller* (EDLC) gesteuert wird. Zwei RS-232-Schnittstellen, deren Steuerung mit Hilfe eines seriellen E/A-Controllers (SIO) erfolgt, dienen beispielweise zum Anschluß von Tastatur und Geometry-Ball.

VISA-Subsystem. Bild 5.26 zeigt den Aufbau des VISA-Subsystems, das aus dem *Rendering-Prozessor* und dem *Z-Filter* besteht. Die Aufgabe dieser Funktionseinheiten ist die Ausführung der Prozesse zur Bestimmung der Pixel-Farbwerte und der Pixel-Koordinaten sowie die Entfernung der verdeckten Bildpunkte. Hierzu empfängt der Rendering-Prozessor die vom Geometrie-Subsystem berechneten Parametersätze, die jeweils die Farbart, den Rendering-Mode, den Transparenzfaktor sowie die geometrischen Kenndaten der Polygone (hier Dreiecke) enthalten. Die Ausgangsdaten, die der Rendering-Prozessor erzeugt und zum nachfolgenden Z-Filter transferiert, sind die Farb- und Geometriekoordinaten jener Pixel, die sich innerhalb der Polygonflächen befinden.

Den Kern des Rendering-Prozessors bilden zwei parallel arbeitende 15-stufige Pipelines, die von einem mikroprogrammierbaren Controller gesteuert werden.

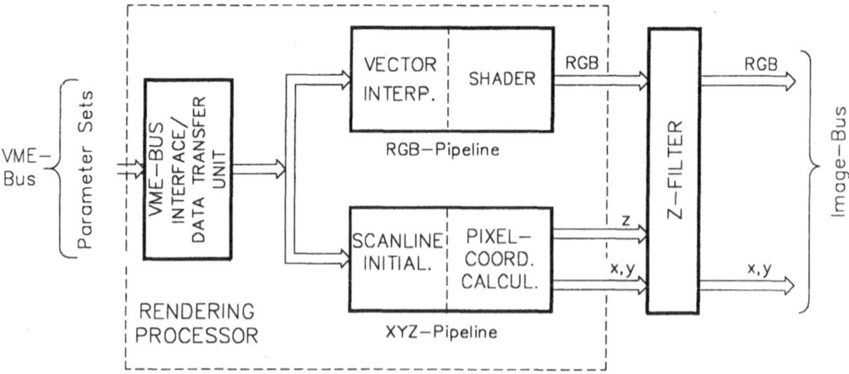

Bild 5.26. Blockdarstellung des VISA-Subsystems

Eine der beiden Pipelines ist für die Berechnung der Pixel-Koordinaten zuständig, während die andere die Aufgabe hat, die Pixel-Farbwerte zu bestimmen. Die Datenversorgung des Subsystems erfolgt über ein Slave-Interface, das die Verbindung zum 64-Bit-breiten VME-Bus herstellt. Am Beispiel realer 3D-Modelldaten wurde an einer *Wire-Wrap*-Version des VISA-Systems eine maximale Rendering-Leistung von 15,9 10^6 Pixel/Sek bei einem Durchsatz von ca. 0,6 10^6 Polygonen/Sek gemessen.

Der *Z-Filter* [COB92] dient zur Eliminierung jener Pixel, die von den zuvor erzeugten Bildpunkten überdeckt werden. Das geschieht in der Weise, daß nur jene Pixel das Filter passieren und zum Image-Buffer gelangen, deren Z-Koordinaten kleiner als die bereits abgespeicherten adressengleichen Z-Einträge sind. Hierzu stehen acht parallel arbeitende Filterkanäle zur Verfügung, die jeweils in 200ns, entsprechend dem im Unterabschnitt 4.5.6 dargestellten Z-Buffer-Verfahren, einen Koordinatenvergleich sowie eine Update-Operation mit den Z-Koordinatenwerten ausführen. Die ermittelte Verarbeitungsleistung aller acht Filterkanäle ist von der Länge der Scanlines abhängig und beträgt durchschnittlich 20 10^6 Pixel/Sek.

2D-Subsystem. Das 2D-Subsystem wurde im Rahmen eines BERKOM-Projektes als Bildausgabemodul eines Multimedia-Displays entwickelt [WIP92]. Alle Pixel-Daten, die den Z-Filter passieren, gelangen über dessen Image-Bus zum Bildspeicher (*Image-Buffer*) dieser Funktionseinheit. Der Image-Buffer ist als Matrix mit der Auflösung von 2048×2048 Bildpunkten organisiert, wobei die Wortlänge pro Bildpunkt 32 Bit beträgt. Die Verwendung des TMS 34020-Grafikprozessors erlaubt eine sehr flexible Adressierung des Image-Buffers, wodurch variable Bildrasterformate darstellbar sind.

Das 2D-Subsystem dient weiterhin zur Erzeugung aller zweidimensionalen Bildprimitiva, die nicht in effektiver Weise mit dem Rendering-Prozessor zu erzeugen sind. Hierzu gehören beispielsweise alphanumerische Zeichen, Vektoren, Kreise, Kreisbögen oder Ellipsen. Darüber hinaus unterstützt diese Funktionseinheit das X-Window-System. In den nachfolgenden Unterabschnitten werden die wesentlichen gerätetechnischen und funktionellen Details der oben erwähnten Subsysteme behandelt.

5.4.2 Geometrie-Subsystem

In der derzeitigen Ausbaustufe erfolgt die Ausführung der Geometrieprozesse mit vier parallel arbeitenden i860-Prozessoren, die nach dem Prinzip der Schleifenparallelisierung mit Hilfe einer Iterationeninstanz arbeiten. Der Algorithmus

```
for i=1 to n step 1 do
begin
    C(i) := A(i) * B(i)
end
```

verdeutlicht dieses Verfahren. Hierbei wird die Ausführung der einzelnen Berechnungen *C(i) := A(i)*B(i)* mit Hilfe des Schleifenindex i auf k-Prozessoren verteilt. Um das Schleifenparallelisierungsverfahren gerätetechnisch effizient realisieren zu können, sind im Geometrie-Subsystem mit dem Arbiter und dem Scheduler zwei zusätzliche Funktionseinheiten vorhanden. Der Arbiter hat die Aufgabe, die Buszugriffe zu verwalten, während der Scheduler für die Prozeßvergabe an die Prozessoren zuständig ist.

Im nachfolgenden wird anhand des in Bild 5.27 dargestellten Signalflußdiagramms das Operationsprinzip des Geometrie-Subsystems im Zusammenhang mit der Ausführung der parallelen Geometrieprozesse dargestellt.

Prozeßstart. Nach dem Start liest der erste der vier Prozessoren, der vom Arbiter die Busfreigabe erhält, den Inhalt des Scheduler-Registers *IP*. Dieses Register enthält entweder die Anfangsadresse des parallel auszuführenden Programmteils oder die Steuereinträge 1 und 0. Zum Startzeitpunkt ist das IP-Register mit dem Wert 1 initialisiert. Bevor der nachfolgende Buszyklus eingeleitet wird, weist der Scheduler dem IP-Register den Wert 0 zu, während ein CPU-Register den alten Eintrag (IP=1) übernimmt. Mit diesem Wert erfolgt anschließend eine Vergleichsoperation und, falls weiterhin der Zustand IP= 1 besteht, eine Verzweigung zum sequentiellen Programmteil. Der zweite bis vierte Prozessor, der auf das Scheduler-Register IP zugreift, finden dort den Wert 0. Die Ausführung der nachfolgenden Vergleichsoperation (IP=0) bewirkt, daß der Arbiter den Bus für diese Prozessoren verriegelt. Der erste nicht verriegelte Prozessor (Führungsprozessor) durchläuft währenddessen den sequentiellen Programmteil, der unter anderem für die Ausführung der Interaktionen mit den Eingabegeräten sowie für die Berechnung der Transformationsparameter zuständig ist.

PCNT-Register. Vor der Ausführung des parallelen Programmteils liest die ausführende CPU den Inhalt des Scheduler-Registers *PCNT*, in das die Anzahl der Prozessoren eingetragen wird, die sich im parallelen Programmteil befinden. Das PCNT-Register dient zur Prozeßsynchronisierung, indem es die erneute Initialisierung der Scheduler-Register für den Fall verhindert, daß die Ausführung einer alten Programmschleife noch nicht abgeschlossen ist.

Initialisierung der INDEX-, MAXINDEX- und FLAG-Register. Erst wenn die Bedingung PCNT=0 erfüllt ist, kann die Initialisierung der Register *INDEX*, *MAXINDEX* und *FLAG* erfolgen, die die gemeinsamen Variablen des aktuellen Prozesses beinhalten. Das INDEX-Register enthält den aktuellen Schleifenindex, während in das MAXINDEX-Register der Schleifenabbruchindex eingetragen wird. Das *FLAG*-Register dient zur korrekten Initialisierung des IP-Registers.

Nach der Initialisierung wird die Startadresse *PARLOOP* des parallelen Programmteils in das IP-Register eingetragen. Dies hat zugleich die Wirkung, daß auch der Arbiter den Bus

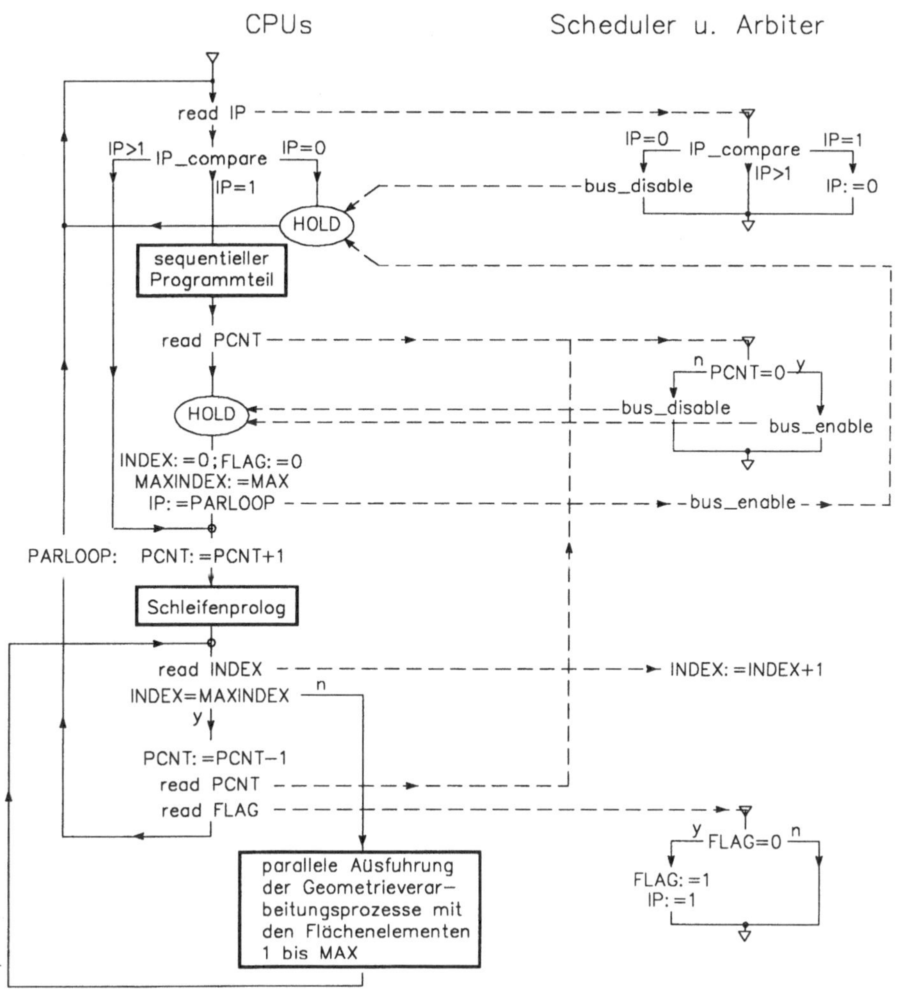

Bild 5.27. Operationsprinzip des Geometrie-Subsystems [KNI92]

für die zuvor blockierten Prozessoren freigibt, die dann den Programmkode unmittelbar ab der Startadresse PARLOOP ausführen. Alle vier Prozessoren sind zu diesem Zeitpunkt völlig gleichberechtigt.

Schleifenprolog. Vor der erstmaligen Ausführung des Schleifenkodes inkrementiert jeder der vier Prozessoren das *PCNT*-Register und führt den Schleifenprolog aus. Der Schleifenprolog ist notwendig, um die Register der CPUs mit allen lokalen Parametern, die zur Abarbeitung der Schleife erforderlich sind (z.B Adresse der Datenbasis), zu laden.

Ausführung der Programmschleife. Unmittelbar hinter dem Schleifenprolog erfolgt der Lesezugriff auf das INDEX-Register des Schedulers, wodurch eine Inkrementierung des Registerinhaltes bewirkt wird. Mit der INDEX-Variablen werden dem Prozessor Schleifenindizes zugeordnet. Mit Hilfe des Schleifenindex und der Adresse der Datenbasis berechnet jede CPU den Zeiger, der auf den Geometriedatensatz eines Flächenelementes weist, und führt mit dessen Daten alle Prozesse bis zur abschließenden Bestimmung der Initialisierungsparameter für den Rendering-Prozessor aus. Da keine Abhängigkeit zwischen den Geometriedatensätzen besteht, kann ihre Verarbeitung innerhalb der Schleife ohne Synchronisation und Interkommunikation zwischen beiden Prozessoren erfolgen. Im vorliegenden Fall ist jedoch der Schleifenkode so zu modifizieren, daß alle gleichnamigen Variablen doppelt vorhanden sind und mit den Kennziffern der Prozessoren indiziert werden.

Beendigung der Programmschleife. Die Anzahl der Schleifendurchläufe wird durch die Anzahl der Geometriedatensätze des zu visualisierenden Objektes repräsentiert. Ist der letzte Index (INDEX = MAXINDEX) vergeben, so verläßt der erste Prozessor die Schleife, wobei er den PCNT-Registereintrag dekrementiert und das *IP*-Register mit dem Wert 1 initialisiert.

Erneuter Prozeßstart. Anschließend wird wieder zur Startadresse verzweigt und der Lesebefehl *read_IP* ausgeführt. Die Ausführung dieses Befehls bewirkt, daß das IP-Register wieder auf den Wert 0 gesetzt wird. Hierbei ist zu beachten, daß der zweite und alle nachfolgenden Prozessoren, die die Programmschleife verlassen, beim Testen des Flag-Registers noch immer den Wert 1 vorfinden und somit den Inhalt des IP-Registers nicht verändern können. Der erste Prozessor (Führungsprozessor) arbeitet anschließend wieder den sequentiellen Programmteil ab. Bevor er jedoch die Register des Schedulers für die Verarbeitung der Datensätze eines weiteren Objektes neu initialisieren kann, muß auch der letzte der vier Prozessoren die Schleife verlassen haben. Ist dies nicht der Fall (PCNT > 0), dann geht der Führungsprozessor in den Hold-Zustand, aus dem er befreit wird, wenn das PCNT-Register wieder den Wert 0 aufweist.

5.4.3 Initialisierungsparameter

Wie bereits im vorangegangenen Unterabschnitt 5.4.1 erwähnt, enthalten die zum Rendering-Prozessor transferierten Daten in erster Linie die Geometrieparameter der dreiecksförmigen Polygone. Diese Parametersätze werden vom Geometrie-Subsystem so aufbereitet, daß hiermit die nachfolgende Rasterkonvertierung sowie die Berechnung der reflektierten Lichtintensitätswerte in einfacher Weise ausführbar ist.

Jeder Parametersatz (Bild 5.28) beschreibt die Sonderform eines Dreiecks, dessen obere oder untere Kante parallel zur X-Achse verläuft. Hierdurch ist es möglich, den Prozeßablauf

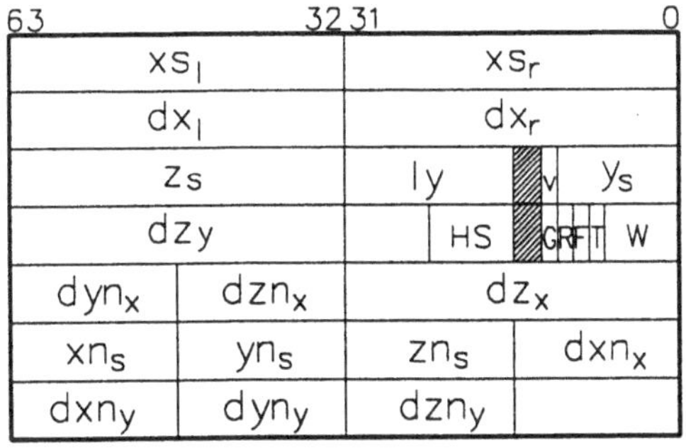

63	32	31	0
xs_l		xs_r	
dx_l		dx_r	
zs		ly | (schraffiert) | v	y_s
dzy		| HS | (schraffiert) | G | R | F | T	W
dyn_x	dzn_x	dz_x	
xn_s	yn_s	zn_s	dxn_x
dxn_y	dyn_y	dzn_y	

Bild 5.28. Parametersatz

innerhalb des Rendering-Prozessors erheblich zu vereinfachen. Um die o.g. Dreiecksform zu erhalten, ist ein beliebiges Dreieck entsprechend der in Bild 4.10 (s. Unterabschnitt 4.4.2) dargestellten Weise zu unterteilen. Basierend auf dieser vereinfachten Dreiecksform wird jedes Polygon mit den nachfolgend aufgeführten Parametern definiert, deren geometrische Bedeutung der Darstellung in Bild 4.11 entspricht:

- Die Parameter xs_r, xs_l, y_s und z_s sind die Koordinaten des Eckpunktes, von dessen Position aus der Rendering-Prozeß startet. Die Koordinate xs_r ist dem Startpunkt der rechten Kante zugeordnet, während xs_l zur linken Kante gehört. Die Differenz zwischen diesen beiden Koordinatenwerten ist der halbe Abstand zwischen zwei benachbarten Pixeln im Bildkoordinatenraster. Der geringe Koordinatenversatz zwischen xs_r und xs_l ist notwendig, um die interpolierten Anfangs- und Endkoordinaten der Scanlines x_l und x_r korrekt abrunden zu können. Das Vorzeichen v von y_s bestimmt, ob die Y-Koordinatenwerte zu dekrementieren (negatives Vorzeichen) oder inkrementieren (positives Vorzeichen) sind.

- Der Parameter ly repräsentiert die Anzahl der Scanlines.

- dxl und dxr repräsentieren die Steigungen der linken und rechten Dreieckskante bezüglich der Projektion auf die XY-Ebene.

- Die Steigungsinkremente der Z-Koordinatenwerte werden durch die Parameter

  $$dz_x = \left\{ z_{x+1} - z_x \right\}_{y=const} \text{ und } dz_y = \left\{ z_{y+1} - z_y \right\}_{x=const} \text{ dargestellt.}$$

- Die Parameter xn_s, yn_s und zn_s repräsentieren die Koordinaten der Eckpunktnormalen am Ort der Eckpunktes P_s.

- Die inkrementellen Richtungsänderungen der Pixel-Normalen $[xn\ yn\ zn]$ werden für $y=const$ und $x=const$ durch die folgenden Gleichungen festgelegt:

$$dxn_x = \{ xn_{x+1} - xn_x \}_{y=const}, \; dyn_x = \{ yn_{x+1} - yn_x \}_{y=const}, \; dzn_x = \{ zn_{x+1} - zn_x \}_{y=const}$$
$$dxn_y = \{ xn_{y+1} - xn_y \}_{x=const}, \; dyn_y = \{ yn_{y+1} - yn_y \}_{x=const}, \; dzn_y = \{ zn_{y+1} - zn_y \}_{x=const}$$

Neben den oben aufgeführten Parametern sind jedem dreiecksförmigen Polygon auch nicht-geometrische Informationen zugeordnet. Hierzu gehört das 9-Bit-breite Farbartwort HS, zwei für die Auswahl der Flächenreflektanz zuständige R-Bits, sowie acht W-Bits, die zur Steuerung des Window-Systems dienen. Weiterhin ist je ein Bit für den Wechsel zwischen Opak- und Transparenzdarstellung (T), für die Umschaltung zwischen Gouraud- und Phong-Shading (G) sowie für die Steuerung des Bildspeichersystems (F) zuständig. Bild 5.28 zeigt die Einbettung des Parametersatzes in 64-Bit-Datenworte, die in der Reihenfolge ihrer Übertragung zum Rendering-Prozessor angeordnet sind.
Bevor wir die gerätetechnischen Details des Rendering-Prozessors diskutieren können, ist es erforderlich, dessen Architekturkonzept aus algorithmischer Sicht zu näher zu betrachten.

5.4.4 Rendering-Algorithmus

Der Entwurf des Rendering-Algorithmus erfolgte unter dem Gesichtspunkt einer möglichst einfachen hardware-technischen Realisierbarkeit des Rendering-Prozessors. So wurden lediglich Additions-, Multiplikations- und arithmetische Vergleichsoperationen angewandt. Funktionstabellen dienten zur Substituierung der Division oder von trigonometrischen Operationen. Weiterhin wurde der Algorithmus unter weitgehender Vermeidung von bedingten Verzweigungen oder Datenrückführungen konzipiert.

Berechnung der x_{start}-, x_{stop}- und z_l-Werte. Die äußere **for**-Schleife des Algorithmus 5.3 dient zur Berechnung der X-Anteile der Anfangs- und Endkoordinaten x_{start} und x_{stop} sowie zur Bestimmung der Z-Koordinate x_l des Start-Pixels (1a). Weiterhin werden die Komponenten des Pixel-Normalenvektors xn_l, yn_l und zn_l bestimmt, die gleichfalls zum Start-Pixel der Scanline gehören (2a). Die einzelnen Rechenschritte, die zur Berechnung der Initialisierungskoordinaten einer Scanline erforderlich sind (1a), lassen sich mit den Anweisungen 5.1 bis 5.3 beschreiben:

$$x_l := x_l + dx_l \; ; \; x_r := x_r + dx_r \qquad (5.1a,b)$$
$$x_{start} := INT(x_l) \; ; \; x_{stop} := INT(x_r) \quad \{INT(\mathrm{x})\text{: ganzzahliger Anteil von x}\} \qquad (5.2a,b)$$
$$z_m := z_m + dz_y \qquad (5.3a)$$
$$z_l := z_m + (x_{start} - xs_l)\, dz_x \qquad (5.3b)$$

Durch lineare Interpolation mit den Steigungsinkrementen der linken und rechten Kante dx_l und dx_r erfolgt die Berechnung der X-Koordinaten des linken und des rechten Pixels der

Scanline. Die Initialisierungswerte der Variablen x_l und x_r sind $x_l{=}xs_l$ und $x_r{=}xs_r$. Um die Interpolationsfehler klein zu halten, werden die Variablen x_l und x_r auf Datenworte mit der Länge von 32 Bit abgebildet, wobei die Halbworte mit den niederen Wertigkeiten die Nachkommastellen von x_l und x_r darstellen. Die Start- und Stopkoordinaten x_{start} und x_{stop}, die nur ganzzahlige Werte der Bildrasteradressen zwischen 0 und 2048 aufweisen, erhält man durch Abschneiden der Nachkommastellen von x_l und x_r.

```
for 0 to ly step 1 do
begin
1a)   Berechnung der x_start-, x_stop- und z_l-Werte
2a)   Berechnung der Pixel-Normale
      am Scanline-Anfang (linke Kante)
for x = x_start to x_stop step 1 do
      begin
      1b) Berechnung der Z-Koordinaten
      2b) Berechnung der Pixel-Normalen
      3b) Berechnung des Pixelhelligkeitswertes L
      4b) HLS/RGB-Konvertierung
      end
end
```

Algorithmus 5.3. Struktur des Rendering-Algorithmus

Die Berechnung der Z-Koordinaten des linken Pixels wird in vier Schritten ausgeführt. Mit dem ersten Schritt (Anweisung 5.3a) erfolgt durch lineare Interpolation die Berechnung des Zwischenwertes z_m, der den Anfangswert $z_m{=}z_s$ besitzt. Hierbei wird die Inkrementalkonstante dz_y zum Wert des Vorgängers von z_m addiert. Mit dem zweiten und dritten Schritt wird die Differenz '$x_{start} - xs_l$' gebildet und diese anschließend mit der Konstanten dz_x multipliziert. Der vierte und letzte Berechnungsschritt liefert mit der Addition der Variablen z_m zum Term '$(x_{start} - xs_l)\, dz_x$' den Anfangswert der Z-Koordinaten z_l.

Berechnung der Start-Pixel-Normalen. Die Bestimmung der zum Start-Pixel zugehörigen Pixel-Normalen erfolgt analog zur Bestimmung von z_l (Anweisungen 5.3a,b) mit:

$$xn_m := xn_m + dxn_y\,, \tag{5.4a}$$

$$xn_l := xn_m + (x_{start} - xs_l)\, dxn_x\,, \tag{5.4b}$$

$$yn_m := yn_m + dyn_y\,, \tag{5.5a}$$

$$yn_l := yn_m + (x_{start} - xs_l)\, dyn_x\,, \tag{5.5b}$$

$$zn_m := zn_m + dzn_y\,, \tag{5.6a}$$

und

$$zn_l := zn_m + (x_{start} - xs_l)\, dzn_x\,. \tag{5.6b}$$

Berechnung der Z-Koordinaten. Die Prozesse 1b bis 4b laufen in der inneren **for**-Schleife ab und führen dabei die Pixel-Berechnung innerhalb der Scanlines aus. So wird die Z-Koordinate ausgehend vom Anfangswert $z=z_l$ nach jedem Schritt in Richtung der positiven X-Achse mit den Wert der Inkrementalkonstanten dz_x erhöht:

$$z := z + dz_x \,. \tag{5.7}$$

Berechnung der Pixel-Normalen. In gleicher Weise erfolgt die Bestimmung der drei Komponenten der Pixel-Normalen *xn, yn* und *zn*:

$$xn := xn + dxn_x, \tag{5.8a}$$

$$yn := yn + dyn_x, \tag{5.8b}$$

und

$$zn := zn + dzn_x \,. \tag{5.8c}$$

Berechnung der Lichtintensität I_r. Mit dem Prozeß 3b wird der Anteil der reflektierten Lichtintensität I_r abhängig von der Ausrichtung des Pixel-Normalenvektors berechnet. Hierzu setzt man $zn=1$ und reduziert damit die Anzahl der variablen Koordinatenwerte:

$$[xn \;\; yn \;\; zn] \longrightarrow [xn/zn \;\; yn/zn \;\; 1] \,.$$

Wie Bild 5.29 zeigt, werden mit Hilfe der beiden Quotienten *xn/zn* und *yn/zn* die Winkel ω und ϕ bestimmt, die die Ausrichtung der Pixel-Normalen repräsentieren. Anschließend erfolgt mit ω und ϕ die Adressierung der sog. *Reflektanzmatrix*. Die Reflektanzmatrix, die als zweidimensionaler Tabellenspeicher realisiert ist, enthält für jede Pixel-Normale, die zur einer sichtbaren Dreiecksfläche gehört, den reflektierten Lichtintensitätswert. Um hiermit den Wert der reflektierten Lichtintensität $I_r = f(\omega, \phi)$ zu bestimmen, ist nur ein einziger Lesezugriff auf die Reflektanzmatrix erforderlich.

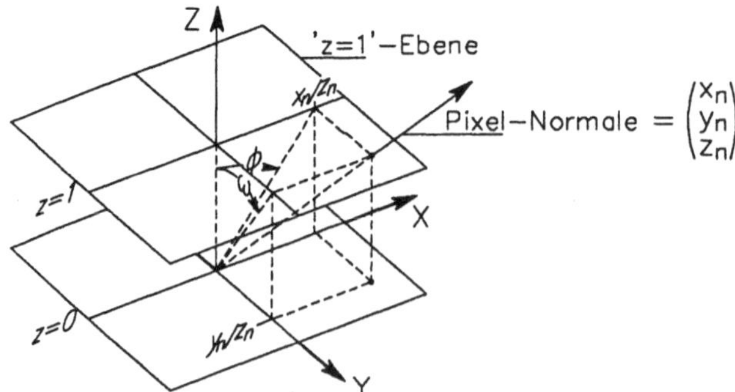

Bild 5.29. Berechnung der Reflektanzmatrixadresse

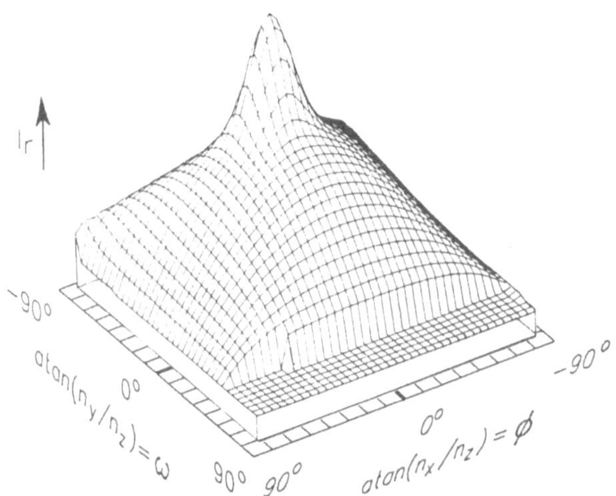

Bild 5.30. Beispiel einer Reflektanzfunktion $I_r = f(\alpha_{xz}, \alpha_{yz})$. Die Berechnung erfolgte mit den Parametern q= 30; pd=0,5; ps=0,5 und I_a=10 entsprechend (4.23). Die Winkeldifferenz zwischen dem Licht- und dem Sichtvektor beträgt 30 Grad.

Bei diesem tabellenorientierten Beleuchtungsverfahren, das auf einem Vorschlag von Horn [HOR77] basiert, geht man von einer statischen Beleuchtungssituation aus; das heißt, die Lichtquelle befindet sich an einer festen Position in unendlicher Entfernung zur Objektszene. Die Berechnung der insgesamt 180×180 Lichtreflektionswerte erfolgt im vorliegenden Fall mit Hilfe der Phongschen Lichtmodellgleichung. Bild 5.30 zeigt als Beispiel eine Reflektanzfunktion $I_r = f(\omega,\phi)$ einer stark reflektierenden Oberfäche.

HLS/RGB-Konvertierung. Die Farbe eines Pixels wird mit Hilfe des HLS-Farbmodells definiert. Hierin entspricht der Lichtreflektionswert I_r dem Farbhelligkeitswert L, während die Farbart, die sich aus den Anteilen H (Hue) und S (Saturation) zusammensetzt, vom Benutzer für jedes Dreieck definiert werden kann. Die Aufgabe des letzten Prozesses 4b besteht in der Transformation der HLS-Komponenten auf die RGB-Farbkoordinatenwerte, die zur Ansteuerung des RGB-Monitors notwendig sind. Da die gerätetechnische Realisierung des in Unterabschnitt 4.5.4 dargestellten Konvertierungsalgorithmus mit vertretbarem Aufwand nicht möglich ist, erfolgt die HLS/RGB-Konvertierung mit vorausberechneten Umsetzungstabellen.

5.4.5 Rendering-Prozessor

Die wichtigsten Funktionseinheiten des Rendering-Prozessors, der eine max. Verarbeitungsleistung von 16 10^6 Pixel/Sek besitzt, sind zwei parallel arbeitende Pipeline-Rechenwerke, deren Aufgaben bereits im Unterabschnitt 5.4.1 vorgestellt wurden. Im nachfolgenden werden ihre Architekturen im Detail diskutiert. Die Wirkungsweise sowie die Aspekte der gerätetechnischen Umsetzung des Z-Buffer-Verfahrens, das funktional zum Rendering-Prozessor gehört, sowie das Architekturkonzept des Bildspeichers werden in den Unterabschnitten 5.4.6 und 5.4.7 behandelt.

XYZ-Pipeline

Wie Bild 5.31 zeigt, ist die für die Berechnung der Pixel-Bildraumkoordinaten zuständige XYZ-Pipeline, die hier auch als Scan-Konverter bezeichnet wird, in eine Initialisierungseinheit und in einen Z-Interpolator unterteilt.

Scanline-Initialisierungseinheit. Die 7-stufige Scanline-Initialisierungseinheit hat die Aufgabe, die Anfangs- und Endkoordinaten der Scanlines x_{start} und x_{stop} sowie den Anfangs wert der Z-Koordinate z_l zu berechnen. Hierzu sind im wesentlichen zwei 32-Bit-Inkrementaddierer zuständig.

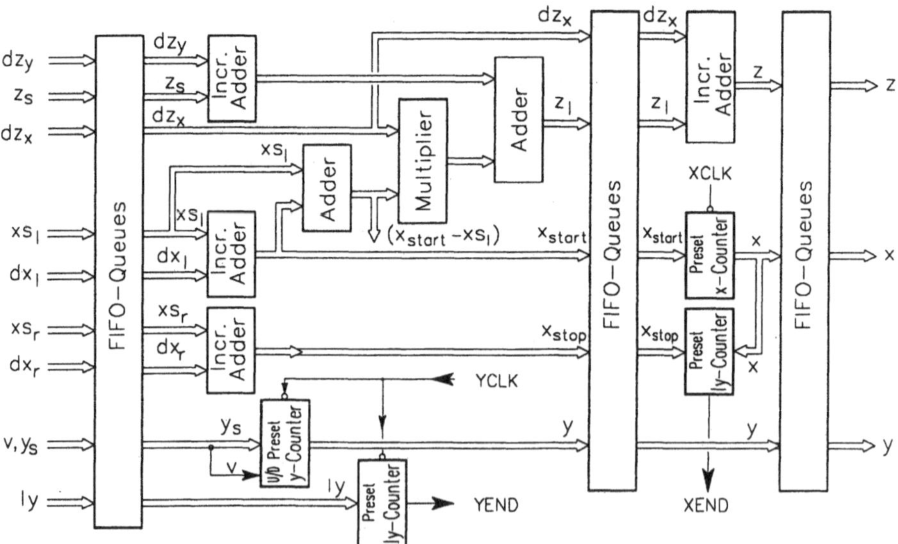

Bild 5.31. Blockdarstellung der XYZ-Pipeline

Ein weiterer Inkrementaddierer dient zur Berechnung der Z-Koordinaten am Ort $[x_{start}\ y]$. Der ly-Counters, der mit der Anzahl der Scanlines ly voreingestellt wird, dient zur Bestimmung des Abbruchkriteriums. Immer dann, wenn sein Zählerstand den Wert 0 erreicht, ist die Bearbeitung eines Flächenelementes beendet. Der Y-Counter hingegen erzeugt die aktuelle Zeilenkoordinate, indem er den alten Y-Koordinatenwert, abhängig vom Vorzeichen v, jeweils vor der Berechnung einer neuen Zeile entweder dekrementiert oder inkrementiert. Seine Voreinstellung erfolgt mit der Startkoordinate y_s.

Der Addierer der zweiten Pipeline-Stufe ist für die Berechnung der Differenz '$x_{start} - xs_l$' zuständig. Dieser Zwischenwert, der auch für die Berechnung der Pixel-Normalen am linken Startpunkt der Scanline erforderlich ist (s. Anweisungen 5.4b - 5.6b), wird deshalb auch zu der Initalisierungseinheit der zweiten Pipeline geführt. Mit dem Multiplizierer der dritten und dem Addierer der vierten Stufe erfolgt entsprechend der Anweisung 5.3b die Bestimmung des Z-Koordinatenwertes z_l am Startpunkt der Scanline.

Die Auslastungen der Initialisierungseinheit und der nachfolgenden Pipeline für die Z-Koordinateninterpolation sind sowohl von der Anzahl der Pixel als auch von der Anzahl der zu verarbeitenden Scanlines abhängig. Da jedoch das Pixel/Scanline-Verhältnis sehr unterschiedlich sein kann, ist es erforderlich, beide Einheiten voneinander zu entkoppeln. Aus diesem Grund werden alle Parameter, die zur Initialisierung der Z-Koordinateninterpolationseinheit notwendig sind, mit FIFO-Speichern gepuffert.

Z-Koordinateninterpolation. Die Pipeline zur Interpolation der Z-Koordinaten ist sehr einfach aufgebaut. Sie besteht lediglich aus einem Inkrementaddierer, einem Binärzähler und einem x_r-Komparator. Der mit dem Startkoordinatenwert z_l initialisierte Inkrementaddierer dient zur linearen Interpolation der Z-Werte innerhalb einer Scanline. Der Stand des Zählers wird hierzu mit dem X-Koordinatenwert x_l voreingestellt und nach jeder Inkrementierung des Z-Wertes schrittweise erhöht (s. Anweisung 5.7). Gleichzeitig wird die Z-Koordinate zusammen mit den Inhalten des X- und des Y-Zählers, die wir als Bildspeicheradressen betrachten, in FIFOs eingetragen. Ist der Koordinatenwert x_r erreicht, erzeugt der Komparator das Steuersignal XEND und fordert damit die Übernahme der Startkoordinaten x_l der nächsten Scanline an.

RGB-Pipeline

Das zweite Pipeline-Rechenwerk ist für die Berechnung der RGB-Werte auf der Basis des Phongschen Schattierungsverfahrens zuständig. Diese RGB-Pipeline ist in gleicher Weise wie die zuvor diskutierte XYZ-Pipeline in zwei Funktionseinheiten unterteilt, die gleichfalls mit FIFOs voneinander entkoppelt sind. So ist eine Einheit für die Bestimmung der Pixel-Normalen an den Startpunkten der Scanlines zuständig. Eine zweite Funktionseinheit berechnet mit Hilfe der linearen Interpolation innerhalb einer Scanline die Pixel-Normalen,

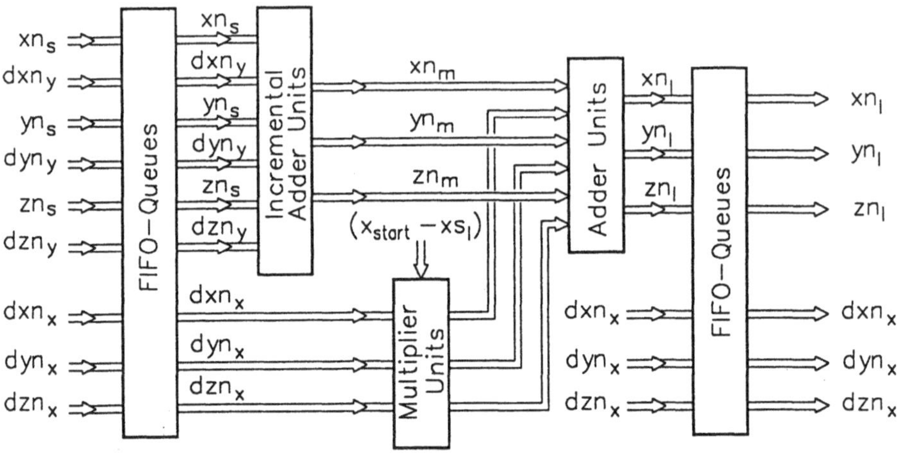

Bild 5.32. Blockdarstellung des Vektorinterpolators

bestimmt anschließend für jeden dieser Vektoren den Anteil des reflektierten Lichtes und konvertiert den Lichtreflektionswert, unter Einbeziehung der Farbart, in äquivalente RGB-Werte.

Initialisierung der Pixel-Normalen. Die Initialisierungseinheit der RGB-Pipeline hat die Aufgabe, die Pixel-Normalenvektoren an den Startpunkten der Scanlines zu berechnen. Die Ausführung der Verarbeitungsschritte, die zur Bestimmung der drei Vektorkomponenten xn_l, yn_l und zn_l erforderlich sind, erfolgt hierbei in gleicher Weise wie bei der Bestimmung der z_l-Werte (s. Anweisungen 5.4 - 5.6). Wie Bild 5.32 zeigt, werden xn_l, yn_l und zn_l parallel berechnet. Hierbei es völlig ausreichend Addierer und Multiplizierer mit Wortlängen von 16-Bit einzusetzen, um die Anforderung, die an die Genauigkeit der Vektoren gestellt werden, zu erfüllen. Die erste Stufe ist für die Pixel-Normaleninterpolation innerhalb einer Scanline zuständig. Die Interpolation erfolgt mit drei parallel arbeitenden Inkrementaddierern, die mit den Startkoordinaten xn_l, yn_l und zn_l sowie mit den Inkrementalwerten dxn_x, dyn_x und dzn_x initialisiert werden (s. Anweisung 5.8).

Berechnung der RGB-Werte. Die Berechnung der RGB-Werte erfolgt mit dem sog. *Pixel-Shader*, der aus insgesamt 10 Stufen besteht. Mit den ersten drei Shader-Stufen wird die Pixel-Normale $[xn\ yn\ zn]$ in die Form $[xn/zn\ yn/zn\ 1]$ transformiert. Da die Quotienten xn/zn und yn/zn nur eine Genauigkeit von 16 Bit aufweisen müssen, kann deren Berechnung sehr effektiv mit Hilfe eines $1/zn$-Tabellenspeichers sowie mit zwei Multiplizierern ausgeführt werden. Hierbei werden xn und yn mit dem in einer Tabelle gespeicherten Reziprokwert von zn multipliziert. Diese Tabelle enthält für jeden auftretenden Wert von zn den

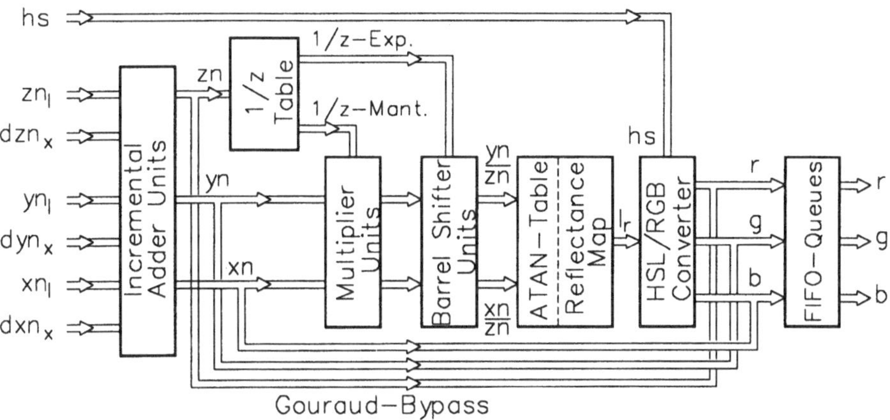

Bild 5.33. Blockdarstellung der Shader-Einheit

korrespondierenden Reziprokwert $1/zn$ im normalisierten Gleitpunktformat, wobei das Mantissenwort eine Länge von 16 Bit und der Exponent eine Länge von 5 Bit besitzt. Die Multiplikationsergebnisse werden anschließend mit Hilfe eines Barrel-Shifters so konvertiert, daß sich die Kommastellen immer in der Mitte der beiden hinteren 16-Bit-Halbworte befinden. Indem wir diese Halbworte abtrennen, erhalten wir die Quotienten xn/zn und yn/zn, die in acht Vor- und acht Nachkommastellen aufgeteilt sind. Die nachfolgende Pipeline- Stufe dient mittels zweier weiterer Konvertierungstabellen zur Bestimmung der Winkel $\phi = atan(xn/zn)$ und $\omega = atan(yn/zn)$, mit denen die Ausrichtung der Pixel-Normalen relativ zum Sichtvektor festgelegt ist (Bild 5.29).

Die Bestimmung des Lichtreflektanzwertes erfolgt nach dem im Unterabschnitt 5.4.4 behandelten Reflektanzkartenverfahren mit nur einem Speicherzugriff. Zu diesem Zweck sind insgesamt vier Tabellenspeicher mit Kapazitäten von jeweils 64 KByte vorhanden, die mit den beiden Pixel-Normalenwinkeln adressiert werden. Jeder der vier Tabellenspeicher kann voneinander abweichende Reflektanzfunktionen enthalten, die Oberflächen mit unterschiedlichen Reflektionseigenschaften repräsentieren. Weiterhin ist es möglich, während des laufenden Betriebes die Tabellenspeicher vom Host-Rechner neu zu laden und damit die Beleuchtungsgeometrie dynamisch zu ändern. Mit dem letzten Prozeßschritt wird anschließend den 8-Bit-Helligkeitswerten L die Farbart HS (Hue, Saturation) zugeordnet. Infolge der Verkettung von L mit dem 9-Bit-HS-Wort erhalten wir 256 Helligkeitsabstufungen mit 512 unterschiedlichen Farbarten, die in 32 Bunttöne von jeweils 16 Farbsättigungsstufen aufgeteilt sind.

Zur Konvertierung der HLS- in die RGB-Farbwerte dienen drei weitere Tabellen (HSL/R-, HSL/G- und HSL/B-Tabelle). Diese werden mit dem 19-Bit-langen HLS-Wort adressiert, wodurch eine Umsetzung der HLS-Adressenwerte in die drei korrespondierenden RGB-Farbanteile mit einer Wortlänge von je 8 Bit erfolgt. Die Methode zur Berechnung der Konvertierungstabelleneinträge ist dem Algorithmus 4.3 zu entnehmen.

Gouraud-Interpolation. Für einige Anwendungsfälle ist es hilfreich, neben dem oben geschilderten Verfahren, bei dem die Bestimmung der Pixel-Farben mit Hilfe der vektoriellen Interpolation erfolgt, auch die direkte Interpolation der RGB-Werte nach dem in Unterabschnitt 4.5.7 vorgestellten Gouraud-Verfahren zuzulassen. Aus diesem Grund wurde ein *Bypass* vorgesehen, der die Ausgangssignale der drei Inkrementaladdierer direkt an die Eingänge der FIFO-Speicher in der letzten Shader-Stufe führt. Die Umschaltung von der Phong- auf die Gouraud-Betriebsart bewirkt, daß anstelle der Pixel-Normalen lediglich die RGB-Werte linear interpoliert werden.

5.4.6 Z-Filter

Funktionsprinzip. Das Funktionsprinzip des Z-Filters entspricht im wesentlichen dem bereits bekannten Z-Buffer-Verfahren, das jedoch etwas modifiziert wurde. Im Gegensatz zu der in Kapitel 4 vorgestellten Methode ist es nicht notwendig, den Z-Speicher vor einem neuen Bildaufbau zu initialisieren. Obgleich sich dadurch die Z-Werte von mehreren Bildern gleichzeitig im Speicher befinden, wird ein Z-Vergleich nur mit jenen Pixeln durchgeführt, die zum aktuellen Bild gehören. Die Identifikation der Pixel des jeweils aktuellen Bildes erfolgt bei dieser Methode durch einen *Bildzähler* sowie durch vier zusätzliche Bits, die in einen *Bildzählerspeicher* eingetragen werden und die für jeden Z-Wert den aktuellen Bildzählerstand repräsentieren. Die Arbeitsweise des Bildzählers und des Bildzählerspeichers stellt sich im Zusammenwirken mit dem Z-Speicher wie folgt dar:

Vor dem Einschreiben eines neuen Z-Wertes liest eine Update-Logik parallel zum alten Z-Wert auch den hierzu korrespondierenden Eintrag des Bildzählerspeichers. Ist der Wert des Bildzählerspeichers gleich dem Stand des Bildzählers, so bleibt, abhängig vom Ergebnis des Z-Wertevergleichs, entweder der alte Z-Wert erhalten oder er wird gegen den neuen Wert ausgetauscht. Anderenfalls wird der Z-Wertevergleich abgebrochen und der neue Z-Wert direkt in den Z-Wertespeicher geschrieben. Parallel hierzu wird mit dem aktuellen Stand des Bildzählers auch der aktuelle Bildzählereintrag gespeichert. Der Vorteil dieser Methode besteht darin, daß der Bildzählervergleich mit 4 Bit in nur ca. 5ns erfolgt, während für den 24-Bit-Z-Wertevergleich ca. 25ns erforderlich sind. Weiterhin gestattet die relativ geringe Kapazität des Bildzählerspeichers die Verwendung schneller statischer RAMs, so daß die durchschnittliche Zeit für den gesamten Speicherzyklus einschließlich des Z-Wertevergleichs beträchtlich verkürzt wird. Nach der Generierung eines Bildes erfolgt die Inkrementierung des Bildzählers, der nach dem Erreichen des Maximalwertes (15) wieder auf seinen Anfangswert zurückgesetzt wird.

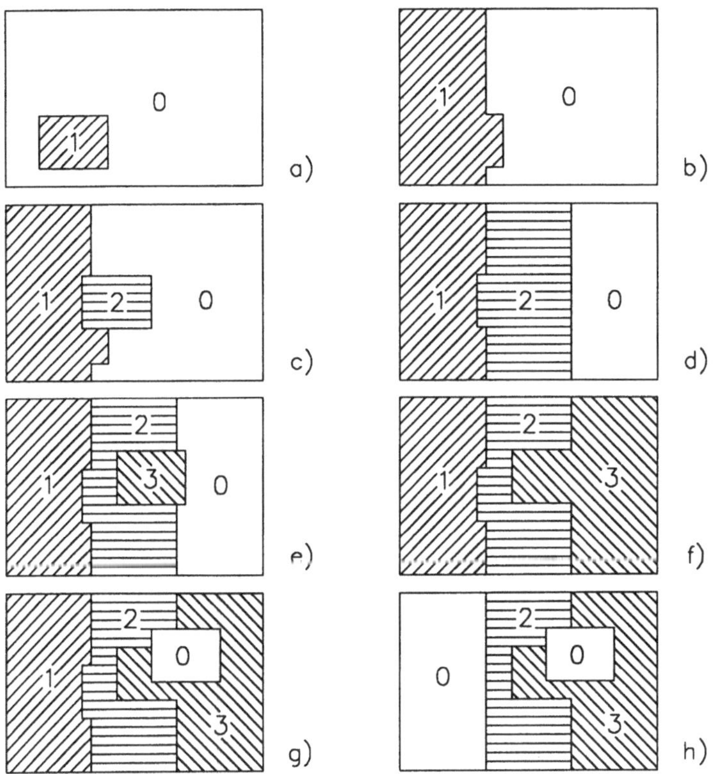

Bild 5.34. Beispiel einer Werteverteilung im Bildzählerspeicher [COB92]

Mit dem Zurücksetzen des Bildzählers ist prinzipiell auch der Bildzählerspeicher mit dem Wert 0 zu initialisieren. Um jedoch zu vermeiden, daß die Initialisierungsphase die Bildgenerierungszyklen nach jedem 16-ten Bild um ca. 15ms unterbricht, wurde der Initialisierungsprozeß des Bildzählerspeichers gleichmäßig über die Bildgenerierungszyklen verteilt.

Bild 5.34 verdeutlicht dieses Verfahren an einem sehr einfachen Beispiel, das die Werteverteilung im Bildzählerspeicher unter Verwendung eines 2-Bit-Bildzählers darstellt. Es wird ein Rechteck dargestellt, das mit jedem Bildgenerierungszyklus innerhalb des Bildkoordinatenbereichs verschoben wird. Der Bildzähler startet mit dem Wert 1, wobei der Bildzählerspeicher mit *0* initialisiert ist. Nach dem Ende des ersten Bildgenerierungszyklus enthalten alle Einträge, die innerhalb der Rechteckfläche liegen, den Wert 1 (Bild 5.35a).

Vor der Ausführung des zweiten Bildgenerierungszyklus wird das erste Drittel des Bildzählerspeichers mit dem aktuellen Wert des Bildzählers initialisiert (Bild 5.35b). Anschließend erfolgt die Inkrementierung des Bildzählers sowie die Generierung eines neuen Bildes (Rechteck), wobei der Bildzählerwert *2* in den Bildzählerspeicher eingetragen wird (Bild 5.35c). Die Initialisierung des zweiten Drittels des Bildzählerspeichers schließt sich an (Bild 5.35d). Alle weiteren Bildgenerierungs- und Initialisierungsprozesse laufen, wie die Bilder 5.35e bis 5.35h zeigen, in gleicher Weise ab. Den Zustand der Bildzählerspeicherbelegung nach dem Zurücksetzen des Bildzählers und nach der Ausführung eines weiteren Zyklus zeigen die Bilder 5.35g und 5.35h.

An dem vorgestellten Beispiel fällt auf, daß die Anzahl der zu löschenden Speichersegmente kleiner als die Anzahl der Bildzählerzustände ist. Der Grund hierfür ist, daß unmittelbar vor jeder neuen Bildgenerierungsphase der aktuelle Stand des Bildzählers unterschiedlich zu allen im Bildzählerspeicher befindlichen Einträgen sein muß.

Gerätetechnische Realisierung. Das Z-Filter besteht aus mehreren zeitlich versetzt arbeitenden Speicherbänken. Jede dieser Bänke, die untereinander identisch sind, ist mit jeweils sieben 4×256-KBit-DRAMs (Zugriffszeit 60ns) aufgebaut. Die Wortlänge eines Speicherwortes, das somit 4×7 = 28 Bit beträgt, ist in 24 Bit für den Z-Wert und in 4 Bit für den Bildzählerstand aufgeteilt.

Zur Erhöhung der Effektivität ist die Zwischenspeicherung der Z-Werte, der Bildspeicheradressen und der RGB-Werte in acht Pipeline-Registerfiles mit Wortbreiten von je 69 Bit vorgesehen. Jede Speicherbank besitzt weiterhin einen Controller, der für die Verwaltung des Register-File sowie für die Steuerung des Z-Speichers und des Bildzählerspeichers zuständig ist.

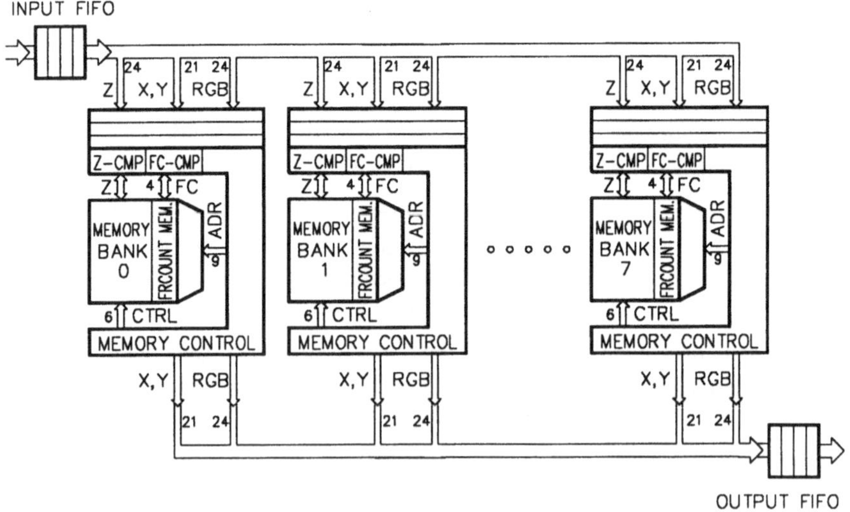

Bild 5.35. Blockdarstellung des Z-Filters [COB92]

Für die gerätetechnische Realisierung des Speicherbank-Controllers wurde im wesentlichen nur ein FPGA-Baustein mit einer Komplexität von 3000 Gattern benötigt. Alle Komponenten einer Speicherbank sind modular auf einer Platine der Grösse 150×150mm zusammengefaßt, von denen maximal acht auf eine Basisplatine (320×500 mm) aufgesteckt werden können, die zusammen einen maximalen Durchsatz von ca. 50ns/Pixel ermöglichen. Zusätzlich enthält die Basisplatine ein Steuerwerk, das für den Transfer der Ausgangsdaten des Rendering-Prozessors zuständig ist, und das die gefilterten Pixel-Daten nach der *round-robin*-Methode zum Image-Bus transferiert.

5.4.7 2D-Subsystem

Das 2D-Subsystem, dessen Blockschaltbild in Bild 5.36 dargestellt ist, besteht aus einem frei programmierbaren Grafikprozessor vom Typ *TMS 34020*, der einen lokalen Arbeitsspeicher von 4-16 MByte sowie ein 512 KByte großes EPROM besitzt. Weitere Funktionseinheiten sind ein 16-MByte-großer Bildspeicher, der variable Bildformate bis 1920×1150 Pixel zuläßt, sowie eine Video-Logik-Stufe, die eine max. Bildpunktfrequenz von 170 MHz ermöglicht. Die Kommunikation mit dem Rendering-Prozessor erfolgt über den synchron arbeitenden *Image-Bus*, der mit einer Wortlänge von 32-Bit eine maximale Bandbreite von 128 MByte/Sek besitzt. Weiterhin ist ein *VME-Bus-Interface* mit einer maximalen Transferleistung auf 16 MByte/Sek vorhanden.

Grafikprozessor. Der TMS 34020 besitzt die Funktionalität eines universell verwendbaren Prozessors, dessen Instruktionssatz darüber hinaus für die Ausführung von Grafikfunktionen erweitert wurde. Weiterhin enthält der Prozessor zusätzliche Funktionseinheiten zur Erzeugung von Vektoren, zur Steuerung des Bildspeichers und zur Generierung der Bildsynchronisation und der Austastsignale. Spezielle *Mailbox-Register*, die in den Adreßraum des Grafikprozessors eingeblendet sind, dienen zur Kommunikation mit dem Host-System. Die Zugriffe der einzelnen Einheiten des Grafikprozessors (GDP) auf den Bildspeicher koordiniert ein Arbiter. Für rechenintensive Anwendungen kann der Grafikprozessor durch einen Koprozessor (TMS 34082), der eine maximale Rechenleistung von 32 MFLOPS aufweist, unterstützt werden.

Zur Realisierung des lokalen Arbeitsspeichers wurden dynamische Speicherelemente in den Organisationen 4×256 KBit oder 4×1 MBit verwendet. Er besteht aus vier Speicherbänken, die jeweils eine Kapazität von einem oder 4 MByte besitzen. Neben dem lokalen Arbeitsspeicher ist zusätzlich eine (E)PROM-Speichereinheit vorhanden, die das Boot-Programm enthält. Neben diesen beiden lokalen Speichereinheiten hat der Grafikprozessor außerdem noch Zugriff auf lokale registerprogrammierbare Einheiten des 2D-Subsystems. Hierzu gehört im wesentlichen die Lookup-Tabelle in der Video-Logik-Stufe.

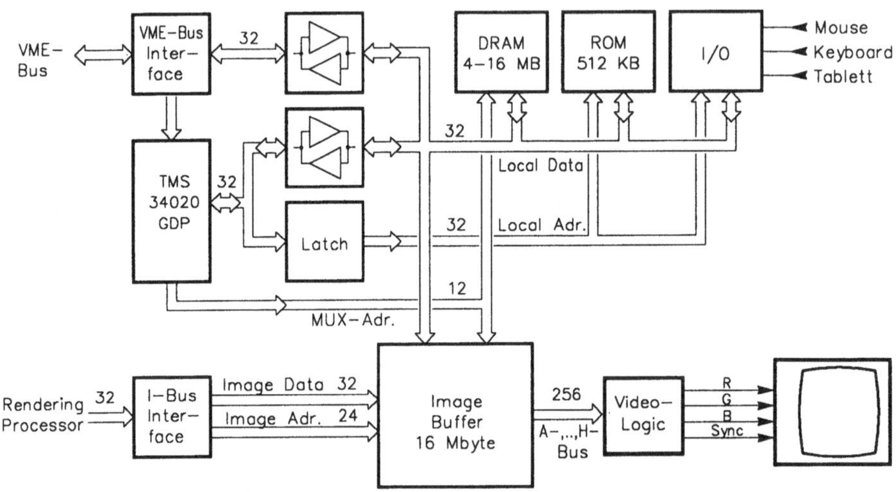

Bild 5.36. Blockdarstellung des 2D-Subsystems [WIP92]

Bildspeicher. Der mit dynamischen Video-RAMs aufgebaute Bildspeicher ist als Multiportspeicher ausgelegt, so daß direkte Schreib-/Lesezugriffe sowohl vom Grafikprozessor als auch vom VME-Bus und dem Image-Bus erfolgen können. Bild 5.37 zeigt die Aufteilung des Bildspeichersystems in acht gleich grosse Speicherbänke (A,..., H), die so angeordnet sind, daß sie jeweils acht benachbarte Pixel aus einer zeilenorientierten Pixel-Folge ($a_0\ b_0\ c_0\ d_0\ e_0 f_0\ g_0\ h_0\ a_1\ b_1\ c_1\ d_1\ e_1 f_1\ g_1\ h_1\ e_1\ a_2\ b_2$ ....) beinhalten.

Der Wechselpufferbetrieb erfolgt durch die Halbierung des Adreßraums, wobei mit dem obersten Bit des Adreßwortes jeweils der untere oder obere Block der Speicherbank selektiert wird. Aus Sicht des Rendering-Prozessors wird nach dem Pixel-Interleaving-Verfahren quasi-parallel auf jeweils vier Speicherbänke des Bildspeichersystems zugegriffen. Wie aus Bild 5.38 zu entnehmen ist, sind hierzu vier getrennte Adreß- und Datenbusse vorgesehen, die je zwei Speicherbänke versorgen und deren Steuerung mit vier Bank-Controllern erfolgt. Da der Zeitversatz zwischen den aufeinanderfolgenden Speicherzugriffen 30ns beträgt, erhält man bei einer Pixel-Wortlänge von 4 Byte eine maximale Speicherbandbreite von ca. 128 MByte/Sek.

Die Video-Logik-Stufe wird von den pixel-seriellen Datenausgängen der acht parallelen Bildspeicherblöcke versorgt. Da nur eine Zeile adressiert werden kann, muß der Grafikprozessor spezielle Ladezyklen durchführen, um die Daten der auszugebenden Zeile in die Ausgaberegister des Bildspeichers zu transferieren. Hierbei werden jeweils die Pixel aus allen acht Bänken mit einer max. Zugriffsrate von 32 MHz ausgelesen, so daß sich eine Bildpunktrate von 256 MPixel/Sek ergibt.

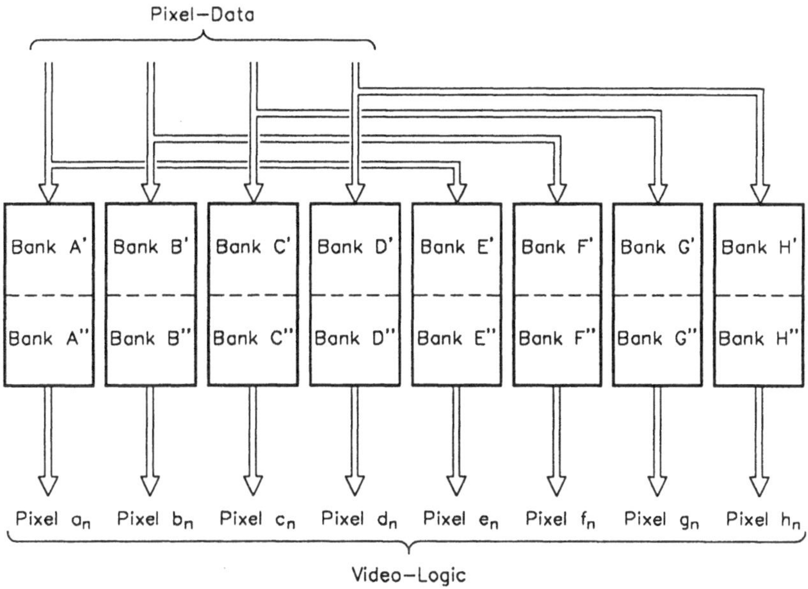

Bild 5.37. Logische Struktur des Bildspeichersystems [WIP92]

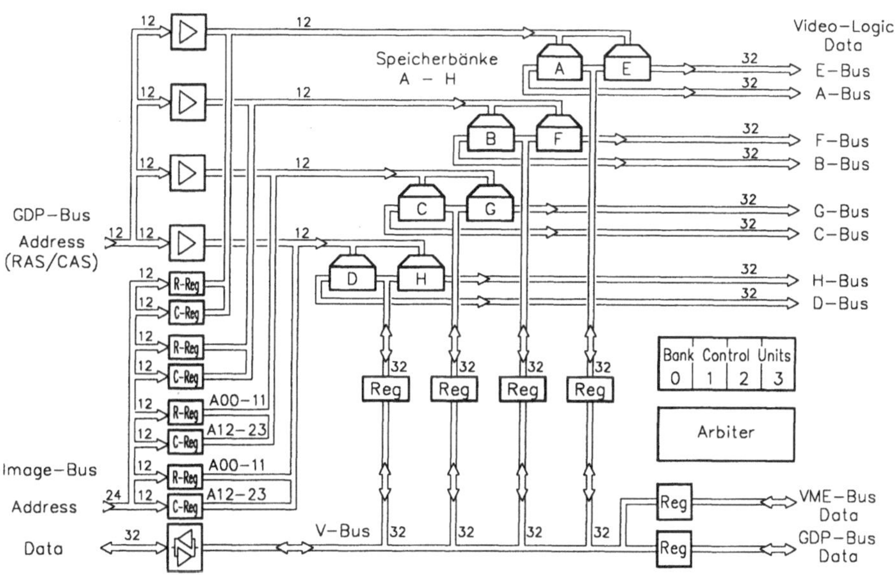

Bild 5.38. Blockbilddarstellung des Bildspeichersystems [WIP92]

Video-Logik-Stufe. Den prinzipiellen Aufbau der Video-Logik-Stufe zeigt Bild 5.39. Vom Bildspeicher werden die acht Bildpunkte, die parallel aus den Ausgaberegistern des Bildspeichers ausgelesen werden, mit Hilfe einer Multiplexer-Stufe in einen seriellen Datenstrom umgesetzt. Dieser Datenstrom, der eine Breite von 3×8 Bit besitzt, durchläuft drei 256×8-Bit-Lookup-Tabellenspeicher, die hauptsächlich zur Gamma-Korrektur dienen. Anschließend werden die RGB-Daten von einem D/A-Wandler in analoge RGB-Signale umgesetzt.

Ein weiterer Multiplexer dient zur Erzeugung des seriellen Overlay-Datenstroms. Dieser ist 4 Bit breit und adressiert innerhalb der drei Lookup-Tabellen separate Speichermodule, mit denen 16 Overlay-Farben aus einer Palette von 256 Farben ausgewählt werden können. Zu den weiteren Aufgaben der Video-Logik-Stufe gehören die Erzeugung der Taktsignale für die D/A-Wandler, die Multiplexereinheiten, die seriellen Ausgänge des Bildspeichers sowie für die Videosynchronsignale.

Der Aufbau der Funktionseinheit erfolgte im wesentlichen mit drei Video-Logik-ICs vom Typ Bt 468, die den Multiplexer, die Lookup-Tabelle, den D/A-Wandler sowie die Cursor-Logik enthalten.

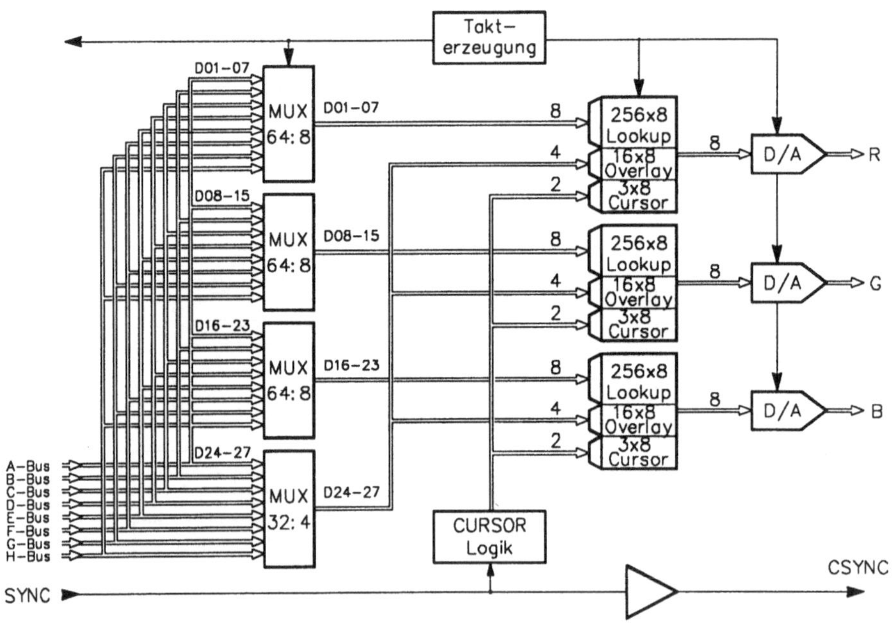

Bild 5.39. Blockdarstellung der Video-Logik-Stufe

5.5 Pixel-Planes-4-System

Die Entwicklungsarbeiten an den Pixel-Planes-Systemen (Pxpl) werden seit Ende der siebziger Jahre an der Universität von North Carolina in Chapel Hill durchgeführt. Das Grundkonzept dieser Bildrechnerarchitekturfamilie, die sich durch einen extrem hohen Grad an Parallelität auszeichnet, sowie deren Arbeitsfortschritt vom Pxpl1- bis zum Pxpl5-System, wurde im wesentlichen von H. Fuchs in einer Vielzahl von Veröffentlichungen vorgestellt [FUC77, FUC79, FUC81, FUC82, FUC85, FUC89, POU85]. Im Jahre 1985 konnte mit dem *Pixel-Planes-4* (Pxpl4), dessen Architektur in den nachfolgenden Abschnitten eingehender betrachtet wird, eine erste gerätetechnische Realisierung dieses Systemkonzeptes vorgestellt werden, die für den praktischen Einsatz verwendbar war.

5.5.1 Architekturüberblick

Die Pixel-Planes-Systeme sind dadurch gekennzeichnet, daß sie die Rendering-Prozesse pixel-parallel ausführen. Im Fall des nachfolgend diskutierten Pxpl4-Systems stehen hierfür insgesamt 2^{18} Prozessoren zur Verfügung. Je ein Prozessor ist somit für die Berechnung eines Pixels aus einer Bildmatrix zuständig, die eine Größe von 512×512 Bildpunkten aufweist. Organisiert sind diese Prozessoren als zweidimensionales Array, das in sog. *Smart-Frame-Buffer-Module* unterteilt ist. Jeder Smart-Frame-Buffer (SFB-Modul) besteht aus 64 sehr einfachen Rechenwerken (Pixel-Prozessoren), die nur arithmetische und logische 1-Bit-Operationen ausführen können.

Im Gegensatz zu allen anderen bekannten Echtzeitsystemen, deren Verarbeitungsleistung hauptsächlich von der Zahl der darzustellenden Polygone sowie von der durchschnittlichen Anzahl der Pixel pro Polygon bestimmt wird, hängt die Leistung des Pxpl4 im wesentlichen nur von der Kantenanzahl der darzustellenden Polygone ab. Anhand der in Bild 5.40 dargestellten Architekturübersicht werden die Aufgaben der einzelnen Systemeinheiten nachfolgend im funktionalen Zusammenhang vorgestellt:

Ein konventioneller Prozessor mit hoher Gleitpunktrechenleistung dient zur Ausführung der üblichen Geometrieprozesse. Anschließend berechnet ein weiterer als *Translator* bezeichneter Prozessor auf der Basis der Polygoneckpunkte (V_1, V_2, ..., V_n) die Parameter A,B,C und D der Ebenengleichungen vom Typ:

$$A\,x + B\,y + C\,z + D = 0\,. \tag{5.8}$$

In gleicher Weise werden die Parameter der drei Farbebenengleichungen bestimmt, indem man die Z-Koordinatenwerte der Eckpunkte V_1, V_2, ..., V_n durch die korrespondierenden RGB-Farbwerte austauscht.

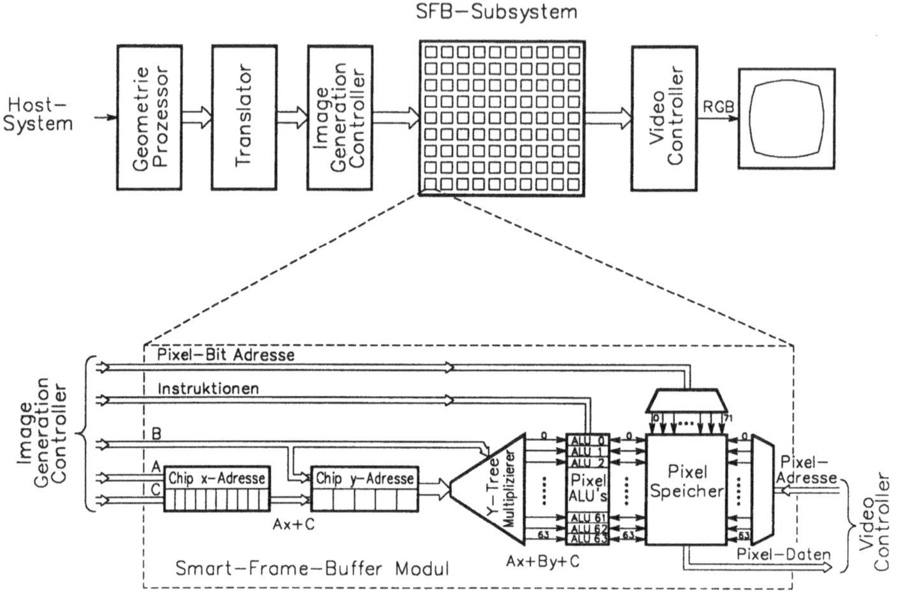

Bild 5.40. Blockdarstellung des Pixel-Planes-4-Systems [POU85]

Den nächsten Prozeßschritt führt der *Image Generation Controller* (IGC) aus, der hierzu die Parameter (ABC-Parameter) sämtlicher Ebenengleichungen erhält. Der IGC formt die ABC-Parameter der Ebenengleichungen in bit-serielle Daten um, damit diese von den 1-Bit-Prozessoren des Smart-Frame-Buffer-Systems verarbeitet werden können. Das SFB-Subsystem hat die Aufgabe, die pixel-parallelen Rendering-Prozesse auszuführen. Hierzu werden die erwähnten ABC-Parametersätze nacheinander ausgewertet. Für den Fall, daß ein dreieckförmiges Polygon zu visualisieren ist, sind mindestens sieben ABC-Parametersätze erforderlich. Im einzelnen dienen die Parametersätze (A_1,B_1,C_1), (A_2,B_2,C_2) und (A_3,B_3,C_3) zur Markierung der projizierten Dreiecksfläche innerhalb der Frame-Buffer-Matrix. Mit Hilfe eines weiteren Parametersatzes (A_z,B_z,C_z) werden die Z-Werte berechnet, die zur Bestimmung und Eliminierung der verdeckten Pixel dienen. Die Berechnung der Pixel-Farbwerte (RGB-Werte) erfolgt mit Hilfe der Gouraud-Interpolation. Hierzu sind zuvor die Parametersätze (A_r,B_r,C_r), (A_g,B_g,C_g) und (A_b,B_b,C_b) für die Farbebenen *rot, grün* und *blau* zu bestimmen.

Für das periodische Auslesen der Video-Daten aus dem SFB-Subsystem ist der Video-Controller zuständig. Weiterhin erzeugt diese Funktionseinheit die Videosignale und die Speicher-Refresh-Zyklen, die zur Regenerierung der Pixel-Daten innerhalb des SFB-Subsystems notwendig sind.

5.5.2 Funktionsprinzip

Halbraumverknüpfungen. Bevor wir das Funktionsprinzip des Pixel-Planes-Systems behandeln können, ist es notwendig, die Bestimmung der Pixelkoordinaten eines Polygons mit Hilfe von Halbräumen zu erklären. Unter einem Halbraum ist der Teil eines Koordinatenraums zu verstehen, der mit Hilfe einer Ebene separiert wurde. Den Zusammenhang zwischen den Kanten eines auf die XY-Ebene abgebildeten Polygons und der korrespondierenden Halbraumebene verdeutlicht das Bild 5.41. Die Halbraumebene, die hier den Koordinatenraum trennt, ist so ausgerichtet, daß sie die XY-Ebene an den Kanten des Polygons schneidet und daß die XY-Koordinaten der Polygonfläche (gestrichelt gezeichnet), in die Ebenengleichung

$$A x + B y + C = z \tag{5.9}$$

eingesetzt, positive Z-Werte ergeben. Um die Koordinaten des in Bild 5.41 dargestellten Dreiecks mit Hilfe von Halbräumen bestimmen zu können, setzen wir in (5.9) $z=0$ und lösen diese Gleichung nach y auf. Wir erhalten damit die Geradengleichungen der Dreieckskanten

$$A_1 x + C_1 = y,\ A_2 x + C_2 = y \text{ und } A_3 x + C_3 = y, \tag{5.10}$$

deren Parameter im vorliegenden Fall die folgende Werte aufweisen:

$$A_1 = \frac{13}{16};\ C_1 = 4;\ A_2 = -\frac{17}{9};\ C_2 = 32{,}11 \text{ und } A_3 = -\frac{7}{20};\ C_3 = 7.$$

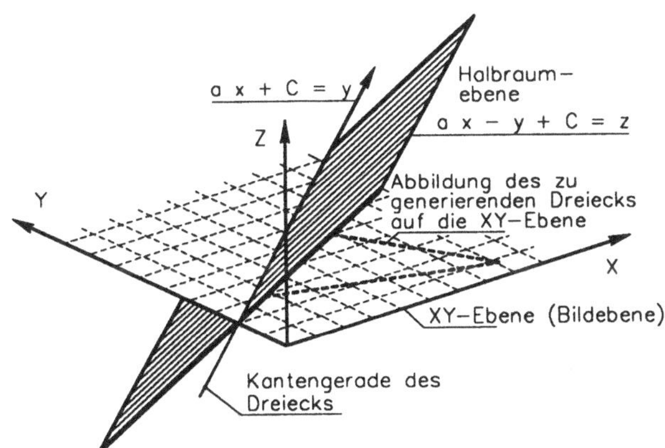

Bild 5.41. Geometrischer Zusammenhang zwischen der Kantengeraden eines Flächenelementes und der korrespondierenden Halbraumebene. Teilen wir einen karthesischen Koordinatenraum mit einer Ebene, so bezeichnen wir den einen der geteilten Koordinatenbereiche als Halbraum und den anderen als komplementären Halbraum

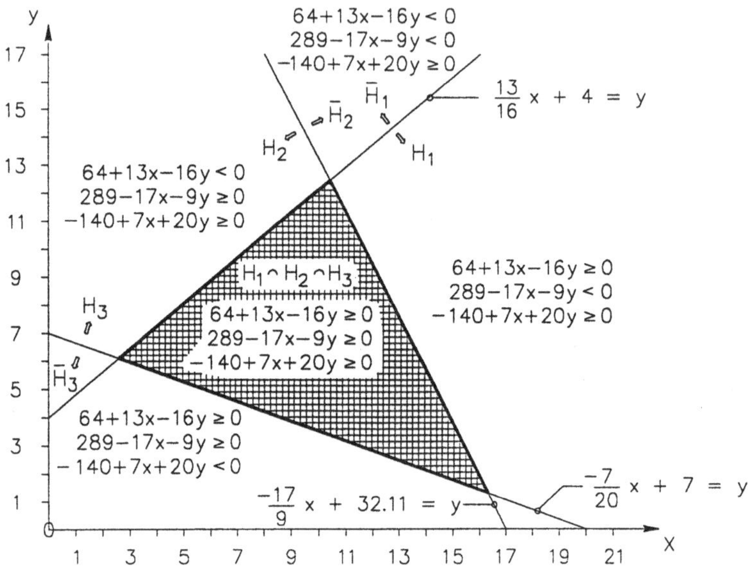

Bild 5.42. Bestimmung der Koordinatenmenge eines Dreiecks mit Hilfe von Halbräumen

Wir erhalten die nachfolgend als *Kantenebenengleichungen* bezeichneten Gleichungen, indem wir in (5.10) die Z-Koordinate einsetzen:

$$z = A_1 x - y + C_1 = 13x - 16y + 64$$
$$z = A_2 x - y + C_2 = -17x - 9y + 289$$
$$z = -(A_3 x - y + C_3) = 7x + 20y - 140\,. \tag{5.11}$$

Mit Hilfe von (5.11) werden die Halbräume *H1, H2* und *H3* bestimmt, deren konjunktive Verknüpfung $H1 \cap H2 \cap H3$ das Dreieck einschließt. Mit anderen Worten: Jene Koordinaten, die in jede der drei Kantenebenengleichungen eingesetzt zum Ergebnis $z \geq 0$ führen, gehören zur Koordinatenmenge der Dreiecksfläche.

Rasterkonvertierung. Die wichtigsten Funktionseinheiten des Pixel-Planes-Systems sind, wie bereits eingangs erwähnt, die SFB-Module, deren Wirkungsweise auf dem o.g. Halbraumverknüpfungsverfahren beruht. Um den mit Hilfe der SFB-Module auszuführenden Rasterkonvertierungsprozeß einfacher darstellen zu können, lassen wir zunächst die gerätetechnische Realisierung eines Smart-Frame-Buffers ausser acht und gehen von einem vereinfachten Model aus. Dieses besteht, wie in Bild 5.43 dargestellt, aus zwei Multipliziererbäumen und aus einer matrixförmigen Anordnung von 64 Pixel-ALUs. Als Multiplizierbaum wird hier ein Schaltwerk bezeichnet, das eine Baumstruktur besitzt und dessen Aufgabe darin besteht, mit Hilfe sequentiell ausgeführter Additionen die Funktion mehrerer parallel arbeitender Multiplizierer zu erfüllen.

Der X-Multipliziererbaum hat die Aufgabe, die $C' + n\,A$-Terme der Ebenengleichungen für $n = 0,\dots,7$ zu berechnen. Der Y-Multipliziererbaum dient hingegen zur Bestimmung der $C'' + n\,B$-Terme mit dem gleichen Definitionsbereich. Die Berechnung der Terme erfolgt mit jeweils sieben 1-Bit-Addierern, die in drei Hierarchiestufen angeordnet sind. Diese Funktionseinheiten, die auch als Knoten innerhalb des Multipliziererbaums bezeichnet werden, besitzen neben dem Summenausgang einen zweiten Ausgang, der lediglich zum Durchschalten des am Knoteneingang befindlichen Operandenwertes dient.

Der zweite Eingang der Baumknoten wird von dem Operanden u versorgt, dessen Wertezuweisung von der Hierarchiestufe m des Multipliziererbaums abhängt. Die u-Eingangsoperanden erhalten somit die Werte $u = 2^m A$ für den X-Multipliziererbaum und $u = 2^m B$ für den Y-Multipliziererbaum. Die Addierer mit der niedrigsten Hierarchiestufe

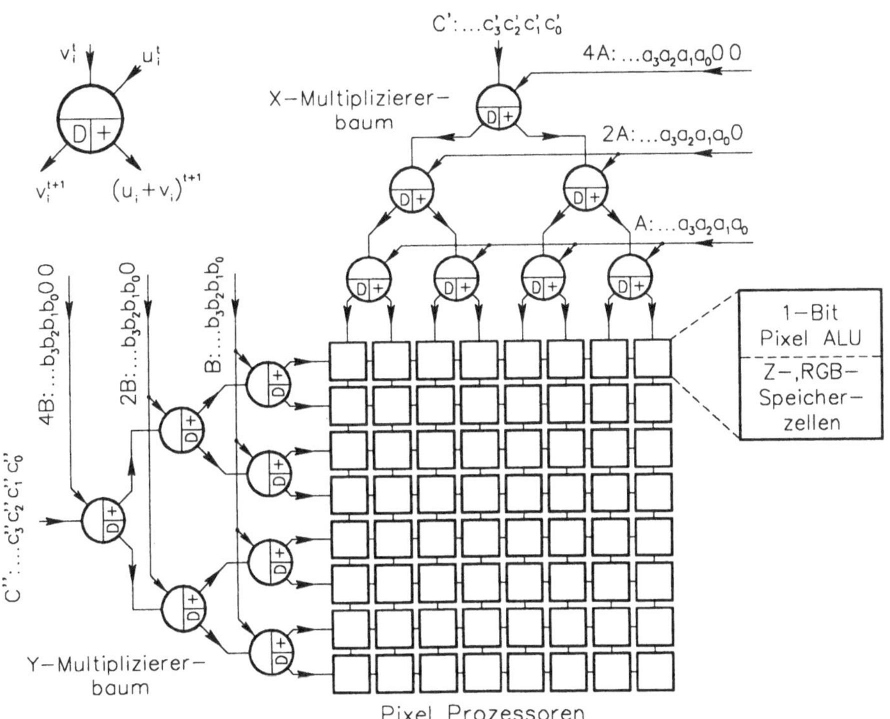

Bild 5.43. Prinzipieller Aufbau des Smart-Frame-Buffers [FUC82]

m= 0 befinden sich an den Blättern der Multipliziererbäume, an deren Ausgängen die Werte der folgenden Terme erscheinen:

Die Ergebnisterme des X-Multipliziererbaums (von links nach rechts) sind

$$C',\, C'+A,\, C'+2\,A,\, C'+3\,A,\, C'+4\,A,\, C'+5\,A,\, C'+6\,A,\, C'+7\,A\,.$$

Die Ergebnisterme des Y-Multipliziererbaums (von unten nach oben) sind

$$C'',\, C''+B,\, C''+2\,B,\, C''+3\,B,\, C''+4\,B,\, C''+5\,B,\, C''+6\,B,\, C''+7\,B\,.$$

Mit Hilfe eines 8×8 Pixel-Prozessoren-Arrays werden die beiden Termgruppen entsprechend der in Bild 5.43 dargestellten matrixförmigen Prozessorenanordnung *über Kreuz* addiert. Als Ergebnis erhalten wir die Lösungsmenge der Flächengleichung (5.8) für x=0,..,7 und y= 0,...,7. Es ist in diesem Zusammenhang leicht erkennbar, daß die Stufenanzahl der Multipliziererbäume direkt vom Wertebereich der XY-Koordinaten abhängt. Jeder der 64 Pixel-Prozessoren besitzt ein Enable-Bit (E-Bit). Für den Fall, daß ein Prozessor

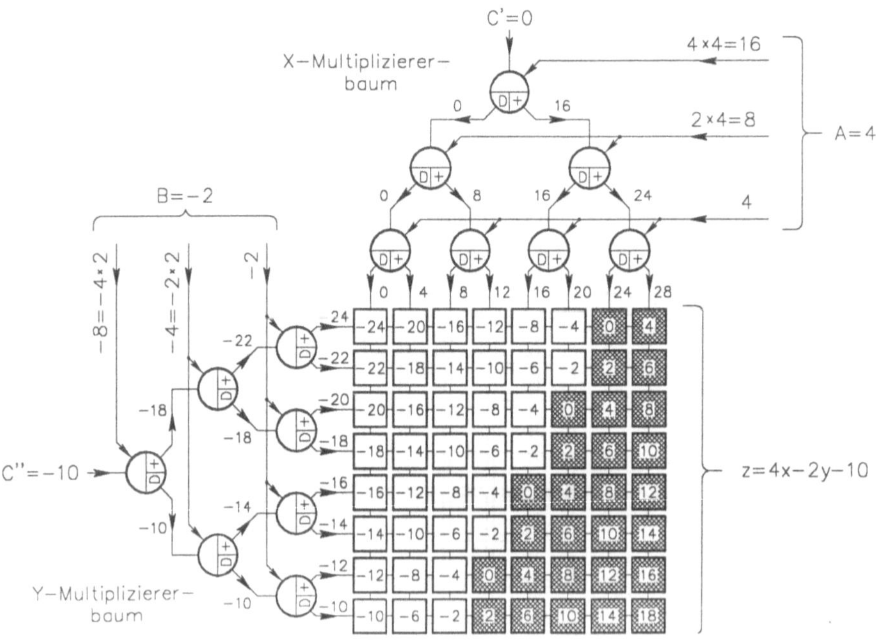

Bild 5.44. Werteverteilung innerhalb eines SFB am Beispiel der Ebenengleichung z = 4x - 2y - 10

bei der Addition zweier Terme den Wert $z \geq 0$ berechnet, wird sein Enable-Bit auf 1, sonst auf den Wert 0 gesetzt. Am Ende des Rasterkonvertierungsprozesses sind nur die E-Bits jener Pixel-Prozessoren auf den Wert 1(*Enable-Zustand*) gesetzt, deren Matrixadressen mit der Koordinatenmenge der Pixel des Flächenelementes identisch sind. Anhand des Bildes 5.44 läßt sich der Berechnungsprozeß, der innerhalb eines SFB abläuft, leicht nachvollziehen. Es zeigt als Beispiel die Z-Werteverteilung der Ebenengleichung $4x - 2y - 10 = z$ innerhalb der Prozessorenmatrix. Weiterhin sind in Bild 5.44 die Zwischenergebnisse, die an den Baumknoten und Blättern der beiden Multipliziererbäume auftreten, eingetragen. Die schraffierten Felder kennzeichnen den positiven Z-Wertebereich und damit auch die Pixel-Prozessoren, deren E-Bits auf den Wert 1 gesetzt sind.

Verdeckungsberechnung. Bei der anschließenden Verdeckungsberechnung sind nur die mit E = 1 markieren Pixel-Prozessoren aktiv. Dieser Prozeß, der auf einer etwas modifizierten Z-Buffer-Methode basiert, erfolgt in ähnlicher Weise wie das zuvor diskutierte Rasterkonvertierungsverfahren. Anstelle der Parametersätze der Halbraumebenen, die von den Kantengeraden des Flächenelementes abgeleitet wurden, werden hier die A_z-, B_z- und C_z-Parameter der Ebenengleichung verarbeitet. Wir erhalten die Parameter

$$A_z = \frac{-A}{C}, \quad B_z = \frac{-B}{C} \quad \text{und} \quad C_z = \frac{-D}{C}$$

aus der allgemeinen Ebenengleichung (5.8), die nach

$$-\frac{A}{C}x - \frac{B}{C}y - \frac{D}{C} = z \tag{5.12}$$

umgeformt wird. In den lokalen Speicherzellen der Pixel-Prozessoren sind 20 Bit für den Eintrag der Z-Werte, die wir bei der Lösung von (5.12) erhalten, reserviert. Diese Speicherzellen müssen vor der Verdeckungsberechnung mit dem kleinstmöglichen Z-Wert (z_{min}) initialisiert werden. Dies erfolgt mit zwei Prozeßschritten:

- Mit dem ersten Schritt werden die z_{min}-Einträge, die sich bereits in den Speicherzellen dieser Prozessoren befinden, mit den aktuell berechneten Z-Werten ($z = f(x,y)$) verglichen. Für den Fall, daß $f(x,y) > z_{min}$ ist, bleibt das E-Bit unverändert. Ist hingegen $f(x,y) \leq z_{min}$, so wird E=0 gesetzt.

- Mit dem zweiten Schritt werden unter Verwendung desselben Parametersatzes wiederum die Z-Werte bestimmt und in alle lokalen Z-Speicherzellen jener Pixel-Prozessoren eingetragen, deren E-Bit den Wert 1 aufweist.

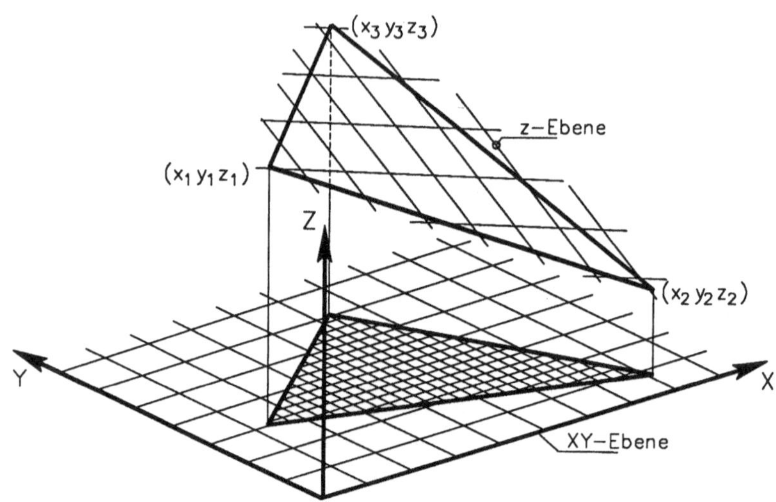

Bild 5.45. Z-Ebene im karthesischen Koordinatensystem

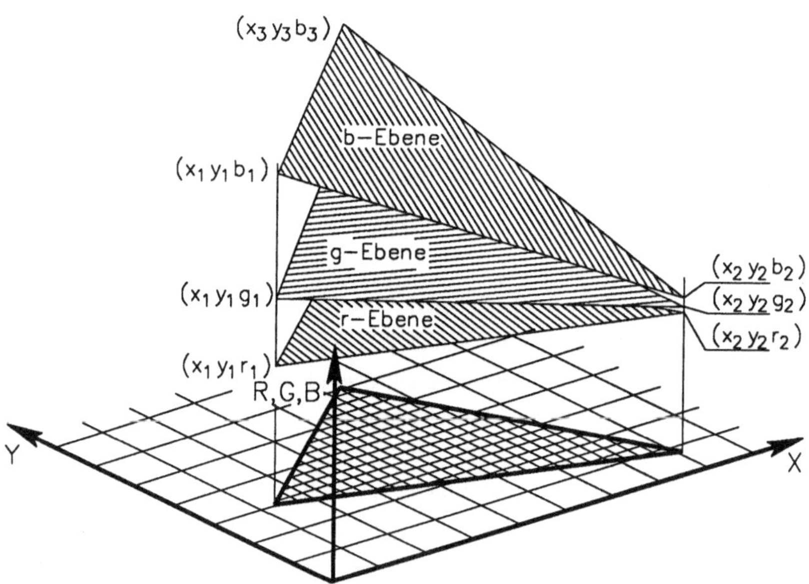

Bild 5.46. Bestimmung der Pixelfarbe mit Hilfe der drei Farbebenen

Schattierungsberechnung. Die Flächenschattierung basiert auf der Bestimmung der Pixel-Farbwerte, die mit Hilfe der linearen Interpolation erfolgt. Bei dieser als Gouraud-Shading bekannten Methode müssen zuvor die Farbwerte rot (r), grün (g) und blau (b) an den

Eckpunkten V_1, V_2 und V_3 des Polygons (hier Dreieck) berechnet und anstelle der Z-Werte in die Eckpunktkoordinatentripel eingesetzt werden:

$$V_{1R} = [x_1\ y_1\ r_1],\ V_{2R} = [x_2\ y_2\ r_2],\ V_{3R} = [x_3\ y_3\ r_3]$$
$$V_{1G} = [x_1\ y_1\ g_1],\ V_{2G} = [x_2\ y_2\ g_2],\ V_{3G} = [x_3\ y_3\ g_3]$$
$$V_{1B} = [x_1\ y_1\ b_1],\ V_{2B} = [x_2\ y_2\ b_2],\ V_{3B} = [x_3\ y_3\ b_3]\ .$$

Wir definieren mit den drei Eckpunktkoordinatensätzen (V_{1R},V_{2R},V_{3R}), (V_{1G},V_{2G},V_{3G}) und (V_{1B},V_{2B},V_{3B}) die in Bild 5.46 dargestellten drei Farbebenen. Mit den Gleichungen der Farbebenen, die analog zu (5.11) umgeformt werden, erhalten wir anschließend die korrespondierenden ABC-Parametersätze (A_r, B_r, C_r), (A_g, B_g, C_g) und $(A_b\ B_b, C_b)$. Basierend auf diesen Parametern berechnet der Smart-Frame-Buffer in der bereits bekannten Weise die Farbwerte $r = f(x,y)$, $g = f(x,y)$ und $b = f(x,y)$. Für den Eintrag der Farbwerte, die Wortlängen von je 8 Bit besitzen, sind hierzu in den lokalen Speichern der Pixel-Prozessoren entsprechende Speicherzellen reserviert. Der Farbwerteeintrag erfolgt, wenn die E-Bits der jeweiligen Pixel-Prozessoren den Wert 1 aufweisen.

Schattenwurfberechnung. Die Schattenwurfberechnung wird erst ausgeführt, wenn der oben vorgestellte Schattierungsprozeß mit allen Polygonen der zu visualisierenden Objektszene abgeschlossen ist. Das verwendete Verfahren bedingt, daß jeder Pixel-Prozessor neben seinem bereits bekannten Enable-Bit ein zusätzliches Shadow-Flag-Bit (S-Bits) benötigt. Beide Flag-Bits werden vor dem Start des gesamten Berechnungsprozesses mit dem Wert 0 initialisiert.

Das Prinzip der Schattenwurfbestimmung, das weitgehend einem von in [BRO84] vorgeschlagenen Verfahren ähnelt, verdeutlicht Bild 5.47. Es zeigt eine sehr einfache Szene, die aus den Polygonen P_1, ..., P_4 und P_A besteht. Das den Schattierungsbereich bestimmende Polygon ist im vorgegebenen Beispiel P_A, es wird nachfolgend als aktives Polygon bezeichnet. P_A ist so angeordnet, daß es die Polygone P_1, P_2 und P_3 abschattet und selber im Schattenbereich von P_4 liegt. Die Aufgabe besteht darin, jene Pixel von P_1, P_2 und P_3 durch Setzen ihrer S-Bits zu kennzeichnen, auf die der Schatten von P_A fällt.

Analog zum Rasterkonvertierungsprozeß erfolgt die Bestimmung der schattierten Pixel auch hier mit Hilfe von Halbräumen. Die räumliche Ausrichtung der Halbraumebenen H_1, H_2 und H_3 wird hierbei mit den Kanten des Polygons P_A und den Koordinaten der Lichtquelle Q bestimmt. Die Schattenwurfbestimmung läßt sich in folgende Schritte unterteilen:

Schritt 1. Es werden die Parameter der ersten Halbraumebene H_1 berechnet. Die Ebene H_1 ist so im Objektkoordinatenraum angeordnet, daß sie eine Kante von P_A tangiert und den Ort der Lichtquelle Q schneidet.

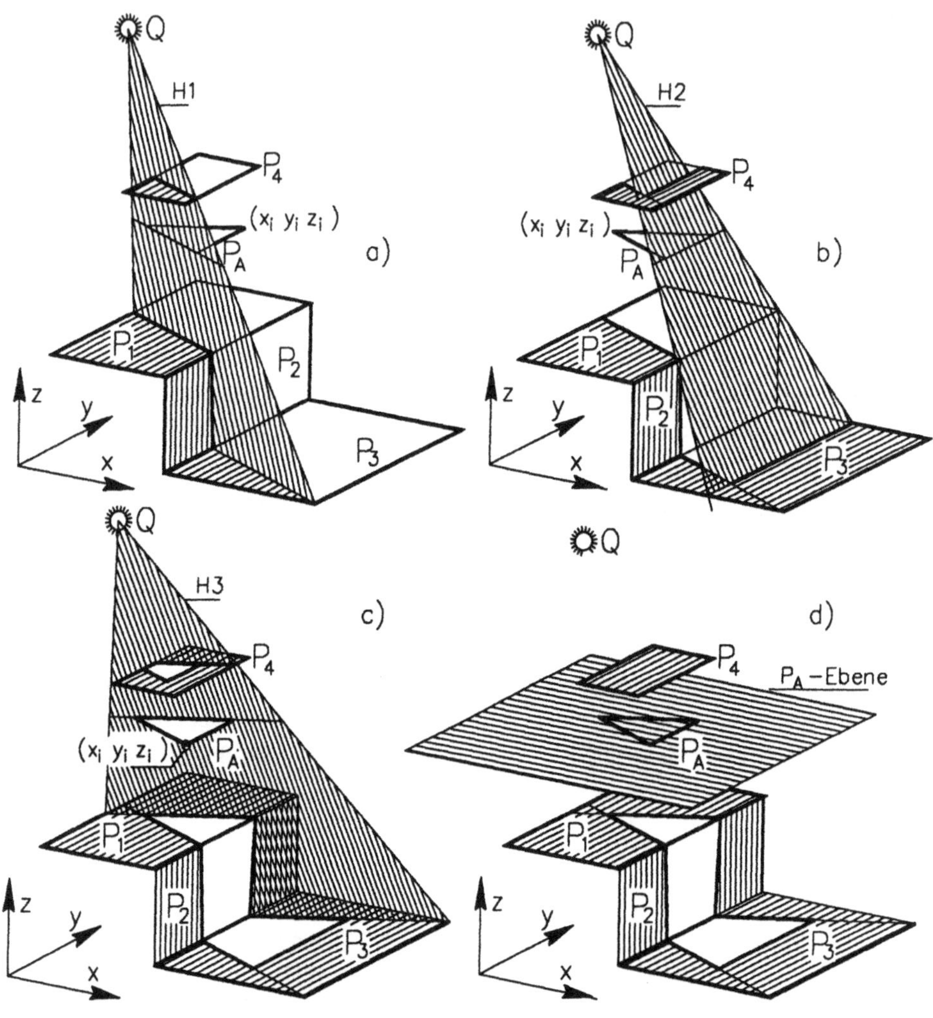

Bild 5.47. Prinzip der Schattenwurfbestimmung [FUC85]

Schritt 2. Es wird ein Eckpunkt des Polygons P_A ausgewählt (hier $[x_i\ y_i\ z_i]$), der sich nicht auf der Fläche von H_I befindet. Die XY-Koordinaten dieses Eckpunktes werden in die Ebenengleichung von H_I $A\,x_i + B\,y_i + C = z_{comp}$ eingesetzt und nach z_{comp} aufgelöst. Anschließend erfolgt die Zuweisung von z_{comp} zu den ABC-Parametern der von H_I.

Schritt 3. Mit dem letzten Schritt werden in der bereits bekannten Weise (s. Rasterkonvertierung) die Z-Werte der Ebenengleichung von H_I bestimmt, wobei jedoch, abhängig vom Vorzeichen des z_{comp}-Wertes, die Enable-Bits der Pixel-Prozessoren zu setzen sind. Hierbei gelten die folgenden Regeln:

- Ist z_{comp} positiv (Bild 5.47a), so erhalten die Enable-Bits jener Pixel-Prozessoren den Wert E=1 zugewiesen, deren lokal gespeicherte Z-Werte (z_{min}-Werte) - diese wurden zuvor durch die Rasterkonvertierung der Polygone P_1, P_2 und P_3 erzeugt - kleiner als die aktuell berechneten Z-Werte auf der Ebene H_1 sind.

- Ist z_{comp} negativ (Bild 5.47b,c), so erhalten die Enable-Bits den Wert E=1, wenn ihre z_{min}-Werte größer oder gleich den berechneten Z-Werten von H_1 sind. In beiden Fällen markieren die auf E=1 gesetzten Enable-Bits jene Pixel, die sich im Schattenbereich von P_A befinden.

- In allen anderen Fällen erhalten die Enable-Bits den Wert E=0 und kennzeichnen damit die nicht schattierten Teilflächen von P_1, P_2 und P_3 (in Bild 5.47 schraffiert dargestellt).

Mit den beiden weiteren Halbraumebenen H_2 und H_3 wird in gleicher Weise verfahren. Da bei dieser Methode jedoch auch die Pixel des nicht in den Schattenbereich fallenden Polygons P_4 mit E=1 markiert werden, ist es notwendig, die Enable-Bits dieses Flächenelementes wieder zurückzusetzen. Hierzu ist ein zusätzlicher in Bild 5.47d dargestellter Prozeßschritt erforderlich. Mit ihm soll erreicht werden, daß die E-Bits der Pixel-Prozessoren den Wert 0 erhalten, wenn ihre Z-Koordinatenwerte dem Halbraum zuzuordnen sind, in dem sich die Lichtquelle Q befindet. Die Festlegung dieses Halbraums erfolgt mit der Ebene des Polygons P_4.

Ist der Schattenwurfprozeß mit P_A beendet, so erhalten alle E-Bits wieder ihren Initialisierungszustand (E=0), nachdem sie zuvor ihre Werte an die S-Bits übergeben haben.

Sind sämtliche Polygone einer Szene nacheinander in der oben beschriebenen Weise verarbeitet, so werden mit einem letzten Prozeßschritt die RGB-Farbwerte der mit S=1 markierten Pixel proportional zum korrespondierenden Z-Wert verringert (*depth shading*). Infolge der anteilmäßigen Verringerung ihrer RGB-Anteile erscheinen die Farben der betreffenden Bildpunkte dunkler, als würden sie nur vom ambienten Licht bestrahlt.

5.5.3 Gerätetechnische Realisierungsaspekte des SFB-Systems

Bei den vorangegangenen Betrachtungen wurde die Funktionsweise eines Smart-Frame-Buffers vorgestellt, der jedoch nur die sehr geringe Auflösung von 8×8 Pixel besitzt. Um jedoch das für den praktischen Einsatz notwendige Bildrasterformat von mindestens 512×512 Pixeln zu erreichen, ist es nicht zweckmäßig, die X- und Y-Multipliziererbäume auf jeweils 9 Stufen zu expandieren, um damit ein Pixel-Prozessoren-Array in der Grösse von 512×512 Elementen ansteuern zu können. Es ist sinnvoller, nach einer Realisierungsmöglichkeit zu suchen, die es ermöglicht, kleine SFB-Funktionseinheiten so modular zusammenzufassen, daß damit die geforderte Auflösung erreicht wird. Hierzu ordnet man,

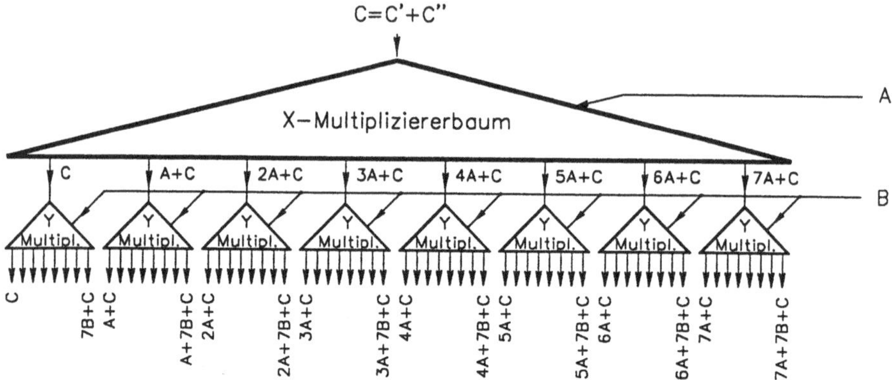

Bild 5.48. Hintereinanderanordnung der Multipliziererbäume [POU85]

wie in Bild 5.48 dargestellt, die beiden dreistufigen X- und Y-Multipliziererbäume hintereinander an. Dies ist durch die Verachtfachung der Anzahl der Y-Multipliziererbäume möglich. Mit dieser Anordnung bestimmen wir anstelle des 8×8 Pixel- Arrays die Bildpunkte eines *Spaltensegmentes*. Hierzu werden die u-Addierereingänge mit den B-Parametern der Ebenengleichung versorgt, so daß an den 64 Ausgängen des Multipliziererbaums nur die Werte der 64 Terme $K, K+B, K+2B, K+3B, \ldots, K+62B, K+63B$ auftreten (s. Bild 5.49). Zur Bestimmung der Konstanten K ist ein sog. *Supertree* vorgesehen. Wir erhalten $K = Ax + B y_{high} + C$ für $0 \leq x \leq 256$ und $64 \leq y \leq 256$.

Der Supertree ist die gerätetechnische Umsetzung eines Pfades, der durch einen 12-stufigen Multipliziererbaum führt. In Bild 5.49 ist ein Supertree dargestellt, der aus einer linearen Anordnung von 12 Knoten eines Multipliziererbaums besteht. An den Ausgängen dieser Baumknoten befinden sich Multiplexer, die entweder den '+'-Ausgang oder den D-Ausgang eines Baumknotens mit dem v-Eingang der nachfolgenden Stufe verbinden. Das Umschalten der Multiplexer erfolgt mit einer binären Ziffernkombination, die als Basisadresse der Pixel-Spaltengruppe zu betrachten ist und mit der ein beliebiger Pfad durch den Multipliziererbaum geschaltet werden kann.

Mit Hilfe des Supertrees ist es möglich, einem SFB-Modul ein beliebiges Segment mit 64 spaltenförmig angeordneten Pixeln innerhalb eines 512×512-Arrays zuzuordnen. Die Basisadresse des SFB-Moduls, die hier *Chip-Adresse* genannt wird, wird mit den Koordinatenwerten von x und y_{high} fest eingestellt. Der Aufbau eines SFB-Subsystems in der o.g. Größe ist durch die Parallelschaltung von 4096 SFBs in einfacher Weise möglich. Hierzu erhält jedes dieser Module, abhängig von seiner Position innerhalb des 512×512-Arrays, eine unterschiedliche Chip-Adresse. Für die Realisierung des Pxpl4-Systems wurde ein VLSI-Chip entwickelt, der jeweils zwei der in Bild 5.49 dargestellten SFB-Module enthält. Der Aufbau des 1985 vorgestellten Prototyps mit der Auflösung von 512×512 Bildpunkten erfolgte somit mit insgesamt 2048 Smart-Frame-Buffer-Chips.

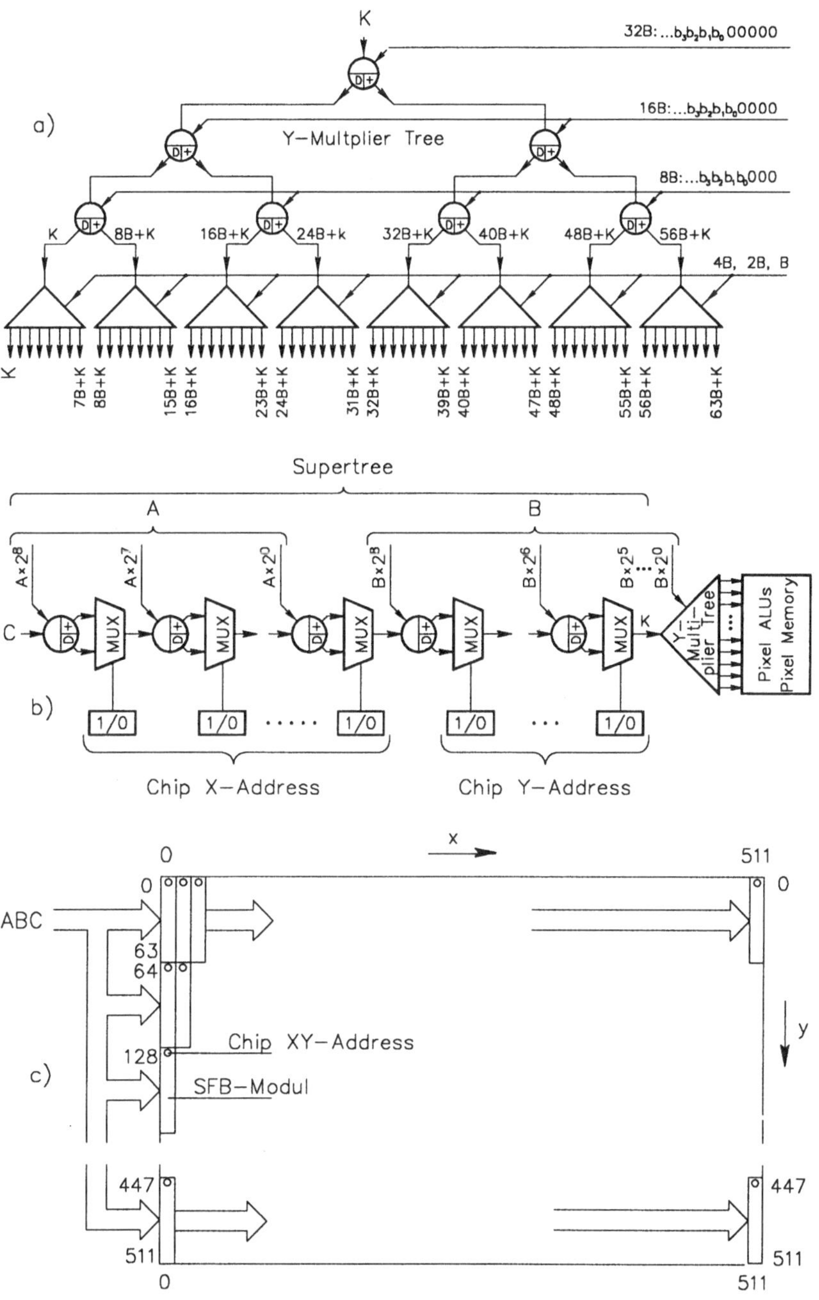

Bild 5.49. Gerätetechnische Umsetzung eines SFB-Moduls: a) 6-stufiger Y-Multiplizierbaum, b) Supertree mit Smart-Frame-Buffer, c) Anordnung der SFB-Module innerhalb eines 512×512 Frame-Buffer-Arrays [POU85]

5.5.4 Effizienzbetrachtung

Die Zeit, die zur Verarbeitung eines Flächenelementes notwendig ist, wird im wesentlichen von der Anzahl der Polygonkanten, der Bildmatrixgröße sowie von den Wortlängen der ABC-Parameter bestimmt. Nachfolgend wird gezeigt, wie diese Faktoren in die Berechnung der Taktzyklen, die für die Ausführung der Teilprozesse notwendig sind, eingehen:

- Für den Rasterkonvertierungsprozeß sind insgesamt '$n\,(E+N+3)$' Taktzyklen erforderlich. Hierin ist die Konstante N, mit $N = 2 + \log_2 R$, von der Größe der Bildmatrix R abhängig. E repräsentiert die Wortlänge der ABC-Parameter einer Kantenebenengleichung und n die Anzahl der Polygonkanten. Drei weitere Zyklen sind für das Laden des Parametersatzes notwendig.

- Die Eliminierung der verdeckten Pixel erfolgt mit insgesamt '$2\,(D + N + 3)$' Zyklen. Hierin ist D die Wortlänge der ABC-Parameter der Z-Ebenengleichung. Sie beträgt 20 Bit, um den Z-Wertevergleich mit einer hinreichender Genauigkeit ausführen zu können.

- Zur Ausführung des Schattierungsprozesses sind, unter der Voraussetzung, daß nur dreiecksförmige Polygone verarbeitet werden, '$3\,(C + N + 3)$' Zyklen notwendig. Hierin ist C die Wortlänge der ABC-Parameter der drei RGB-Ebenengleichungen. Für jede weitere Polygonkante ($n \geq 4$) sind jeweils '$3\,(C + N + 3) + (E + N + 3)$' zusätzliche Taktzyklen erforderlich. In diesem Fall ist eine Polygonzerlegung in Dreiecke erforderlich.

- Um eine Schattenwurfberechnung durchführen zu können, werden insgesamt '$(n + 1)\,(E + N + 3) + 2$' Taktzyklen benötigt. Hierin ist das Setzen der S-Bits sowie das Rücksetzen der E-Bits eingeschlossen. Für die Anfangsinitialisierung der E- und S-Bits sowie für das abschließende *Depth-Shading* werden zusätzlich '$2 + 3C$' Taktzyklen benötigt. Somit sind insgesamt '$P((n + 1)\,(E + N + 3) + 2)\ 3C$' Taktzyklen für die Ausführung des Schattenwurfprozesses erforderlich.

Beispiel. Für ein dreieckförmiges Polygon (n=3) ist die Anzahl der Taktzyklen zu bestimmen, die zur Ausführung der Rendering-Prozesse mit Ausnahme des Schattenwurfprozesses notwendig sind. Indem wir für E=12, N=11, D=20 und C=8 einsetzen, erhalten wir insgesamt $3(12+11+3) + 2(20+11+3) + 3(8+11+3) = 212$ Taktzyklen.

Die Periodendauer eines Pxpl4-Taktzyklus beträgt 100ns. Von dieser Taktperiode ausgehend, erhalten wir die maximale Visualisierungsleistung des Pxpl4-Systems mit ca. $40\ 10^3$ Polygone/Sek. Wird die zusätzliche Prozeßlaufzeit, die zur Berechnung der Schattenwürfe notwendig ist, berücksichtigt, so verringert sich der Durchsatz auf ca. $28\ 10^3$ Polygone/Sek. Hieraus ist zu entnehmen, daß das Pxpl4-System sehr effektiv große planare Polygone verarbeiten kann und jedem anderen System in diesem Punkt überlegen ist. In der Regel sind jedoch komplexe dreidimensionale Objektszenen aus einer Vielzahl relativ kleiner Flächenelemente zusammengesetzt, die im Durchschnitt aus weniger als 100 Bildpunkten bestehen. Hierdurch kann die sehr hohe Parallelität des Pxpl4-Systems, die mit einem sehr hohen gerätetechnischen Aufwand verbunden ist, nur zu einem sehr geringen Teil wirksam werden. Mit dem Ziel, diese Nachteile abzuschwächen, wurde das *Pixel-Planes-5-System* (Pxpl5) entwickelt, dessen Architektur im nachfolgenden Abschnitt in kurzer Form dargestellt wird.

5.6 Pixel-Planes-5-System

Die Visualisierungsleistung des Pixel-Planes-5-Systems [FUC89] soll 10^6 dreieckförmige Polygone pro Sekunde betragen (100 Pixel/Polygon) und damit die Leistung des Pxpl4-Systems um das 25-fache übertreffen. Im wesentlichen soll diese Leistungssteigerung durch die auf 40 MHz gesteigerte Taktrate sowie durch die Aufteilung des Frame-Buffers erreicht werden. Die Frame-Buffer Aufteilung verbessert den sehr geringen Ausnutzungsgrad der Parallelität des alten Pxpl4-Systems. Es sei daran erinnert, daß 212 Taktzyklen notwendig sind, um ein dreieckförmiges Flächenelement zu verarbeiten. Wenn jedoch die Flächenelemente, mit denen komplexe Szenen aufgebaut sind, im Durchschnitt weniger als 100 Pixel aufweisen, wird die extrem hohe Parallelität des Pxpl4-Systems nur zu einem Anteil von etwa 0,04% ausgenutzt. Beim Pxpl5-System erfolgte die parallele Berechnung der Pixel-Daten, die zu unterschiedlichen Flächenelementen gehören können, mit bis zu 16 Rendering-Prozessoren. Hierdurch kann der Ausnutzungsanteil der Parallelität auf ca. 0,64% gesteigert werden.

5.6.1 Architekturüberblick

Die Architektur des Pxpl5-Systems ist in Bild 5.50 dargestellt. Sie besteht aus maximal 32 Grafik- und maximal 16 Rendering-Prozessoren, einem Frame-Buffer sowie aus einem Host-Rechner-Interface. Die interne Kommunikation dieser Funktionseinheiten erfolgt nach [FUC89] mit einem 160 MHz getakteten Ringbus, der eine Breite von 32 Bit besitzt.

Grafik-Prozessoren. Die Grafik-Prozessoren dienen zur Ausführung der Geometrietransformationen, der 3D-Clipping-Prozesse und zur Berechnung der RGB-Werte an den Eckpunkten der Polygone. Zu den weiteren Aufgaben dieses frei programmierbaren im MIMD-Modus arbeitenden Multiprozessorsystems, das mit sehr leistungsfähigen Gleitkommarechenwerken ausgestattet ist, gehört die Berechnung der ABC-Parameter und deren Zuordnung auf die einzelnen Segmente des virtuellen Frame-Buffers.

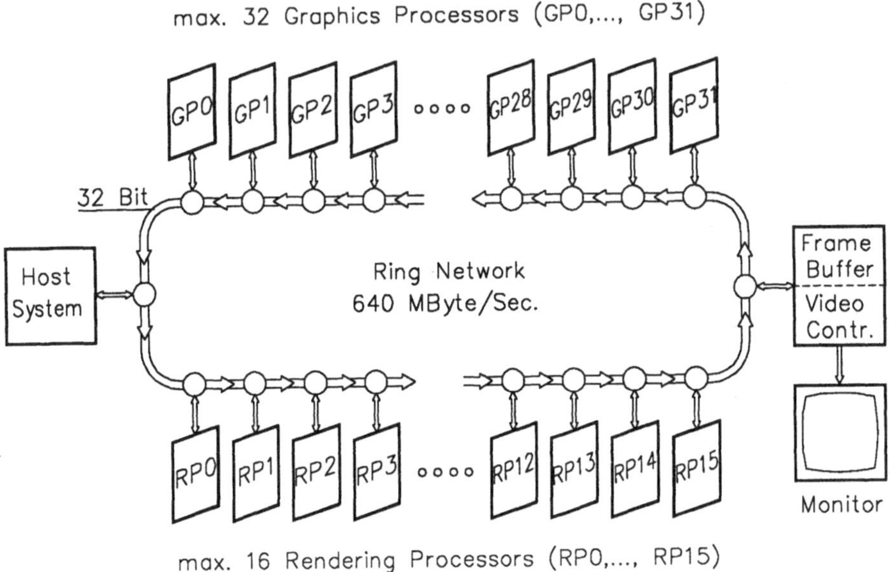

Bild 5.50. Blockdarstellung des Pxpl5-Systems [FUC89]

Rendering-Processor. Den Aufbau des *Rendering-Processor* zeigt Bild 5.51. Er besteht im wesentlichen aus dem *Image-Generation-Controller*, dem *Backing-Store* und *Backing-Store-Controller* sowie aus einer Anordnung von 128×128 Pixel-Prozessoren. Die Pixel-Prozessoren entprechen in ihrer Architektur und Funktionalität weitgehend den 1-Bit-Prozessoren des Pxpl4-Smart-Frame-Buffers. Ihre Datenversorgung erfolgt jedoch mit einem sog. Quadratic-Expression-Evaluator[11] (QEE), der als Weiterentwicklung des im Abschnitt 5.5.2 behandelten Multipizierberbaums betrachtet werden kann.

Anstelle der linearen Ebengleichungsterme ist der QEE in der Lage, die Terme der quadratischen Gleichung $A\,x + B\,y + C + D\,x^2 + E\,x\,y + F\,y^2 = z$ zu erzeugen. Hierdurch ist auch möglich, die Z-Werte von Flächen 2ter-Ordnung zu berechnen, so daß Szenen, die mit Kugel- oder Zylinderflächen aufgebaut sind, mit einer wesentlich geringeren Anzahl von ABC-Parametersätzen zu beschreiben und damit auch zu visualisieren sind.

Gerätetechnisch besteht ein Pixel-Prozessoren-Array aus 64 VLSI-Chips, die als Enhanced-Memory-Chips bezeichnet werden. Die Taktfrequenz der in 1,6µ-CMOS-Technologie realisierten VLSI-Bausteine beträgt 40MHz und ist damit viermal höher als bei den Smart-Frame-Buffer-Chips des Pxpl4-Systems. Insgesamt enthält jeder Chip zwei zeilen-

11 Die Architektur des QEE ist der des Multiplizierberbaums ähnlich. Auf eine Behandlung seiner Funktionsweise, die in [GOL86] ausführlich dargestellt wird, sei an dieser Stelle verzichtet.

förmig angeordnete Arrays mit je 128 Pixel-Prozessoren, wobei jedem Prozessor ein lokaler Arbeitsspeicher mit einer Kapazität von 208 Bit zugeordnet ist. Die Datenvorsorgung der beiden Prozessoren-Arrays erfolgt mit separaten QEEs, deren Basisadressen nach jedem Segmentwechsel neu zu initialisieren sind.

Backing-Store. *Ein Backing-Store* dient als Hintergrundspeicher des Pixel-Prozessor-Arrays. Mit Hilfe serieller Ein/Ausgabekanäle wird ein schneller Datenaustausch zwischen Backing-Store und den lokalen Arbeitspeichern der Pixel-Prozessoren gewährleistet. Der Backing-Store erlaubt darüber hinaus den schnellen Datentransfer großer Pixel-Blöcke zu einem separaten Bildwiederholspeicher sowie zu allen anderen Pxpl5-Systemeinheiten, die am Ringbussystem angeschlossen sind.

Separater Bildwiederholspeicher. Im Gegensatz zum Pxpl4 ist beim Pxpl5-System für den Bilddarstellungsprozeß ein separater Bildwiederholspeicher vorgesehen, der vom Backing-Store mit Hilfe von Blocktransferoperationen geladen wird. Hierdurch kann bei gleicher Auflösung der Bildmatrix das Pixel-Prozessoren-Array in Stufen verkleinert und der Hardware-Aufwand an die geforderte Visualisierungsleistung wesentlich besser angepaßt werden.

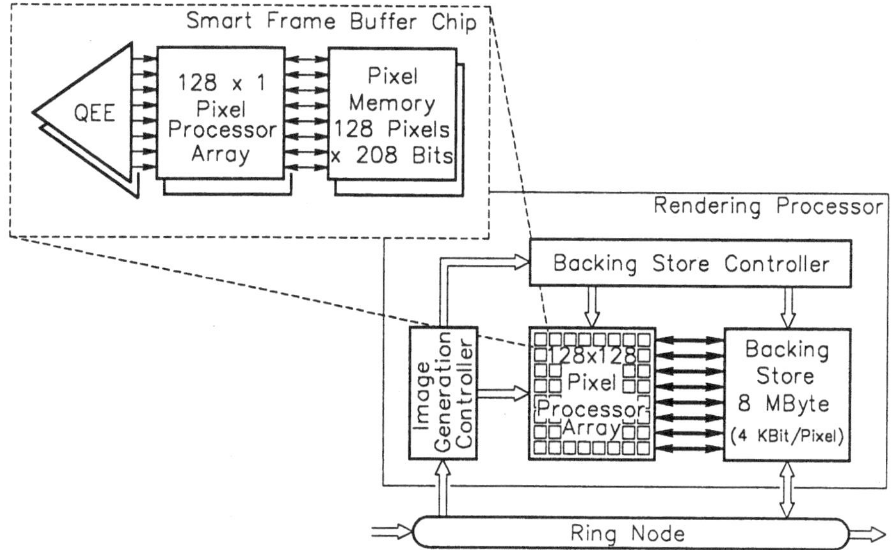

Bild 5.51. Blockdarstellung des Rendering-Prozessors [FUC89]

5.6.2 Funktionsprinzip

Um parallele Rendering Prozesse ausführen zu können, wird der virtuelle Frame-Buffer, der eine Auflösung von 1280×1024 Pixel besitzt, in 80 gleich große Segmente mit je 128×128 Pixel aufgeteilt. Jedes dieser Segmente wird mit einem Rendering-Prozessor berechnet, dessen Funktionsprinzip im wesentlichen dem des im Unterabschnitt 5.5.2 vorgestellten Smart-Frame-Buffer-Systems entspricht.

Jede Rendering-Prozessor-Einheit des Pxpl5-Systems besteht aus einem Array von 128×128 Pixel-Prozessoren und verarbeitet nur jene Polygone, die sich innerhalb seines virtuellen Frame-Buffer-Segmentes befinden. Parallel hierzu werden die Polygone, die sich in benachbarten Segmenten des virtuellen Frame-Buffers befinden, von den übrigen Prozessoren verarbeitet.

Bild 5.52 zeigt als Beispiel eine Segmentverarbeitungsfolge mit den vier Rendering-Prozessoren *R0,.., R3*. Jeder Prozessor bekommt, sobald er alle Polygone, die sich innerhalb seines Segmentes befinden, abgearbeitet hat, die Polygonparameter des nachfolgenden Segmentes zugewiesen. Die Zugriffsordnung ist hierbei zeilenorientiert. Es ist leicht nachzuvollziehen, daß die ABC-Parameter entsprechend ihrer Zugehörigkeit zu den jeweiligen Frame-Buffer-Segmenten vorsortiert sein müssen. Im Fall einer Segmentüberlappung werden die Parametersätze des überlappenden Polygons den hiervon betroffenen Segmenten zugeordnet.

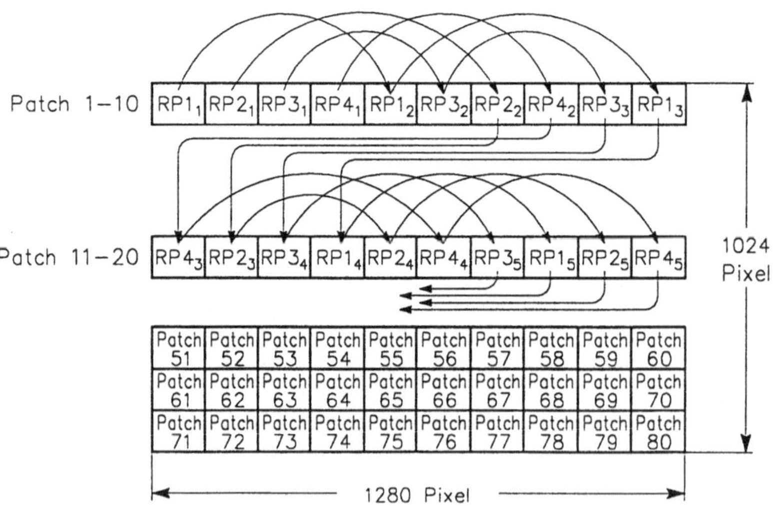

Bild 5.52. Beispiel einer Segmentverarbeitungsfolge [FUC89]

5.7 PROOF-System

Das *PROOF-System* (Pipeline for Rendering in an Object Oriented Framework) wurde an der Universität Tübingen konzipiert [SCH85], [SCH90]. Charakterisierend für die PROOF-Architektur ist der parallel im Objektraum auszuführende Rendering-Prozeß, mit dem jeweils die Polygone nach dem *Prozessor-pro-Polygon*-Funktionsprinzip von privaten Pipeline-Prozessoren verarbeitet werden.

Das vermutlich erste Architekturkonzept eines Grafik-Computers, das auf diesem Funktionsprinzip basierte, wurde bereits 1980 von Demetrescu und Cohen [DEM80] veröffentlicht. In den letzten 10 Jahren erfolgten erhebliche Verbesserungen an diesem Basiskonzept. So schlug Weinberg [WEI81] eine Erweiterung des ursprünglichen Ansatzes zur Unterstützung von *Anti-Aliasing-Prozessen* vor, und Deering et al. [DEE88] (Firma Schlumberger) entwickelte hieraus den sog. *Normal-Vector-Shader*, der die Berechnung der Polygonschattierung mit Hilfe der vektoriellen Interpolation ausführt. Die Umsetzung dieses durchaus interessanten Architekturkonzeptes in ein industrielles, marktfähiges Produkt ist zur Zeit noch nicht erfolgt.

In den nachfolgenden Abschnitten werden die *Prozessor-pro-Polygon*-Architekturen, deren gerätetechnische Realisierung die Verwendung von dedizierten VLSI-Bausteinen erforderlich macht, am Beispiel des PROOF-Systems vertieft behandelt.

5.7.1 Architekturüberblick

Die Blockdarstellung in Bild 5.53 zeigt in vereinfachter Form die PROOF-Architektur mit seinen als Pipeline angeordneten Hauptkomponenten. Hierzu gehört der Host- und Geometrieprozessor, der *Objektprozessor*, die *Shading*- und die *Filter-Stufe* sowie der Bildspeicher und die Video-Logik.

Host- und Geometrieprozessor. Zu den Aufgaben des Host- und Geometrieprozessors gehört neben der Generierung des Szenenmodells als *strukturiertes Display-File* (SDF) die Ausführung der Geometrieverarbeitungsprozesse. Darüber hinaus ist dieses Subsystem für die Verarbeitung von Eingabedaten zuständig. Diese können zum einen vom Benutzer eingegeben werden; zum anderen ist auch die Übertragung von Pixel-Adressen von der Objektprozessor-Pipeline möglich. Die zweite Eingabemöglichkeit wird verwendet, um innerhalb der SDF ein Primitivum, das sich an einer bestimmten Bildschirmposition befindet, identifizieren und anfordern zu können.

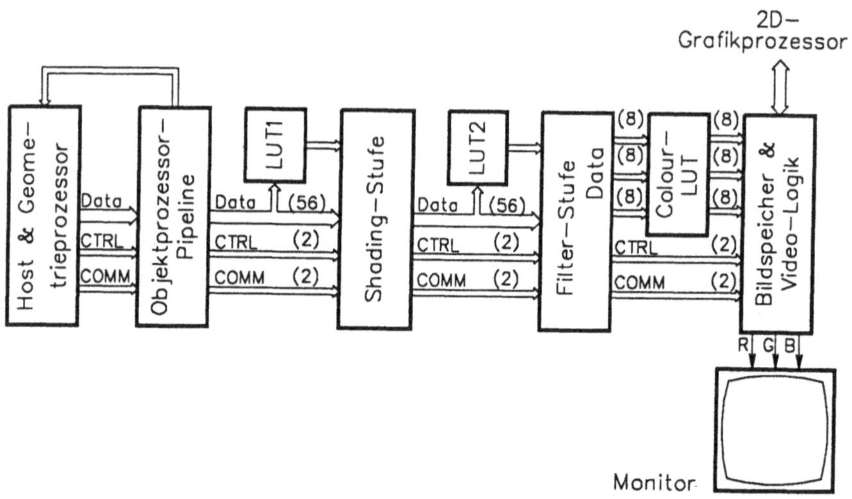

Bild 5.53 Blockdarstellung der PROOF-Architektur [SCH90]

Objektprozessor-Pipeline. Das Initialisieren der nachfolgenden *Objektprozessor-Pipeline* (OPP) erfolgt mit der SDF, deren Datensegmente die parametrische Beschreibung der Primitiva enthalten. Unter Primitiva werden hier dreiecksförmige Polygone verstanden, die auch Schattenverläufe darstellen können. Als Primitivum kann auch nur die Kante eines Polygons bezeichnet werden. In den nachfolgenden Betrachtungen wird ein Primitivum immer als dreiecksförmiges, ausgefülltes Polygon betrachtet.

Die Aufgabe der OPP ist die Rasterkonvertierung, die Entfernung der verdeckten Bildpunkte sowie die Interpolation der Pixel-Farbwerte oder der Pixel-Normalen. Darüber hinaus werden die Distanzwerte der Pixel zu den Polygonkanten bestimmt. Der zuletzt genannte Wert ist für die Ausführung des *Anti-Aliasing-Prozesses* erforderlich, der innerhalb der Filter-Stufe ausgeführt wird.

Die Objektprozessor-Pipeline besteht für praktische Anwendungen aus einer großen Zahl (bis 10 000) identischer Objektprozessoren (OPs). Jede dieser Einheiten verarbeitet je ein Polygon, indem sie mit den Daten der ihnen jeweils zugeordneten parametrisierten Polygonbeschreibungen den Rasterkonvertierungsprozeß über die OPP verteilt durchführen. Hierbei werden für jede Bildschirmadresse (x,y) die Z-Koordinaten der überdeckenden Polygone parallel berechnet. Die berechneten Daten, hierzu gehören neben den Z-Werten auch die Pixel-Farbwerte bzw. die Pixel-Vektoren, werden in der Reihenfolge der aufsteigenden Z-Werte sortiert und als tiefensortierte Liste zum nachfolgenden Subsystem transferiert. Infolge des parallel zum Rasterkonvertierungsprozeß ablaufenden Sortierungsprozesses befindet sich der Datensatz des für den Betrachter sichtbaren Pixels an der ersten Stelle der Liste und wird somit auch zuerst an die nachfolgende Shading-Stufe übergeben.

Der Selektions- oder Tiefensortierungsprozeß erfolgt durch die spezielle Kommunikationsstruktur der OPP, die im Unterabschnitt 5.7.2 besprochen wird.

Shading-Stufe. Die Shading-Stufe hat die Aufgabe, für jeden der ankommenden Datensätze die Pixel-Schattierungsfarbe zu bestimmen. Diese Farbwerteberechnung erfolgt gleichfalls mit einer Prozessor-Pipeline. Als Eingabedaten dienen die Komponenten der Pixel-Normalen. Die hierbei verwendete Methode basiert auf dem Phongschen Beleuchtungsmodell, wobei hierbei jedoch die Pixel-Normalen in vereinfachter Weise mit Hilfe von Polarkoordinateninkrementen interpoliert werden [CLA89]. Der Vorteil dieses Verfahrens liegt darin, daß die Länge des Normalenvektors konstant bleibt und somit die sonst übliche sehr rechenaufwendige Vektornormierung entfällt. Allerdings treten bei grösseren Polygonen und starken Flächenkrümmungen sichtbare Interpolationsfehler auf.

Für den Fall, daß die Bestimmung der Pixel-Farbe nach der Gouraudschen Interpolationsmethode erfolgt, wird die Shading-Stufe in einen passiven Modus versetzt, der bewirkt, daß die tiefensortierten Datensätze die Shading-Stufe unverändert passieren.

Filterstufe. Die Filterstufe ist für die Ausführung des Anti-Aliasing-Prozesses zuständig. Hierzu werden nach [ROM89] die zuvor bestimmten RGB-Farbwerte der Liste, abhängig von der Polygonkantenüberdeckung der korrespondierenden Pixel, akkumuliert. Hierzu ist jedes Pixel in 4×4-Subpixel unterteilt. Die Bestimmung der Polygonkantenüberdeckungen erfolgt nur dann, wenn das Pixel von einer Polygonkante geschnitten wird.

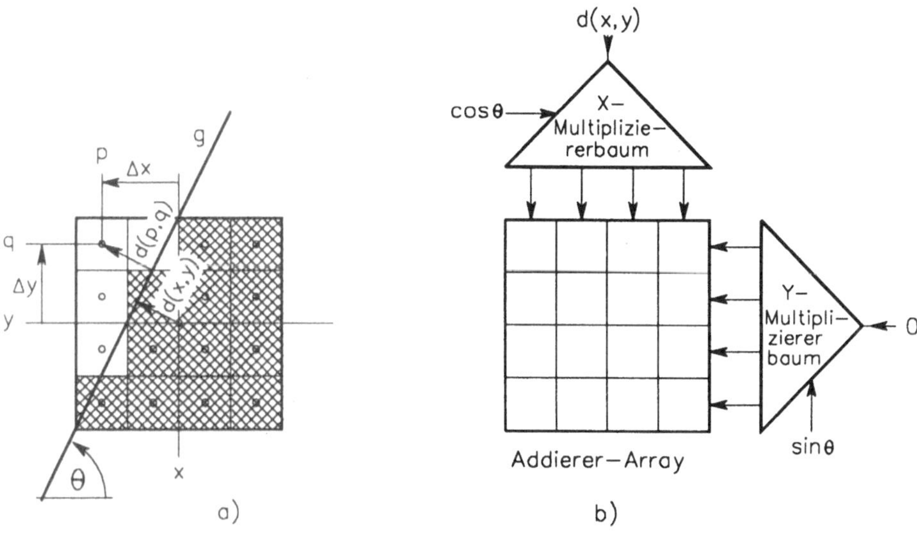

Bild 5.54 Funktionsprinzip der Filterstufe a) Subpixelmatrix b) Architekturkonzept der Update-Unit [ROM89]

Um die innerhalb des Polygons befindlichen Subpixel, die in Bild 5.54a schraffiert dargestellt sind, zu bestimmen, arbeitet die Update-Unit der Filterstufe in ähnlicher Weise wie der Smart-Frame-Buffer des Pixel-Planes-IV-Systems, wobei die Hessesche Normalenform der Geradengleichung

$$d(p,q) = \Delta x \cos \theta + \Delta y \sin \theta - d(x,y) \qquad (5.12)$$

auszuwerten ist. Hierin sind:

x,y : Koordinaten des Pixel-Zentrums
$\Delta x,\Delta y$: Koordinaten der Subpixel relativ zum Pixel-Zentrum (x,y)
$d(p,q)$: lotrechte Distanz vom Subpixel-Zentrum (p,q) zur Kante g
$d(x,y)$: lotrechte Distanz vom Pixel-Zentrum (x,y) zur Kante g
θ : Neigungswinkel der Kante g

Mit dem Vorzeichen von $d(p,q)$ wird entschieden, ob das Zentrum des jeweiligen Subpixels innerhalb oder außerhalb der Polygonfläche liegt. Nach der parallelen Auswertung der 16 Subpixel-Distanzen erhalten wir als Ergebnis eine Subpixel-Maske, die sowohl den Grad als auch die Form der Kantenüberdeckung repräsentiert.

Die Farben der Subpixel, die diesen Masken zugeordnet sind, werden anschließend nach dem additiven Farbmischungsverfahren zur Pixel-Farbe gemischt.

Die Reihenfolge der Pixel-Datensätze innerhalb der tiefensortierten Liste bestimmt, daß die Subpixel der ersten Maske die Farbe des vordersten Polygons erhält. Den Subpixeln der nachfolgenden Masken, die nicht von denen ihrer Vorgänger abgedeckt sind, werden die Farben der jeweils zugeordneten Polygone zugewiesen. Der Farbzuweisungsprozeß endet, wenn alle Masken der Liste ausgewertet sind.

Bildspeicher. Das PROOF-System kann nach [SCH90] Bilder mit einer Frequenz von 30Hz erzeugen. Trotz der sehr hohen Bildgenerierungsrate ist auch in diesem Fall die Verwendung eines Bildspeichers unverzichtbar. Er dient als Pufferspeicher, da es nicht möglich ist, die Bildpunkte synchron zum Pixel-Takt der Video-Logik-Stufe zu erzeugen. Die Ursache für die Asynchronität liegt vor allem in den unterschiedlichen Längen der tiefensortierten Listen. Da das PROOF-System nur für die Visualisierung von 3D-Szenen geeignet ist, wurde zusätzlich ein Standard-Grafikprozessor vorgesehen, der die typischen 2D-Operationen, wie die Generierung von 2D-Primitiva, 2D-Text sowie Blockoperationen oder die Fensterverwaltung ausführt. Zum Anschluß der 2D-Grafik an das PROOF-System ist der Bildspeicher gleichfalls notwendig.

LUT1 und LUT2. Sowohl vor der Shading- als auch vor der Filter-Stufe befinden sich Lookup-Tabellen, deren Aufgabe es ist, die Bandbreite für den Datentransfer im Pixel-

Modus zu reduzieren. Die Tabellen bewirken, daß Informationen, die nur von der Shader- und der Filter-Stufe benötigt werden, unmittelbar vor diesen beiden Funktionseinheiten in den Datenstrom eingeschleust werden. Die Adressierung der Lookup-Tabellen erfolgt mit den Identifikationsdaten der Primitiven, die durch die gesamte Pipeline geführt werden. Die Initialisierungsdaten der beiden Tabellenspeicher sind nur für jeweils ein Bild gültig.

Während eines Bildwechsels befinden sich Pixel-Daten, die zu zwei unterschiedlichen Bildern gehören, innerhalb der Pipeline. In diesem Fall ist dafür zu sorgen, daß die Reinitialisierung der Lookup-Tabellen unmittelbar vor dem ersten Pixel des neuen Bildes auszuführen ist. Dies wird dadurch erreicht, daß die Initialisierungsdaten den Pixel-Daten, die die OPP berechnet, zugeordnet werden. Das Laden der Lookup-Tabellen mit den Initialisierungswerten kann somit unmittelbar mit dem durch die Pipeline fließenden Datenstrom erfolgen. Ein weiterer Vorteil dieses Verfahrens, das die OPP nur geringfügig belastet, liegt darin, daß keine separaten Datenbusse zwischen den LUT1- und LUT2-Speichern und dem Host-System erforderlich sind.

5.7.2 Objektprozessor-Pipeline

Die Objektprozessor-Pipeline, deren prinzipieller Aufbau Bild 5.55 zeigt, ist innerhalb des PROOF-Systems von zentraler Bedeutung. Da diese Einheit die Funktionsweise der gesamten PROOF-Architektur prägt, soll sie im nachfolgenden detaillierter vorgestellt werden.

Wie bereits erwähnt, ist je ein Objektprozessor für die Verarbeitung jeweils eines Polygons zuständig. Die effektive Wirkungsweise der OPP setzt voraus, daß sich Daten sämtlicher Polygone in den Objektprozessoren befinden. Mitunter übersteigt jedoch die Anzahl der Polygone, die zur Beschreibung einer komplexen Szene notwendig sind, die Zahl der OPs. In diesem Fall ist ein ständiges Nachladen von Polygondaten notwendig, welches zu einem erheblichen Effizienzverlust führt.

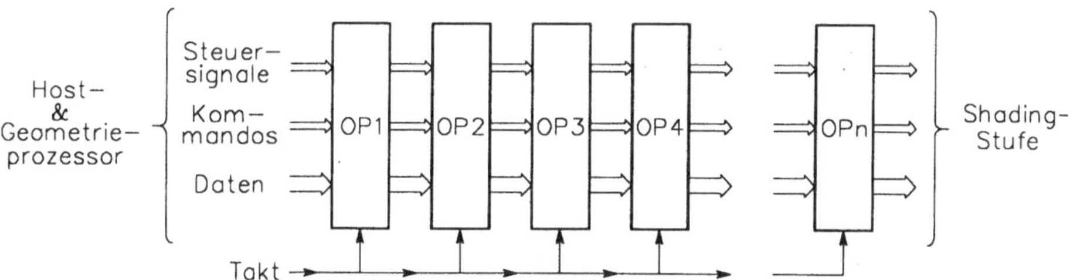

Bild 5.55. Blockdarstellung der Objektprozessor-Pipeline [SCH90]

Funktionsprinzip. Bei der Betrachtung des Funktionsprinzips wird davon ausgegangen, daß die Anzahl der zu verarbeitenden Polygone immer kleiner als die Anzahl der Objektprozessoren ist.

Die OPP besitzt die Betriebsarten *Laden* und *Rechnen.* Im Lademodus werden die OPs mit den Bezeichnern, den Attributen sowie mit den Geometriedaten geladen. Ein Bezeichner, der eine Wortbreite von 41 Bit aufweist, dient zum einen zur eindeutigen Kennzeichnung der Primitiva, zum anderen zur Prozeßsteuerung. Zur Kennzeichnung ist ein Feld mit der Länge von 20 Bit vorgesehen. Mit einer Maske, die die gleiche Wortlänge aufweist, wird festgelegt, welche Bits im Kennzeichnungsfeld vom OP auszuwerten sind. Das 8 Bit lange Attributfeld kennzeichnet den Typ des Primitivums, dessen Geometriedaten sich im zweiten sowie in den nachfolgenden Datenworten befinden.

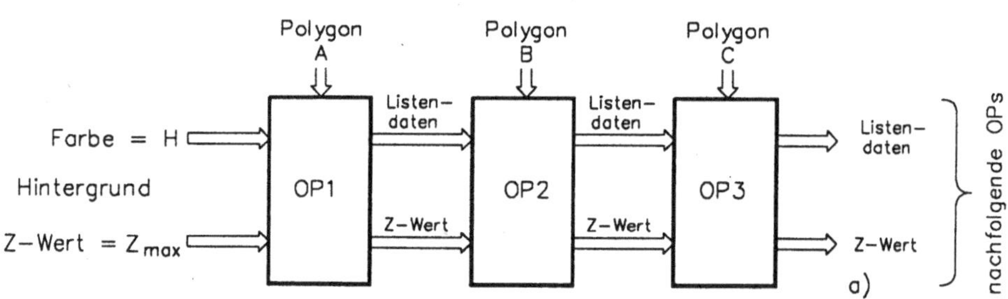

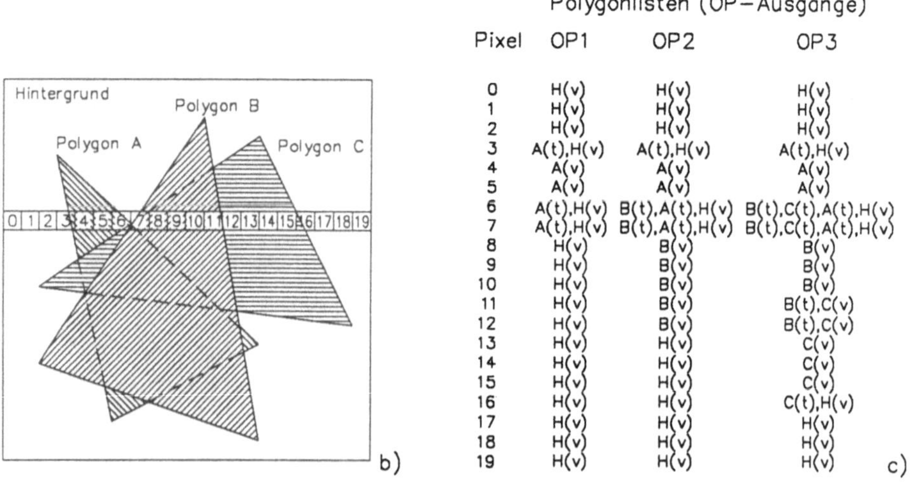

Bild 5.56. Funktionsprinzip der OPP: a) Anordnung der Objektprozessoren b) Rasterzeile innerhalb des Bildraums c) Generierung der Pixel-Listen [SCH90]

Die Betriebsart *Rechnen*, die als *Pixel-Modus* bezeichnet wird, dient zur Ausführung der Visualisierungsprozesse. Ihr prinzipieller Ablauf innerhalb der OPP soll an dem in Bild 5.56 dargestellten Beispiel diskutiert werden. Bild 5.56b zeigt eine aus 20 Pixeln bestehende Rasterzeile, die die Flächenbereiche der Polygone A, B und C schneidet. Die Geometriedaten dieser drei Polygone sind auf die Objektprozessoren OP_1, OP_2 und OP_3 (Bild 5.56a) verteilt. Die in Bild 5.56c dargestellten Pixel-Listen veranschaulichen ihre Wirkungsweise. Wie bereits erwähnt, bestehen die Hauptaufgaben der OPs in der Berechnung der Z-Werte und, im Fall einer nach Gouraud schattierten Darstellung, in der Interpolation der Pixel-Farbe. Die von den Objektprozessoren berechneten Daten werden jeweils zu ihren Nachfolge-OPs innerhalb der OPP transferiert, die abhängig von den Z-Werten eine Listensortierung durchführen. Bild 5.56c verdeutlicht den Ablauf dieses Sortierungsprozesses.

Betrachten wir hierzu das siebente Pixel der in Bild 5.56b dargestellten Rasterzeile. Der Farbwert dieses Bildpunktes setzt sich aus den Farbwerten der drei Pixel-Fragmente (mit Parameter t gekennzeichnet) sowie aus der Farbe des Hintergrundes zusammen. Am Eingang von OP_1 liegt der Farbwert H des Hintergrundpolygons sowie der maximale Z-Wert. Da der Z-Wert des betreffenden Pixels kleiner ist, wird eine Liste gebildet, in der sich der Pixel-Farbwert von Polygon A vor dem Farbwert H des Hintergrundes befindet. Diese Liste repräsentiert die Eingangsdatenmenge von OP_2, in die der Pixel-Farbwert des von OP_2 berechneten Polygons B einzuordnen ist. Da der aktuelle Z-Wert dieses Bildpunktes im Vergleich zu dem des Polygons A kleiner ist, wird der Pixel-Farbwert von B an die erste Stelle der Liste gestellt. Der OP_3 erweitert diese Liste, indem er den Farbwert C, entsprechend dem korrespondierenden Z-Wert, zwischen den Farbwerten A und B einordnet. Wie aus Bild 5.56c hervorgeht, wird die Liste immer mit dem Farbwert jenes Pixels abgeschlossen, das seine Nachfolger vollständig abdeckt (mit Parameter v gekennzeichnet).

Der oben beschriebene Prozeß, der die Transferierung und die Sortierung der Listendaten ausführt, durchläuft die gesamte OPP, die für praktische Anwendungen eine Länge von mehreren tausend OPs aufweist. Die reguläre Struktur des OPP, die aus einer Vielzahl identischer Funktionseinheiten besteht, begünstigt die Entwicklung spezieller VLSI-Bausteine, die somit auch im PROOF-System verwendet werden. Nachfolgend wird die gerätetechnische Realisierung des Objektprozessors, der an der Universität Tübingen als VLSI-Baustein entwickelt wurde, vorgestellt.

5.7.3 Objektprozessor

Bild 5.57 zeigt das Blockbild des Objektprozessors, der im wesentlichen aus dem *Primitiven-Prozessor* (PP), einer *Komparatoreinheit* (COMP) und einem FIFO-Speicher besteht.

FIFO-Einheit. Die FIFO-Speichereinheit glättet den durch die variablen Längen der transferierten Pixel-Listen verursachten ungleichmäßigen Datenstrom. Weiterhin erfolgt

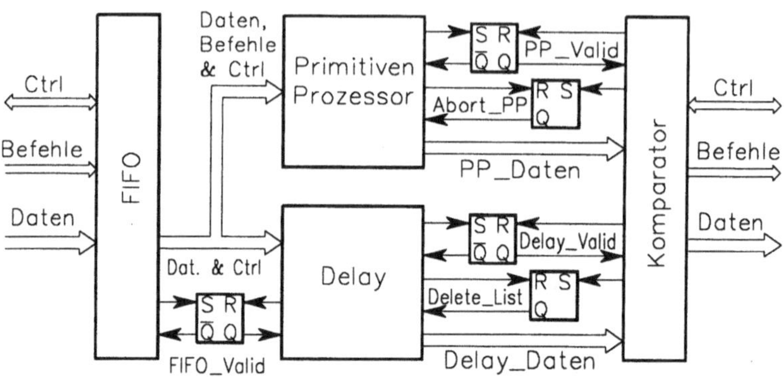

Bild 5.57. Blockdarstellung des Objektprozessors [SCH90]

hiermit die Pufferung der Pixel-Liste, die während des Zeitintervalls eintrifft, innerhalb der die jeweils zuvor eingetroffene Liste vom Objektprozessor gerade verarbeitet und somit modifiziert wird. Es können maximal drei 56 Bit breite Datenworte zwischengespeichert werden. Diese relativ kleine Speicherkapazität ist ausreichend, da ein Pixel-Eintrag im Mittel 1,5 Worte lang ist.

Der Eingangsdatenstrom des Objektprozessors kann entweder direkt zu den Eingängen des FIFO-Speichers geleitet werden oder er wird mit einem Register-File zwischengespeichert. Ein Multiplexer ist für die Auswahl von einem der beiden Datenwege zuständig.

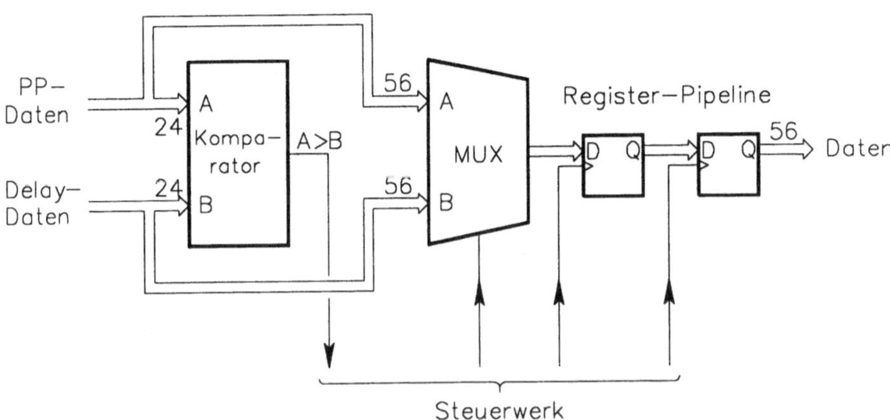

Bild 5.58. Blockdarstellung der Komparator-Einheit [SCH90]

Komparator-Einheit. Die *Komparator-Einheit* hat die Aufgabe, die berechneten Pixel-Daten in die Listen einzufügen. Hierzu wird der Z-Wert des berechneten Pixels (aktuelles Pixel) mit den Z-Werten der eintreffenden Pixel-Liste verglichen und abhängig vom Ergebnis in die Pixel-Liste eingefügt. Die Wirkungsweise dieser Funktionseinheit ähnelt dem von Carpenter [CAR84] vorgestellen A-Buffer-Prinzip. Für den Fall, daß das aktuelle Pixel die bereits in der Liste erfassten Pixel teilweise oder vollständig überdeckt, wird die Pixel-Liste von der Komparator-Einheit entsprechend verkürzt.

Der Aufbau dieser Funktionseinheit ist in Bild 5.58 dargestellt. Sie besteht aus einem arithmetischen 24-Bit-Komparator, einem Multiplexer einer Register-Pipeline und dem Steuerwerk. An den B-Eingang des 24-Bit-Komparators werden nacheinander die Z-Werte der Pixel-Liste gelegt und dabei mit dem Z-Wert des aktuellen Pixels verglichen. Abhängig vom Ergebnis schaltet der Multiplexer entweder den unteren oder den oberen Datenpfad zur Register-Pipeline durch und ordnet damit die Daten des aktuellen Pixels in die richtige Listenposition ein.

Primitiven-Prozessor. Der *Primitiven-Prozessor* ist die wichtigste Funktionseinheit des Objektprozessors. Er berechnet für jedes Pixel eines Polygons den Z-Wert, die RGB-Werte oder alternativ hierzu die Pixel-Nomale. Weiterhin werden die Distanzwerte vom Pixel-Mittelpunkt zu den Polygonkanten ermittelt. Bild 5.59 zeigt als Blockbild die Hauptkomponenten des Primitiven-Prozessors. Hierzu gehören die *Update-*, *Coverage-*, *Test-* und *Register-Einheit.*

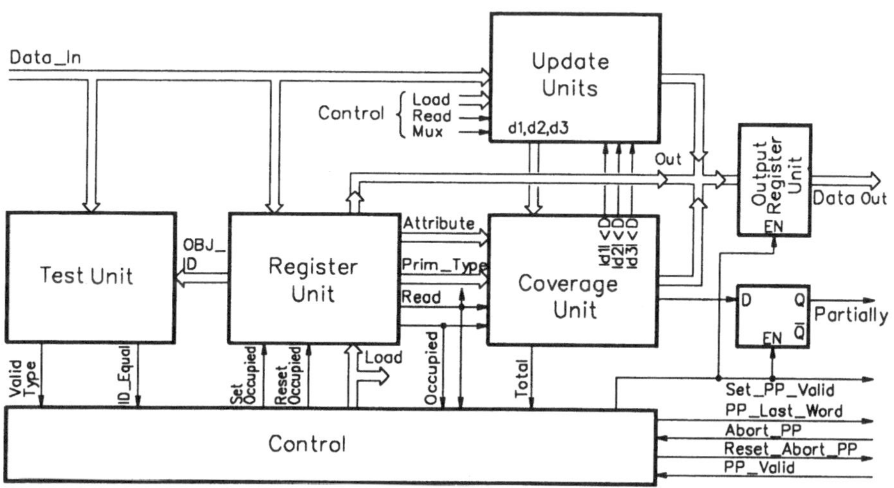

Bild 5.59. Blockdarstellung des Primitiven-Prozessors [SCH90]

In der Register-Einheit sind alle nicht-geometrischen Informationen gespeichert. Hierzu gehören der Bezeichner, der Primitiventyp, die Attribute des Primitivums sowie der Zeiger auf die Oberflächeneigenschaft.

Die Test-Einheit überprüft während des Lademodus das eintreffende Befehlswort. Hierbei wird untersucht, ob der Bezeichner und der Primitiventyp mit denen des abgespeicherten Primitivums übereinstimmt.

Die Coverage-Einheit bestimmt, ob ein Pixel das betreffende Polygon *nicht*, *teilweise* oder *vollständig bedeckt*. Hierzu wertet diese Funktionseinheit die von den Update-Einheiten bestimmten Distanzwerte d_{12}, d_{23} und d_{31} (Bild 5.60) aus. Die oben erwähnte ternäre Bedeckungsentscheidung ist allerdings nur dann erforderlich, wenn das Filter-Flag des betreffenden Polygons gesetzt ist. Führt die nachfolgende Filter-Stufe keinen Anti-Aliasing-Prozeß auf den Pixel-Daten aus, so trifft die Coverage-Einheit lediglich die binäre Entscheidung *bedeckt* oder *nicht bedeckt*. Eine binäre Entscheidung, *bedeckt* oder *teilweise bedeckt*, liegt auch dann vor, wenn das zu verarbeitende Polygon als transparent gekennzeichnet ist.

Von zentraler Bedeutung sind die Update-Funktionseinheiten, die die oben erwähnten Pixel-Werte mit Hilfe der linearen Interpolation iterativ berechnen. Die Berechnung der oben aufgeführten Werte erfolgt mit insgesamt sieben parallel arbeitenden Funktionsblökken, die jeweils Gleichungen der Form $z = x\,A + y\,B + C$ bestimmen. Bild 5.61 zeigt den Funktionsblock, der für die Berechnung der Z-Werte zuständig ist; seine Wirkungsweise stellt sich wie folgt dar:

Den Z-Wert des ersten Pixels ($x=0, y=0$) erhalten wir durch die Zuweisung $z(0,0) := C$, indem das Register R6 mit dem am IN0-Eingang des Multiplexers MUX3 anliegenden Wert von C gesetzt wird.

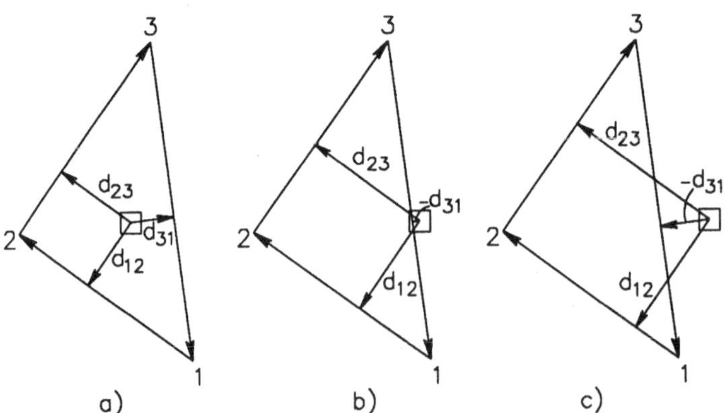

Bild 5.60. Distanzwerte d_{12}, d_{23} und d_{31} am Beispiel eines a) bedeckten Pixel b) teilweise bedeckten Pixel c) unbedeckten Pixel

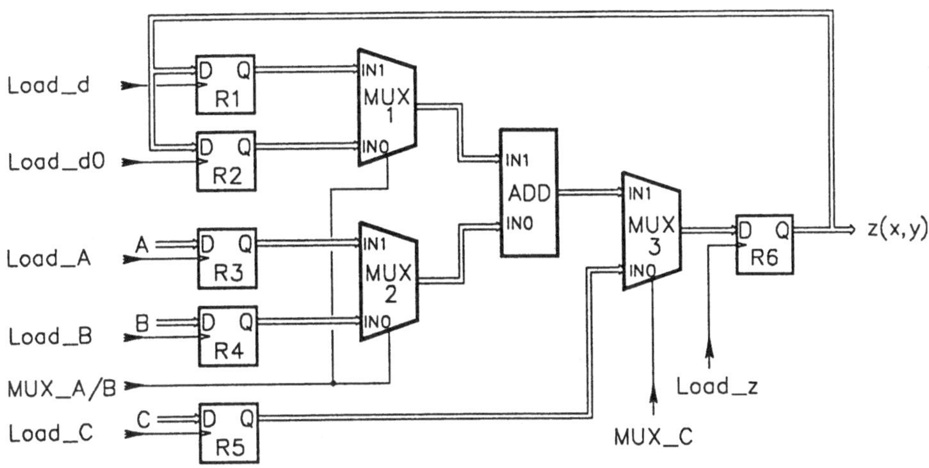

Bild 5.61. Blockdarstellung der Update-Funktionseinheit zur Berechnung der Z-Werte [SCH90]

Mit dem nachfolgenden Taktsignal erfolgt die Übernahme von $z(0,0)$ in R1 und R2. Da die IN1-Eingänge von MUX1 und MUX2 aktiviert sind, werden A und $z(0,0)$ mit dem Addierer ADD summiert. Der nächste Datenübernahmetakt von R6 bewirkt, daß wir den Z-Wert des zweiten Pixels $z(1,0) := z(0,0) + A$ erhalten, der wiederum mit dem Signal *Load_d* von R1 übernommen wird. Der Zustand des Registers R2, daß die Zeilenanfangswerte enthält, bleibt unverändert.

In gleicher Weise erfolgt die inkrementelle Berechnung der Z-Werte aller weiteren Pixel der gleichen Zeile $(z(x,0) := z(x-1,0) + A)$. Der Übergang zur zweiten Zeile wird durch das Umschalten der Eingänge von MUX1 und MUX2 ausgeführt.

Mit der Summe $z(0,0) + B$ erhalten wir den Z-Startwert $z(0,1):=z(0,0)+B$, der von R6 übernommen und anschließend wieder sowohl in R1 als auch R2 eingetragen wird. Die Bestimmung der nachfolgenden Z-Startwerte erfolgt in gleicher Weise entsprechend der Zuweisung $z(0,y) := z(0,y-1) + B$. Nach der Bestimmung des Z-Startwertes sind wiederum die Eingänge IN1 von MUX1 und MUX2 zu aktivieren. Die anschließende Z-Werteberechnung der Pixel, die sich innerhalb der zweiten und aller weiteren Zeilen befinden, ist analog zur ersten Zeile auszuführen.

Es ist einsichtig, daß die RGB-Werte in gleicher Weise berechnet werden. Sogar die Distanzwerte d_{12}, d_{23} und d_{31} sind mit dem einfachen in Bild 5.61 dargestellten Rechenwerk zu bestimmen, indem die Abstandberechnung zwischen einem Punkt und einer Geraden analog zu (5.12) mit der Hesse-Gleichung $d(x,y) = x \cos\theta + y \sin\theta - p$ erfolgt.

Hierin ist θ der Neigungswinkel der Kantengeraden, x und y sind die Pixel-Koordinaten und p repräsentiert den lotrechten Abstand der Geraden zum Ursprung des Koordinatensystems.

Delay-Einheit. Die Delay-Einheit, die zwischen der FIFO-Einheit und dem Komparator liegt, ist Teil des Hauptdatenpfades und für die Steuerung des Datentransfers zuständig. Die Datenübertragung zur Delay-Einheit, bzw. von der Delay- zur Komparatoreinheit, erfolgt nach der gebräuchlichen Handshake-Methode, wobei zur Synchronisierung der Transferoperationen die Flip-Flops *FIFO_Valid* und *Delay_Valid* dienen.

Der Primitiven-Prozessor greift in die Datentransfersteuerung nicht ein; er hört lediglich passiv die ankommenden Datensätze ab, deren Übernahme gegebenenfalls mit dem von der Delay-Einheit erzeugten Signal *Load_PP* erfolgt.

Weiterhin löscht die Delay-Einheit auf Anforderung der Komparator-Einheit mit dem Signal *Delete_List* das Listenende. Das Löschen geschieht, indem die ankommenden Daten zwar von der FIFO-Einheit übernommen, jedoch nicht zur Komparatoreinheit weitergeleitet werden. Ein erneutes Durchschalten des Datenstroms erfolgt erst dann, wenn eine neue Pixel-Liste eintrifft. Die dritte Funktion der Delay-Einheit besteht in der Anpassung der Laufzeiten der Datenworte, die sowohl über den Hauptdatenpfad direkt zur Komparator-Einheit als auch zum Komparator des Primitiven-Prozessor transferiert werden. Hierdurch soll erreicht werden, daß die an den Komparatoreingängen anliegenden Datenworte zur selben Pixel-Liste gehören.

5.8 SAGE-System

Das *SAGE-System* (Systolic Array Graphics Engine) wurde als Experimentalsystem am IBM T.J. Watson Research Center von N. Gharachorloo et al. [GHA88] konzipiert und mit Hilfe spezieller VLSI-Bausteine gerätetechnisch realisiert. Es gehört zu der Klasse jener Grafik-Computer, die sämtliche zu einer Bildzeile gehörenden Pixel mit Hilfe eines *Systolischen Arrays* parallel berechnen. Als Vorgänger von SAGE ist der *Super-Buffer* zu betrachten, den N. Gharachorloo und C. Pottle [GHA85] bereits anfang der achtziger Jahre an der Cornell Universität in Ithaca (New York, USA) entwickelten. Das im nachfolgenden vorgestellte SAGE-System repäsentiert auch die Architekturkonzepte des *SAG*-System (Systolic Array Graphics) [JAY90] oder des *PS*-System (Polygon Streams) [GUP91], die nach dem gleichen Funktionsprinzip arbeiten.

5.8.1 Architekturüberblick

Bild 5.62 zeigt die Blockdarstellung des SAGE-Systems, das im wesentlichen aus einer Pixel-Prozessor-Pipeline und aus fünf VIPs (Vertical-Interpolation-Prozessor) besteht. Zu den weiteren Systemeinheiten gehören ein Polygon-Manager sowie ein Polygon-Memory. Die Architektur des SAGE-Systems ist durch die Wirkungsweise der *Pixel-Prozessor-Pipeline* geprägt. Zur Aufgabe dieses Subsystems gehört die parallele Berechnung der Pixel sämtlicher Polygon-Scanlines, die sich auf der gleichen Bildrasterzeile befinden. Die Polygon-Scanlines werden von den Generierungsbefehlen *FillScan* erzeugt, die die Pipeline vollständig durchlaufen. Hierbei berechnen die Prozessoren die RGB- und Z-Werte jener Pixel, deren Y-Adressen (Spaltenadresse) mit ihren Prozessorpositionen innerhalb der Pipeline übereinstimmen. Die Anzahl der Pipeline-Prozessoren ist somit gleich der Anzahl der Pixel einer Bildzeile. Da die Pixel-Prozessor-Pipeline mit der gleichen Taktrate sowohl die Bildgenerierung als auch den Transfer des Pixel-Stroms zur Video-Logik ausführt, kann die sonst notwendige Zwischenspeicherung der Pixel-Daten im Bildspeicher entfallen.

Der *Vertical-Interpolation-Prozessor* (*VIP*) berechnet die Parameter der Generierungsbefehle (*FillScan*). Dies sind, wie Bild 5.63 zeigt, die Anfangs- und Endwerte (x_{left}, x_{right}) der Scanlines sowie die Start- und Inkrementalwerte der Z-Koordinaten und der drei RGB-Farbkomponenten. Derartige Parametersätze werden für alle Scanlines erzeugt und unmittelbar aufeinanderfolgend durch die gesamte Pixel-Prozessor-Pipeline geschoben.

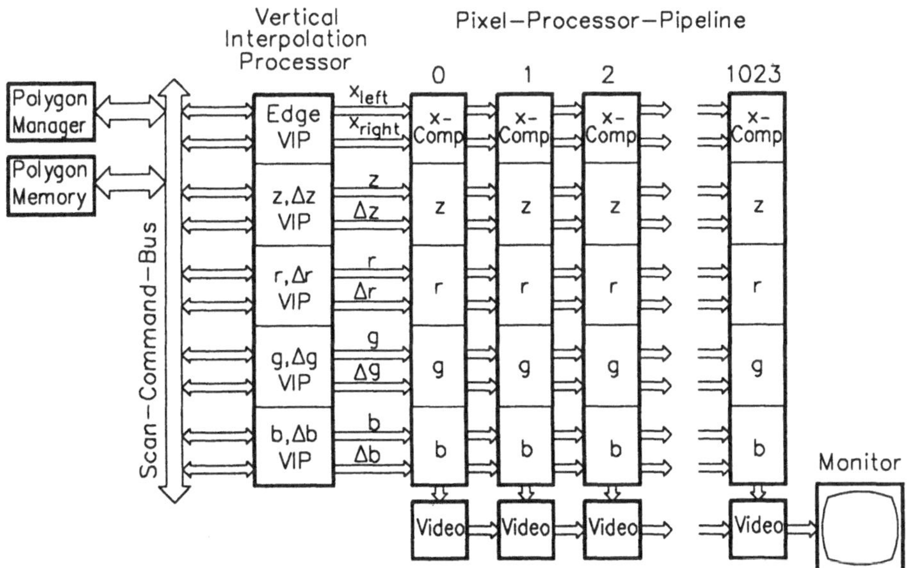

Bild 5.62. Blockdarstellung des SAGE-Systems [GHA88]

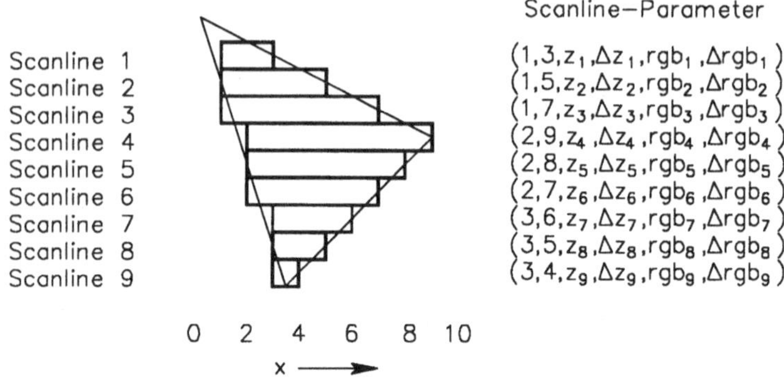

Bild 5.63. Zerlegung einer Fläche in Scanline-Parametersätze

Zur Berechnung der Parametersätze muß der VIP mit den Geometrieparametern der jeweils aktiven Polygonkanten initialisiert werden. Die Bestimmung und die Verwaltung dieser Parametersätze ist Aufgabe des *Polygon-Managers*. Hierzu unterhält diese Funktionseinheit eine *Active-Edge-Liste*. Diese Liste enthält in sortierter Form für sämtliche Polygonkanten die Koordinaten und Steigungsinkremente, deren Werte innerhalb eines Zeilensegmentes konstant bleiben. Wird das Zeilensegment gewechselt, so sind auch die entsprechenden Listeneinträge einzufügen, zu löschen oder auszutauschen.

Bild 5.64 zeigt eine sehr einfache, in Zeilensegmente zerlegte Anordnung von fünf Polygonen. Anhand dieses Bildes wird deutlich, daß im Fall komplexer Szenen für jeden Bildaufbau mehrere hundert Segmentwechsel notwendig sind. Im Extremfall kann die Segmentwechselfrequenz die Größenordnung der Zeilenfrequenz erreichen. Hierdurch entstehen extrem hohe Anforderungen an die Verarbeitungsleistung des Polygon-Managers, da dieser synchron zum Segmentwechsel die Listen regenerieren muß.

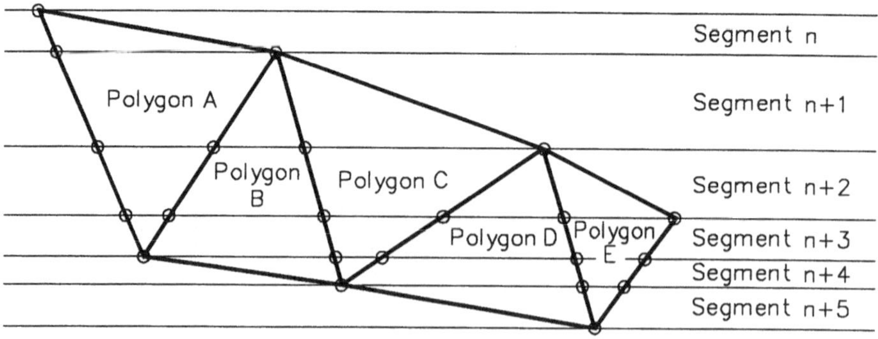

Bild 5.64. Zerlegung einer einfachen Szene in Zeilensegmente

Weder SAGE noch ähnliche Systeme, deren Konzepte auf der parallelen Berechnung der Polygon-Scanlines basieren, sind bisher als kommerzielles Produkt erhältlich. Ein Grund, daß derzeit nur Konzepte oder Experimentalsysteme existieren, könnte der beträchtliche Hardware-Aufwand sein, der notwendig ist, um aus einer polygonalen Szenenbeschreibung mit der entsprechenden Geschwindigkeit die Active-Edge-Listen zu generieren.

5.8.2 Pixel-Prozessor-Pipeline

Funktionsprinzip. Wie bereits im Architekturüberblick erwähnt, verarbeitet die Pixel-Prozessor-Pipeline die Scanline-Parameter zeilenorieniert, wobei die Auswertung der einzelnen Parametersätze sequentiell erfolgt. An dem in Bild 5.65 dargestellten Beispiel wird nachfolgend die Wirkungsweise der Pixel-Prozessor-Pipeline erklärt. Anhand von Bild 5.66 verfolgen wir den internen Funktionsablauf unmittelbar vom Beginn der Verarbeitung von Zeile 6. Zur Vereinfachung wird hierbei lediglich die lineare Interpolation eines beliebigen Farbanteils vorgestellt.

Zum o.g. Zeitpunkt enthält die Pixel-Prozessor-Pipeline die Einträge der fünften Zeile, die während der sequentiellen Verarbeitung der zur sechsten Zeile gehörenden Parametersätze ausgelesen werden. Hierzu dient der Befehl *DISP*, der jeweils den Beginn einer neuen Zeile einleitet. Seine Ausführung bewirkt den Transfer der von den Pixel-Prozessoren zuvor berechneten und zwischengespeicherten Farbwerte zur Video-Logik. Dem DISP-Befehl folgen die Anweisungen *FillScan(5,5,5,1)* und *FillScan(6,9,5,0.5)*, die beide zur Generierung der sechsten Zeile dienen.

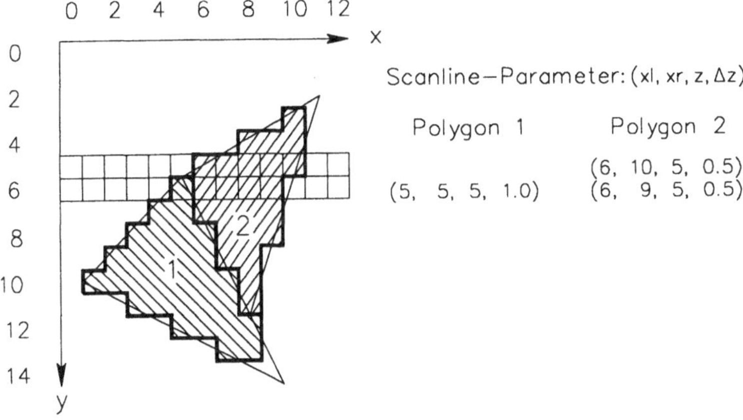

Bild 5.65. Anordnung der Scanlines, deren Verarbeitung Bild 5.66 zeigt

Die ersten Parameter dieser Befehle sind die Prozessoren-Indizes. Sie geben die linken und rechten Grenzpositionen in der Pipeline an, innerhalb der sich die Prozessoren befinden, die diese FillScan-Anweisungen ausführen. Für die Ausführung von *FillScan(5,5,5,1)* (waagerechte Schraffur) ist somit lediglich der fünfte Prozessor zuständig, der den an der dritten Stelle der Parameterliste stehenden Anfangswert 5 in sein Ausgaberegister speichert.

Damit die Anweisung den fünften Pixel-Prozessor erreicht, sind eine Reihe von *NOOP*-Befehlen erforderlich, die sämtliche in der Pipeline befindlichen Befehle verschieben. Die Anweisung von *FillScan(6,9,5,0.5)* (senkrechte Schraffur) wird von den Pixel-Prozessoren 6, 7, 8 und 9 ausgeführt. Hierbei erhält der Prozessor mit dem Index 6 den Startwert 5.

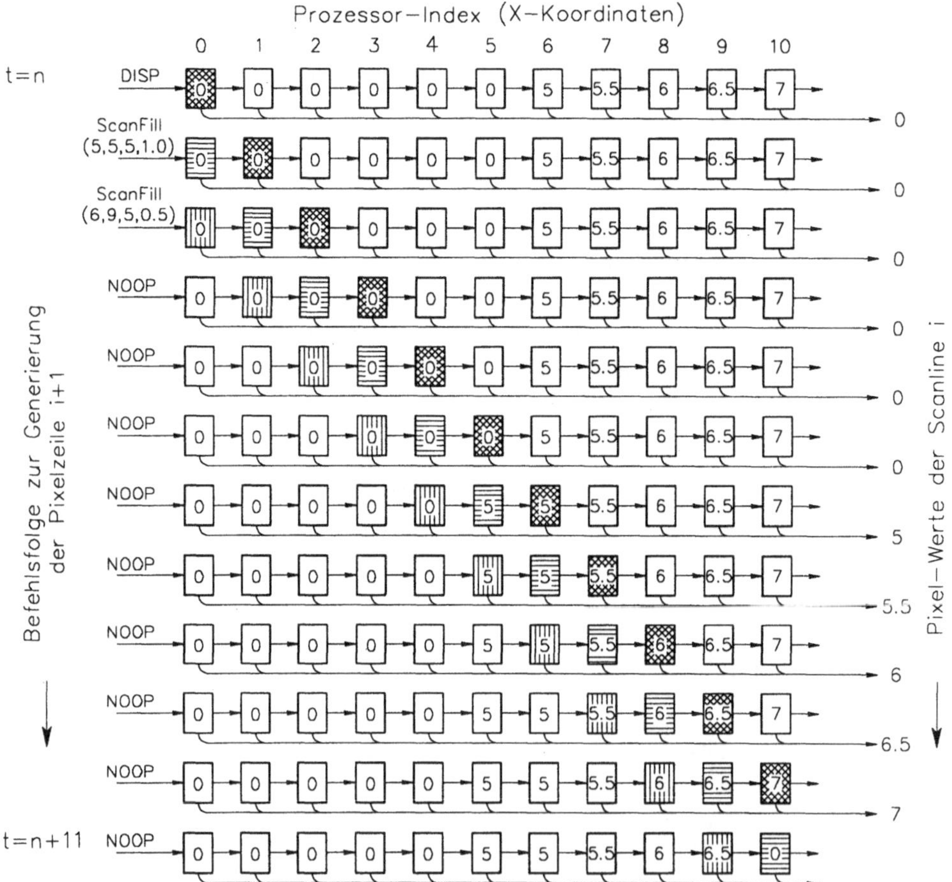

Bild 5.66 Funktionsablauf innerhalb der Pixel-Processor-Pipeline

Dieser Wert wandert durch die Prozessoren 7, 8 und 9, wobei mit jedem Takt der Wert 0,5 (vierter Parameter) inkrementell addiert wird. Die letzte Zeile in Bild 5.66 zeigt die Belegung der Ausgangsregister der Pixel-Prozessoren 0 bis 9 nach der Verarbeitung der beiden FillScan-Anweisungen.

Gerätetechnische Realisierung. Zur gerätetechnischen Realisierung wurde ein applikationsspezifischer VLSI-Baustein entwickelt. Die Verwendung der 1,2μ CMOS-Technologie erlaubte 128 Pixel-Prozessoren, die mit einer Taktzykluszeit von 40ns arbeiten, auf einem Chip zu integrieren. Mit nur vier dieser Bausteine, die etwa 10^6 Transitoren beinhalten, ist es möglich eine Pipeline mit 1024 Pixel-Prozessoren aufzubauen, die, wie Bild 5.67 zeigt, sowohl seriell als auch parallel konfigurierbar ist. Die in Bild 5.67a dargestellte Konfiguration erlaubt die Verarbeitung von durchschnittlich 25 10^6 Scanlines/Sek. Die in Bild 5.67b gezeigte Anordnung läßt die vierfache Verarbeitungsleistung zu. In diesem Fall berechnen die Pipeline-Module jeweils vier Pixel parallel, die innerhalb der Scanline um je ein Adreßinkrement versetzt sind.

Den strukturellen Aufbau eines SAGE-Pixel-Prozessors, hierzu gehören die Funktionsblöcke zum X-Adressenvergleich (X_COMP), zur Z- und Farbinterpolation (Z_INT, RGB_INT) sowie die Video-Einheit, zeigt Bild 5.68. Die von den Pixel-Prozessoren ausgeführten *FillScan*-Operationen beschreibt der Algorithmus 5.4.

Die Interpolation der RGB-Farbwerte erfolgt mit dem RGB-Interpolator. Diese Funktionseinheit besteht lediglich aus den drei Inkrementaladdierern sowie aus den Registern zur Speicherung der Inkrementalwerte (Δr, Δg, Δb) und den interpolierten Farbanteilen. Zur Ausgabe des RGB-Farbwertes dient die Video-Einheit, indem das Refresh-Signal einen Transfer zum nächsten Pixel-Prozessor innerhalb der Pipeline auslöst.

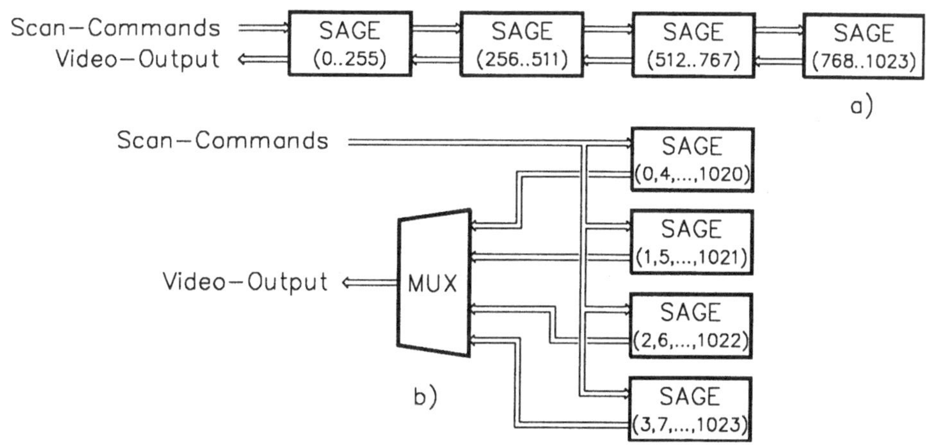

Bild 5.67 Pixel-Processor-Pipeline Konfigurationen: a) seriell, b) parallel

```
procedure FillScan (Scanline-Parameter)
for x := 0 to 1023 do
begin
if x_l ≤ x ≤ x_r then begin
    if z ≤ ZBuf[x] then begin
        ZBuf[x]:=z;
        RBuf[x]:=r;
        GBuf[x]:=g;
        BBuf[x]:=b;
        end;
    z := z + Δz_x;
    r := r + Δr_x;
    g := g + Δg_x;
    b := b + Δb_x;
    end;
end;
```

Algorithmus 5.4. FillScan-Prozedur

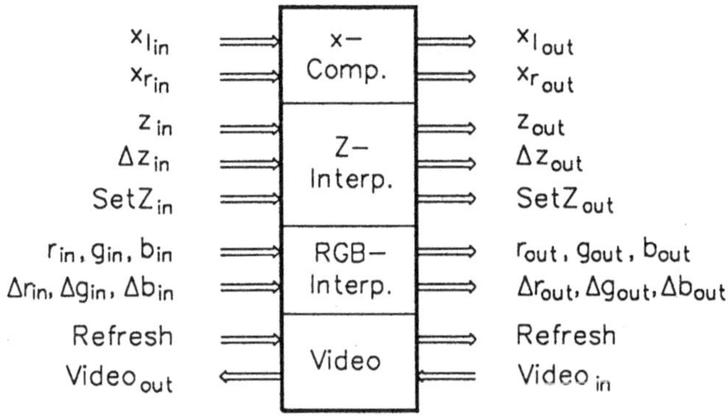

Bild 5.68. SAGE-Pixel-Prozessor [GHA88]

5.8.3 Vertical-Interpolation-Prozessor

Das vollständige SAGE-System schließt die Berechnung der Scanline-Parameter und die Verwaltung der aktiven Polygonliste für jede Scanline mit ein. Diese Aufgabe übernimmt der *Vertical-Interpolation-Prozessor*. Seine Funktionsweise sowie sein Zusammenwirken mit der Pixel-Prozessor-Pipeline beschreibt in vereinfachter Weise die FillScan-Prozedur (Algorithmus 5.5.), die trapezoidförmige Polygone voraussetzt. Die Eingabeparameter dieser Prozedur sind:

$\Delta x_l, \Delta x_r$:	*Steigungswerte der Polygonkante*
x_l, x_r:	*rechter und linker X-Koordinatenwert der Scanline*
y_t, y_b:	*oberer und unterer Y-Koordinatenwert des Trapezoids*
z:	*Z-Startkoordinatenwert*
Δz_x:	*Z-Steigungswerte für inkrementelle Änderungen in X-Richtung*
Δz_y:	*Z-Steigungswerte für inkrementelle Änderungen in Y-Richtung*
r, g, b:	*RGB-Farbkoordinaten*
$\Delta r_x, \Delta g_x, \Delta b_x$:	*RGB-Steigungswerte für inkrementelle Änderungen in X-Richtung*
$\Delta r_y, \Delta g_y, \Delta b_y$:	*RGB-Steigungswerte für inkrementelle Änderungen in Y-Richtung*

```
procedure PolyScan (yt , yb , xl, xr, z, Δzy, r, g, b, Δry, Δgy, Δby)
for y := yt to yb do begin
    FillScan (xl, xr, z, Δzx, r, g, b, Δrx, Δgx, Δbx);
    xl := xl + Δxl;
    xr := xr + Δxr;
    z := z + Δzy;
    r := r + Δry;
    g := g + Δgy;
    b := b + Δby;
end;
```

Algorithmus 5.5. PolyScan-Algorithmus (Konvertierung: Trapezoid nach Scanlines).

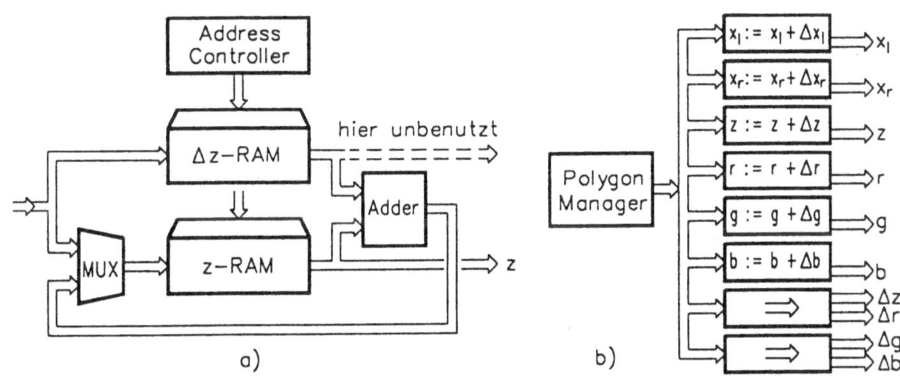

Bild 5.69. Vertical-Interpolation-Prozessor [GAH88]: a) interner Aufbau eines VIPs, b) VIP-Konfiguration im SAGE-System

Bild 5.69a zeigt den internen Aufbau des Vertical-Interpolation-Prozessors (VIP). Insgesamt sind 6 identische VIPs erforderlich (Bild 5.69b), um die FillScan-Parameter, die zur Initialisierung der Pipeline notwendig sind, zu bestimmen. Zwei weitere VIPs werden benötigt, um die Δr_x,Δg_x,Δb_x- und Δz_x-Inkrementalwerte zwischenzuspeichern und zu den Pixel-Prozessoren zu transferieren. Die internen Speichereinheiten der VIPs ermöglichen die Speicherung der Parametersätze von maximal 512 aktiven Polygonen.

Die VIPs, die synchron mit den Pixel-Prozessoren zusammenarbeiten, berechnen die Parameter einer Scanline in 40ns. Mit einer durchschnittlichen Anzahl von 32 Scanlines pro Trapezoid kann nach [GHA88] eine Rendering-Leistung von nahezu 10^6 Polygonen/Sek bei einer Pixel-Generierungsrate von 1.25ns/Pixel erreicht werden.

6 Visualisierung von Voxel-Repräsentationen

Voxel-Repräsentationen, die bereits in Unterabschnitt 3.3.3 vorgestellt wurden, gewinnen in jüngerer Zeit zunehmend an Bedeutung. Von besonderem Interesse ist ihre Verwendung in der Medizin. Hierzu ein Beispiel: Mit den in der Radiologie verwendeten bildgebenden Verfahren werden in der Regel nur die bekannten Röntgenbilder sowie Schnittbilddarstellungen zumeist in Form vom *Computer-* oder *Kernspin-Tomogrammen* erzeugt. Eine Vorstellung von der räumlichen Struktur eines anatomischen Objektes erhält der Radiologe dadurch, daß er beispielsweise unter Einbeziehung seiner anatomischen Kenntnisse und Erfahrung aus einer räumlich zusammenhängenden Schnittbildsequenz das 3D-Objekt mental rekonstruiert. Da die Schnittbilder mit Hilfe spezieller Rechner erzeugt werden, sind sie auch als Folge zweidimensionaler Bildmatrizen vorhanden. Es liegt nahe, diese Matrizen quasi übereinander zu stapeln, um damit ein Volumenmodel, das auch als *Voxel-Repräsentation* oder *Voxel-Modell* bezeichnet wird, zu erzeugen. Auf der Basis dieses Voxel-Modells ist es möglich, mit Hilfe von Bildverarbeitungsmethoden bestimmte anatomische Strukturen zu extrahieren und diese anschließend mit Verfahren der Computer-Grafik dreidimensional darzustellen [HÖH87, STI87, STI90, LEM91].

Generell sind Voxel-Repräsentation und die hierauf basierenden Visualisierungsverfahren immer dort anwendbar, wo eine dreidimensional organisierte Datenmenge bildhaft darzustellen ist. Dies trifft auch auf die Präsentation der von Super-Computern erzeugten Ergebnisdatenmengen zu, die vielfach als räumlich organisiertes Gitter vorliegen. Als Beispiele sind in diesem Zusammenhang die Simulationsergebnisse von aerodynamischen, hydrodynamischen oder thermodynamischen Prozessen zu nennen. Weiterhin eignen sich Voxel-Repräsentationen auch hervorragend zur computergrafischen Darstellung von Erdformationen, die mit Hilfe seismischer Messungen und rechnergestützter Rekonstruktionsverfahren erzeugt wurden, sowie zur Visualisierung von empirisch ermittelten oder simulierten Wetterdaten.

Die nachfolgend vorgestellten voxel-orientierten Visualisierungsprozesse dienen zum besseren Verständnis der in Kapitel 7 vorgestellten Bildrechnerarchitekturen. Darüber hinaus sollen sie einen Einblick in die Verfahren zur Visualisierung von Voxel-Repräsentationen vermitteln. Für eine vertiefte Betrachtung dieser Thematik wird [KAU90, ACM90, CHA89] empfohlen.

6.1 Projektionsprozesse

Die voxel-orientierten Visualisierungsprozesse lassen sich in zwei Gruppen aufteilen. Dies sind zum einen die Prozesse zur Erzeugung der Projektionsmatrix und zum anderen die Schattierungsprozesse, mit denen die Pixel-Farben der Projektionskoordinaten berechnet werden. Die Erzeugung der Projektionsmatrix erfolgt entweder mit der *"Back-to-Front"* (BFT)-Projektion, der *"Front-to-Back"* (FTB)-Projektion oder mit Hilfe des *Ray-Casting*-Verfahrens. Bild 6.1 dient zur Illustrierung ihrer Funktionsprinzipien.

6.1.1 Back-to-Front" (BTF) und "Front-to-Back" (FTB)-Projektion

Mit diesen beiden Projektionsverfahren [FRI85] wird, wie Bild 6.1 zeigt, die Projektionsmatrix durch spalten- oder zeilenweise Abtastung eines kubischen Speicherraums (Objektraum) ermittelt. Für den Fall, daß eine binäre Voxel-Repräsentation vorliegt, erfolgt abhängig vom Voxel-Wert (0 oder 1) die Entscheidung über den weiteren Prozeßablauf.

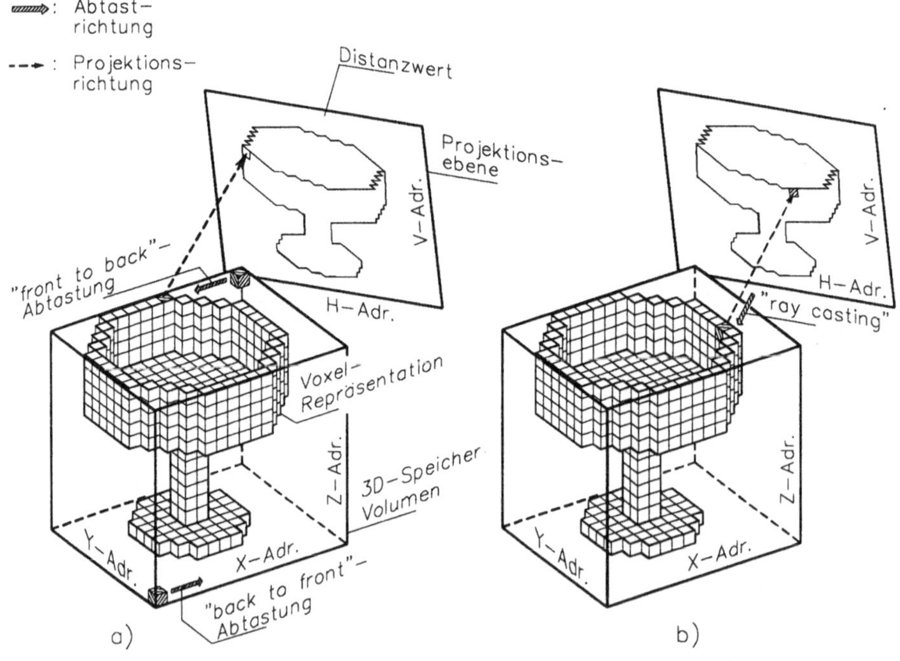

Bild 6.1. Verfahren zur Erzeugung der Projektionsmatrix: a) BTF-, FTB-Projektion, b) Ray-Casting Verfahren

Wenn der Voxel-Wert 1 auftritt, werden die Voxel-Koordinaten auf die Koordinaten der Projektionsebene (*h*, *v*) abgebildet. Hierbei erhalten die Projektionskoordinaten den Wert der Distanz *d* zu den korrespondierenden XYZ-Koordinaten des Volumenelementes. Anschließend werden die Objektraumkoordinaten inkrementiert. Liegt hingegen der Voxel-Wert 0 vor, so erfolgt lediglich eine Inkrementierung der XYZ-Koordinaten, ohne daß ein Projektionsprozeß ausgeführt wird.

Ist das gesamte Datenvolumen des Speicherraums in dieser Weise abgetastet, erhält man eine zweidimensionale Distanzfunktion, die gegebenenfalls mit weiteren Prozessen (z.B. Schattierungsprozesse) zu verarbeiten ist.

Geometrische Transformationen können mit Voxel-Repräsentationen nur sehr ineffektiv ausgeführt werden. Dies liegt zum einen an der sehr großen Koordinatenmenge, die transformiert werden muß; zum anderen treten wegen der ganzzahligen Objektraumkoordinaten erhebliche Abbildungsprobleme auf. Um dennoch das Voxel-Modell in beliebigen Ansichten darstellen zu können, wird die Projektionsebene zentrisch um den Mittelpunkt des Objektraumkoordinatensystems bewegt. Dadurch ändert sich der Blickpunkt des virtuellen Betrachtes, so daß beliebige Ansichten vom Voxel-Modell erzeugbar sind. Allerdings läßt sich mit dieser Methode nur die gesamte Voxel-Koordinatenmenge rotieren, translieren und skalieren. Geometrische Transformationen von Teilen des Modells sind auf diese Weise nicht möglich.

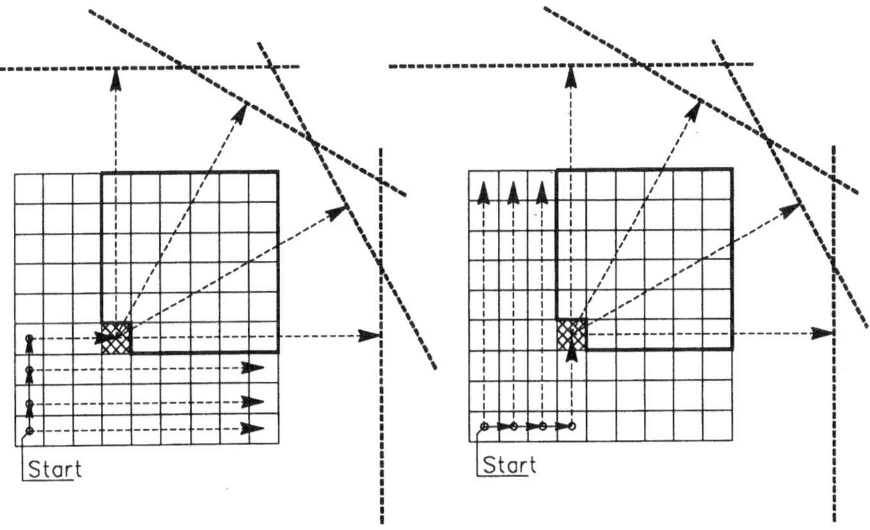

Bild 6.2. Prinzip der BTF-Projektion [FRI85] (die Positionen der überdeckenden Voxel sind dick umrandet).

Da in der Regel mehrere XYZ-Koordinaten auf den gleichen Projektionsort abgebildet werden, muß gewährleistet sein, daß am Ende des Projektionsprozesses nur die Distanzwerte der Volumenelemente erhalten bleiben, die die kürzeste Distanz zur Projektionsebene aufweisen und somit von keinem anderen Voxel verdeckt werden. Der besondere Vorteil der BTF-Projektion besteht darin, daß sie diese Bedingung allein durch ihre in Bild 6.2 dargestellte Abtaststrategie erfüllt. Die Objektraumkoordinaten eines schraffiert markierten Voxels werden hier auf eine Projektionsebene abgebildet, die beliebig zwischen 0° und 90° ausgerichtet ist. Die Abtastung beginnt grundsätzlich immer mit dem Voxel, das die größte Distanz zur Projektionsebene aufweist und endet mit dem Volumenelement, das dem virtuellen Betrachter am nächsten ist. Hierbei ist es gleichgültig, ob die Hauptabtastung in Richtung der X-, Y- oder Z-Achse erfolgt.

Wie in Bild 6.2 veranschaulicht, wird in keinem Fall ein Voxel, welches das schraffierte Volumenelement verdecken könnte, vor diesem abgetastet. Man kann anhand dieser Darstellung leicht überprüfen, daß die Bedingung für eine gültige Voxel-Überdeckung nicht erfüllt ist, wenn ein Start-Element gewählt wird, das sich an einem der anderen Eckpunkte befindet. Dieses Verfahren funktioniert jedoch nur dann, wenn die Koordinaten des Objektraums orthogonal auf die Projektionsebene abgebildet werden. Im Fall der perspektivischen Projektion ist die Verwendung der bekannten Z-Buffer-Methode unvermeidlich, um die korrekten Distanzwerte zu bestimmen.

Bei der FTB-Projektion erfolgt die Abtastung des Datenvolumens in entgegengesetzter Richtung. Bei diesem Verfahren, das im Vergleich zur Back-to-Front-Projektion weit weniger gebräuchlich ist, bleiben die Distanzwerte der zuerst detektierten Voxel erhalten. Ansonsten ist der Prozeßablauf identisch.

Um auch nicht-binäre Voxel-Repräsentationen visualisieren zu können, sind neben den Abstandswerten auch die Voxel-Werte auf die HV-Koordinaten der Projektionsebene abzubilden. Die Entscheidung, ob eine Abbildung auszuführen ist, kann im einfachsten Fall mit Hilfe von Schwellwerten erfolgen, die zur Eingrenzung des relevanten Voxel-Wertebereiches dienen.

6.1.2 Ray-Casting

Beim Ray-Casting-Verfahren erfolgt die Abtastung der Voxel-Datenmenge mit Strahlen, die lotrecht zur Projektionsebene ausgerichtet sind. Diese Abtaststrahlen terminieren, wenn ein Voxel mit dem Wert 1 detektiert wird. Dieses Ereignis tritt in der Regel immer dann auf, wenn die Abtaststrahlen die opake Oberfläche des Voxel-Modells erreichen. Die Objektraumkoordinaten dieser Volumenelemente werden anschließend mit den bekannten Geometrietransformationen auf die HV-Koordinaten der Projektionsebene abgebildet.

Im Vergleich zu den BTF- und FTB-Projektionen sind beim Ray-Casting wesentlich weniger Abtastschritte für die Ausführung des Projektionsprozesses erforderlich. Im Fall der Visualisierung von nicht-binären Voxel-Repräsentationen ist das Ray-Casting besonders geeignet, um den Projektionskoordinaten Farbwerte zuzuordnen, die sowohl von den Voxel-Werten als auch von den lokalen Voxel-Werteverteilungen abhängen. Wie die Bestimmung Farbwerte $C_{pix}(h,v)$ erfolgt, verdeutlicht Bild 6.3.

Im Gegensatz zur Verarbeitung binärer Repräsentationen dringen hier die Abtaststrahlen in den Körper des Volumenmodells ein. Für jedes Volumenelement, das der Abtaststrahl durchdringt, wird mit dem Voxel-Wert $f(x,y,z)$ sowie mit den Werten seiner Nachbarelemente der Opazitätswert α und die Voxel-Farbe C berechnet. Wie tief die Strahlen eindringen, hängt von dem Produkt der einzelnen Transparenzwerte $(1 - \alpha_k)$ der durchdrungenen Voxel ab. Ein Strahl terminiert, wenn der integrierte Opazitätswert α_{tot} einer Voxel-Folge einen bestimmten Schwellwert unterschreitet. Wir erhalten α_{tot} mit:

$$\alpha_{tot} = (1 - \alpha_0)(1 - \alpha_1)(1 - \alpha_2) \ldots (1 - \alpha_n).$$

Um die Farbwerte $C_{pix}(h,v)$ des projizierten Voxels zu bestimmen, werden die einzelnen Farbwerte der Voxel $C_0, C_1, C_2, \ldots, C_n$ mit den Transparenzfaktoren der jeweils überdekkenden Voxel gewichtet und anschließend addiert:

$$C_{pix}(h,v) = \alpha_0 C_0 + (1 - \alpha_0)\,\alpha_1 C_1 + (1 - \alpha_0)(1 - \alpha_1)\,\alpha_2 C_2 + \ldots$$
$$\ldots + \Big(\prod_{i=0}^{n-1} (1 - \alpha_i)\Big)\,\alpha_n C_n . \qquad (6.1)$$

Das hier vorgestellte Verfahren zur Bestimmung der $C_{pix}(h,v)$-Werte zeigt in vereinfachender Weise lediglich das Prinzip. Eine vertiefte Behandlung dieser Thematik ist in [LEV88, LEV90] zu finden.

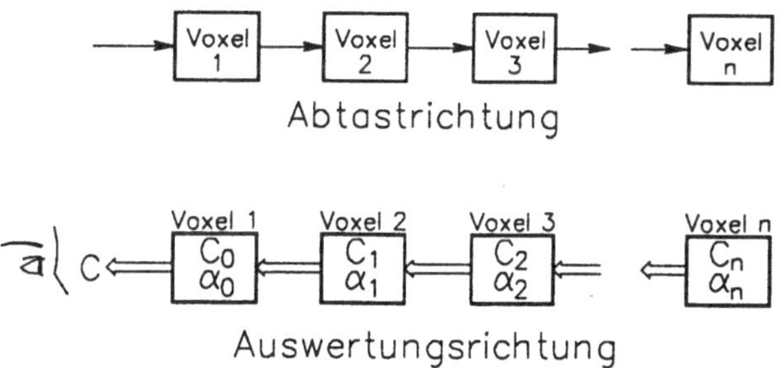

Bild 6.3. Berechnung des Farbwertes für eine Voxel-Folge

6.2 Schattierungsverfahren

Die Berechnung der von den Voxeln reflektierten Lichtintensitäten erfolgt vielfach mit Hilfe der üblichen Beleuchtungsmodelle. Erhebliche Unterschiede zur den oberflächenorientierten Schattierungsverfahren bestehen jedoch bei der Bestimmung der Normalenvektoren, die, wie bekannt, in die Beleuchtungsmodellgleichung eingehen. Um diese zu berechnen, ist, wie nachfolgend dargestellt, für jedes relevante Volumenelement der lokale Dichte- bzw. Flächengradient zu ermitteln.

6.2.1 Gradientenschattierung im Bildraum

Funktionsprinzip. Die Gradientenschattierung im Bildraum erfolgt mit Hilfe der lokalen Ausrichtung der Hüllfläche, die mit den Distanzwerten der Projektionsmatrix aufgespannt wird. Für sich betrachtet geben die Distanzwerte noch keinen Aufschluß über die lokale Flächenorientierung. Erst mit Hilfe mehrerer benachbarter Distanzwerte kann die lokale Flächenausrichtung mit guter Näherung abgeschätzt und die korrespondierende Flächennormale ermittelt werden. Hierzu werden, wie Bild 6.4 zeigt, alle Distanzwerte, die sich symmetrisch um einen zentralen Distanzwert in Richtung der H- und der V-Achse gruppieren, als Stützstellen zweier stetiger Funktionen betrachtet. Am Ort der zentralen Stützstelle $[h\ v]$ erfolgt ihre Differenzierung in Richtung der H- und V-Achse.

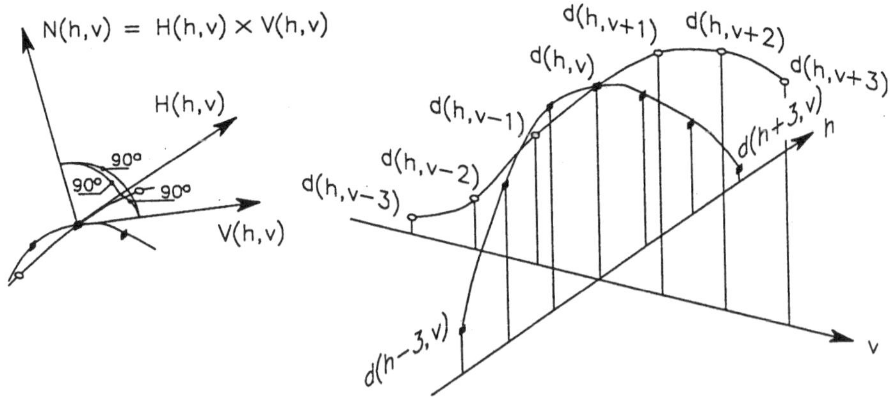

Bild 6.4. Bestimmung des Normalenvektors *N(h,v)* mit Hilfe stetiger Approximationsfunktionen

Als Ergebnis erhalten wir die beiden Gradienten $g_v(h,v)$ und $g_h(h,v)$ und damit die Tangentenvektoren $\boldsymbol{G_v}(h,v)$ und $\boldsymbol{G_h}(h,v)$:

$$\boldsymbol{G_v}(h,v) = \begin{pmatrix} 1 \\ 0 \\ g_v(h,v) \end{pmatrix}, \qquad \boldsymbol{G_h}(h,v) = \begin{pmatrix} 0 \\ 1 \\ g_h(h,v) \end{pmatrix}.$$

Mit dem Kreuzprodukt der beiden Tangentenvektoren erhält man den Normalenvektor $\boldsymbol{N}(h,v)$, der die Flächenausrichtung repräsentiert:

$$\boldsymbol{N}(h,v) = \boldsymbol{G_v}(h,v) \times \boldsymbol{G_h}(h,v) = \begin{pmatrix} 1 \\ 0 \\ g_v(h,v) \end{pmatrix} \times \begin{pmatrix} 0 \\ 1 \\ g_h(h,v) \end{pmatrix} = \begin{pmatrix} -g_v(h,v) \\ -g_h(h,v) \\ 1 \end{pmatrix}. \tag{6.2}$$

Mit $\boldsymbol{N}(h,v)$ erfolgt anschließend unter Verwendung eines computergrafischen Beleuchtungsmodells die Bestimmung des Farbwertes $C_{pix}(h,v)$ (s. Unterabschnitte 4.5.3 und 4.5.4), der mit dem Distanzwert $d(h,v)$ korrespondiert.

Berechnung der Gradienten $g_v(h,v)$, $g_h(h,v)$. Aus der Vielzahl der Verfahren, die sich zur Bestimmung einer mit Stützstellen definierten stetigen Funktion eignen, hat sich die Bézier-Approximation als besonders praktikabel erwiesen. Sie basiert auf der Verwendung von Bernstein-Polynomen [BEZ74]. Wir erhalten die Definition eines Bernstein-Polynoms der Ordnung n mit:

$$B_{i,n}(u) = C(n,i)\, u^i\, (1-u)^{n-i}\ ;\ i = 0,\ldots, n;\ u \in R\,.$$

Hierin ist $C(n,i) = n!/(i!\,(n-i)!)$. (6.3)

Mit dem Approximationssatz von Weierstraß läßt sich nachweisen, daß jede stetige Funktion $f(u)$ mit beliebiger Genauigkeit im Intervall [0,1] durch eine Funktion $F_n(u)$, die mit Bernstein-Polynomen erzeugt wird, approximierbar ist. Wir erhalten die Abschätzung der Approximationsgüte mit

$$|\,f(u) - Fn(u)\,| < \varepsilon \quad \text{für} \quad 0 \le u \le 1\,.$$

Hierin ist F_n die durch Stützstellen definierte Approximationsfunktion

$$F_n(u) = \sum_{i=0}^{n} f\left(\frac{i}{n}\right) B_{i,n}(u)\,. \tag{6.4}$$

Setzen wir für $f(i/n)$ mit $i= 0,...,1$ die äquidistante in Richtung der V-Achse orientierte Stützstellenmenge

$$d(h,v-\frac{n}{2}),...,d(h,v),...,d(h,v+\frac{n}{2})$$

beziehungsweise die in Richtung der H-Achse ausgerichtete Stützstellenmenge

$$d(h-\frac{n}{2},v),...,d(h,v),...,d(h+\frac{n}{2},v)$$

in (6.4) ein, so erhält man die Approximationsfunktionen

$$F_{v,n}(u) = \sum_{i=0}^{n} d(h,v+i-\frac{n}{2})\, B_{i,n}(u)$$

und $$F_{h,n}(u) = \sum_{i=0}^{n} d(h+i-\frac{n}{2}, v)\, B_{i,n}(u) \qquad (6.5)$$

sowie deren erste partielle Ableitungen

$$F'_{v,n}(u) = \sum_{i=0}^{n} d(h,v+i-\frac{n}{2})\, B'_{i,n}(u)$$

und $$F'_{h,n}(u) = \sum_{i=0}^{n} d(h+i-\frac{n}{2}, v)\, B'_{i,n}(u) \qquad (6.6)$$

mit $$B'_{i,n} = C(n,i)\,[i\, u^{i-1}\,(1-u)^{i-1}\,(n-i)\, u^{i}\,(1-u)^{n-i-1}\,]\,.$$

Mit (6.6) bestimmen wir die Gradienten $g_v(h,v)$ und $g_h(h,v)$, indem wir die Stützstellen $d(h,v\text{-}n/2)$ und $d(h\text{-}n/2,v)$ auf die Intervallgrenze u=0, die Stützstellen $d(h,v+n/2)$ und $d(h+n/2,v)$ auf die Intervallgrenze $u=1$ und die zentrale Stützstelle $d(h,v)$ auf die Mitte des Intervalls u=0,5 abbilden:

$$B'_{i,n}(0{,}5) = C(n,i)\, 2^{1-n}\,(2i-n)\,. \qquad (6.7)$$

Als Beispiel werden $g_v(h,v)$ und $g_h(h,v)$ mit 5 Stützstellen berechnet. Hierzu lösen wir die Koeffizienten $B'_{i,n}$ nach (6.7) für $n=4$ mit $i = 0,...,4$ auf:

$B'_{0,4}(0{,}5) = -\,0{,}5$; $B'_{1,4}(0{,}5) = -\,1{,}0$; $B'_{2,4}(0{,}5) = 0{,}0$; $B'_{3,4}(0{,}5) = 1{,}0$ und $B'_{4,4}(0{,}5) = 0{,}5$.

Indem wir die ermittelten Werte in (6.6) einsetzen, erhalten wir die gesuchten Gradienten $g_v(h,v)$, $g_h(h,v)$ an der zentralen Stützstelle $d(h,v)$:

$$g_{v,n}(h,v) = (F'_{v,n}(0{,}5))/n) = [d(h,v+1) - d(h,v-1) + 0{,}5\ (d(h,v+2) - d(h,v-2))]/4$$
$$g_{h,n}(h,v) = (F'_{v,n}(0{,}5))/n) = [d(h+1,v) - d(h-1,v) + 0{,}5\ (d(h+2,v) - d(h-2,v))]/4 \qquad (6.8)$$

Um einen Kompromiß zwischen einer glatten Flächendarstellung und einer guten Rekonstruktion der Objektform zu erhalten, ist es sinnvoll, die Gradientenbestimmung mit einer variablen Stützstellenanzahl (3, 5 oder 9) durchzuführen, da deren Anzahl von der Krümmung der lokalen Objektoberfläche abhängt. Die Berechnung der Krümmungsfaktoren erfolgt hierbei mit Hilfe der zweiten Ableitung von (6.5). Eine ausführliche Darstellung dieses Verfahrens ist in [JAC87] zu finden.

6.2.2 Gradientenschattierung im Objektraum

Die im Objektraum ausgeführte Gradientenschattierung basiert auf Arbeiten von Höhne [HÖH86], Levoy [LEV88] und Drebin et al. [DRE88]. Das Verfahren wird in Verbindung mit der oben diskutierten Ray-Casting-Methode verwendet. Seine Aufgabe besteht darin, jedem vom Abtaststrahl durchdrungenen Voxel einen Farb- und einen Opazitätswert zuzuordnen. Beide Werte hängen im wesentlichen von der Länge und der Ausrichtung eines

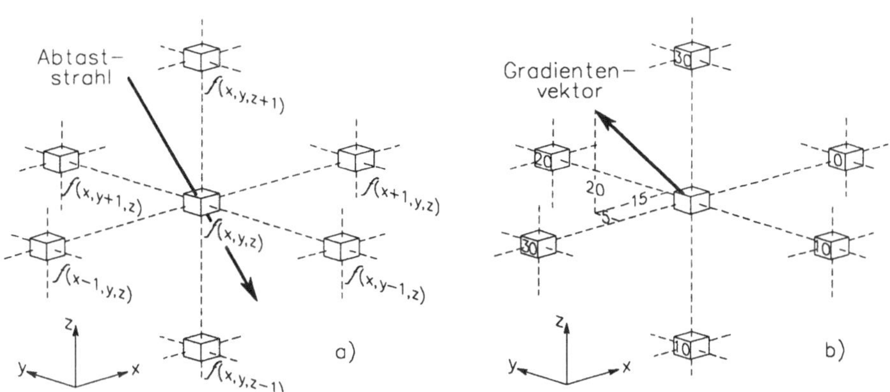

Bild 6.5. Bestimmung der Gradientenvektoren im Objektraum (nach [LEV88]): a) Darstellung der Voxel-Anordnung, mit der die Bestimmung der Gradientenvektoren erfolgt, b) Beispiel zur Bestimmung eines Gradientenvektors

Gradientenvektors ab, der in diesem Fall mit der Voxel-Werteverteilung im Objektkoordinatenraum bestimmt wird. Wie dieses Verfahren funktioniert, läßt sich anhand von Bild 6.5 verdeutlichen.

Bestimmung des Gradientenvektors. Bild 6.5a zeigt eine Anordnung von sieben Volumenelementen, deren zentrales Voxel von einem Abtaststrahl durchdrungen wird. Den sechs Voxeln, die dieses Element umgeben, sind Werte zugeordnet, die beispielsweise eine lokale dreidimensionale Dichteverteilung repräsentieren (Bild 6.5b). Die lokalen Dichteänderungen innerhalb des Objektkoordinatenraums bezeichnen wir auch hier als Gradienten und stellen diese durch einen Vektor dar. Um die Gradienten am Ort $[x\,y\,z]$ abschätzen zu können, gehen wir davon aus, daß sich die Dichtewerte zwischen den drei äußeren Voxel-Paaren linear verändern. Mit dieser vereinfachenden Annahme erhalten wir in erster Näherung den Gradientenvektor

$$\nabla f(x,y,z) \approx 0{,}5 \begin{pmatrix} f(x+1,y,z) - f(x-1,y,z) \\ f(x,y+1,z) - f(x,y-1,z) \\ f(x,y,z+1) - f(x,y,z-1) \end{pmatrix}. \tag{6.9}$$

Opazitätsbestimmung. Die Opazität eines Voxels hängt von dem Betrag des Gradientenvektors $|\nabla f(x,y,z)|$ und dem Voxel-Wert $f(x,y,z)$ ab. Beide Werte gehen als Argumente in eine zweidimensionale Gewichtungsfunktion ein, mit der die direkte Bestimmung der Voxel-Opazität erfolgt. Die Gewichtungsfunktionen dienen nach [LEV88] zur Festlegung einzelner Dichtewerte oder Dichtewerteregionen, deren Hüll- oder Grenzflächen darzustellen sind. Bild 6.6a zeigt eine empirisch ermittelte Gewichtungsfunktion, die allen Volumenelementen mit dem Voxel-Wert f_v einen hohen Opazitätswert α_v zuordnet und damit als Hüllflächen-Voxel kennzeichnet. Zur Bestimmung der Opazitäten von Volumenelementen, die sich in bestimmten Voxel-Wertebereichen befinden, dient die in Bild 6.6b dargestellte Funktion, die sich linear mit den Beträgen der Gradientenvektoren verändert.

Die Bestimmung der Voxel-Farbe C erfolgt mit dem Farbhelligkeitswert, der wiederum von der Ausrichtung des Gradientenvektors abhängt. Nachdem der Gradientenvektor mit

$$\boldsymbol{P}(x,y,z) = \frac{\nabla f(x,y,z)}{|\nabla f(x,y,z)|}$$

auf die Einheitslänge 1 normiert ist, geht er in die Geometrie eines computergrafischen Beleuchtungsmodells anstelle der Flächennormale ein. Die weitere Berechnung des Farbhelligkeitswertes erfolgt nach dem in Unterabschnitt 4.5.3 dargestellten Beleuchtungsverfahren. Um die Farbe C des Voxels zu bestimmen, kann der Farbhelligkeitswert entweder direkt als Grauton [LEV88] dargestellt werden, oder ihm wird, speziell zur farblichen Kennzeichnung der relevanten Voxel-Regionen [DRE88], ein Buntton zugeordnet.

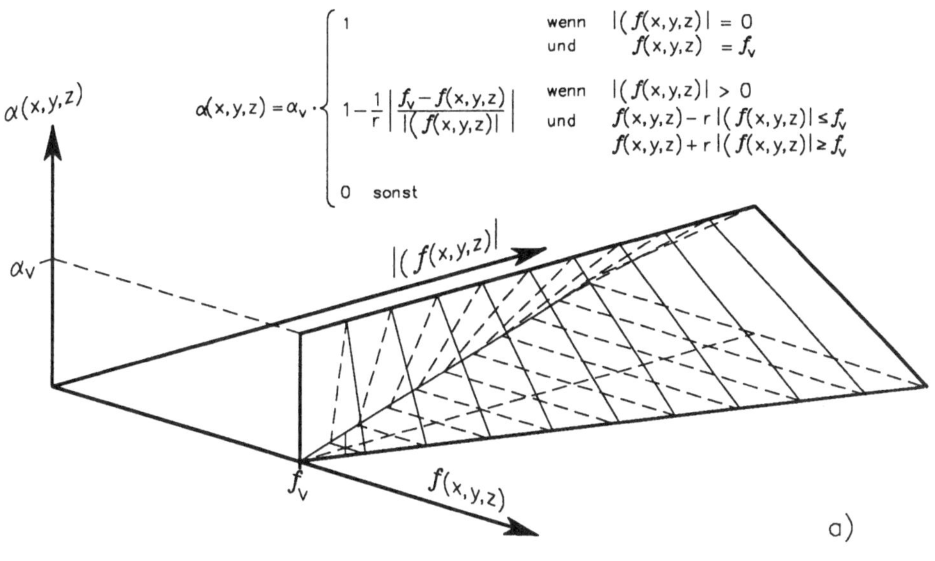

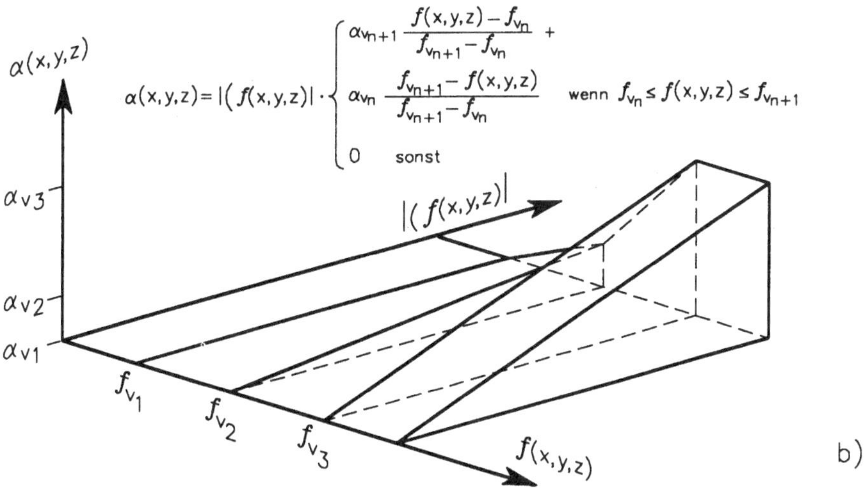

Bild 6.6. Gewichtungsfunktionen (nach [LEV88]): a) für Hüllflächen (isovalue conture surfaces), b) für Regionen (region boundary surfaces)

7 Bildrechner zur Visualisierung von Voxel-Repräsentationen

Seit etwa Mitte der achtziger Jahre werden Bildrechner entwickelt, die sich speziell für die Visualisierung von Voxel-Repräsentationen eignen. In den nachfolgenden Abschnitten 7.1 bis 7.4 werden mit dem *Voxel-Processor*, dem *3DP⁴*-, dem *PARCUM*- sowie dem *CUBE*-System die Architekturkonzepte einiger dieser voxel-orientierten Bildrechnersysteme vorgestellt.

7.1 Voxel-Processor

Die Architektur des *Voxel-Processors* basiert auf der General-Object-DisPlay-Architecture (GODPA), die an der University of Pennsylvania entwickelt wurde [GOL83, GOL84, GOL85, GOL88a, GOL88b]. Der Voxel-Processor wurde als Prototyp aufgebaut und in einem medizinischen Arbeitsplatz als Sichtsystem zur Echtzeitdarstellung von Voxel-Modellen, die aus radiologischem Datenmaterial erzeugt wurden, eingesetzt.

7.1.1 Architekturüberblick

Bild 7.1 zeigt die Hauptkomponenten des Voxel-Processors. Der *Coordinate-Generator*, das *Object-Memory* sowie die *DOTS-Unit*, dienen zur Erzeugung der Projektionsmatrix, die in das Image-Memory eingetragen wird. Die Ausführung der Rendering- und Display-Prozesse erfolgt mit dem *Shading-Processor* sowie dem *Frame-Buffer-System*.

Der Voxel-Processor kann in der in Bild 7.1 dargestellten Anordnung als eine einzelne Pipeline organisiert sein oder durch Parallelschaltung mehrerer Pipelines zum echtzeitfähigen Multiprozessorsystem erweitert werden. Im Nachfolgenden wird der Aufbau und die Funktionsweise einer Voxel-Processor-Pipeline im Überblick vorgestellt. Die Erweiterung zum Multiprozessorsystem behandelt der Unterabschnitt 7.1.3.

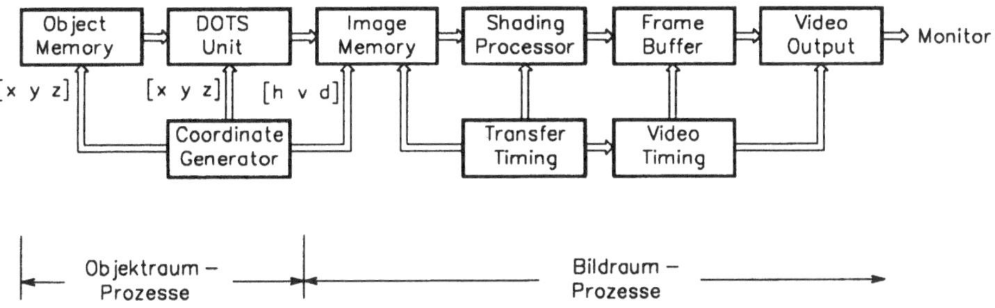

Bild 7.1. Blockdarstellung der Voxel-Processor-Pipeline [GOL88a]

Object-Memory. Das *Object-Memory-System* besitzt eine räumliche Auflösung von 256^3 Volumenelementen, deren Wortlängen zwischen 1 bis 16 Bit betragen. Dieses Subsystem enthält neben der eigentlichen Speichereinheit auch Funktionsgruppen für die Adressengenerierung und die lineare Interpolation der Voxel-Werte. Um den Volumenelementen mehrere Parameter zuordnen zu können, deren Wortlänge 16 Bit überschreitet, kann das Object-Memory modular erweitert werden. Hierdurch ist die Möglichkeit gegeben, auch zeitvariante Voxel-Repräsentationen zu visualisieren.

Coordinate-Generator. Der *Coordinate-Generator* ist sowohl für die Erzeugung der logischen Koordinaten im Objektraum als auch für die Generierung der korrespondierenden Projektionskoordinaten [*h v d*] zuständig. Die Objekt- und Bildraumkoordinaten werden im Hinblick auf die gerätetechnische Realisierung des Objektraums und der Projektionsebene auch als Adreßkoordinaten bezeichnet. Die Generierung der XYZ-Adreßkoordinatenfolge kann entweder nach dem BTF- oder dem Ray-Casting-Verfahren mit einer Rate von 10^6 Koordinatensätzen/Sek erfolgen.

Dynamic-Object -Thresholding and Slicing (DOTS). Die Ausgangsdaten des Object-Memory-Systems durchlaufen die *DOTS-Unit.* Dieses Subsystem hat die Aufgabe, die Voxel-Daten zu formatieren und mit ihnen Vorverarbeitungsprozesse auszuführen. Die Datenformatierung besteht aus der Normierung der unterschiedlich langen Voxel-Worte (1 bis 16 Bit) auf eine einheitliche Länge, der Maskierung von Bit-Ketten sowie aus der Selektion der Markierungsbits (tag bits), die in den Voxel-Worten enthalten sind. Zu den Vorverarbeitungsprozessen gehört die Segmentierung der Grauwerte mit Hilfe interaktiv einstellbarer Schwellwerte sowie die Kennzeichnung von Voxeln, deren Koordinaten sich auf einer bestimmten Ebene innerhalb des kubischen Objektraums befinden (*slice plane selection*). Bevor die Voxel-Werte zum Image-Memory gelangen, müssen sie zuerst in eine Pseudo-Farbe umgesetzt werden. Diese Konvertierung erfolgt in bekannter Weise mit Hilfe eines Lookup-Tabellenspeichers.

Image-Memory. Unter den Adreßkoordinaten [*h v*] des *Image-Memory* werden sowohl die Ausgangsdaten der DOTS-Unit, als auch die mit dem Coordinate-Generator bestimmten Distanzwerte eingetragen. Um Zugriffskonflikte beim Schreiben und Lesen des zweidimensionalen Projektionsdatenfeldes zu vermeiden, ist das Image-Memory als Wechselpuffer aufgebaut.

Shading-Processor. Der *Shading-Processor* hat die Aufgabe, mit den Distanzwerten im Image-Memory die korrespondierenden Farbhelligkeitswerte, nach der im Bildraum arbeitenden Gradientenschattierungsmethode zu bestimmen. Neben dieser etwas rechenaufwendigen Methode unterstützt der Voxel-Processor aber auch das wesentlich einfachere Depth-Shading-Verfahren, bei dem die Farbhelligkeit der projizierten Volumenelemente mit wachsendem Distanzwert verringert wird. Weiterhin kann die Bestimmung der Pixel-Farben auch mit den in den Image-Buffer eingetragenen Voxel-Werten erfolgen. Da die Voxel-Werte vielfach Dichtewerte repräsentieren, bezeichnet man diese Methode auch als *Density-Shading*.

Frame-Buffer und Video-Output. Das *Frame-Buffer-System* und die *Video-Output-Stufe* sind die beiden letzten Funktionseinheiten der Prozessor-Pipeline. Die Hardware des gleichfalls als Wechselpuffer arbeitenden Frame-Buffer-Systems unterstützt Overlay-Darstellungen von Text und 2D-Grafikprimitiven sowie Pan-, Zoom- und Scroll-Operationen. In der Video-Output-Stufe werden die Voxel-Werte mit den Tag-Bits, den Distanzwerten und den Overlay-Infomationen zusammengeführt und stehen nach der Digital/Analog-Umsetzung als RGB-Ausgangssignal zur Verfügung.

7.1.2 Gerätetechnische Realisierung

Unter den Aspekten der gerätetechnischen Realisierung und des konzeptionellen Vergleichs mit den in den nachfolgenden Abschnitten vorgestellten alternativen Systemkonzepten ist das Object-Memory-System des Voxel-Processors von besonderem Interesse.

Object-Memory-System. Das in Bild 7.2 dargestellte *Object-Memory-System* besteht im wesentlichen aus der *Address-Calculation-Unit*, dem *Interleave-Address-Generator*, dem *Resampling-Memory-Array* und dem *Tri-Linear-Interpolator*.

Die *Address-Calculation-Unit* und der *Interleave-Address-Generator* bilden jeweils die vom Coordinate-Generator erzeugten logischen Voxel-Koordinaten auf acht physikalische Adressen des linear organisierten Resampling-Memory-Arrays ab. Die Generierung dieses Adressenoktetts ist immer dann erforderlich, wenn der Coordinate-Generator im Ray-Casting-Modus arbeitet. Mit dieser Betriebsart werden reelle Objektraumkoordinaten erzeugt, die, wie Bild 7.3 zeigt, zwischen den ganzzahligen Objektraumkoordinaten der

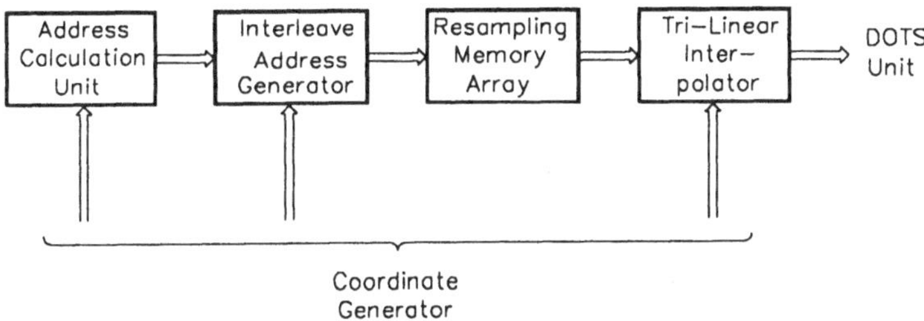

Bild 7.2. Blockdarstellung des Object-Memory-Systems

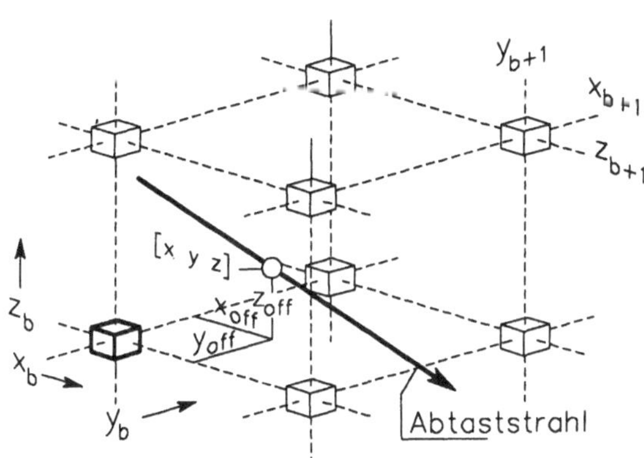

Bild 7.3. Erzeugung der Interpolationsadressen (nach [GOL88a])

gespeicherten Voxel-Repräsentation liegen. Der Voxel-Wert der reellen Objektraumkoordinaten $[x\ y\ z]$ ist in diesem Fall durch lineare Interpolation zu bestimmen. Zur Interpolation werden die Werte jener acht im Objektraumkoordinatengitter befindlichen Voxel verwendet, die $[x\ y\ z]$ räumlich umschließen. Um diese Voxel-Werte zu bestimmen, rundet die Address-Calculation-Unit die reellen Objektraumkoordinaten auf die ganzzahligen Basiskoordinaten $[x_b\ y_b\ z_b]$ ab. Der Interleave-Address-Generator bestimmt hiermit anschließend die Positionen der restlichen sieben im Objektraumkoordinatengitter befindlichen Volumenelemente, indem er die Basiskoordinatenwerte kombinatorisch inkrementiert (Bild 7.3).

Die Berechnung der interpolierten Voxel-Werte erfolgt mit der letzten Stufe des Object-Memory, dem *Trilinear-Interpolator*, dessen Hardware-Konzept in Bild 7.4 dargestellt ist. Wie Bild 7.4a zeigt, wird über drei Stufen interpoliert, wobei jede Stufe die Interpolation in einer Koordinatenrichtung ausführt. Die erste Stufe führt, entsprechend Bild 7.4b, die Interpolation in X-Richtung durch und berechnet mit den acht Voxel-Werten $P_0,..., P_7$ die

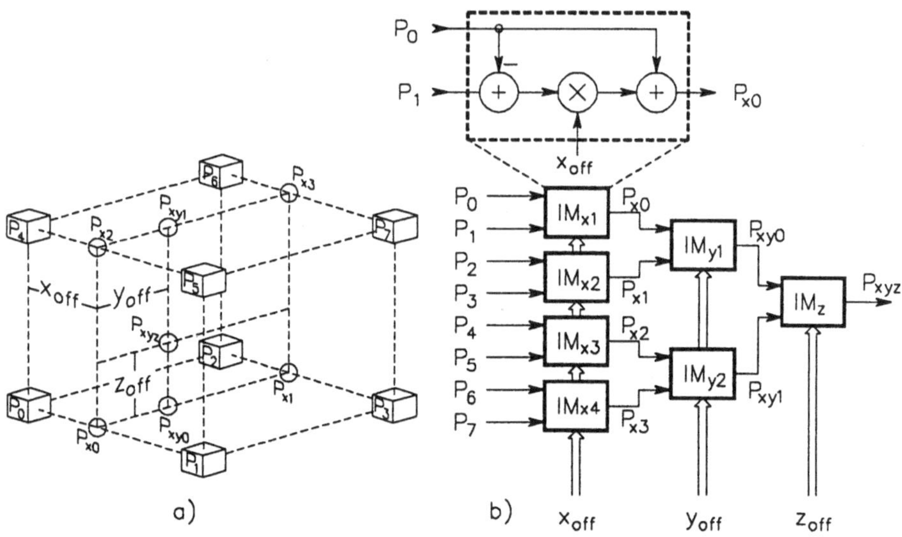

Bild 7.4. Tri-Linear-Interpolator [GOL88a]: a) Darstellung der Interpolationsschritte, b) Aufbau des Tri-Linear-Interpolators

vier Zwischenwerte:

$$P_{x0} = x_{off}\ (P_1 - P_0) + P_0\,,\ P_{x1} = x_{off}\ (P_3 - P_2) + P_2\,,$$
$$P_{x2} = x_{off}\ (P_5 - P_4) + P_4\,,\ P_{x3} = x_{off}\ (P_7 - P_6) + P_6\,.$$

Mit den Werten von $P_{X0},\ldots, P_{X3}$ wird die Interpolation in Y-Richtung ausgeführt:

$$P_{xy0} = y_{off}\,(P_{x1} - P_{x0}) + P_{x0}\,,\ P_{xy1} = y_{off}\,(P_{x3} - P_{x2}) + P_{x2}\,.$$

Der letzte Interpolationsschritt führt anschließend mit P_{xy0}, P_{xy1} die Interpolation in Z-Richtung aus und liefert den gesuchten Voxel-Interpolationswert:

$$P_{xyz} = z_{off}\,(P_{xy1} - P_{xy0}) + P_{xy0}\,.$$

Die in Gleichungen verwendeten Variablen x_{off}, y_{off} und z_{off} sind die Differenzen zwischen den Basisadreßkoordinaten und den Koordinatenwerten des trilinear interpolierten Voxel-Wertes P_{xyz}.

7.1.3 Voxel-Multiprozessor-System

Um Realzeitanforderungen zu erfüllen, werden die Pipelines des Voxel-Processors parallel betrieben. Bild 7.5 zeigt die Blockdarstellung dieses Systems, dessen Architekturkonzept im wesentlichen mit dem des eingangs erwähnten GODPA-Systems identisch ist.

Die parallele Verarbeitung der Voxel-Datenmenge bedingt die Aufteilung des Object-Memory (OM) in 64 Module. Jedes dieser OM-Module besitzt eine Kapazität von 64^3 Volumenelementen und ist Teil einer Verarbeitungseinheit (Process-Element, PE), deren Aufgabe es ist, Subprojektionsmatrizen mit der Größe von 128×128 Elementen zu erzeugen. Ein PE enthält neben dem Object-Memory, die DOTS-Funktionseinheit sowie das Sub-Image-Memory. Die Abtastung der im OM-Modul befindlichen Voxel-Daten erfolgt hier ausschließlich nach dem BTF-Verfahren, wobei für die Adressenerzeugung aller 64 PEs eine *Coordinate-Transform-Unit* zuständig ist.

Die Vereinigung der 64 Subprojektionsmatrizen erfolgt in der Weise, daß zuerst ein *Intermediate-Processor* (IP) jeweils acht Subprojektionsmatrizen zu einer Zwischenmatrix mit der Größe von je 256×256 Elementen zusammenfaßt und diese in einen *Intermediate-Double-Buffer* abspeichert. Ingesamt werden acht dieser Zwischenmatrizen erzeugt, die der *Output-Processor* (OP) anschließend zur endgültigen Projektionsmatrix mit einer Größe von 512×512 Bildelementen vereinigt. Für die weitere Ausführung der Visualisierungsprozesse ist ein *Post-Processor* zuständig, der die Funktionen des bereits im Unterabschnitt 7.1.1 diskutierten Shading-Processors ausführt.

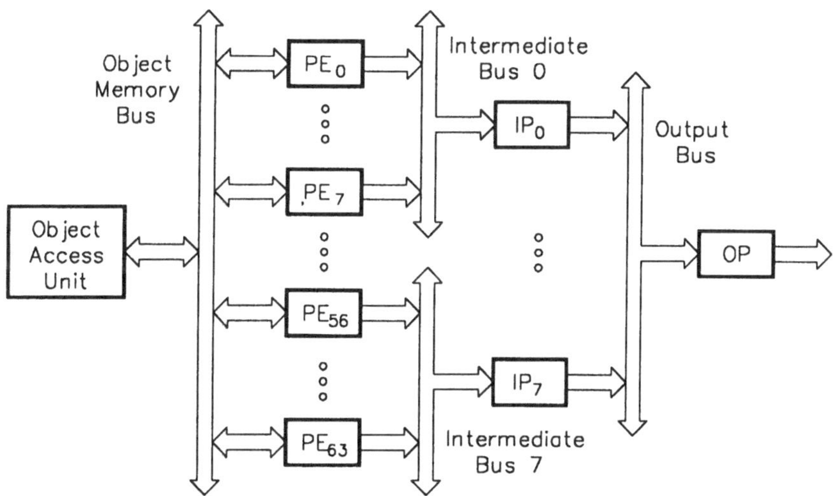

Bild 7.5. Voxel-Multiprozessor-System [GOL88b]

7.2 3DP^4-System

Das *3DP^4-System* (**3-d**imensional **p**erspective **PEARY p**rojection **p**rocessor) wurde von T. Ohaschi et al. [OHA85] an der Keio Universität (Japan) entwickelt. An der 3DP^4-Architektur interessiert besonders die Organisation des Projektionsprozesses, mit dem in sehr effektiver Weise die Objektraumkoordinaten perspektivisch in den Bildraum abgebildet werden. Die Architektur dieses Systems wurde bisher lediglich simuliert, wobei auch Leistungsabschätzungen durchgeführt wurden. Die hierbei erzielten Resultate ergaben, daß ein gerätetechnisch realisiertes 3DP^4-System etwa 10 Bilder/Sek generiert und damit Realzeitanforderungen erfüllen kann.

7.2.1 Architekturüberblick

3D-Speichersystem. Wie bei dem zuvor diskutierten Voxel-Multiprozessor-System ist auch der Voxel-Speicher des in Bild 7.6 dargestellten 3DP^4-Systems in Module aufgeteilt, die hier als *PEARY* (**p**icture **e**lement **array**) bezeichnet werden. Die PEARYs können in dem kubischen Adreßraum so angeordnet werden, daß sie mit einer möglichst geringen Anzahl das gesamte Volumen eines Objektes einschließen. Insgesamt können 32 Volumenobjekte dargestellt werden, wobei je acht von maximal 256 PEARYs zur Speicherung eines Objektes dienen.

Visible-Voxel-Detection-Processor. Zur Ausführung der Projektionsprozesse ist jedem PEARY ein *Visible-Voxel-Detection-Processor* (VVDP) zugeordnet. Der VVDP hat zwei Aufgaben: Zum einen dient er zur Detektion der Voxel, die sich an der Oberfläche des Volumenobjektes befinden, zum anderen bestimmt er für jeweils ein Teilbild die perspektivischen Projektionskoordinaten. Die Abbildung der Voxel auf die Projektionsebene erfolgt hierbei mit Hilfe der linearen Interpolation.

Als Projektionsspeicher dienen zwei als *Depth-Buffer* und *Colour-Buffer* bezeichnete Matrizen mit der Größe von 128×128 Bildelementen. In den Depth-Buffer werden die Abstände der Voxel-Koordinaten zur Projektionsebene eingetragen, während der Colour-Buffer für die simultane Zwischenspeicherung von Voxel-Attributen wie Farb-, Grau- oder Dichtewerte zuständig ist.

Merging-Processor. Mit dem *Merging-Processor* werden anschließend die in den 256 Projektionsspeichern erzeugten Teilbilder zu einem einzigen Bild vereinigt. Die vom Merging-Processor erzeugte Bildmatrix besteht aus drei Teilen, der *Colour-Map*, der *Depth-Map* und der *Object-ID-Map*.

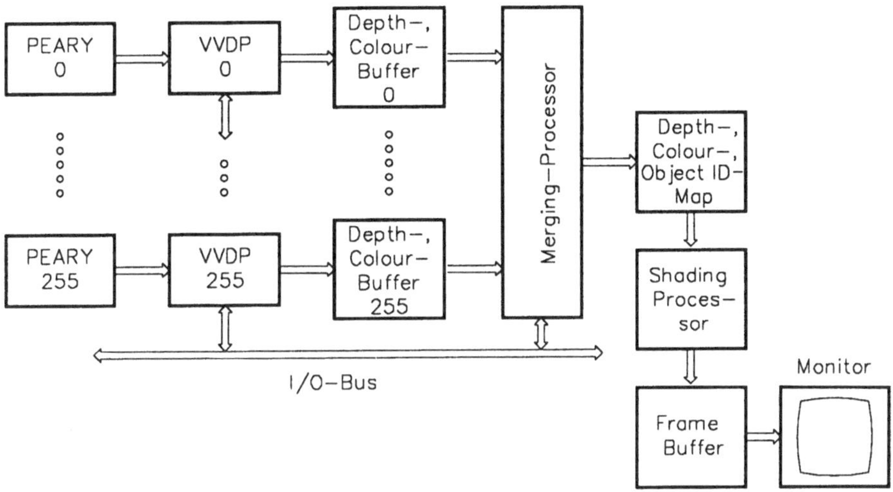

Bild 7.6. Blockdarstellung des 3DP⁴-Systems [OHA85]

Die Funktionen der Colour- und Depth-Map entsprechen den erwähnten Colour- und Depth-Buffern des Voxel-Processors. In die Object-ID-Map werden die Kennziffern der PEARYs eingetragen, aus dem die projizierten Volumenelemente stammen.

Shading-Processor. Den Abschluß der Verarbeitungskette bildet der Shading-Processor, der durch Anwendung des Z-Buffer-Gradientenverfahrens aus der Distanz- und Farbmatrix die flächenschattierte Darstellung der Voxel-Repräsentation erzeugt. Die Gradientenbestimmung erfolgt hier in der Weise, daß die mittleren Steigungen der in H- und V-Richtung verlaufenden Stützstellenfolgen berechnet werden. Unter der Voraussetzung, daß die Anzahl der Stützstellen ungerade ist, erhält man nach dieser Methode die Gradientenwerte für $g_h(h,v)$ und $g_v(h,v)$ mit:

$$g_h(h,v) = \frac{d(h + n/2, v) - d(h - n/2, v)}{n+1}$$

und
$$g_v(h,v) = \frac{d(h, v + n/2) - d(h, v - n/2)}{n+1}.$$

Bei Objektüberlappungen treten Stützstellenfolgen auf, die anscheinend sowohl dem einen wie auch dem anderen Objekt zuzuordnen sind. Da jedoch die PEARY-Kennziffern die Zugehörigkeit der Stützstellen zu den jeweiligen Objekt festgelegen, lassen sich auch in diesen Fällen die Objektgrenzen eindeutig darstellen.

7.2.2 Gerätetechnische Realisierung

Wie aus Bild 7.7 hervorgeht, besteht der VVDP aus der *Transformation-Unit* (TU), der *PEARY-Database* (PDB), der *Comparator-Unit* (CMP) sowie den *Depth-* und *Colour-Buffern*. Die Transformation-Unit tastet die im PEARY befindlichen Voxel-Daten spalten- oder zeilenweise ab und generiert gleichzeitig für die einzelnen Teilbilder die HVD-Koordinaten. Diese werden anschließend, abhängig von der Position des Teilbildes auf der Projektionsebene, transliert. Die Koordinatentranslation erfolgt mit vorausberechneten Offsetkoordinaten, die in der PEARY-Database (PDB) allen VVDP-TUs zur Verfügung stehen. Die Comparator-Unit arbeitet nach dem bereits aus Kapitel 5 bekannten Z-Buffer-Prinzip. Sie hat somit die Aufgabe den Vergleich und gegebenenfalls den Austausch der Distanzwerte im Depth-Buffer durchzuführen..Zusätzlich ist diese Funktionseinheit für die Mittelung der Farbwerte $c(h,v)$ und $c_{out}(h,v)$ zuständig, die in den Colour-Buffer zurückgeschrieben werden, wenn die beiden Distanzwerte $d_{out}(h,v)$ und $d(h,v)$ gleich sind.

Projektionsprozeß. Die Abbildung der räumlichen Voxel-Koordinaten $[x\ y\ z]$ auf die Koordinaten der Projektionsebene $[h\ v]$ sowie die Bestimmung des Distanzwertes $d(h,v)$ erfolgt mit Hilfe eines linearen Interpolationsverfahrens. Wie in Bild 7.8 dargestellt, ähnelt dieses Verfahren der in Unterabschnitt 7.1.2 vorgestellten trilinearen Interpolation.

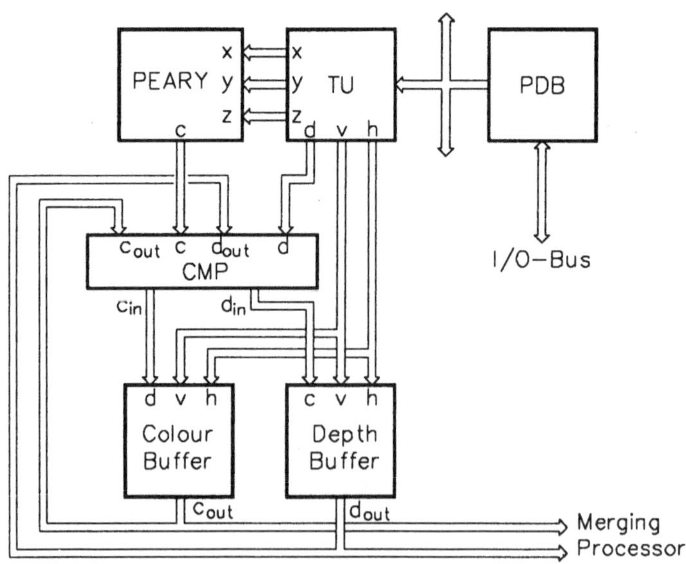

Bild 7.7. Blockdarstellung des Visible-Voxel-Detection-Processors [OHA85]

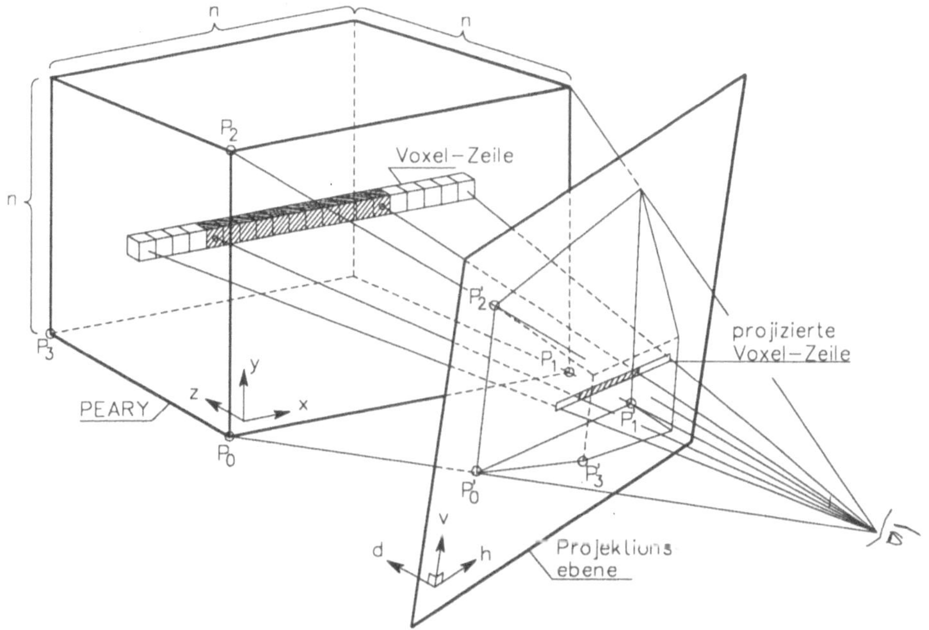

Bild 7.8. Bestimmung der Projektionskoordinaten mit Hilfe der linearen Interpolation

Bei dieser Methode werden zuerst die projizierten Bildraumkoordinaten P'_0, P'_1, P'_2 und P'_3 der PEARY-Eckpunkte P_0, P_1, P_2 und P_3 berechnet. Mit HVD-Komponenten dieser vier Referenzpunkte sowie mit dem Faktor n (hier n=64), der die Auflösung des PEARY-Objektraums repräsentiert, erfolgt anschließend die Berechnung der Inkrementalvektoren:

$$\begin{pmatrix}\Delta h_x\\ \Delta v_x\\ \Delta d_x\end{pmatrix} = \frac{1}{n}\begin{pmatrix}h_1-h_0\\ v_1-v_0\\ d_1-d_0\end{pmatrix},\ \begin{pmatrix}\Delta h_y\\ \Delta v_y\\ \Delta d_y\end{pmatrix} = \frac{1}{n}\begin{pmatrix}h_3-h_0\\ v_3-v_0\\ d_3-d_0\end{pmatrix} \text{ und } \begin{pmatrix}\Delta h_z\\ \Delta v_z\\ \Delta d_z\end{pmatrix} = \frac{1}{n}\begin{pmatrix}h_2-h_0\\ v_2-v_0\\ d_2-d_0\end{pmatrix}. \qquad (7.1)\,.$$

Mit den in (7.1) bestimmten Inkrementalvektoren erhält man die XYZ/HVD-Transformation in der Form:

$$\begin{pmatrix}h\\ v\\ d\end{pmatrix} = x\begin{pmatrix}\Delta h_x\\ \Delta v_x\\ \Delta d_x\end{pmatrix} + y\begin{pmatrix}\Delta h_y\\ \Delta v_y\\ \Delta d_y\end{pmatrix} + z\begin{pmatrix}\Delta h_z\\ \Delta v_z\\ \Delta d_z\end{pmatrix}. \qquad (7.2)$$

Der Vorteil dieses Verfahrens kommt immer dann zum Tragen, wenn die Bestimmung der zu transformierenden Adreßkoordinaten mit einer Koordinatenvorzugsrichtung erfolgt. Da in diesem Fall, wie aus (7.2) hervorgeht, für jede der auszuführenden XYZ/HVD-Transformationen nur drei Additionen notwendig sind, ist nur ein relativ geringer Hardware-Aufwand zur Realisierung des VVDP erforderlich.

7.3 PARCUM-System

Das *PARCUM-System* wurde von 1982 bis 1987 an der TU Berlin [JAC85, JAC87, JAC88] vorzugsweise für die Darstellung von CAD-Objekten entwickelt. Zentraler Bestandteil dieser Architektur ist ein dreidimensional organisierter Speicher. Die Objektabtastung erfolgt innerhalb dieses Speichersystems mit Hilfe der Ray-Casting-Methode.

7.3.1 Architekturüberblick

Voxel-Speicher. Der *Voxel-Speicher* des in Bild 7.9 dargestellten PARCUM-Systems, der hier *Speicherkubus* genannt wird, enthält ein binäres Voxel-Modell, das aus maximal 512^3 Volumenelementen bestehen kann. Der Speicher ist so organisiert, daß jeweils ein kubisches Datensegment, das 64 Elemente umfaßt, parallel ausgelesen oder eingetragen werden kann. Eine derartige Datenanordnung wird im nachfolgenden als Makrovolumenelement (MVE) bezeichnet.

Adreßprozessor. Der *Adreßprozessor* erzeugt die Adreßkoordinatenfolge, die zur Abtastung des im Voxel-Speicher befindlichen Modells dient. Hierbei wird mit äquidistanten Schritten der Adreßraum des Voxel-Speichers durchsucht, wobei mit jedem Schritt die MVEs gelesen und ausgewertet werden.

MVE-Selektor. Der *MVE-Selektor* hat die Aufgabe, den Visualisierungsprozeß zu beschleunigen. Hierzu werden die Volumenelemente der terminalen MVEs, die den Wert 0 aufweisen, von der weiteren Verarbeitung ausgeschlossen. Die weitere Funktion der Selektoreinheit besteht im Falle von Schnittdarstellungen in der Markierung jener Voxel, die sich direkt auf den Schnittflächen befinden.

XYZ/HVD-Konverter. Der *XYZ/HVD-Konverter* bildet die Objektraumkoordinaten der Oberflächen-Voxel mit Hilfe der üblichen Geometrietransformation (s. Unterabschnitt 4.3.1) auf die Bildraumkoordinaten der Projektionsebene ab.

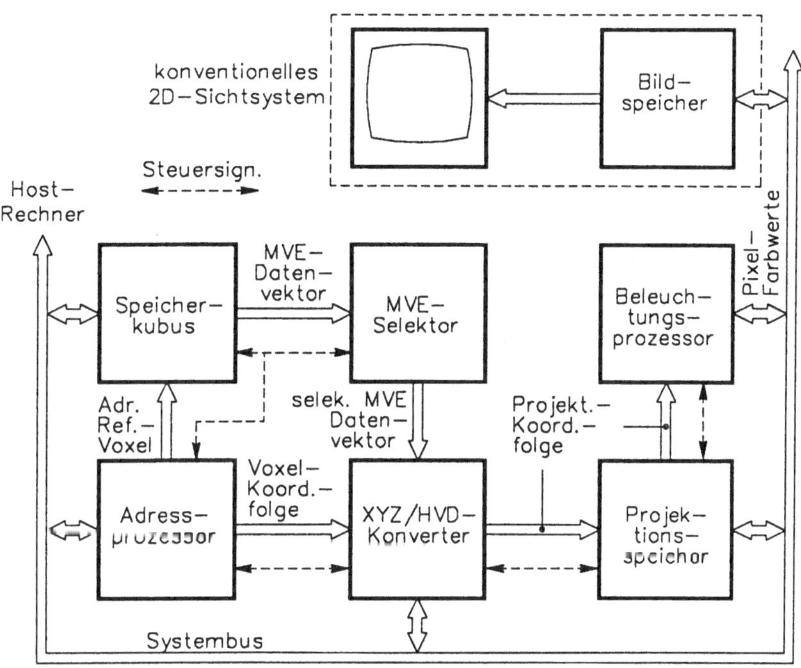

Bild 7.9. Architektur des PARCUM_II-Systems [JAC88]

Beleuchtungsprozessor. Der *Beleuchtungsprozessor* erzeugt mit Hilfe der Z-Buffer-Gradientenschattierungsmethode die flächenschattierte Darstellung der Voxel-Repräsentation. Die Gradienten g_h und g_v werden hier nach der im Unterabschitt 6.2.1dargestellten Bézier-Approximationsmethode mit den lokalen Distanzwerteverteilungen berechnet und den Adreßkoordinaten des Projektionsspeichers zugeordnet. Anschließend erfolgt die Umformung von g_h und g_v in Winkelwerte ($\gamma = atan\ (g_h)$, $\delta = atan\ (g_v)$). Weiterhin werden für sämtliche (γ, δ)-Wertekombinationen innerhalb des Intervalls [$-$ 90° 90°] die Farbhelligkeitswerte berechnet und als Reflektanzfunktion in eine Speichermatrix eingetragen. Indem wir die initialisierte Speichermatrix mit γ und δ adressieren, erhalten wir mit nur einem Speicherzugriff den im voraus berechneten Farbhelligkeitswert $f(\gamma,\delta)$. Eine vertiefte Betrachtung dieses Verfahrens ist in Unterabschnitt 5.4.4 (S.186, 187) zu finden.

7.3.2 Voxel-Speicher

Die Organisationsform des Voxel-Speichers bestimmt das Funktionsprinzip des PARCUM-Systems. Deshalb wird nachfolgend besonderes Schwergewicht auf die Darstellung der Wirkungsweise und des Aufbaus dieser Funktionseinheit gelegt. Darüber hinaus wird das

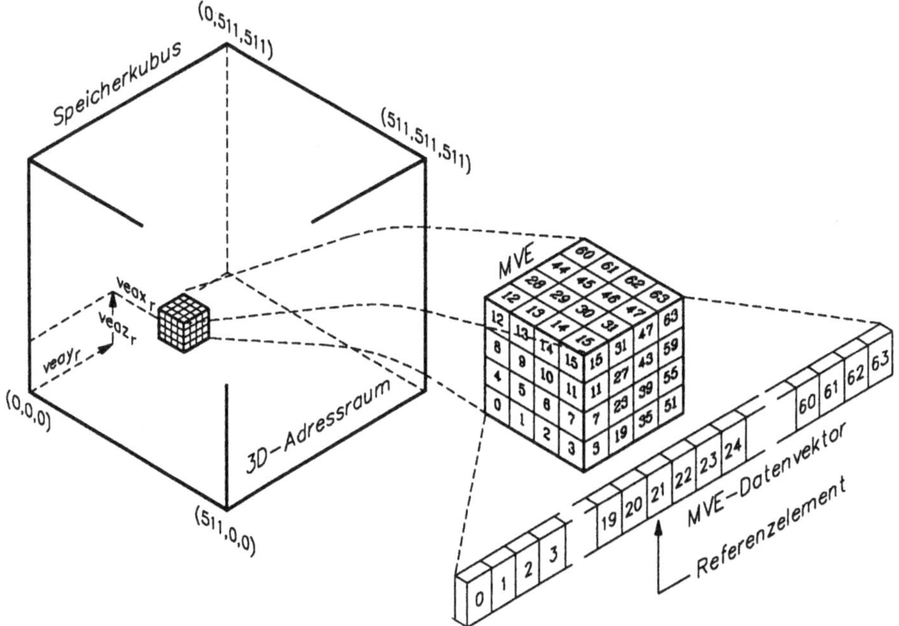

Bild 7.10. MVE-Zugriffsoperation auf den logischen Adreßraum

Prinzip der Speicherabtastung vorgestellt und in diesem Zusammenhang der Aufbau des Adreßgenerators behandelt.

Definitionen. Wie im vorherigen Unterabschnitt bereits erwähnt, ist der Voxel-Speicher so organisiert, daß ein paralleler Zugriff auf MVEs erfolgt, die sich an beliebigen Adreßkoodinaten innerhalb des Speicherkubus[12] befinden. Bevor das Funktionsprinzip des Speichers einschließlich seiner Adreßabbildung behandelt wird, sind einige Definitionen erforderlich:

Die Notation der Objektraumkoordinaten der 64 Voxel eines MVEs erfolgt mit den Koordinaten eines Referenz-Voxels [$veax_r$ $veay_r$ $veaz_r$]:

$$\textbf{array}\ [\ veax_r - 1\ ..\ veax_r + 2,\ veay_r - 1\ ..\ veay_r + 2,\ veaz_r - 1..\ veaz_r + 2\ ]$$

Die Adreßkoordinaten der Voxel tragen die Bezeichnungen *veax*, *veay* und *veaz*, während die MVE-Koordinaten mit x, y und z gekennzeichnet werden. Die Festlegung der Beziehungen zwischen beiden Koordinatensystemen erfolgt mit:

12 Die Grundlagen allgemeiner Speicherarchitekturen für parallele Datenzugriffe sind ausführlich in [GÖS89] behandelt.

$$x = veax - veax_r + 1,\ y = veay - veay_r + 1 \text{ und } z = veaz - veaz_r + 1. \tag{7.3}$$

Wie in Bild 7.10 dargestellt, wird ein MVE als Datenvektor ein- oder ausgegeben. Wir erhalten die Zuordungen zwischen den MVE-Koordinaten und den Voxel-Positionen innerhalb des Datenvektors (VE_POS) mit:

$$VE\_POS = 16\,y + 4\,z + x \tag{7.4}$$

Adreßabbildung. Der parallele Zugriff auf die 64 Voxel eines MVE erfordert die Unterteilung des Speicherkubus in 64 physikalisch getrennte Module. Um die Indizes und die Adressen der Module bestimmen zu können, ist es notwendig, die Abbildungsvorschrift

$$[veax, veay, veaz] \longleftrightarrow (Modulindex, Moduladresse)$$

zu bestimmen. Hierzu zerlegen wir die Adreßkoordinaten *veax*, *veay* und *veaz* in sog. *Makro-* und *Subadreßanteile* $(xadr, m_x)$, $(yadr, m_y)$ *und* $(zadr, m_z)$:

$$veax = xadr + m_x\,,\ veay = yadr + m_y \text{ und } veaz = zadr + m_z \tag{7.5}$$

mit

$$xadr = 4\left\lfloor \frac{veax}{4}\right.,\ yadr = 4\left\lfloor \frac{veay}{4}\right.,\ zadr = 4\left\lfloor \frac{veaz}{4}\right. \tag{7.6}$$

und

$$m_x = veax \bmod 4,\ m_y = veay \bmod 4,\ m_z = veaz \bmod 4\,. \tag{7.7}$$

Die Subadreßanteile *mx*, *my* und *mz*, deren Werte zwischen 0 und 3 liegen, dienen zur Indizierung eines Speichermoduls ($Modul_{mx,my,mz}$). Die physikalische Adresse des Moduls erhält man, indem die Makroadreßanteile *xadr*, *yadr* und *zadr* um die beiden letzten Stellen verkürzt

$$ma_x = \left\lfloor \frac{veax}{4}\right.,\ ma_y = \left\lfloor \frac{veay}{4}\right.,\ ma_z = \left\lfloor \frac{veaz}{4}\right. \tag{7.8}$$

und die Dualzahlen dieser Moduladreßanteile miteinander verkettet werden:

$$\begin{aligned}(MA)_2 &= C((ma_x)_2, (ma_y)_2, (ma_z)_2)\\ &= ma_{xn} \ldots ma_{x0}\, ma_{yn} \ldots ma_{y0}\, ma_{zn} \ldots ma_{z0}\end{aligned} \tag{7.9}$$

Funktionsprinzip. Um auf die 64 Voxel eines MVEs parallel zugreifen zu können, müssen auch die Adressen von $Modul_{0,0,0}$ bis $Modul_{3,3,3}$ parallel erzeugt werden. Hierzu formen wir (7.3) nach *veax*, *veay* und *veaz* um und setzen sie in (7.8) ein:

$$max(x) = \lfloor \frac{veax_r + x - 1}{4}, \quad x = 0,\dots,3$$

$$may(y) = \lfloor \frac{veay_r + y - 1}{4}, \quad y = 0,\dots,3$$

$$maz(z) = \lfloor \frac{veaz_r + z - 1}{4}, \quad z = 0,\dots,3\,. \tag{7.10}$$

Nach (7.10) bestimmen wir mit den XYZ-Koordinaten des Referenz-Voxels 12 Moduladreßanteile, die wir entsprechend (7.9) zu 64 Moduladressen $MA_{0,0,0}$ bis $MA_{3,3,3}$ verketten. Die Bestimmung der korrespondierenden Modulindizes erfolgt mit (7.7) in analoger Weise:

$$mx(x) = (veax_r + x - 1) \bmod 4, \quad x = 0,\dots,3$$

$$my(y) = (veay_r + y - 1) \bmod 4, \quad y = 0,\dots,3$$

$$mz(x) = (veaz_r + z - 1) \bmod 4, \quad z = 0,\dots,3\,. \tag{7.11}$$

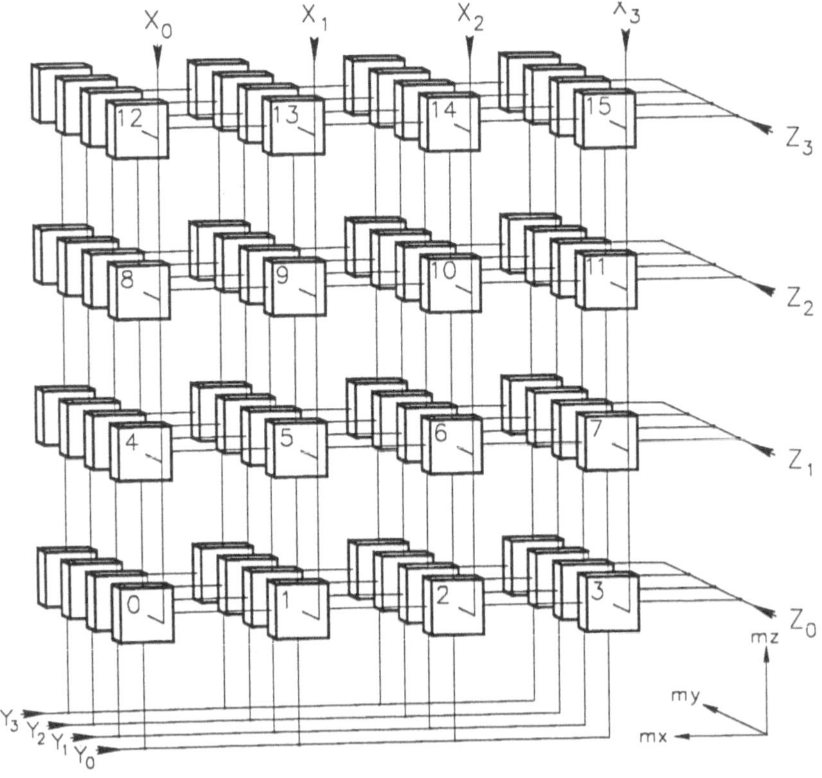

Bild 7.11. Aufteilung des Speicherkubus in 64 Module [JAC88]

Die Zuweisung der Moduladressen zu den Modulindizes wird nach dem Schema

$$max(i) \rightarrow mx(i),\ may(i) \rightarrow my(i),\ maz(i) \rightarrow mz(i) \quad \text{für } i = 0, \ldots, 3$$

durchgeführt. Zur gerätetechnischen Umsetzung dieses Adreßabbildungsschemas ist jedem der 12 Indizes je ein Adreßbus zugeordnet: $mx(i) \rightarrow X_i$, $my(i) \rightarrow Y_i$ *und* $mz(i) \rightarrow Z_i$. Wir können uns, wie in Bild 7.11 dargestellt, die Anordnung dieser Busse als ein räumliches Gitter vorstellen, an dessen Kreuzungen sich die Speichermodule befinden. Die Indizes der Module werden nach dieser Modellvorstellung als Modulkoordinaten betrachtet.

Die Verteilung der 64 Leitungen des Voxel-Datenbusses zu den einzelnen Modulkoordinaten ist identisch mit der Zuordnung der MVE-Koordinaten $[x\,y\,z\,]$ und den vorgegebenen Voxel-Positionen innerhalb des Ein-/Ausgabedatenvektors VE_POS (Glg. (7.4)). Unter der Voraussetzung, daß die Bedingungen $veax_r = xadr$, $veay_r = yadr$ und $veaz_r = zadr$ erfüllt sind, stimmen die MVE-Koordinaten der Voxel mit den Koordinaten jener Module überein, in denen sie sich befinden. In diesem Fall werden die Volumenelemente des MVE direkt in der Datenanordnung aus- oder eingegeben, die in Bild 7.10 dargestellt ist. In der Regel ist die o.g. Voraussetzung jedoch nicht gegeben, da die MVE-Koordinaten gegenüber den korrespondierenden Modulkoordinaten vielfach zyklisch versetzt sind. Der Versatz zwischen den beiden Koordinatensystemen ist für alle Voxel eines MVEs gleich und hängt von den beiden letzten Dualstellen der Koordinaten des Referenz-Voxels ab.

Mit Hilfe einer Verschiebeeinheit [JAC87], die eine zyklische Vertauschung in den drei Koordinatenrichtungen ausführt, wird der Versatz korrigiert und die richtige Voxel-Positionierung innerhalb des Ein-/Ausgabedatenvektors wieder hergestellt.

Gerätetechnische Realisierung. Wie aus dem oben dargestellten Funktionsprinzip zu entnehmen ist, erfolgt der Lesezugriff auf ein MVE mit drei Schritten:

1. Erzeugung der Moduladreßanteile
2. Zugriff auf die MVE-Daten innerhalb der Speichermodule
3. Korrektur der Voxel-Positionen

Wie Bild 7.12 zeigt, ist die Ausführung dieser drei Schritte auf den Adreßkonverter, die 64 Speichermoduln und die 3D-Verschiebeeinheit aufgeteilt.

Der Adreßkonverter erzeugt mit den Adreßkoordinaten des Referenz-Voxels $[veax_r\ veay_r\ veaz_r]$ die zwölf Moduladreßanteile. Er ist in einfacher Weise mit PROM-Tabellenspeichern (programable **r**ead **o**nly **m**emory, PROM) realisiert, die Kapazitäten von je 512 Byte besitzen. Jedes PROM enthält die mit (7.10) und (7.11) berechnete Konvertierungstabelle für einen der zwölf Adreßbusse: $X_0 \ldots X_3$, $Y_0 \ldots Y_3$ und $Z_0 \ldots Z_3$.

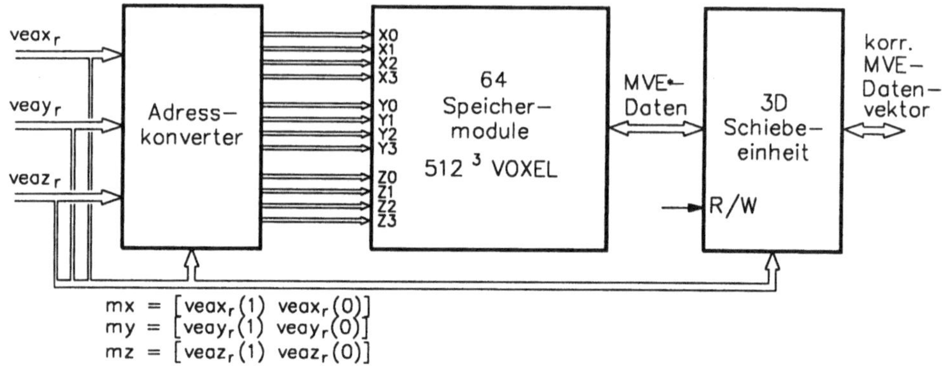

Bild 7.12. Architektur des 3D-Speichersystems

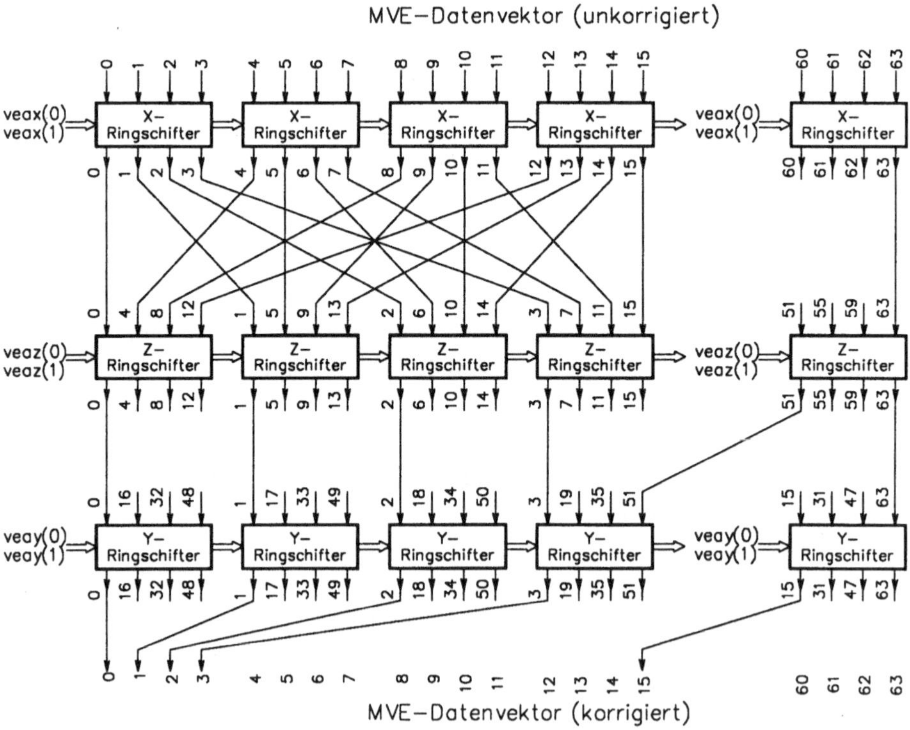

MVE–Datenvektor (unkorrigiert)

veax(0) veax(1) X–Ringschifter

veaz(0) veaz(1) Z–Ringschifter

veay(0) veay(1) Y–Ringschifter

MVE–Datenvektor (korrigiert)

Bild 7.13. 3D-Verschiebeeinheit zur Voxel-Positionskorrektur

Die 3D-Verschiebeeinheit dient zur Ausführung der Korrektur der Voxel-Positionen mit Hilfe zyklischer Verschiebeoperationen. Diese werden nacheinander in X-, in Z- und Y-Richtung ausgeführt, wozu drei als Pipeline angeordnete Korrekturstufen vorgesehen sind. Jede dieser Korrekturstufen wird, wie das Bild 7.13 zeigt, von je einem der drei *mx*-, *my*- und *mz*-Adreßkoordinatenanteile des Referenz-Voxels gesteuert. Da die zyklischen Verschiebeoperationen nur innerhalb der Voxel-Spalte (Z-Richtung) oder Voxel-Zeilen (X-,Y-Richtung) erfolgen, läßt sich jede der drei Korrekturstufen, wie Bild 7.13 zeigt, in jeweils 16 parallel arbeitende Ring-Shifter unterteilen.

7.3.3 Adreßgenerator

Funktionsprinzip. Beim PARCUM-System beruht die Effizienz der Objektabtastung in erster Linie darauf, daß mit jedem Abtastschritt die 64 Voxel eines MVEs parallel gelesen und auf die Anwesenheit von Oberflächenelementen überprüft werden. Der Weg, den die Abtastschritte bei diesem Suchprozeß im Adreßraum des Speicherkubus zurücklegen (s. Bild 7.14), wird hier als Adreßpfad bezeichnet.

Um eine korrekte Objektabtastung zu erreichen, müssen die parallel verlaufenden Adreßpfade lückenlos aneinander anschließen. Dies wird mit Hilfe einer Referenzebene erreicht, von der alle Adreßpfade ausgehen und die orthogonal zu einer der drei Achsen des 3D-Adreßraums ausgerichtet ist. Zu welcher der drei Achsen die Referenzebene ausgerichtet ist, wird von der Hauptbewegungsrichtung (*i_adr*) der Adreßpfade bestimmt. Unter der

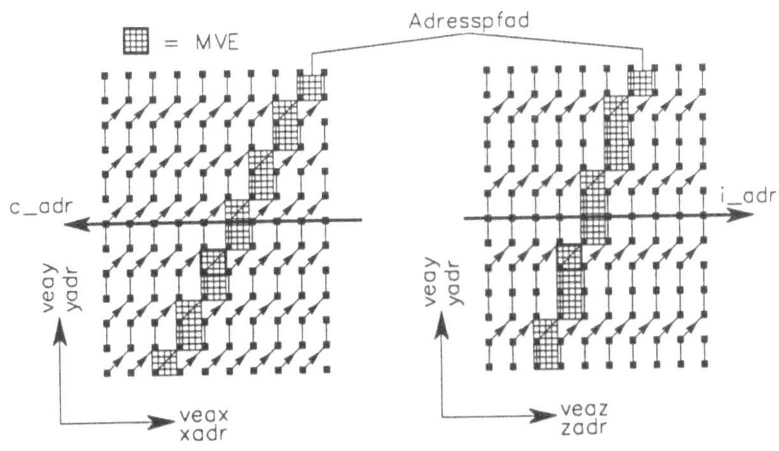

Bild 7.14. Prinzip der Objektabtastung

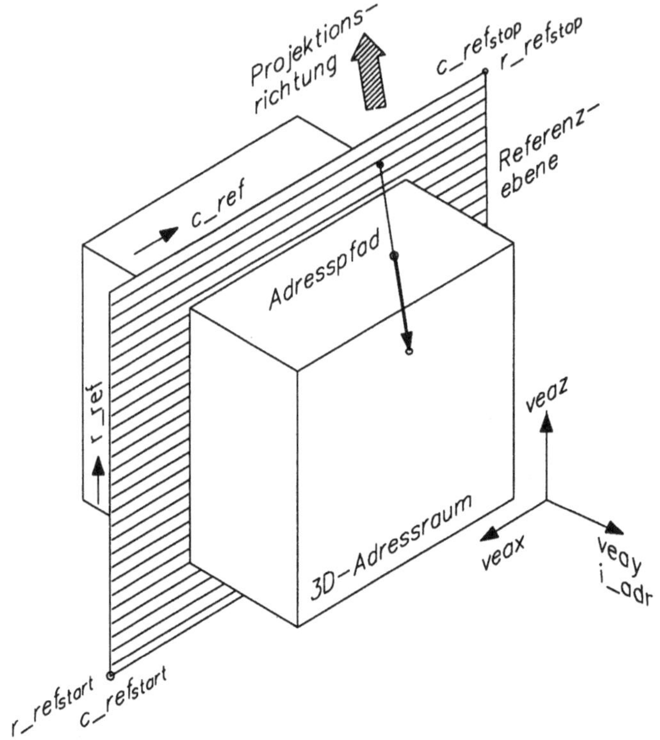

Bild 7.15. Ausrichtung der Z/X-Referenzebene zum 3D-Adreßraum

Hauptbewegungsrichtung ist die Richtung mit der größten inkrementellen Schrittweite zu verstehen. Diese weist den Adressendistanzwert 4 auf und entspricht damit der Kantenlänge eines MVEs. Bild 7.15 zeigt als Beispiel eine Referenzebene mit den Flächenkoordinaten [*c_ref r_ref*]. Die Hauptbewegungsrichtung der Adreßpfade verläuft in diesem Fall parallel zur Y-Achse des Objektkoordinatenraums. Die Startkoordinaten des ersten Adreßpfades befindet sich am linken unteren Eckpunkt der Referenzebene [c_ref_{start} r_ref_{start}].

Die Erzeugung der Startkoordinaten aller weiteren Adreßpfade erfolgt durch spalten- und zeilenweises Inkrementieren der *c_ref-* und *r_ref-Koordinaten* mit dem Adressendistanzwert 4. Der Suchprozeß läuft nach den folgenden Regeln ab:

- *Die Summe aller 64 Voxel-Werte ist 0*: a) Der Adreßgenerator erzeugt einen weiteren Adreßschritt. b) Die nächsten MVE-Daten werden aus dem Voxel-Speicher gelesen.

- *Die Summe Q aller 64 Voxel-Werte ist* $0 < Q < 64$: a) Die Selektoreinheit detektiert die Oberflächen-Voxel. b) Die Koordinaten der detektierten Voxel werden vom XYZ/HVD-Konverter in den Bildraum transformiert. c) Der Adreßgenerator erzeugt einen weiteren Adreßschritt. d) Die nächsten MVE-Daten werden aus dem Voxel-Speicher gelesen.

- *Die Summe aller 64 Voxel-Werte ist 64:* a) Die Selektoreinheit detektiert die Oberflächen-Voxel. b) Die Koordinaten der detektierten Voxel werden vom XYZ/HVD-Konverter in den Bildraum transformiert. c) Der Adreßpfad terminiert.

Gerätetechnische Realisierung. Die Erzeugung der Signale für $Q=0$, $Q=64$ und $0<Q<64$, die zur Steuerung des Adreßgenerators, des MVE-Selektors und des XYZ/HVD-Konverters dienen, kann, da nur Daten mit Wortlängen von einem Bit auszuwerten sind, mit einem einfachen logischen Netzwerk erfolgen. Auch die Hardware zur Generierung der Adreßpfade ist, wie Bild 7.16 zeigt, trivial. Sie besteht im wesentlichen aus drei Binärzählern, zwei Tabellenspeichern und zwei Addierern sowie aus einem Adreßbusschalter.

In die Tabellenspeicher werden die Koordinaten [r_p(*i_adr*), c_p(*i_adr*)] des Adreßpfades eingetragen, der durch den Ursprung der Referenzebene (*c_ref = 0, r_ref = 0*) verläuft *(Null-Adreßpfad)*. Ein hauptsächlich aus Binärzählern bestehendes Schaltwerk *(Koordinatengenerator)* ist für die Generierung der Referenzkoordinaten [*c_ref r_ref*] zuständig.

Weiterhin erzeugt dieses Schaltwerk die *i_adr*-Adressensequenzen, deren Werte, abhängig von der Hauptbewegungsrichtung des Adreßpfades, entweder ansteigen oder abfallen.

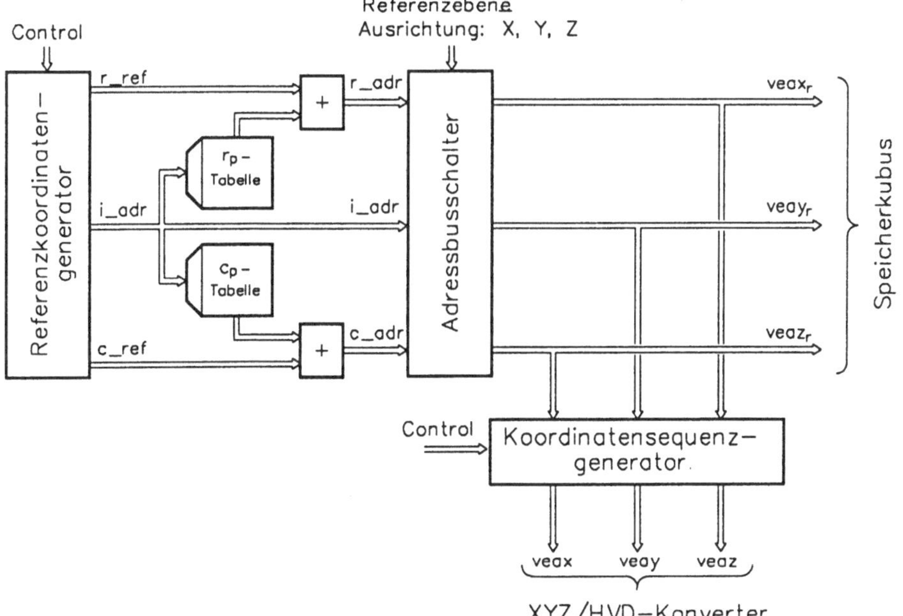

Bild 7.16. Blockdarstellung des Adreßgenerators

Indem man nach jedem Inkrementalschritt mit der *i_adr*-Adresse einen Lesezugriff auf die beiden initialisierten Tabellenspeicher ausführt, erhält man an den Speicherausgängen die r_p- und c_p-Koordinaten des Null-Adreßpfades. Um hiermit die Adreßkoordinaten des MVE-Referenz-Voxel zu bestimmen, müssen $r_p(i\_adr)$ und $c_p(i\_adr)$ mit den Koordinaten der Referenzebene *c_ref*, *r_ref* addiert und mit Hilfe des Adreßbusschalters als $veax_r$, $veay_r$ und $veaz_r$ zugeordnet werden.

7.4 CUBE-System

Das *Cubic-Frame-Buffer-System* (CUBE) wurde an der State University in New York at Stony Brook entwickelt [KAU86, KAU87, KAU88]. Im Gegensatz zu dem zuvor diskutierten PARCUM-System erfolgt beim CUBE-System die Abtastung der Voxel-Datenmenge mit einem vereinfachten Ray-Casting-Verfahren.

Dieses Verfahren ist dadurch gekennzeichnet, daß hier die Abtaststrahlen nur parallel zu den Koordinatenachsen des Objektkoordinatenraums verlaufen können, wodurch die Ausrichtung der Projektionsebenen auf vier Seitenansichten und zwei Draufsichten eingeschränkt wird.

Ein Vorteil des in Bild 7.17 dargestellten CUBE-Systems ist vor allem die effektive Organisation der Speicherzugriffe sowie die einfache Bestimmbarkeit der Bildraumkoordinaten.

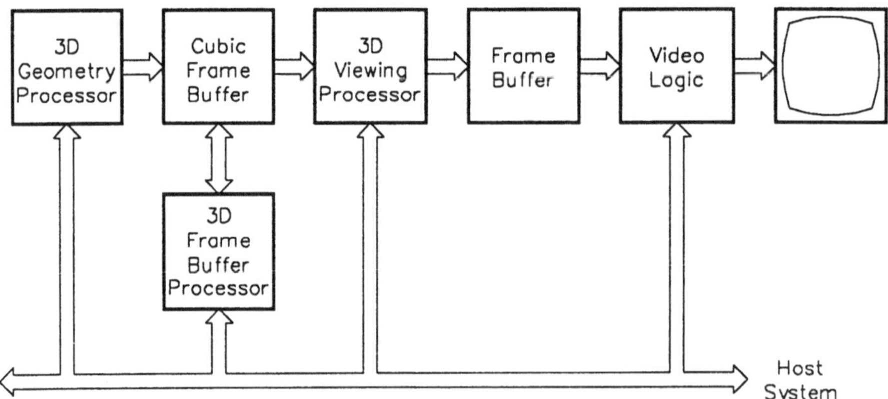

Bild 7.17. Blockdarstellung des CUBE-Systems [KAU88]

7.4.1 Architekturüberblick

Cubic-Frame-Buffer. Der Voxel-Speicher des CUBE-Systems trägt die Bezeichnung *Cubic-Frame-Buffer* (*CFB*). Er besteht aus 512 Speichermoduln, die eine Größe von je 256 KByte besitzen und mit separaten Moduladressen (i,j) versorgt werden. Die XYZ-Adressen des Objektkoordinatenraums die einem beliebigen Modul k ($k = 0,.., 511$) zugeordnet sind, werden mit (7.12) berechnet:

$$k = (x + y + z) \; mod \; 512 \tag{7.12}$$

Die Positionen aller zu einem Modul gehörenden Voxel befinden sich somit auf einer Adreßfläche, die im Objektraum diagonal ausgerichtet ist. Dieses Speicherorganisationskonzept erlaubt auf relativ einfache Weise den parallelen Zugriff auf einen *Voxel-Strahl,* der aus 512 Elementen besteht und jeweils parallel zu einer der drei Koordinatenachsen des Objektraums ausgerichtet ist. Die Daten dieses Voxel-Strahls, die parallel aus den *Diagonalmodulen* ausgelesen werden, gelangen zum sog. *Voxel-Multiple-Write-Bus* (VMWB), der aus diesem Datenvektor den Voxel- und den Distanzwert des Volumenelementes selektiert, das den kleinsten Abstand zum Blickpunkt des virtuellen Betrachters aufweist.

3D-Frame-Buffer-Processor. Der *3D-Frame-Buffer-Processor* (FBP3) manipuliert die Objekte, die sich im CFB befinden. Zu diesem Zweck sind eine Reihe von Interaktionshilfen vorgesehen. Hierzu gehören 3D-Fensterfunktionen (*boxes*), mit denen Teilmengen der Voxel-Repräsentation markiert werden können, oder 3D-Cursor (*jacks*), die zur Kennzeichnung einzelner Volumenelemente sowie zur Bestimmung der Voxel-Koordinaten dienen.

Das Repertoire der Manipulationsoperationen umfaßt u.a. Schreib-, Lese-, Lösch- und Kopieroperationen sowie geometrische Transformationen wie: Translation, Rotation oder Skalierung. Weiterhin werden auch Filter- und Interpolationsoperationen unterstützt. Neben der Ausführung dieser Objektmanipulationen ist der FBP3 für den bidirektionalen Datentransfer zwischen dem Cubic-Frame-Buffer und den peripheren E/A-Geräten zuständig.

3D-Viewing-Processor. Der *3D-Viewing-Processor* (VP3) trägt die Distanz- und Voxel-Werte in den Frame-Buffer ein und erzeugt hiermit die orthogonal zu dem Objektkoordinatenraum ausgerichtete Projektionsmatrix. Die Zeit für die Generierung einer Projektionsmatrix mit 512×512 Pixeln beträgt nach 62ms.

Weiterhin bestimmt der VP3 mit Hilfe der im Bildkoordinatenraum ermittelten Gradienten für alle Elemente der Projektionsmatrix die korrespondierenden Lichtreflektionswerte. Im Zusammenwirken mit dem VMWB kann der Viewing-Processor Schnittbilder darstellen oder auch Voxel als *nicht-sichtbar* behandeln, wenn deren Werte außerhalb interaktiv definierter Grenzen liegen.

Der 3D-Geometry-Processor. Der *3D-Geometry-Processor* (GP3) dient zur Generierung von synthetisch erzeugten Voxel-Repräsentationen, die sich aus Vektoren und Polygonen oder Körpern wie Zylinder, Kegel und kugelförmigen Körpern zusammensetzen. Die Erzeugung von Geraden und Polygonen erfolgt mittels linearer Interpolation. Zur Generierung von Kreisen sowie von Flächen 2ter-Ordnung wird ein modifizierter Bresenham-Algorithmus verwendet, während für Flächen 3ter-Ordnung ein erweitertes DDA-Verfahren zum Einsatz kommt [KAU87].

7.4.2 Gerätetechnische Realisierung

Das Operationsprinzip des CUBE-Systems wird in erster Linie von der Wirkungsweise des in Bild 7.18 dargestellten Cubic-Frame-Buffers (CFB) geprägt, der im Zusammenhang mit der gerätetechnischen Realisierung des CFB im nachfolgenden eingehender behandelt wird.

Bild 7.19 zeigt am Beispiel eines 4×4×4-CFB die Voxel-Verteilung auf die vier Diagonalmodule M0,..., M3. Abhängig von der Richtung des Abtaststrahls werden die Diagonalmodule in unterschiedlicher Weise adressiert. Bild 7.20 verdeutlicht die Erzeugung der physikalischen Moduladressen anhand von drei Beispielen:

Bild 7.20a zeigt die Volumenelemente eines Abtaststrahls, der in Richtung der Y-Achse verläuft. Zur Bestimmung der Voxel-Adressen ist jedem Modul eine Adreßberechnungseinheit (address unit) zugeordnet (Bild 7.18). Diese Einheiten bestimmen mit der Richtung und den konstanten XZ-Adreßkoordinaten des Abtaststrahls die Modul-Adreßkomponenten *i* und *j*.

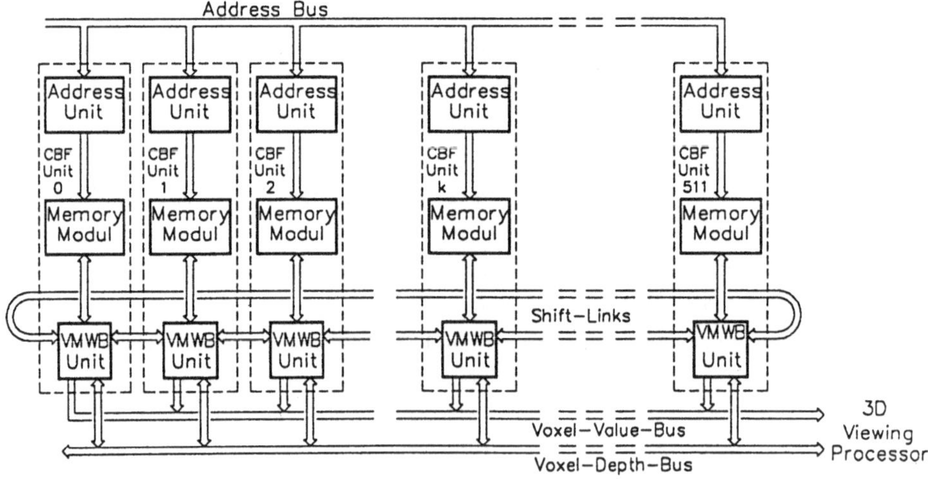

Bild 7.18. Blockdarstellung des CFB

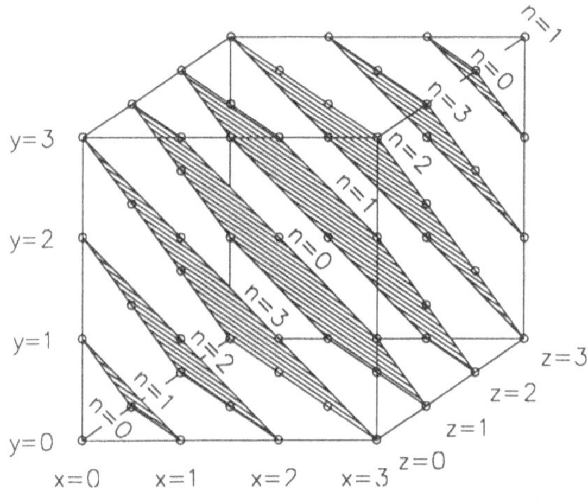

Bild 7.19. Verteilung der Voxel auf die vier Diagonalmodule $M_0, \ldots, M_3$ eines 4×4×4-CFB [KAU86]

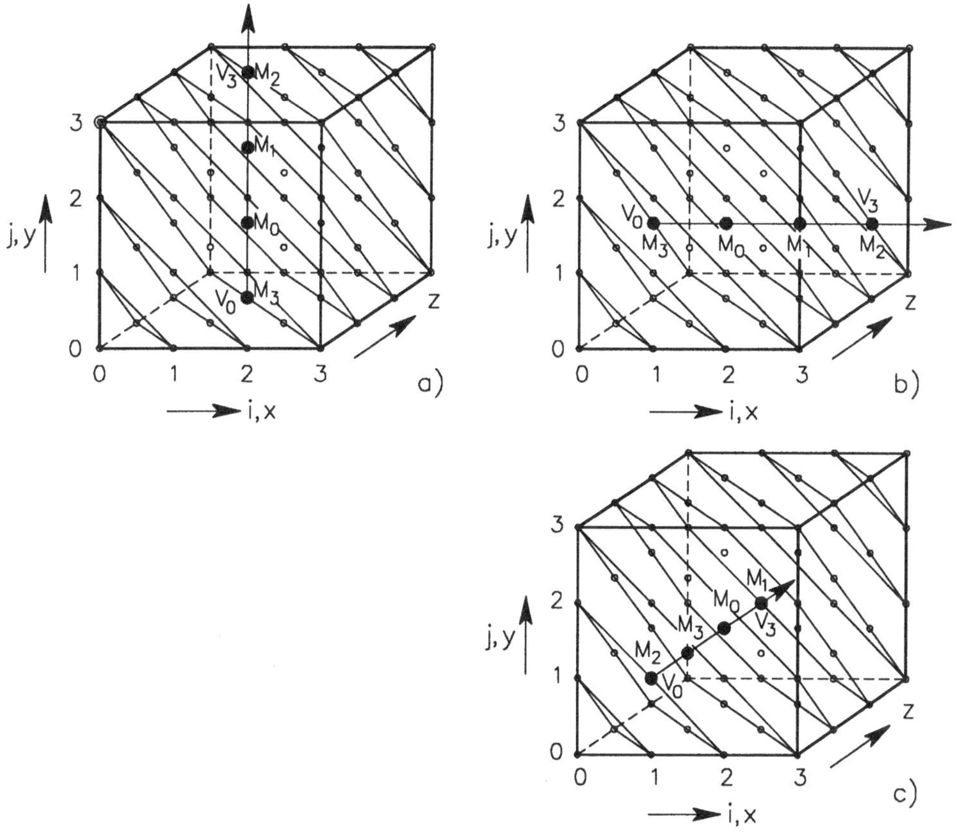

Bild 7.20. Darstellung der Speicherzugriffe auf einen 4×4×4-CFB: a) in Y-Richtung b) in X Richtung c) in Z Richtung

Wir erhalten für $i = x = 1$ und $z = 2$ die physikalischen Adressen der Diagonalmodule $M_0, \ldots, M_3$ mit: $M_0(i,j) = (1,1)$, $M_1(i,j) = (1,2)$, $M_2(i,j) = (1,3)$ und $M_3(i,j) = (1,0)$. Die X-Adressen sind in diesem Fall für alle Diagonalmodule konstant, während die Y-Adressen von 0 bis 3 inkrementiert werden. Aus dem in Bild 7.20a dargestellten Beispiel geht hervor, daß die aus den Diagonalmodulen ausgelesenen Voxel-Daten in der Reihenfolge $(k+x+z)$ *mod 4* an den Ausgabedatenbussen D_0 bis D_3 der Diagonalmodule M_0 bis M_3 erscheinen. Im vorliegenden Fall würde das unterste Voxel V_0 dem Bus D_3 und alle nachfolgenden Voxel V_1 bis V_3 den Bussen D_0, D_1 und D_2 zugeordnet werden. Um die logisch korrekte Zuordnung $V_3 \rightarrow V_0 \rightarrow V_1 \rightarrow V_2$ herzustellen, sind die Voxel-Daten zyklisch zu vertauschen. Bild 7.20b zeigt die Volumenelemente eines in Richtung der X-Achse verlaufenden Abtaststrahls. In diesem Fall erhalten wir für $j = y = 1$ und $z = 2$ die physikalischen Adressen der Diagonalmodule $M_0, \ldots, M_3$ mit: $M_0(i,j) = (1,1)$, $M_1(i,j) = (2,1)$, $M_2(i,j) = (3,1)$ und $M_3(i,j) = (0,1)$, wobei die ausgelesenen Voxel-Daten so zu vertauschen sind, daß nach $(k+y+z)$ *mod 4* die logisch richtige Reihenfolge mit $V_3 \rightarrow V_0 \rightarrow V_1 \rightarrow V_2$ hergestellt wird. Das letzte in Bild 7.20c dargestellte Beispiel zeigt den Zugriff auf einen Abtaststrahl, der in Richtung der Z-Achse verläuft. In diesem Fall erhalten alle Diagonalmodule mit $i = 1$ und $j = 1$ die gleiche physikalischen Adresse, wobei jedoch die Voxel-Daten in der Reihenfolge $V_2 \rightarrow V_3 \rightarrow V_0 \rightarrow V_1$ zu ordnen sind. Dies erfolgt mit den *Voxel-Value-Registern* der VMWB-Un*its*, deren Aufbau Bild 7.21 in einer vereinfachten Darstellung zeigt. Zu der eigentlichen Aufgaben einer VMWB-Unit gehört, wie bereits erwähnt, die Selektion des Voxel- und Distanzwertes jenes Volumenelementes, das die folgenden Bedingungen erfüllt:

- Das Voxel ist als *nicht-transparent* erkannt. Die Feststellung ob ein Volumenelement als transparent eingestuft wird, erfolgt mit Hilfe der *Transparency-Control-Unit.* Diese Funktionseinheit vergleicht den aktuellen Voxel-Wert mit dem über den *Transparency-Bus* anliegenden Schwellenwert. Jene Voxel, deren Werte unterhalb des variablen Schwellenwertes liegen, gelten als transparent und werden nicht dargestellt.

- Die Voxel-Ebene, auf der sich das Volumenelement befindet, ist durch Setzen des *PV-Bit* als sichtbar gekennzeichnet. Das PV-Bit bestimmt, ob alle Volumenelemente, die zu der gleichen orthogonal ausgerichteten Speicherebene gehören und somit den gleichen Distanzwert aufweisen, auszublenden sind. Mit Hilfe eines *PV-Maskenvektors*, der über den Visibility-Bus auf sämtliche VMWB-Units verteilt wird, können auf diese Weise Fensterfunktionen realisiert werden.

- Das gesuchte Volumenelement, ist aus der Menge jener Voxel zu selektieren, die die beiden erstgenannten Bedingungen erfüllen. Es muß die kürzeste Distanz (kleinster Distanzwert) zum Betrachter aufweisen.

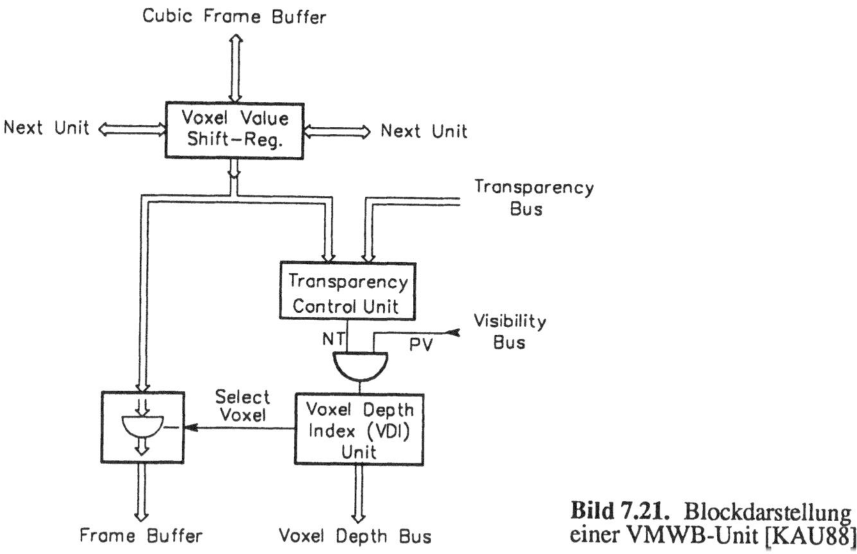

Bild 7.21. Blockdarstellung einer VMWB-Unit [KAU88]

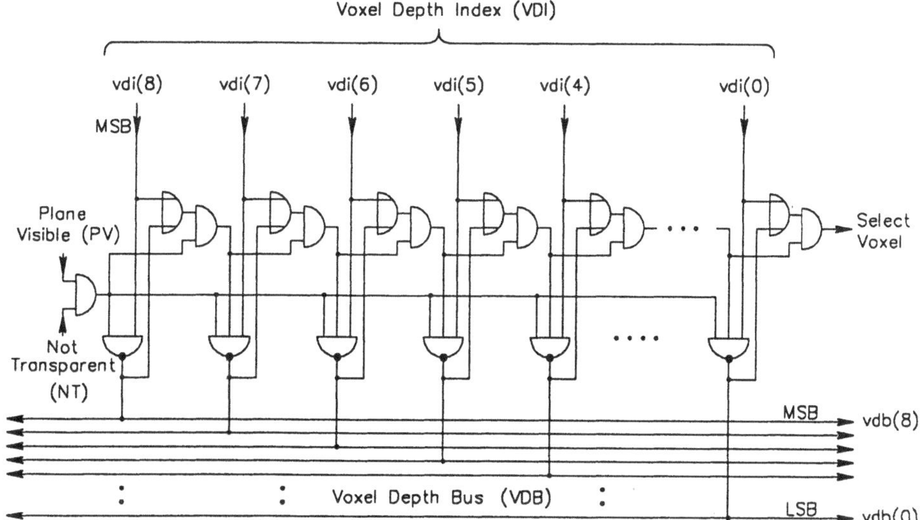

Bild 7.22. Voxel-Depth-Index-Unit [KAU88]

Zur Bestimmung des kleinsten Distanzwertes dienen die *Voxel-Depth-Index-Units* (VDI-Units), die nach dem von [GEM82] vorgestellten *Multiple-Write-Bus*-Verfahren arbeiten und deren Funktionsweise Bild 7.22 verdeutlicht. Jede dieser 512 VDI-Units besitzt einen Index (*voxel depth index, VDI*), der die Position des korrespondierenden Voxels innerhalb des Abtaststrahls und damit den Abstand zum Betrachter repäsentiert. Werden von allen VDI-Units die Indizes invertiert und parallel zum Voxel-Depth-Bus[13] durchgeschaltet, so stellt sich dort nach einer kurzen Einschwingzeit der größte invertierte VDI-Wert ein.

Damit der Abtaststrahl den CFB auch in der entgegengesetzten Richtung abtasten kann, müssen die VDIs in jeweils umgekehrter Reihenfolge den CFB-Units zugewiesen werden. Dies erfolgt durch die Invertierung der Indizes an den Eingängen der VDI-Unit.

---

13 Der VDB besitzt hier die Funktion einer verdrahteten Oder-Verknüpfung (wired-or)

Literatur

Kapitel 1:

[BOS89] D. Bosman: *An engineering view of the visual system-technology interface*; in D. Bosman (Ed.), Display Engineering, North-Holland, 1989, 49-93.

[CAM86] F.W. Campbell, L. Maffei: *Kontrast und Raumfrequenz*; aus M. Ritter (Ed.), *Wahrnehmung und visuelles System,* Spektrum der Wissenschaft Verlag, 1986.

[FIN86] R. Finke: *Bildhaftes Vorstellen und visuelle Wahrnehmung*; aus M. Ritter (Ed.), *Wahrnehmung und visuelles System,* Spektrum der Wissenschaft Verlag, 1986, 178-195.

[HUB86] D. Hubel, T.N. Wiesel: *Die Verarbeitung visueller Information*; aus *Wahrnehmung und visuelles System*, in M. Ritter (Ed.), Spektrum der Wissenschaft Verlag, 1986.

[LIV86] M. Livingstone: *Kunst, Schein und Wahrnehmung*; aus M. Ritter (Ed.), *Wahrnehmung und visuelles System*, Spektrum der Wissenschaft Verlag, 1986.

[MUR86] G.M. Murch: *Human factors of color displays*; aus F.R.A Hopgood, D.A. Duce (Eds.), Advances in Computer Graphics II, Springer-Verlag, 1986.

[SPO82] K.T. Spoehr, S.W. Lehmkuhle: *Sensory processes of the visual system*; aus *Visual Information Processing*, Freeman and Company (San Fransisco), 1982.

[ZIM85] M. Zimmerman: *Neurophysiologie sensorischer Systeme*; aus R.F. Schmidt, *Grundriß der Sinnesphysiologie*, Heidelberger Taschenbücher, Springer, 1985, 82-139.

Kapitel 2:

[BLI83] L.M. Blinov: *Electro-optical and magneto-optical properties of liquid cristals*; Wiley, 1983.

[BOS89] P.Bos, T. Haven: *Field-sequential stereoscopic viewing system using passive glasses*; Proc. of the SID, Vol. 30/1, 1989, 39-43.

[CHA77] S. Chandrasekar: *Liquid cristals*; Cambridge University Press, 1977.

[CRI86] T.N. Criscimagna et al.: *Enhancement of write/erase speeds for ac plasma panels*; SID Symp. Digest, Vol. 17, 1986, 395.

[DES36] G. Destriau: *Research into the scintillations of zinc to alpha rays*; J. Ch. Phys., Vol. 33, 1936, 587.

[FRI87] P.S. Friedman et al.: *1.5 m diagonal AC gas discharge display*; Proc. of the SID, Vol. 28/4, 1987, 365-369.

[FRI88] P.S. Friedman et al.: *Photoluminescent AC plasma displays*; Proc. of the SID, Vol. 29/2, 1988, 141-143.

[FUC82] H. Fuchs et al.: *Adding a true 3-d display to a raster graphic system*; IEEE CG&A, Vol. 2, No. 9, 1982, 73-78.

[GUR89] B. Gurman: *Electroluminescent displays*; in D. Bosman (Ed.), Display Engineering, North-Holland, 1989, 219-249.

[HOL72] G.E. Holz: *The primed gas discharge cell: a cost and capability improvement for gas discharge matrix display*; Proc. of the SID, Vol. 13, 1972.

[HUG89] A.J. Huges: *Liquid cristal displays*; in D. Bosman (Ed.), Display Engineering, North-Holland, 1989, 141-183.

[LAM82] D.L. Lamport et al.:*The channel multiplier CRT: flat deflection system*; SID Symp. Digest, 1982, 210-211.

[MAN88] J.R. Mansell et al.: *The achievement of color in the 12-inch channel-multiplier CRT*; Proc. of the SID, Vol. 29/3, 1988, 201-205.

[MAY73] A.J. Mayle: *Driving Beam Penetration Color CRTs*; Proc. of the SID, Mai/Juni 1973, 6.

[POL86] J.M. Pollack, T.J. Haven: *Liquid-crystal shutter operation and applications*; Proc. of the SID, Vol. 27/4, 1986, 257-259.

[PRO87] W.E. Proebster: *Peripherie von Informationssystemen, Technologie und Anwendung*; Springer-Verlag, 1987.

[RIC76] H. Richter: *Einführung in die Farbmetrik*; Verlag de Gruyter, Sammlung Göschen, 1976.

[RÜG78] W. Rüger et al.: *Photogrammetrie*; VEB Verlag für Bauwesen, 1978.

[SIN81] Sinclair, Firmendruckschrift: *Flat screen mini-TV from Britain*; Electro-optical Systems Design, 13(5), 1981, 28-29.

[SUT68] I.D. Sutherland; *A head-mounted three-dimensional display*, FJCC 1968, Thompson Books, Washington D.C., 754.

[SUZ76] C. Suzuki et al.: *Character display using thin-film EL panel with inherent memory*; SID Symp. Digest, Vol. 7, 1978; 50.

[TAN87] S. Tanaka et al.: *A full-color thin-film EL device with two stacked substrates and color filters*; Proc. of the SID, Vol. 28/4, 1987, 357-362.

[TAT87a] U. Tatsuo, M. Tetsuya, N. Shojiro: *Flat-panel direct-view stereoscopic display using liquid-cristal cells*; Proc. of the SID, Vol. 28/4, 1987, 391.

[TAT87b] U. Tatsuo, M. Tetsuya: *A stereoscopic display using LCDs*; Proc. of the SID, Vol. 28/1, 1987, 47-54.

[WAS88] D. Washington: *Color display using the channel multiplier CRT*; Proc. of the SID, Vol. 29/1, 1988, 23-31.

[WIL88] R.D. Willams, F. Garcia: *A real-time autostereoscopic multiplanar 3D display system*; SID Symp. Digest, 1988, 91-94.

[WIL89] R.D. Willams, F. Garcia: *Volume visualisation displays*; Information Display 4/89, 1989, 8-10.

[WOO82] A.W. Woodhead et al.: *The channel multiplier CRT: concept, design and performance*; SID Symp. Digest, 1982, 206-207.

[YOS68] S. Yoshida, A. Okoshi: *The Trinitron a new color tube*; IEEE Trans. Broadcast Telev. Receivers, Vol. BTR-14, 1968, 19.

Kapitel 3:

[BAU89] D.R. Baum, H.E. Rushmeier, J.M. Winget: *Improving radiosity solutions through the use of analytically determined form-factors*; Computer Graphics, Vol. 23, No. 3, (Proc. ACM SIGGRAPH'89), 1989, 325-334.

[BAU90] D.R. Baum, J.M. Winget: *Real time radiosity through parallel processing and hardware acceleration*; Computer Graphics, Vol. 24, No. 2, (Special issue on 1990 Symposium on Interactive 3D Graphics, ACM SIGGRAPH), 1990, 67-75.

[BRE65] J.R. Bresenham: *Algorithm for computer control of a digital plotter*; IBM systems journal, 4(1), 1965, 25-30.

[COH85] M.F. Cohen, D.P. Greenberg: *The hemi-cube: a radiosity solution for complex environment*; Computer Graphics Vol. 19, No. 3, (Proc. ACM SIGGRAPH'85), 1985, 31-40.

[COH88] M.F. Cohen et. al.: *A progressive refinement approach to fast radiosity image generation*; Computer Graphics, Vol. 22, No. 4, (Proc. ACM SIGGRAPH'88), 1988, 75-84.

[GLA89] A.S. Glasser (Ed.): *An introduction to ray-tracing*; Academic Press, 1989.

[GOR84] C.M. Goral et al.: *Modeling the interaction of light between diffuse surfaces*; Computer Graphics, Vol. 18, No. 3, (Proc. ACM SIGGRAPH'84), 1984, 213-222.

[HIT89] Fa. Hitachi, *Hitachi Color Display Tubes*, Datenblätter, 1988.

[MOR83] B. Morgenstern: *Farbfernsehtechnik*; B.G. Teubner-Verlag, 1983.

[SIE81] R. Siegel, J. Howell: *Thermal radiation heat transfer*; Hemisphere, Washington, DC, 1981.

Kapitel 4:

[BUR89] P. Burger, D. Gilles: *Interactive Computer Graphics*; Adison-Wessly, 1989.

[ENC86] J. Encarnacao, W. Straßer: *Computer Graphics: Gerätetechnik, Programmierung und Anwendung graphischer Systeme*; Oldenburg-Verlag, 1986.

[FEL88] W.D. Fellner: *Computer Grafik*; Reihe Informatik, Band 58, B.I. Wissenschaftsverlag, 1988.

[FOL90] J.D. Foley et al.: *Computer Graphics: Principles and Practice*; Addison-Wesley, 1990.

[NEW79] W.M. Newman, R.F. Sproull: *Principles of Interactive Computer Graphics*; McGraw-Hill, 1975

[PHO75] B.T. Phong: *Illumination for computer generated images*; Communications of ACM, Vol. 18, 1975, 311-317.

[SUT74] I.E. Sutherland, G.W. Hodgeman: *Reentrant polygon clipping*; CACM, 17(1), 1974, 32-42.

Kapitel 5:

[AKE88] K. Akeley, T. Jeremoluk: *High performance polygon rendering;* Computer Graphics, Vol. 22, No. 4, 1988 239-246.

[BRO84] L.S. Brotman, N.I. Badler: *Generating soft-shadows with a depth buffer algorithm*; IEEE CG&A, Vol. 4, No. 10, 1984, 5-12.

[BUR87] D. Burgoon: *Pipelined graphics engine speeds 3-d image control*; Electronic Design, July 87, 143-150.

[CAR84] L. Carpenter: *The A-buffer: An antialiased hidden surface method*; Computer Graphics Vol. 18, No. 3, (Proc. ACM SIGGRAPH'84), 1984, 137-145.

[CLA80a] J. Clark: *A VLSI Geometry processor for graphics*; computer, July 80, 59-68.

[CLA80b] J. Clark, M.R. Hannah: *Distributed processing in a high-performance smart image memory*; LAMBDA, 80(4), 1980, 40-45.

[CLA82] J. Clark: *The geometry engine: A VLSI geometry system for graphics*; Computer Graphics Vol. 16, No. 3, (Proc. ACM SIGGRAPH'82), 1982, 127-133.

[CLA89] U. Clausen: *On reducing the Phong-shading methode;* aus W. Hansman, F.R.A. Hopgood, W. Strasser (Eds.), Proc. Eurographics '89, Hamburg, Sept. 1989, North-Holland, 333-344.

[COB92] M. Cobernuss, H. Rüsseler: *The Z-Filter: An efficient approach for hardware-supported Z-buffering*, Veröffentlichung in Vorbereitung, 1992.

[DEE88] M. Deering, S. Winner, B. Schediwy, C. Duffy, N. Hunt: *The triangle processor and normal vector shader: A VLSI system for high performance graphics*; Computer Graphics Vol. 22, No. 4, (Proc. ACM SIGGRAPH'88), 1988, 21-30.

[DEM80] S. Demetrescu: *A VLSI-based real-time hidden-surface elimination display system*, Master's-Thesis, Departement of Computer Science, California Institute of Technology, May, 1980.

[FUC77] H. Fuchs: *Distributing a visible surface algorithm over multiple processors*; Proc. of the ACM Annual Conf. 1977, 449-451.

[FOL90] J.D. Foley et al.: *Computer Graphics: Principles and Practice*; Addison-Wesley, 1990.

[FUC79] H. Fuchs, B. Johnson : *An expandable multi-processor architecture for video graphics*; Proc. of the 6th ACM IEEE Symp. on Computer Architecture, 1979, 58-67.

[FUC81] H. Fuchs, J. Poulton: *PIXEL-planes: A VLSI-oriented design for a raster graphics engine*, VLSI-DESIGN, 81(3), 1981, 20-28.

[FUC82] H. Fuchs et al.: *Developing PIXEL-planes: A smart memory-based raster graphics system*, Proc. of the 1982 MIT Conf. on Advanced Research in VLSI, Dedham, MA, 137-146.

[FUC85] H. Fuchs et al.: *Fast spheres, shadows, textures, transparencies, and image enhancements in PIXEL-planes*; Computer Graphics Vol. 19, No. 3, (Proc. ACM SIGGRAPH'85), 1985, 111-120.

[FUC89] H. Fuchs et al.: *PIXEL-Planes 5: A heterogeneous multiprocessor graphics system using processor-enhanced memories*; Computer Graphics Vol. 23, No. 3, (Proc. ACM SIGGRAPH'89), 1989, 79-88.

[GHA85] N. Gharachorloo: Super-Buffer: *A systolic VLSI graphics engine for real-time raster image generation*; Ph.D. Thesis, Electrical Engineering Department, Cornell Univ., NY., August 1985.

[GHA88] N. Gharachorloo et al.: *Subnanosecond pixel rendering with million transistor chips*; Computer Graphics Vol. 22, No. 4, (Proc. ACM SIGGRAPH'88), 41-49.

[GOL86] J. Goldfeather, H. Fuchs: *Quadratic surfaces rendering on a logic-enhanced frame-buffer memory*, IEEE CG&A, Vol. 6, No. 1, 1986, 48-59.

[GOR87] A. Goris et al.: *A configurable pixel cache for fast image generation*; IEEE CG&A, Vol. 7, No. 3, 1987, 24-32.

[GUP91] R. Gupta: *PS: Polygon Streams - a distributed architecture for incremental computation applied to graphics*; in R.L Grimsdale, W. Straßer (Eds.), Advances in Computer Graphics Hardware IV, Springer-Verlag, 1991, 91-111.

[HOR77] B.K.P. Horn: *Understanding image intensities*; Artificial Intelligence, Vol. 8, No. 2, 1977, 201-231.

[JAC89] D. Jackèl, H. Günther, H. Rüsseler: *Ein Realzeit-Display für animierte 3D-Grafik*; Workshop der GI-FG 4.1.4: Sichtsysteme - Visualisierung in der Simulationstechnik 29-29 November 1989 in Wuppertal, 106-119.

[JAC91] D. Jackèl, H. Günther, H. Rüsseler: *A real-time raster-scan-display for 3-d graphics*; in R.L Grimsdale, W. Straßer (Eds.), Advances in Computer Graphics Hardware IV, Springer-Verlag, 1991, 213-227.

[JAY90] J.A.K.S. Jayasinghe, O.E Herrmann: *Relaxed multirate systolic array graphics engine for high resolution real-time computer graphics*; in Proc. Eurographics '90; C.E. Vandoni, D.A. Duce (Eds.), North-Holland, 1990.

[KNI92] G. Knittel: *A scaleable multiprocessor system based on hardware-controlled loop-level-parallelism*; Veröffentlichung in Vorbereitung, 1992.

[MOL84] Z. Molnar: *Combining VLSI and graphics*; Proc. CAMP'84, Berlin, 1984, 448-453.

[MYE84] W. Myers: *Stacking out the graphics display pipeline*; IEEE CG&A, July 84, 60-65.

[NIC84] N. Randy: *The IRIS workstation*; IEEE CG&A, August 84, 30-34.

[PIO87] A. Piol: *Parallel architecture tackles graphics and image processing*; System Design, Sept. 1987, 65-68.

[POT89a] M. Potmesil, E.M. Hoffert: *The Pixel Machine: A parallel image computer*; Computer Graphics, Vol. 23, No 3, 1989, 69-78.

[POT89b] M. Potmesil et al.: *A parallel image computer with a distributed frame buffer: system architecture and programming*; in W. Hansman et al. (Eds.) Proc. Eurographics 89',1989, 197-208.

[POU85] J. Poulton: *Pixel-Planes: Building a VLSI-based graphic system*; Proc. of Chapel Hill Conf. on VLSI 1985, Rockville, MD, Computer Sience Press, 200-221.

[ROM89] C. Romanova, U. Wagner: *A VLSI-architecture for anti-aliasing*; in R.L Grimsdale, W. Straßer (Eds.), Advances in Computer Graphics Hardware IV, Springer-Verlag, 1991, 75-90.

[RUN87] S. Runyon: *AT&T goes to 'wrap speed' with its graphic engine*; Electronics, July 87, 54-56.

[RÜS88] H. Rüsseler, H. Günther, D. Jackèl: *Eine Bildspeicherarchitektur für Raster-Displays mit Echtzeiteigenschaften*; ITG-Fachbericht 102, VDE-Verlag, 1988, 335-340.

[SCH85] B.O. Schneider: *A Processor for an object-oriented rendering system; Computer Graphics Forum*, Vol. 4, No. 7, 1985, 301-310.

[SCH90] B.O. Schneider: *Eine objektorientierte Architektur für Hochleistungs-Display-Architekturen*; Dissertation, Fakultät Physik, Universität Tübingen, 1990.

[SWA86] R.W. Swanson, L.J. Thayer: *A fast shaded polygon renderer*; Computer Graphics Vol. 20, No. 4, (Proc. ACM SIGGRAPH'86), 95-101.

[TUN87] D. Tunick: *Powerful display system revs up image and graphics processing*; Electronic Design, July 1987, 58-62.

[WEI81] R. Weinberg: *Parallel processing image synthesis and anti-aliasing*; Computer Graphics Vol. 15, No. 3, (Proc. ACM SIGGRAPH'81), 55-61.

[WIL87] T. Williams: *3-d modeling screams for super performance in graphics workstations*; Computer Design, August 1987, 53-71.

[WIP92] P. Wippich: *Bildspeicherkonzepte für universelle Multi-Media-Systeme*, Veröffentlichung in Vorbereitung, 1992.

Kapitel 6:

[ACM90] *ACM SIGRAPH Special issue on San Diego Workshop on Volume Visualisation*; Computer Graphics, Vol. 24, No. 5, 1990.

[BEZ74] P. Bézier: *Mathematical and practical posibilities of UNISURF*; aus R.E. Barnhill, R.E. Riesenfeld (Eds.), Computer Aided Design, Academic Press, 1974.

[CHA89] *Proc. of the Chapel Hill workshop on volume visualisation*; May 1989.

[DRE88] R.A. Drebin, L. Carpenter, P. Hanrahan: *Volume Rendering*; ACM Computer Graphics, Vol. 22, No. 4, August 1988, 65-74.

[FRI85] G. Frieder, D. Gordon, R.A. Reynolds: *Back-to-front display of voxel-based objects*; IEEE CG & A, January 1985, 52-60.

[HÖH86] K.H. Höhne, R. Bernstein: *Shading 3-d images from CT using gray-level gradients*; IEEE Transactions on Medical Imaging, Vol. MI-5, No. 1, 1986, 45-47.

[HÖH87] K.H. Höhne: *3D-Bildverarbeitung und Computergrafik in der Medizin*; Informatik-Spektrum, No. 10, 1987, 182-203.

[JAC87] Jackèl D.: *Eine Rechnerarchitektur zur Visualisierung und Verarbeitung von Cellular-Space-Repräsentationen*; TU Berlin, FB Informatik, Dr.-Ing. Dissertation (1987).

[KAU90] A. Kaufman (Ed.): *Volume Visualisation;* IEEE Computer Society Press, 1990.

[LEM91] H.U. Lemke: *Medical Work Stations for Computer Assisted Radiology*, aus J. Demongeot, A.S. Pereira (Eds.), Proc. ISCAMI 1, Integrated System for the Maniputation of Medical Images, Springer-Verlag,1991, 56-72.

[LEV88] M. Levoy: *Display of surfaces from volume data*; IEEE CG & A, May 1988, 29-37.

[LEV90] M. Levoy: *Efficient ray tracing of volume data*; ACM Transaction on Graphics, Vol. 9. No. 3, July 1990, 245-261.

[STI87] H.S. Stiehl , D. Jackèl: *On a framework for processing and visualizing spatial images*; aus H.U. Lemke et al. (Eds.), Proc. Computer Assisted Radiology CAR'87, Springer-Verlag, July 1987, 665-670.

[STI90] H.S. Stiehl: *3-d image understanding in radiology*; invited survey in IEEE Engineering in Medicine and Biology Magazine (special issue on 3-d computer-medical-imaging, Vol. 9, No. 4, 1990, 24-28.

Kapitel 7:

[GEM82] R. Gembella, R. Lindner: *The multiple-write bus technique*; IEEE CG&A, Vol. 2, No. 7, 1982, 33-41.

[GÖS89] M. Gössel, B. Rebel, R. Creutzburg: *Speicherarchitektur und Parallelzugriff*; Akademie-Verlag Berlin, 1989.

[GOL83] S.M. Goldwasser, R.A. Reynolds: *An architecture for the real-time display and manipulation of three-dimensional objects*; Proc. Int. Conf. on Parallel Processing, Bellair, Michigan, 1983, 269-274.

[GOL84] S.M. Goldwasser: *A generalized object display processor architecture*; IEEE CG&A, Vol. 4, No. 10, 1984, 43-55.

[GOL85] S.M. Goldwasser et al.: *Physican's workstation with real-time performance*; IEEE CG&A, Vol. 5, No. 12, 1985, 44-57.

[GOL88a] S.M. Goldwasser et al.: *Techniques for the rapid display and manipulation of 3-d biomedical data*; Comp. Med. Imag. and Graphics, Vol. 12, No. 1, 1-24.

[GOL88b] S.M. Goldwasser et al.: *High-performance graphics processors for medical imaging applications*; Proc. Int. Conf. on Parallel Processing for Computer Vision and Display, University of Leeds, U.K., 12-15 Jan. 1988.

[JAC85] D. Jackèl: *The graphics PARCUM system: A 3-d memory based computer architecture for processing and display of solid models*; Computer Graphics Forum, Vol. 4, No. 1, 1985, 21-35.

[JAC87] siehe Ref. in Kapitel 6

[JAC88] D. Jackèl, W. Straßer: *Reconstructing solids from tomographic scans - The PARCUM II system*, aus Kuijk, W. Straßer (Eds.), Advances in Computer Graphics Hardware II, Springer-Verlag, 1988.

[KAU86] A. Kaufman: *Memory organisation for three-dimensional graphics*, Proc. EUROGRAPHICS 86, Lissabon, Portugal, August 1986, 93-100.

[KAU87] A. Kaufman: *Efficient algorithm for 3-d scan-converting polygons*; Computer Graphics, Vol. 21, No. 4, (Proc. ACM SIGGRAPH'87, 1987, 171-179.

[KAU88] A. Kaufman. R. Bakalash: *Memory and processing architecture for 3-d voxel-based imagery*; IEEE CG&A, Vol. 8, No. 11, 1988, 10-23.

[OHA85] T. Ohashi, T. Uchiki, M. Tokoro: *A three-dimensional shaded display method for voxel based representations*, Proc. EUROGRAPHICS-ISC'85, Nice, France; September 1985.

Sachverzeichnis

H. Bässmann, P. W. Besslich

Konturorientierte Verfahren in der digitalen Bildverarbeitung

1989. 110 Abb. IX, 173 S. Brosch. DM 94,– ISBN 3-540-50772-8

Inhaltsübersicht: Überblick Bildverarbeitung. – Einführendes Beispiel. – Konturpunktdetektion. Gradientenoperatoren. Laplace-Operator. Kompaßmasken. Umgebungsunabhängige Kantenoperatoren. Kantenmodelle. Marr/Hildreth-Operator. Haralicks Facet Model. – Konturaufbesserung. – Konturpunktverkettung. – Konturapproximation. – Anhang: Hilfsmittel aus der Statistik. Interpolation durch Polynome. Heuristische Suche. Dynamische Programmierung. – Sachregister.

Ziel der ikonischen Bildverarbeitung ist u.a. die Trennung von Objekt und Hintergrund einer Bildszene (Segmentierung) sowie die Gewinnung bestimmter Merkmale der gefundenen Objekte (Merkmalsextraktion). In diesem Bereich spielen konturorientierte Verfahren eine gewichtige Rolle. Das Buch liefert hierzu eine praxisrelevante und kompakte Aufarbeitung des theoretischen Hintergrunds. Einen breiten Raum nehmen Beispiele ein. Sie ermöglichen das Nachvollziehen der Verfahren ohne Zuhilfenahme eines Rechners. Weniger bekanntem mathematischen Handwerkszeug sind spezielle Anhänge gewidmet. Die Einarbeitung ist somit ohne Zuhilfenahme von weiterer Literatur möglich. Grundlegende Kenntnisse der höheren Mathematik werden allerdings vorausgesetzt.

Das Buch ermöglicht dem Leser eine rasche Umsetzung des Stoffes in die Praxis und eignet sich aufgrund seines didaktischen Aufbaus zum Selbststudium. Angesprochen sind Studenten und Ingenieure der Informations- und Automatisierungstechnik.